冶金工业出版社

普通高等教育"十四五"规划教材

金 属 学

Physical Metallurgy

刘晓燕 编

U0342186

北 京

冶金工业出版社

2023

内 容 提 要

金属学是金属材料工程专业的核心课程。全书共分 8 章,主要介绍金属材料科学与工程的基础知识和基础理论。此外,每章末附有习题,书末附有金属学专业词汇。

本书可作为高等学校金属材料工程专业的教材,也可供冶金、材料成型、热处理等行业的技术工作者参考。

图书在版编目(CIP)数据

金属学/刘晓燕编. —北京:冶金工业出版社,2022.11(2023.8 重印)
普通高等教育 "十四五" 规划教材
ISBN 978-7-5024-9315-8

Ⅰ.①金…　Ⅱ.①刘…　Ⅲ.①金属学—高等学校——教材
Ⅳ.①TG11

中国版本图书馆 CIP 数据核字(2022)第 192736 号

金属学

出版发行	冶金工业出版社	**电　话**	(010)64027926
地　　址	北京市东城区嵩祝院北巷 39 号	**邮　编**	100009
网　　址	www.mip1953.com	**电子信箱**	service@mip1953.com

责任编辑 卢　敏　姜恺宁　**美术编辑** 彭子赫　**版式设计** 郑小利
责任校对 葛新霞　**责任印制** 禹　蕊
北京虎彩文化传播有限公司印刷
2022 年 11 月第 1 版,2023 年 8 月第 2 次印刷
787mm×1092mm　1/16;20.5 印张;496 千字;318 页
定价 46.00 元

投稿电话　(010)64027932　**投稿信箱**　tougao@cnmip.com.cn
营销中心电话　(010)64044283
冶金工业出版社天猫旗舰店　yjgycbs.tmall.com
(本书如有印装质量问题,本社营销中心负责退换)

前　　言

　　金属学是研究金属材料的成分、结构、组织、加工工艺与性能之间关系的一门学科。本书是根据金属材料工程的金属学教学大纲，在编者多年的教学实践基础上编写的，系统地阐述了金属及合金的晶体结构与晶体缺陷、相图与凝固、塑性变形与再结晶及扩散。

　　全书共分8章：金属及合金的晶体结构、晶体缺陷、金属及合金的相图、金属及合金的凝固、铁碳相图和铁碳合金缓冷后的组织、金属及合金的扩散、金属及合金的变形、金属及合金的回复与再结晶。每章正文前后分别附有本章教学要点及重要概念和习题，书末附有金属学专业词汇供学生学习。

　　本书第1、2、3、4、5章由刘晓燕编写，第6、7、8章由王伟和邵明增编写，全书由刘晓燕统稿、定稿。西安建筑科技大学赵西成教授对全书进行审阅，为提高本书的质量提出宝贵的建议。在编写过程中，研究生李帅康、张习祎、王兆麟、李冰伟等在资料收集等方面付出了辛勤劳动，编者对上述人员的无私帮助和热情关怀表示衷心的感谢！本书在编写过程中参阅了国内外出版的有关资料，在此对相关文献的作者表示诚挚敬意！

　　由于编者水平所限，书中难免存在疏漏之处，敬请读者批评指正。

作　者

2022 年 6 月

目　　录

1 金属及合金的晶体结构

本章教学要点：重点掌握空间点阵的概念和特点，空间点阵与晶体结构的联系与区别，晶面指数和晶向指数的标定方法，典型金属晶体结构（FCC、BCC、HCP）的晶体学特点，固溶体和金属化合物的分类及结构特点；熟悉原子间结合键的分类及特点。

在所有应用材料中，由金属元素或以金属元素为主而形成的，具有一般金属特性的材料统称为金属材料，它是材料的一大类，是人类社会发展的极为重要的物质基础之一。金属学就是研究金属材料的一门学科，它的中心内容是研究金属材料的化学成分、结构、组织、性能及其之间的相互关系和变化规律。金属材料的使用性能（包括力学性能、物理性能和化学性能）和工艺性能（如铸造性能、压力加工性能、机加工性能、焊接性能、热处理性能等）取决于其微观的化学成分、结构和组织。金属材料的化学成分不同，其性能亦不同。即使是同一种成分的金属材料，通过不同的工艺加工处理后（例如塑性变形、热处理等），内部的组织结构发生变化，使得其性能也发生极大的变化。这就促使材料工作者致力于金属及合金内部结构和组织状态的研究，利用它们之间的关系和规律来指导科学研究和生产实践，以便更充分、有效地发挥金属材料的潜力，并研制新的金属材料。

金属和合金在固态下通常都是晶体。了解金属及合金的晶体结构，是金属学学习的起点。本章以晶体学知识为基础，讨论金属及合金的晶体结构及特征。

1.1　金属和合金

广义的金属概念：金属是具有良好的导电性、导热性、延展性（塑性）和金属光泽的物质。它包括纯金属和合金。通常把由一种金属元素组成的物质称为纯金属；而把由两种或两种以上的金属或金属与非金属，经熔炼、烧结或其他方法制成的具有金属特性的物质称为合金。组成合金的元素，称合金组元。合金通常以其主要组元或其组元合称来命名，例如，应用最普遍的碳钢和铸铁就是主要由 Fe 和 C 所组成的合金，即铁碳合金；黄铜是主要由 Cu 和 Zn 组成的合金，即铜锌合金。由于合金的使用性能优于纯金属，并且通过改变化学成分可以使其性能在很大范围内发生变化，在实际工程上，其应用范围比纯金属更加广泛。

在学习金属学时，必须正确看待金属与合金之间的关系。在以纯金属为基础讨论晶体结构时，合金元素被当做异类原子对待。为了搞清楚金属和合金的本质，应当从金属的原子结构及原子间的结合方式入手进行研究。

1.1.1　金属原子的结构特点

原子结构理论指出，孤立的自由原子是由带正电的原子核和带负电的核外电子所组成的。原子的体积很小，其直径约为 10^{-10} m 数量级；原子核的直径更小，仅为 10^{-15} m 数量级。原子核内有中子和带正电荷的质子，中子与质子的质量相等。每个质子所带电荷与一个电子所带电荷相等，但符号相反。由于每个原子中的质子和核外电子的数目相等，所以从整体上来说，原子是电中性的。核外电子在原子内部占据不同的能级，按能级由低至高分层排列着。内层电子的能量低，最为稳定；最外层电子的能量高，与原子核结合得弱，这样的电子通常称为价电子。原子中的所有电子都按着量子力学规律运动着。

金属原子的结构特点在于其最外层的电子数很少，一般为 1~2 个，最多不超过 3 个。由于这些外层电子与原子核的结合力弱，所以金属原子易于失去外层电子，使原子变为正离子。因此，常将金属元素称为正电性元素。非金属元素的原子结构与金属相反，其外层电子数较多，最多 7 个，最少 4 个，它易于获得电子，使原子变为负离子。因此，非金属元素又称为负电性元素。过渡族金属元素，如 Ti、V、Cr、Mn、Fe、Co、Ni 等，它们的原子结构，既具有上述金属原子的共同特点，还有一个自身特点，即在次外层尚未填满电子的情况下，最外层就先填充了电子。因此，过渡族金属的原子，不仅容易失去最外层电子，而且还容易失去次外层 1~2 个电子，这样就出现过渡族金属化合价可变的现象。当过渡族金属的原子彼此相互结合时，不仅最外层电子参与结合，而且次外层电子也参与结合。因此，过渡族金属的原子间结合力特别强，宏观表现为熔点高、强度高。由此可见，原子外层参与结合的电子数目，不仅决定着原子间结合键的本质，而且对其化学性能和强度等特性也具有重要影响。

1.1.2　原子间的键合

通常金属和合金的液态和固态称为凝聚态。在凝聚态下，原子间距十分接近，便产生了原子间的相互作用，使原子结合在一起，这种原子间的相互作用力就称为结合力，即形成了结合键。金属和合金的许多性能在很大程度上取决于原子结合键。

根据结合力的强弱可以把结合键分为化学键和物理键两大类。化学键即主价键，它包括金属键、离子键和共价键；物理键即次价键，也称分子键或范德瓦尔斯键。此外，还有一种氢键，其性质介于化学键和分子键之间。

1.1.2.1　金属键

典型金属原子结构的特点是其最外层电子数很少，容易失去外层电子而具有稳定的电子结构。当金属原子相互靠近时，其价电子极易挣脱原子核的束缚而成为自由电子，并在整个晶体内运动，为整个金属所共有，成为自由的公有化的电子云。这些自由电子，不再只围绕自己的原子核转动，而是与所有的自由电子一起在所有原子核周围按量子力学规律运动着。金属正离子与公有化的自由电子之间依靠强烈的静电作用而结合起来，这种结合方式称为金属键，如图 1-1 所示。绝大多数金属均以金属键方式结合，它的基本特点是自由电子的公有化。

金属键无饱和性和方向性，因此每个原子有可能和更多的原子相结合，并趋于形成具有高对称性、低能量的密堆结构。根据金属键的本质，可以解释金属的导电性、导热性、金属光泽以及正的电阻温度系数等特性。例如，在外加电场作用下，金属中的自由电子能够沿着电场方向做定向运动，形成电流，使金属具有良好的导电性。自由电子的运动和正离子的振动使金属具有良好的导热性。随着温度升高，正离子或原子本身振动的振幅加大，可阻碍电子通过，使电阻增大，因而金属具有正的电阻温度系数。由于自由电子很容易吸收可见光的能量，而被激发到较高的能级，当它跳回原来的能级时，就把吸收的可见光能量重新辐射出来，从而使金属不透明，具有金属光泽。此外，由于金属键无饱和性和方向性，所以当金属受力变形而改变原子之间的相互位置时不至于使金属键破坏，这就使金属具有良好的延展性。

1.1.2.2　离子键

大多数金属氧化物主要以离子键的方式结合。这种结合的实质是金属原子将其最外层的价电子给予非金属原子，使其成为正离子；而非金属原子得到价电子后使其成为负离子，正负离子之间依靠静电作用结合在一起，这种结合方式称为离子键。离子键结合的基本特点是以离子而不是以原子为结合单元。离子键要求正负离子作相间排列，并使异号离子之间吸引力达到最大，而同号离子间的斥力为最小，因此离子键无方向性和饱和性。NaCl 是典型的离子键结合，如图 1-2 所示。

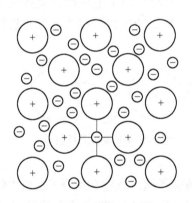

图 1-1　金属键示意图

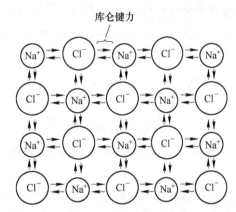

图 1-2　NaCl 离子键示意图

一般离子晶体中正负离子静电引力较强，结合牢固。因此，离子晶体大多具有高熔点和高硬度。另外，在离子晶体中很难产生可以自由运动的电子，所以它们都是良好的电绝缘体。但在高温熔融状态下，可以依靠正负离子的定向运动来导电。

1.1.2.3　共价键

共价键是由两个或多个电负性相差不大的原子间通过共享电子对而形成的化学键。亚金属（例如ⅣA 族的 C、Si、Ge、Sn 以及 VIA 族的 Se、Te 等）大多以共价键相结合。以 Si 为例，如图 1-3 所示。1 个 4 价的 Si 原子，与其周围 4 个 Si 原子共享最外层的电子，从而使每个 Si 原子最外层获得 8 个电子。1 个共有电子代表 1 个共价键，所以 1 个 Si 原子有 4 个共价键与 4 个邻近的 Si 原子结合。

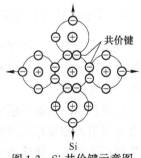

图 1-3　Si 共价键示意图

在共价晶体中，原子以一定的角度相邻接，各键之间有确定的方位，使共价键具有强烈的方向性。通常两个相邻原子只能共享一对电子，当一个电子和另一个电子配对以后，就不再和第三个电子配对，成键的共享电子对数目是一定的，所以共价键具有明显的饱和性。

共价键的结合力极为牢固，故共价晶体具有结构稳定、熔点高、硬度大、脆性大等特点。由于束缚在相邻原子间的"共享电子对"不能自由地运动，共价结合形成的材料一般是绝缘体，其导电能力差。

1.1.2.4　分子键

许多塑料、陶瓷等，它们的分子或原子团具有永久极性，即分子中的一部分带正电，而另一部分带负电。一个分子带正电的部位，同另一个分子带负电的部位之间就存在微弱的静电吸引力，这种吸引力就称为范德瓦尔斯力。这种存在于中性原子或分子之间的结合力也叫做分子键（见图 1-4）。

分子键（范德瓦尔斯键）属物理键，没有方向性和饱和性。由于范德瓦尔斯力很弱，分子晶体的结合力很小，在外力作用下，易产生滑动并造成很大的变形。分子晶体熔点很低，硬度也很低，在金属和合金中这种键不多。

1.1.2.5　氢键

氢键是一种特殊的分子间作用力。它是由 H 原子同时与两个电负性很大且原子半径较小的原子（O、F、N 等）相结合而产生，具有比一般次价键大的键力，又称氢桥，如图 1-5 所示。

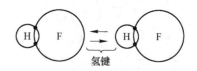

图 1-4　极性分子间的范德瓦尔斯键示意图　　　图 1-5　HF 氢键示意图

氢键具有饱和性和方向性，可以存在于分子内或分子间。氢键在高分子材料中特别重要，纤维素、尼龙和蛋白质等分子内有很强的氢键，并显示出非常特殊的结晶结构和性能。

实际上，大部分材料的内部原子结合键往往是几种结合键的混合。例如，金属主要是金属键结合，但也会出现一些非金属键，如过渡族金属，它们的原子结合中会出现少量的共价键结合，这也是过渡族金属具有高熔点的原因。

1.1.3　原子间的结合力和结合能

在固态金属中，众多的原子是依靠金属键牢固地结合在一起。下面从原子间的结合力与结合能角度来说明，沉浸于电子云中的金属原子为什么像图 1-1 所示呈规则排列，并往往趋于紧密排列。

以最简单的双原子模型来分析两个原子间的相互作用情况。固态金属原子间的相互作用力有吸引力和排斥力两种。吸引力来源于金属正离子与周围自由电子间的静电吸引，力图使两原子靠近；排斥力来源于金属正离子与正离子以及自由电子与自由电子之间的斥力，力图使两原子分开。当两原子相距无限远时，原子间的作用力为 0；但当两原子的距离逐渐靠近时，其间的作用力会随之显现出来。根据库仑定律，吸引力和排斥力的大小都随两原子间距的增加而减小，如图 1-6（a）所示，两者的代数和即是两原子的结合力。吸引力是一种长程力，排斥力是一种短程力，当两原子间距较大时，吸引力大于排斥力，两原子自动靠近。当两原子靠近至电子层发生重叠时，排斥力便急剧增大，一直到两原子距离为 r_0 时，吸引力与排斥力相等，即原子间结合力为 0，两原子便稳定在此相对位置上，故 r_0 为两原子间的平衡距离，或称原子间距。任何对平衡位置的偏离，都立刻会受到一个力的作用，促使其回到平衡位置。例如，当原子间距被外力拉开时，吸引力大于排斥力，使两原子缩回到平衡距离 r_0；反之，当原子间距受到压缩时，排斥力大于吸引力，也使两原子回到平衡距离 r_0。

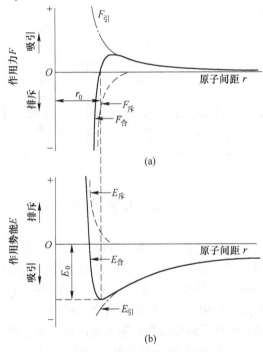

图 1-6　原子间的作用力和作用势能
（a）作用力；（b）作用势能

　　图 1-6（b）是原子间的作用势能与原子间距的关系曲线，结合能是吸引能和排斥能的代数和。在结合力为 0 的平衡距离下能量达到最低值，表明在该距离下体系处于稳定状态。任何对平衡位置 r_0 的偏离，都会使原子的势能增加，从而使原子处于不稳定状态，原子就有力图回到低能状态、恢复到平衡间距的倾向。通常把平衡距离下的作用势能定义为原子间的结合能 E_0。

　　结合能的大小相当于把两个原子完全分开所需做的功，结合能越大，则原子结合越稳定。结合能数据是利用测定固体的蒸发热而得到的，又称结合键能。表 1-1 比较了不同结合键的键能、熔融温度及主要特征。由表 1-1 可知，结合键不同，键能也不同。离子键、共价键的键能最大，金属键次之，其中过渡族金属最大；分子键的结合能最低，氢键的结合能稍微高一些。键能决定了金属的熔点和线膨胀系数，键能较高的金属具有较高的熔点和较小的线膨胀系数。

表 1-1 部分物质的键能、熔融温度及主要特征

物质	键合类型	键能		熔融温度	主要特征
		kJ/mol	eV/原子、离子、分子	℃	
Hg	金属键	68	0.7	−39	非方向键，配位数及密度极高，导电率高，延展性好
Al		324	3.4	660	
Fe		406	4.2	1538	
W		849	8.8	3410	
NaCl	离子键	640①	3.3	801	非方向键，高配位数，低温不电，高温离子导电
MgO		1000①	5.2	2800	
Si	共价键	450	4.7	1410	空间方向键，低配位数，纯晶体在低温下导电率很小
C（金刚石）		713	7.4	>3550	
Ar	分子键	7.7	0.08	−189	低的熔点和沸点，压缩系数大，保留了分子的性质
Cl₂		31	0.32	−101	
NH₃	氢键	35	0.36	−78	结合力高于无氢键的类似分子
H₂O		51	0.52	0	

①并非准确的蒸发热。

1.2 晶体学基础

　　自然界中绝大多数固体都是晶体，金属一般也为晶体。晶体是指结构基元（原子、分子、离子或配位离子等）在三维空间按一定规律呈周期性重复排列的固体；相反，非晶体（如玻璃）中原子则是散乱分布，或仅具有短程有序的排列（即一个结构基元在微观小范围内，与其近邻的几个结构基元间保持着有序的排列）。

　　晶体与非晶体由于原子排列不同导致在性能上的区别主要有两点：一是晶体熔化时具有固定的熔点（熔点是晶体物质的固态向液态转变的临界温度），而非晶体却无固定熔点，存在一个软化温度范围；二是晶体的某些物理性能和力学性能（如导电性、导热性、热膨胀性、弹性和强度等）在不同方向上具有不同的数值，即晶体具有各向异性，而非晶体却为各向同性，即非晶体在不同方向上的性能是一样的。

　　晶体与非晶体之间存在着本质的差别，但两者在一定条件下是可以相互转化的。如晶体内部结构基元的周期性遭到破坏，可以向非晶体转化，称为玻璃化或非晶化；非晶体调整其内部结构基元的排列方式也可以向晶体转化，称为退玻璃化或晶化。

　　为了便于了解晶体中结构基元（如原子）在空间的排列规律，以能更好地进行晶体结构分析，下面主要介绍晶体结构学中的基本知识——晶体几何学。

1.2.1 晶体结构和空间点阵

　　晶体的基本特征是原子排列的规律性。晶体中实际原子在三维空间有规律的、周期性的具体排列方式称为晶体结构。组成晶体的原子种类不同，排列规律不同，或者周期性不同，就可以形成各种各样的晶体结构，即实际存在的晶体结构可以有无限多种。由于金属键无方向性和饱和性，可以假定金属晶体中的原子都是固定的刚性球，晶体就由这些刚性球堆垛而成，图1-7（a）所示即为原子堆垛模型。从图中可以看出，原子在各个方向的排列都是很规则的。这种模型的优点是立体感强，很直观；缺点是很难看清原子排列的规律和特点，不便于研究。为了清楚地表明原子在空间排列的规律性，常常将构成晶体的结构基元（原子或原子群）忽略，而将其抽象为纯粹的几何点，称为结点或阵点。这些结点可以是原子的中心，也可以是彼此等同的原子群的中心，所有结点的物理环境和几何环境完全相同，这些结点称为等同点。由晶体结构抽象出来在空间排列的无限点的阵列，其中每一个点都和其他所有的点具有相同的环境，这种点的排列称为空间点阵，简称点阵。为了便于描述空间点阵的图形，可用许多平行的直线将所有结点连接起来，就构成一个三维几何格架，称为空间格子，如图1-7（b）所示。它的实质仍是空间点阵，通常不加区别。

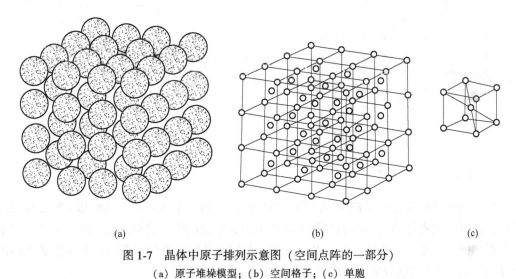

(a)   (b)   (c)

图 1-7   晶体中原子排列示意图（空间点阵的一部分）
（a）原子堆垛模型；（b）空间格子；（c）单胞

  空间点阵是一个三维空间的无限图形，为了说明空间点阵排列的规律和特点，可以在空间点阵中取出一个具有代表性的基本单元（通常是平行六面体）作为空间点阵的组成单元，称为单胞（图1-7（c））。整个空间点阵可以看作是由单胞在三维空间的重复堆砌而成。当研究某一类空间点阵时，只需选取其中一个单胞来研究即可。在同一空间点阵中，可因选取方式不同而得到不同形状和大小的单胞，图1-8所示为在一个二维点阵中取出的不同单胞。在晶体学中，要求选取单胞最能反映该点阵的对称性，规定了选取单胞的几点原则：

（1）选取的平行六面体应充分反映出空间点阵的周期性和对称性；

（2）平行六面体内的棱和角相等的数目应最多；

（3）当平行六面体的棱边夹角存在直角时，直角数目应最多；

（4）在满足上述条件的基础上，单胞应具有最小的体积。

为了描述单胞的形状和大小，通常采用单胞中某一顶点为坐标原点，相交于原点的三个棱边为 x、y、z 三个坐标轴，通常 y-z 轴、z-x 轴和 x-y 轴之间的夹角分别用 α、β、γ 表示，如图1-9所示。习惯上，以原点的前、右、上方为轴的正方向，反之为负方向。单胞

的棱边长度 a、b、c（称为点阵常数，其单位为 nm）和单胞的棱边夹角 α、β、γ 称为点阵参数，它们是描述单胞特征的基本参数。6 个点阵参数，或者 3 个初基点阵矢量 a、b、c 描述了单胞的形状和大小，且确定了这些矢量的平移而形成的整个点阵。也就是说，只要任意选一个结点为原点，将该点相对 a、b、c 三个初基点阵矢量做平移，就可以得到整个空间点阵。点阵中任意结点（任一平移矢量 r_{uvw}）都可以用三个初基点阵矢量来表示：

$$r_{uvw} = ua + vb + wc \qquad (1\text{-}1)$$

式中，r_{uvw} 为从原点到某一结点的矢量；u、v、w 分别为沿三个初基点阵矢量方向平移的基矢数，即结点在 x、y、z 轴上的坐标值。

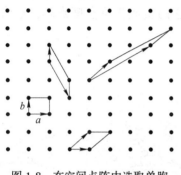

图 1-8　在空间点阵中选取单胞

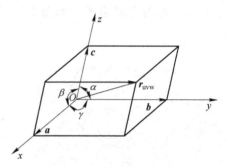

图 1-9　单胞和点阵参数

1.2.2　晶系和布拉菲点阵

空间点阵是由晶体结构抽象出来的，当空间点阵的每个结点放上结构基元便是真实的晶体，此时空间点阵的简单单胞也称为晶体结构的单位晶胞，简称晶胞。同样可以使用平行六面体的 6 个参数来描述，称为晶胞参数。根据晶体对称性的限制（6 个晶胞参数间的相互关系），晶体只能分属 7 种晶系，见表 1-2。

表 1-2　晶系

晶　系	棱边长度及夹角关系	举　例
三　斜	$a \neq b \neq c$，$\alpha \neq \beta \neq \gamma \neq 90°$	K_2CrO_7
单　斜	$a \neq b \neq c$，$\alpha = \gamma = 90° \neq \beta$	β-S，$CaSO_4 \cdot 2H_2O$
正　交	$a \neq b \neq c$，$\alpha = \beta = \gamma = 90°$	α-S，Ga，Fe_3C
六　方	$a_1 = a_2 = a_3 \neq c$，$\alpha = \beta = 90°$，$\gamma = 120°$	Zn，Cd，Mg，NiAs
菱　方	$a = b = c$，$\alpha = \beta = \gamma \neq 90°$	As，Sb，Bi
四　方	$a = b \neq c$，$\alpha = \beta = \gamma = 90°$	β-Sn，TiO_2
立　方	$a = b = c$，$\alpha = \beta = \gamma = 90°$	Fe，Cr，Cu，Ag，Au

按照"每个结点的周围环境相同"的要求，1948 年布拉菲（A. Bravais）用数学方法证明晶体中的空间点阵只有 14 种，这 14 种空间点阵也称布拉菲点阵。进一步根据空间点阵的基本特点进行归纳整理，可将 14 种空间点阵归属于 7 个晶系，具体见表 1-3。这 14 种布拉菲点阵的单胞如图 1-10 所示，可以分为两大类。一类是简单单胞（7 个），即一个简单单胞只含一个结点；另一类是复杂单胞（7 个），整个单胞含有一个以上的结点。

表 1-3　布拉菲点阵

布拉菲点阵	符号	图 1-10 中对应标号	晶系	布拉菲点阵	符号	图 1-10 中对应标号	晶系
简单三斜	P	(a)	三斜	简单六方	P	(h)	六方
简单单斜	P	(b)	单斜	简单棱方	R	(i)	菱方
底心单斜	C	(c)		简单四方	P	(j)	四方
简单正交	P	(d)	正交	体心四方	I	(k)	
底心正交	C	(e)		简单立方	P	(l)	立方
体心正交	I	(f)		体心立方	I	(m)	
面心正交	F	(g)		面心立方	F	(n)	

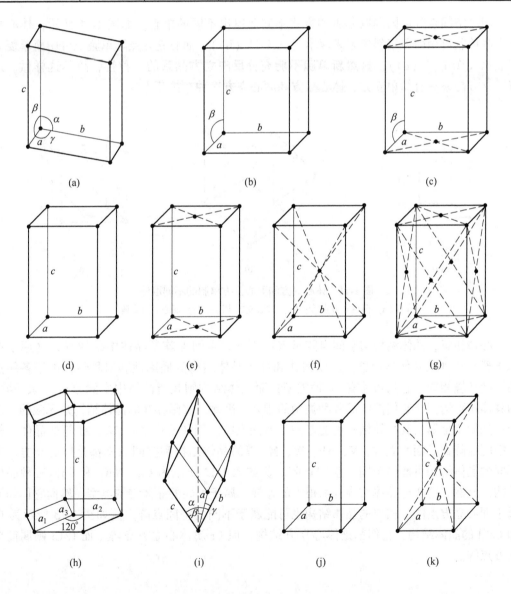

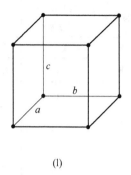 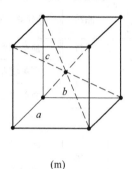 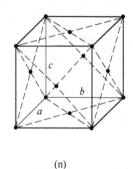

(l)　　　　　　　　　　(m)　　　　　　　　　　(n)

图 1-10　14 种布拉菲点阵

同一空间点阵可因选取单胞的方式不同而得出不同的单胞。如图 1-11 所示，体心立方点阵单胞可用简单三斜单胞来表示（图 1-11（b）），面心立方点阵单胞也可用简单菱方来表示（图 1-11（c）），显然新单胞不能充分反映立方晶系的对称性，故不这样做。所以，立方晶系只有简单立方、体心立方和面心立方三种布拉菲点阵。

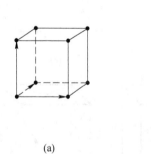 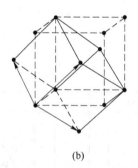 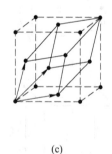

(a)　　　　　　　　　　(b)　　　　　　　　　　(c)

图 1-11　体心立方和面心立方单胞的不同取法
（a）简单立方点阵；（b）体心立方点阵；（c）面心立方点阵

必须注意，晶体结构与空间点阵是有区别的。空间点阵是晶体中结构基元（原子或原子群）排列的几何学抽象，用以描述和分析晶体结构的周期性和对称性，由于各结点的周围环境相同，它只可能有 14 种类型；而晶体结构则是指晶体中实际原子（原子群）的具体排列情况，它们能组成各种类型的排列，因此，实际存在的晶体结构是无限的。对于一些简单金属，其晶体结构可能等同于空间点阵。例如 Cu、Ag、Ni、Al 等的晶体结构和空间点阵都是面心立方；V、Nb、W、Mo 等的晶体结构和空间点阵都是体心立方。但不同的晶体结构可能属于同一空间点阵。例如图 1-12 所示为 Cu、NaCl 和 CaF$_2$ 三种晶体结构，显然，这 3 种晶体结构有着很大的差异，属于不同的晶体结构类型，然而它们却同属面心立方点阵。相似的晶体结构也可能属于不同的空间点阵，例如图 1-13 所示为 Cr 和 CsCl 的晶体结构，它们都是体心立方结构，但 Cr 属体心立方点阵，而 CsCl 则属简单立方点阵。

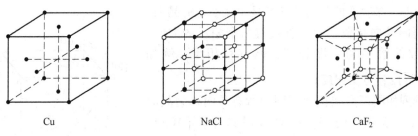

图 1-12　具有相同点阵的晶体结构

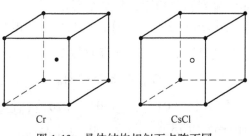

图 1-13　晶体结构相似而点阵不同

1.2.3　晶向指数和晶面指数

在晶体中，由一系列原子所组成的平面称为晶面，任意两个原子之间连线所指的方向称为晶向。在材料科学中讨论有关晶体的生长、变形、相变及性能等问题时常需涉及晶体中原子的位置、晶向和晶面。为了便于研究和表述晶体中不同晶面和晶向的原子排列情况及其在空间的位向，通常用一组特定的数字标定晶向和晶面，分别称为晶向指数和晶面指数。

1.2.3.1　晶向指数

晶向指数的标定步骤如下：

（1）以晶胞的某一结点 O 为原点，过原点 O 的三个点阵基矢为坐标轴 x、y、z，以晶胞棱边长度（即点阵常数）作为坐标轴的长度单位。

（2）过坐标原点 O 作一与待定晶向平行的另一晶向。

（3）在这一晶向上任意取一点（为了方便分析，可取距原点最近的那个原子），求出该点在 x、y、z 轴上的坐标值。

（4）将三个坐标值按比例化为最小简单整数 u、v、w，依次写入方括号中，$[uvw]$ 即为待定晶向的晶向指数。

若坐标中某一数值为负，则在相应的指数上加一负号，如 $[1\bar{1}0]$、$[\bar{1}00]$ 等。现以图 1-14 中 EF 晶向为例说明。通过坐标原点 O 作一平行于待定晶向 EF 的直线 OF'，F' 的坐标值为 $(-1, 1, 0)$，故其晶向指数为 $[\bar{1}10]$。简单地说，选取两个最近邻的点，它们的三个坐标值的差就是所求的 u、v、w。图 1-14 还列举了立方晶系的一些重要晶向的晶向指数。

显然，从晶向指数的标定步骤可以看出，晶向指数表示的是一组相互平行、方向一致的晶向，而非一条直线的位向。即凡是相互平行的晶向，都具有相同的晶向指数。同一直线有两个相反的方向，其晶向指数的数字和顺序相同，但符号相反。例如 $[112]$ 与 $[\bar{1}\bar{1}\bar{2}]$ 方向相反。

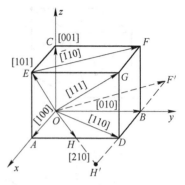

图 1-14　立方晶系中一些重要的晶向指数

原子排列相同但空间位向不同的所有晶向称为晶向族，用 $<uvw>$ 表示。例如，在立方晶系中，$[100]$、$[010]$、$[001]$ 以及方向与之相反的 $[\bar{1}00]$、$[0\bar{1}0]$、$[00\bar{1}]$ 共 6 个晶向上的原子排列完全相同，只是空间位向不同，属于同一晶向族，用<100>表示。同样，<111> 晶向族包括 $[111]$、$[\bar{1}11]$、$[1\bar{1}1]$、$[11\bar{1}]$ 和方向与之相反的 $[\bar{1}\bar{1}\bar{1}]$、$[1\bar{1}\bar{1}]$、$[\bar{1}1\bar{1}]$、$[\bar{1}\bar{1}1]$ 共 8 个晶向。

<110>晶向族包括 $[110]$、$[101]$、$[011]$、$[\bar{1}10]$、$[\bar{1}01]$、$[0\bar{1}1]$ 和方向与之相反的 $[\bar{1}\bar{1}0]$、$[\bar{1}0\bar{1}]$、$[0\bar{1}\bar{1}]$、$[1\bar{1}0]$、$[10\bar{1}]$、$[01\bar{1}]$ 共 12 个晶向。

应当指出，对于立方结构的晶体，改变晶向指数的顺序，所表示的晶向上的原子排列情况完全相同，但这种方法对于其他结构的晶体则不一定适用。

1.2.3.2　晶面指数

晶面指数的标定步骤如下：

（1）以晶胞的某一结点 O 为原点，过原点 O 的三个点阵基矢为坐标轴 x、y、z，坐标原点应不在待确定的晶面上，以免出现零截距。

（2）以晶胞棱边长度（即点阵常数）为度量单位，求出待定晶面在三个坐标轴上的截距。

（3）取各截距的倒数，并化为最小简单整数 h、k、l，依次写入圆括号内，(hkl) 即为所求晶面的晶面指数。这种方法首先由英国晶体学家密勒（W. H. Miller）提出，故晶面指数又称密勒指数。

若晶面与某坐标轴平行，则在此坐标轴上截距为无穷大，其倒数为 0；若晶面与某坐标轴负方向相截，则在此坐标轴上截距为负值，则在相应的指数上加一负号，如 $(\bar{1}10)$、$(1\bar{1}2)$ 等。现以图 1-15 中的晶面为例说明。待标定的晶面 $a_1b_1c_1$ 在 x、y、z 坐标轴上的截距分别为 $\dfrac{1}{2}$、$\dfrac{2}{3}$、$\dfrac{1}{3}$，取其倒数为 2、$\dfrac{3}{2}$、3，化为最小简单整数为 4、3、6，故其晶面指数为 (436)。图 1-16 为立方晶系中一些重要的晶面指数。

同样，晶面指数所代表的不仅是某一晶面，而是代表着一组位于原点同一侧的相互平行的晶面。

另外，在晶体内凡是晶面间距和晶面上原子的分布完全相同，只是空间位向不同的晶面都可以归并为同一晶面族，以 $\{hkl\}$ 表示。例如，在立方晶系中：

$$\{110\} = (110) + (101) + (011) + (\bar{1}10) + (\bar{1}01) + (0\bar{1}1) + (\bar{1}\bar{1}0) +$$

$$(\bar{1}0\bar{1}) + (0\bar{1}\bar{1}) + (1\bar{1}0) + (10\bar{1}) + (01\bar{1})$$

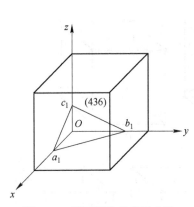

图 1-15 晶面指数的表示方法

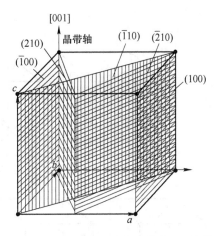

图 1-16 立方晶系中一些重要的晶面指数

$$\{111\} = (111) + (\bar{1}11) + (1\bar{1}1) + (11\bar{1}) + (\bar{1}\bar{1}\bar{1}) + (1\bar{1}\bar{1}) +$$

$$(\bar{1}1\bar{1}) + (\bar{1}\bar{1}1)$$

上面的例子可以看出，在立方晶系中，$\{hkl\}$ 晶面族所包括的晶面可以用 h、k、l 数字的排列组合方法求出，但这一方法不适用于非立方结构的晶体。图 1-17 为立方晶系的 $\{100\}$、$\{110\}$ 和 $\{111\}$ 晶面族。

此外，在立方晶系中，具有相同指数的晶向和晶面必定是互相垂直的。例如 $[110]$ 垂直于 (110)，$[111]$ 垂直于 (111) 等。

1.2.3.3 六方晶系的晶面指数和晶向指数

六方晶系的晶向指数和晶面指数同样可以应用上述方法标定，这时取 a_1、a_2、c 为坐标轴，a_1 轴与 a_2 轴的夹角为 120°，c 轴与 a_1、a_2 轴相垂直，如图 1-18 所示。但按这种方法标定的晶向指数和晶面指数，不能显示六方晶系的对称性，同类型的晶向和晶面，其指数却不相同，往往看不出它们之间的等同关系。例如晶胞的 6 个柱面是等同的，但其晶面指数却分别为 (100)、(010)、$(\bar{1}10)$、$(\bar{1}00)$、$(0\bar{1}0)$ 和 $(1\bar{1}0)$。为了克服这一缺点，通常采用四个坐标轴的方法，专用于六方晶系的指数。

根据六方晶系的对称特点，对六方晶系采用 a_1、a_2、a_3 及 c 四个坐标轴，a_1、a_2、a_3 之间的夹角均为 120°，其晶面指数就以 $(hkil)$ 4 个指数来表示。

根据几何学可知，三维空间独立的坐标轴最多不超过 3 个。前 3 个指数中只有 2 个是独立的，它们之间存在以下关系：$h+k+i=0$。晶面指数的具体标定方法同前面一样，在图 1-18 中列举了六方晶系的一些晶面的指数。采用这种标定方法，等同的晶面可以从指数上反映出来。例如，上述 6 个柱面的指数分别为 $(10\bar{1}0)$、$(01\bar{1}0)$、$(\bar{1}100)$、$(\bar{1}010)$、$(0\bar{1}10)$ 和 $(1\bar{1}00)$，这 6 个晶面可归并为 $\{10\bar{1}0\}$ 晶面族。由 $\{10\bar{1}0\}$ 晶面族包括的所有四轴坐标指数可以发现，h、k 和 i 三个数可以互换位置，这反映了六方晶系对称性特点。虽然 $\{hkil\}$ 指数中的 h、k 和 i 可以互换位置，但是它们之间存在 $h+k+i=0$ 的关系，h、k 和 i 不能单独改变正负号；指数 l 不能和其他指数换位，但可以单独改变正负号。

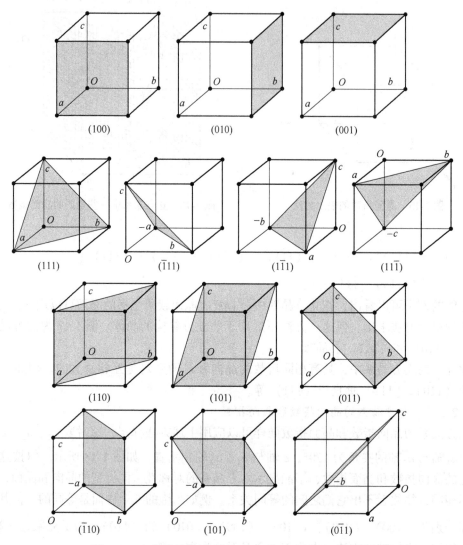

图 1-17　立方晶系的 $\{100\}$、$\{111\}$ 和 $\{110\}$ 晶面族

采用四轴坐标时，晶向指数的确定原则仍同前述（图 1-19），晶向指数可用 $[uvtw]$ 来表示，这里 $u+v+t=0$。

六方晶系按两种坐标系所得的晶面指数和晶向指数可以相互转换如下：对晶面指数而言，从 $(hkil)$ 转换成 (hkl) 只要去掉 i 即可；反之，则加上 $i=-(h+k)$。对晶向指数而言，则 $[UVW]$ 与 $[uvtw]$ 之间的互换关系为：

$$U = 2u + v, \quad V = u + 2v, \quad W = w \tag{1-2}$$

$$u = \frac{1}{3}(2U - V), \quad v = \frac{1}{3}(2V - U), \quad t = -(u + v), \quad w = W \tag{1-3}$$

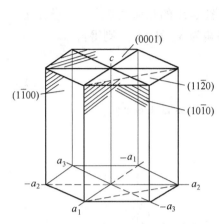

图 1-18 六方晶系一些晶面的指数

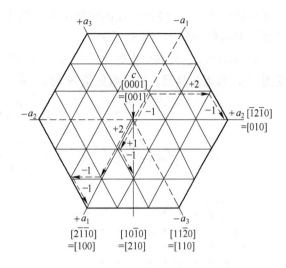

图 1-19 六方晶系晶向指数的表示方法
（c 轴与图面垂直）

1.2.3.4 晶带

所有平行或相交于同一直线的这些晶面构成一个晶带，此直线称为晶带轴。晶带轴表示了晶带中各类晶面分布的特征，常以晶带轴作为晶带的标志，以晶带轴的方向指数表示该晶带的指数。

晶带轴 $[uvw]$ 与该晶带的所有晶面 (hkl) 之间存在以下关系：

$$hu + kv + lw = 0 \qquad (1-4)$$

凡满足此关系的晶面都属于以 $[uvw]$ 为晶带轴的晶带，故此关系式也称作晶带定律。根据这个基本公式，若已知有两个不平行的晶面 $(h_1k_1l_1)$ 和 $(h_2k_2l_2)$，则其晶带轴 $[uvw]$ 可以从式（1-5）求得：

$$u : v : w = \begin{vmatrix} k_1 & l_1 \\ k_2 & l_2 \end{vmatrix} : \begin{vmatrix} l_1 & h_1 \\ l_2 & h_2 \end{vmatrix} : \begin{vmatrix} h_1 & k_1 \\ h_2 & k_2 \end{vmatrix} \qquad (1-5)$$

同样，已知两晶向 $[u_1v_1w_1]$ 和 $[u_2v_2w_2]$，由此两晶向所决定的晶面指数则为：

$$h : k : l = \begin{vmatrix} v_1 & w_1 \\ v_2 & w_2 \end{vmatrix} : \begin{vmatrix} w_1 & u_1 \\ w_2 & u_2 \end{vmatrix} : \begin{vmatrix} u_1 & v_1 \\ u_2 & v_2 \end{vmatrix} \qquad (1-6)$$

1.2.3.5 晶面间距

晶面指数不同的晶面之间的区别主要在于晶面的位向和晶面间距不同。晶面指数一经确定，晶面的位向和晶面间距就确定了。晶面的位向是用晶面法线的位向来表示的。空间任一直线的位向可用它的方向余弦表示，对立方晶系而言，已知某晶面的晶面指数为 h、k、l，则该晶面的位向可从以下关系求得：

$$\begin{cases} h : k : l = \cos\alpha : \cos\beta : \cos\gamma \\ \cos^2\alpha + \cos^2\beta + \cos^2\gamma = 1 \end{cases} \qquad (1-7)$$

由晶面指数还可求出晶面间距 d_{hkl}。通常，低指数的晶面间距较大，而高指数的晶面间距则较小。图 1-20 所示的简单立方点阵不同晶面的晶面间距的平面图，其中（100）面的面间距最大，而（320）面的间距最小。此外，晶面间距越大，则该晶面上原子排列越密集，晶面间距越小则排列越稀疏。

晶面间距 d_{hkl} 与晶面指数（hkl）的关系式可根据图 1-21 的几何关系求出。设 ABC 为距原点 O 最近的晶面，其法线矢量 N 与 a、b、c 的夹角为 α、β、γ，则得：

$$\begin{cases} d_{hkl}^2 = \dfrac{a}{h}\cos\alpha = \dfrac{b}{k}\cos\beta = \dfrac{c}{l}\cos\gamma \\ d_{hkl}^2\left[\left(\dfrac{h}{a}\right)^2 + \left(\dfrac{k}{b}\right)^2 + \left(\dfrac{l}{c}\right)^2\right] = \cos^2\alpha + \cos^2\beta + \cos^2\gamma \end{cases} \tag{1-8}$$

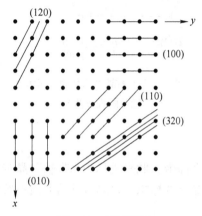

图 1-20　晶面间距

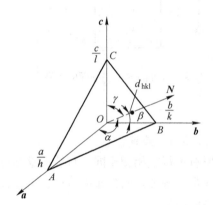

图 1-21　晶面间距公式的推导

因此，只要算出 $\cos^2\alpha + \cos^2\beta + \cos^2\gamma$ 之值就可求得 d_{hkl}。对于直角坐标系，$\cos^2\alpha + \cos^2\beta + \cos^2\gamma = 1$，所以，正交晶系的晶面间距计算公式为：

$$d_{hkl} = \frac{1}{\sqrt{\left(\dfrac{h}{a}\right)^2 + \left(\dfrac{k}{b}\right)^2 + \left(\dfrac{l}{c}\right)^2}} \tag{1-9}$$

对立方晶系，由于 $a=b=c$，故式（1-9）可简化为：

$$d_{hkl} = \frac{a}{\sqrt{h^2 + k^2 + l^2}} \tag{1-10}$$

对六方晶系，由于 $a = b \neq c$，$\alpha = \beta = 90°$，$\gamma = 120°$，所以：

$$d_{hkl} = \frac{1}{\sqrt{\dfrac{4}{3}\dfrac{(h^2 + hk + k^2)}{a^2} + \left(\dfrac{l}{c}\right)^2}} \tag{1-11}$$

值得注意，上述的晶面间距都是针对简单点阵计算的。如果点阵有心化后，就不能按式（1-8）~式（1-11）计算，此时晶面间距 d_{hkl} 的计算较为复杂，应按各种不同情况对上述公式进行修正。例如，（1）体心立方：当 $h+k+l=$ 奇数时；（2）面心立方：当 h、k、l 不全为奇数或不全为偶数时；（3）密排六方：$2h+k = 3n$（$n = 1$，2，3，…），l 为奇数时，均有附加面，故实际的晶面间距是按简单点阵计算的晶面间距的 $1/2$。

1.2.4 极射投影

在进行晶体结构的分析研究时，常常需要清晰地表示出各种晶面、晶向及它们之间的夹角关系等。为了方便起见，通过投影作图可将三维立体图形转化到二维平面上去。晶体的投影方法很多，对于大多数晶体学问题，极射赤面投影最为方便，应用也最广泛。

1.2.4.1 极射投影原理

现将被研究的晶体置于一个球的球心上，这个球称为参考球。假定晶体尺寸与参考球相比很小，就可以认为晶体中所有晶面的法线和晶向均通过球心。将代表每个特定晶面或晶向的直线从球心出发向外延长，与参考球的球面的交点，称为该晶面或晶向的极点。极点的相互位置即可用来确定与之相对应的晶向和晶面之间的夹角关系。

极射赤面投影的原理如图 1-22 所示。先在参考球中选定一条过球心的直径 AB，过 A 点作一平面与参考球相切，并以该平面作为投影面，也称极射面。若晶体的某一晶面的极点为 P，连接 BP 并延长之，使其与投影面相交，交点 P' 即为极点 P 在投影面上的极射投影。过球心作一平面 $NESW$ 与 AB 垂直（与投影面平行），它在球面上形成一个直径与球径相等的圆，称为大圆。大圆在投影面上的投影 $N'E'S'W'$ 也是一个圆，称为基圆，基圆的直径是球径的两倍。所有位于左半球球面上的极点，投影后的极射投影点均将落在基圆之内。然后将投影面移至 B 点，并以 A 点为投影点，将所有位于右半球球面上的极点投射到位于 B 处的投影面上，并冠以负号。最后将 A 处和 B 处的极射投影图重叠地画在一张图上。这样，球面上所有可能出现的极点，都可以包括在同一张极射投影图上。

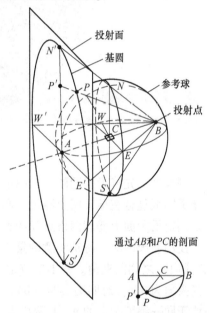

图 1-22 极射赤面投影原理

参考球上包含直径 AB 的大圆在投影面上的投影为一直线，其他大圆投影到投影面上时则均呈圆弧形（两头包含基圆直径的弧段），而球面上不包含参考球直径的小圆，投影的结果既可能是一段弧，也可能是一个圆，不过其圆心将不在投影圆的圆心上。投影面的位置沿 AB 线或其延长线移动时，仅图形的放大率改变，而投影点的相对位置不发生改变。投影面也可以置于球心，这时基圆与大圆重合。如果把参考球比拟为地球，A 点为北极，B 点为南极，过球心的投影面就是地球的赤道平面。以地球的一个极为投影点，将球面投影到赤道平面上就称为极射赤面投影；如投影面不是赤道平面，则称为极射平面投影。

1.2.4.2 吴氏网

分析晶体的极射投影时，吴氏网是很有效的工具。吴氏网实际上就是球网坐标的极射平面投影。如图 1-23 所示，吴氏网由经线和纬线组成，经线是由参考球空间每隔 2°等分且以 NS 轴为直径的一组大圆投影而成；而纬线则是垂直于 NS 轴且按 2°等分球面空间的一组大圆投影而成。吴氏网在绘制时如实地保存着角度关系。经度沿赤道线读数；纬度沿基圆读数。

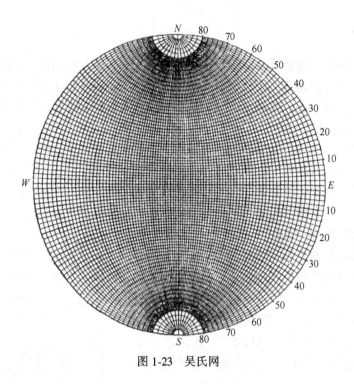

图 1-23 吴氏网

测量时，先将投影图画在透明纸上，其基圆直径与所用吴氏网的直径大小相等，然后将此透明纸复合在吴氏网上测量。利用吴氏网不仅可以方便地读出任一极点的方位，而且可以测定投影面上任意两极点间的夹角，即两晶面的夹角。

使用吴氏网时，特别注意的是应使两极点位于吴氏网经线或赤道上才能正确度量晶面（或晶向）之间的夹角。图 1-24（a）中 B 和 C 两极点位于同一经线上，在吴氏网上可读出其夹角为 30°。对照图 1-24（b），可见 $\beta=30°$，反映了 B、C 之间空间的真实夹角。然而位于同一纬度圆上的 A、B 两极点，它们之间的实际夹角为 α，而由吴氏网上量出它们之间的经度夹角相当于 α'，由于 $\alpha \neq \alpha'$，所以，不能在小圆上测量这两极点间的角度。要测量 A、B 两点间的夹角，应将覆在吴氏网上的透明纸绕圆心转动，使 A、B 两点落在同一个吴氏网大圆上，然后读出这两极点的夹角。

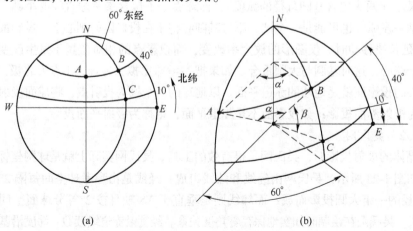

(a)   (b)

图 1-24 吴氏网和参考球的关系

1.2.4.3 标准投影图

以晶体的某个晶面平行于投影面作出全部主要晶面的极射投影图称为标准投影图。一般选择一些重要的低指数的晶面作为投影面，这样得到的图形能反映晶体的对称性。立方晶系常用的投影面是（001）、（110）和（111）；六方晶系则为（0001）。立方晶系的（001）标准投影如图 1-25 所示。对于立方晶系，相同指数的晶面和晶向是相互垂直的，所以标准投影图中的极点既代表了晶面，又代表了晶向。

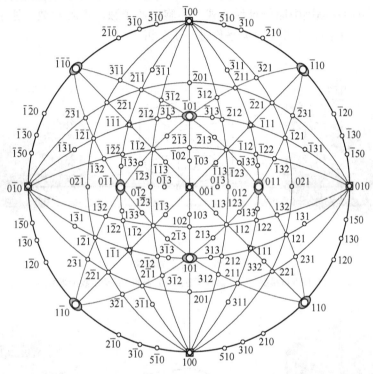

图 1-25　立方晶系的（001）标准投影图

同一晶带的各晶面的极点一定位于参考球的同一大圆上（因为晶带各晶面的法线位于同一平面上），因此，在投影图上同一晶带的晶面极点也位于同一大圆上。图 1-25 中绘出了一些主要晶带的面，它们以直线或弧线连在一起。由于晶带轴与其晶面的法线是相互垂直的，所以可根据晶面所在的大圆求出该晶带的晶带轴。例如，图 1-25 中（100）、（1$\bar{1}$1）、（0$\bar{1}$1）、（$\bar{1}$11）、（$\bar{1}$00）等位于同一经线上，它们属于同一晶带。应用吴氏网在赤道线上向右量出 90°，求得其晶带轴为 [011]。

1.3　纯金属的晶体结构

金属在固态下一般都是晶体。在晶体中，原子按一定规律重复排列，原子的排列规律不同，则其性能也不同，因而必须研究金属的晶体结构，即原子的实际排列情况。决定晶体结构的内在因素是原子或离子、分子间结合键的类型及键的强弱。本节主要介绍金属键类型的晶体结构。由于金属键具有无饱和性和无方向性的特点，所以金属内部的原子趋于紧密排列构成高度对称性的简单晶体结构。

1.3.1 纯金属的典型晶体结构

元素周期表中的所有元素的晶体结构几乎都已用实验方法测出。典型金属通常具有面心立方（A1 或 FCC）、体心立方（A2 或 BCC）和密排六方（A3 或 HCP）3 种晶体结构。因为晶体结构是由其晶胞在三维空间周期重复排列而成的，所以详细讨论晶体结构时只需讨论其晶胞即可。若将金属原子看作等径刚性球，这 3 种晶体结构的晶胞分别如图 1-26~图 1-28 所示。下面就晶胞中原子堆垛方式、晶胞内原子数、点阵常数、原子半径、配位数、致密度和原子间隙大小几个方面来作进一步分析。

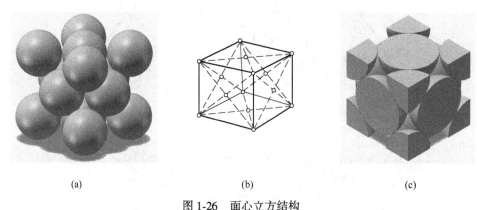

(a)   (b)   (c)

图 1-26   面心立方结构

（a）刚性球模型；（b）晶胞模型；（c）晶胞中的原子数示意图

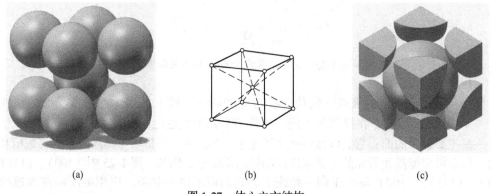

(a)   (b)   (c)

图 1-27   体心立方结构

（a）刚性球模型；（b）晶胞模型；（c）晶胞中的原子数示意图

1.3.1.1 等径原子晶体的堆垛方式和配位

对于金属晶体，因原子间的相互作用力是各向同性的，晶体结构倾向于最大限度地填满空间，即原子倾向于最紧密堆垛，此时体系能量最小，所以，最紧密堆垛成为金属晶体结构的主要堆垛方式。

由图 1-26（a）、图 1-27（a）和图 1-28（a）可见，3 种晶体结构中均有一组原子最紧密排列的平面（密排面）和原子最紧密排列的方向（密排方向），它们分别是面心立方

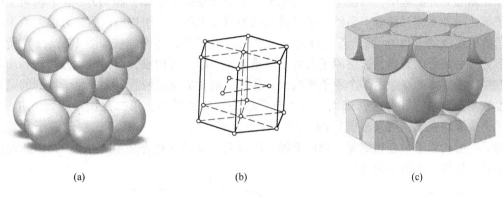

图 1-28　密排六方结构

（a）刚性球模型；（b）晶胞模型；（c）晶胞中的原子数示意图

结构的 {111} <110>、体心立方结构的 {110} <111>和密排六方结构的 {0001} <11$\bar{2}$0>。各种原子密排面在空间沿其法线方向一层层平行堆垛即可分别构成上述 3 种晶体结构。对于密排六方结构而言，原子密排面是其底面；对于面心立方结构而言，则为垂直于立方体空间对角线的对角面。从几何观点看，等径刚性球在一个二维平面的最紧密堆垛如图 1-29 所示。每个球周围都有 6 个球与其相切，并在其周围形成 6 个间隙，即每 3 个原子之间有一个空隙。若把密排面的原子中心连成六边形的网格，这个六边形的网格又可分为 6 个等边三角形，而这 6 个三角形的中心与原子之间的 6 个空隙中心相重合。这 6 个空隙可分为 B、C 两组，每组分别构成 1 个等边三角形。为了获得空间最紧密的堆垛，第二层密排面的每个原子应堆垛在第一层密排面（A 层）每 3 个原子之间的空隙上（B 或 C 位置），如图 1-30 所示。在 A 层原子上方，如果第二层原子堆垛在 B 位置，则不可能同时堆垛在 C 位置。同样，如果第二层原子堆垛在 C 位置，则不可能同时堆垛在 B 位置。

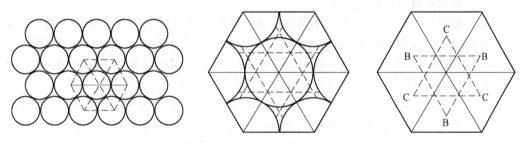

图 1-29　等径刚性球在一个二维平面的最紧密堆垛

当堆垛第二层后，如果第二层原子堆垛在 B 位置，则在第二层上面也产生两种可以堆垛的位置：A 或 C 位置。当第三层密排面的原子堆垛在 A 位置，即回复到第一层位置，第四层密排面又回复到第二层位置，以下依次类推。因此，密排面的堆垛顺序是…ABABAB…，按照这种堆垛方式，即构成密排六方结构，如图 1-28 所示。当第三层密排面（C 层）的原子堆垛到 C 位置，然后第四层堆垛回复到 A 层，即第一层位置，第五层堆垛回复到第二层位置，依此类推，它的堆垛方式为…ABCABCABC…，这就构成了面心立方结构，如图 1-26 所示。

在体心立方晶胞中，除位于体心的原子与位于顶角的 8 个原子相切外，8 个顶角上的原子彼此间并不相互接触。显然，原子排列较为紧密的面相当于连结晶胞立方体的两个斜对角线所组成的 {110} 面，若将该面取出并向四周扩展，则可画成如图 1-31 (a) 所示的形式。由图可以看出，这层原子面的空隙是由 4 个原子所构成，而密排六方结构和面心立方结构密排面的空隙由 3 个原子所构成。显然，前者的空隙较后者大，原子排列的紧密程度较差，通常称其为次密排面。为了获得较为紧密的排列，第二层次密排面（B 层）的原子应堆垛在第一层（A 层）的空隙中心上，第三层的原子位于第二层的原子空隙处并与第一层的原子中心相重复，依此类推。因而它的堆垛方式为…ABABAB…，由此构成体心立方结构，如图 1-31 (b) 所示。

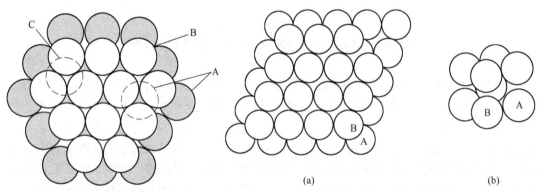

图 1-30　密排六方结构和面心立方结构的
　　　　　原子堆垛方式

图 1-31　体心立方结构原子的最紧密堆垛
（a）原子的最紧密堆垛方式；（b）单胞

X 射线结构分析表明：γ-Fe、Cu、Au、Ag、Al、Ni、Pb 等 20 多种金属具有面心立方结构；Mg、Zn、α-Co、Zr、α-Ti、Be、Cd 等具有密排六方结构；α-Fe、Cr、V、W、Nb、Mo 等 30 多种金属具有体心立方结构。

当原子堆垛后，每个原子就出现周围环境，研究晶体结构时需要了解原子的周围环境。周围环境的含义包括原子邻居的数目、特征及它们之间的距离，这些环境特征用配位来描述。对于最简单的金属晶体结构，配位数（CN）是指晶体结构中与任一原子周围最近邻且等距离的原子数目。显然配位数越大，晶体中的原子排列越紧密。

在体心立方结构中，以立方体中心的原子来看，与其最近邻且等距离的原子数有 8 个，如图 1-27 所示，所以体心立方结构的配位数为 8。在面心立方结构中，以面中心原子为例（见图 1-32），与之最近邻的是它周围顶角上的 4 个原子，这样 5 个原子构成一个平面，这样的平面共有 3 个，3 个面彼此相互垂直，结构型式相同，所以与该原子最近邻且等距离的原子共有 4×3＝12 个。因此，面心立方结构的配位数为 12。在密排六方结构中，当轴比 $c/a = 1.633$ 时，以晶胞上底面中心的原子为例，它不仅与周围 6 个角上的原子相接触，而且与其下面的位于晶胞之内的 3 个原子以及与其上面相邻晶胞内的 3 个原子相接触（见图 1-33），故配位数为 12；如果轴比 $c/a \neq 1.633$，则有 6 个最近邻原子（同一层的原子）和 6 个次近邻原子（上、下层的各 3 个原子），其配位数计为 6+6。

1.3.1.2　晶胞中的原子数

晶胞中的原子数是指平均每个晶胞所包含的原子数。由于晶体是由许多晶胞堆砌而

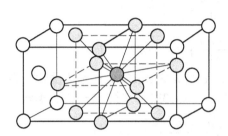

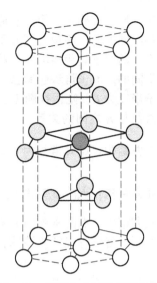

图 1-32　面心立方结构的配位数　　　图 1-33　密排六方结构的配位数

成。从图 1-26～图 1-28 可以看出，晶胞顶角处的原子为几个晶胞所共有，而位于晶面上的原子也同时属于两个相邻晶胞，只有在晶胞体积内的原子才单独为一个晶胞所有。每个晶胞所含有的原子数（n）可用式（1-12）计算：

$$n = n_i + n_f/2 + n_r/m \qquad (1\text{-}12)$$

式中，n_i、n_f、n_r 分别表示位于晶胞内部、面心和角顶上的原子数；m 为晶胞类型参数，立方晶系中 $m=8$，六方晶系中 $m=6$。故 3 种典型金属晶体结构中每个晶胞所占有的原子数 n 为：

面心立方结构：　　　　　　$n = 8 \times \dfrac{1}{8} + 6 \times \dfrac{1}{2} = 4$

这 4 个原子位置的晶体坐标分别为（0，0，0）、（0，1/2，1/2）、（1/2，0，1/2）、（1/2，1/2，0）。

体心立方结构：　　　　　　$n = 8 \times \dfrac{1}{8} + 1 = 2$

这 2 个原子位置的晶体坐标分别为（0，0，0）、（1/2，1/2，1/2）。

密排六方结构：　　　　$n = 12 \times \dfrac{1}{6} + 2 \times \dfrac{1}{2} + 3 = 6$

图 1-28（b）所示模型是由 3 个平行六面体构成，每个平行六面体是布拉菲单胞，它是密排六方的晶胞。为了显示其对称性，往往给出六面棱柱体的晶胞，如图 1-28（b）所示。因此，在一个密排六方的晶胞中含有 2 个原子，这 2 个原子位置的晶体坐标分别为（0，0，0）、（2/3，1/3，1/2）。

1.3.1.3　点阵常数与原子半径

晶胞的大小一般是由晶胞的棱边长度（a、b、c）即点阵常数（或称晶格常数）衡量，它是表征晶体结构的一个重要基本参数。点阵常数主要通过 X 射线衍射分析求得。不同金属可以有相同的点阵类型，但各元素由于电子结构及其所决定的原子间结合情况不同，因而具有各不相同的点阵常数，且随温度不同而变化。

一个孤立原子的尺寸由从核扩展的电子分布距离来确定。理论上，电子分布在无限远处才会是零，所以要确定一个孤立原子的尺寸是困难的。对于金属元素，其原子间的相互作用力是各向同性的，假设金属原子为刚性球，它们最近邻的原子相切，这样，对于纯金属晶体而言，两原子间距离的一半就设定为原子半径。同一种原子在不同堆垛晶体中的原子半径是不同的。原子堆垛越紧密，原子半径越大。

设原子半径为 R，则根据图 1-26～图 1-28 中的几何关系可以求出 3 种典型金属晶体结构的点阵常数与 R 之间的关系：

面心立方结构：点阵常数为 a，且 $R = \dfrac{\sqrt{2}\,a}{4}$；

体心立方结构：点阵常数为 a，且 $R = \dfrac{\sqrt{3}\,a}{4}$；

密排六方结构：点阵常数由 a 和 c 表示，c 与 a 之比（c/a）称为轴比。在理想的情况下，即把原子看作等径的刚性球，可算得 $c/a = 1.633$，此时，$R = a/2$；但实际测得的轴比常偏离此值，即 $c/a \neq 1.633$，这时 $R = \dfrac{\sqrt{\dfrac{a^2}{3} + \dfrac{c^2}{4}}}{2}$

表 1-4 列出常见金属的点阵常数和原子半径。

表 1-4　常见金属的点阵常数和原子半径

金属	点阵类型	点阵常数（室温）/nm	原子半径（CN=12）/nm	金属	点阵类型	点阵常数（室温）/nm	原子半径（CN=12）/nm	金属	点阵类型	点阵常数（室温）/nm	原子半径（CN=12）/nm
Al	A1	0.40496	0.1434	Cr	A2	0.28846	0.1249	Be	A3	a 0.22856 c/a 1.5677 c 0.35832	0.1143
Cu	A1	0.36147	0.1278	V	A2	0.30282	0.1311（30℃）	Mg	A3	0.32094 1.6235 0.52105	0.1598
Ni	A1	0.35236	0.1246	Mo	A2	0.31468	0.1363	Zn	A3	0.26649 1.8563 0.49468	0.1332
γ-Fe	A1	0.36468（916℃）	0.1288	α-Fe	A2	0.28664	0.1241	Cd	A3	0.29788 1.8858 0.56167	0.1489
β-Co	A1	0.3544	0.1253	β-Ti	A2	0.32998（900℃）	0.1429（900℃）	α-Ti	A3	0.29506 1.5857 0.46788	0.1445
Au	A1	0.40788	0.1442	Nb	A2	0.33007	0.1429	α-Co	A3	0.2502 1.625 0.4061	0.1253
Ag	A1	0.40857	0.1444	W	A2	0.31650	0.1371	α-Zr	A3	0.32312 1.5931 0.51477	0.1585
Rh	A1	0.38044	0.1345	β-Zr	A2	0.36090（862℃）	0.1562（862℃）	Ru	A3	0.27038 1.5835 0.42816	0.1325
Pt	A1	0.39239	0.1388	Cs	A2	0.614（−10℃）	0.266（−10℃）	Re	A3	0.27609 1.6148 0.44583	0.1370

注：各元素均按配位数为 12 计算的原子半径。

1.3.1.4 致密度

晶体中原子排列的紧密程度与晶体结构类型有关，通常以配位数和致密度两个参数来描述晶体中原子排列的紧密程度。配位数前面已有介绍，下面讨论致密度。

若将金属原子视为等径刚性球，那么原子之间必然有空隙存在。原子排列的紧密程度可用致密度来表示。致密度是指晶体结构中原子体积占总体积的百分数。如以一个晶胞来计算，则致密度就是晶胞中原子体积与晶胞体积之比值，即

$$K = \frac{nv}{V} \tag{1-13}$$

式中，K 为致密度；n 为一个晶胞实际包含的原子数；v 是一个原子的体积；V 为晶胞体积。

体心立方结构的晶胞中包含 2 个原子，晶胞的棱边长度（点阵常数）为 a，原子半径为 $R = \frac{\sqrt{3}\,a}{4}$，其致密度为：

$$K = \frac{nv}{V} = \frac{2 \times \frac{4}{3}\pi R^3}{a^3} = \frac{2 \times \frac{4}{3}\pi \left(\frac{\sqrt{3}}{4}a\right)^3}{a^3} \approx 0.68$$

根据面心立方晶胞中的原子数和原子半径，可以计算其致密度为：

$$K = \frac{nv}{V} = \frac{4 \times \frac{4}{3}\pi R^3}{a^3} = \frac{4 \times \frac{4}{3}\pi \left(\frac{\sqrt{2}}{4}a\right)^3}{a^3} \approx 0.74$$

对于典型的密排六方金属，其原子半径为 $R = a/2$，其致密度为：

$$K = \frac{nv}{V} = \frac{6 \times \frac{4}{3}\pi R^3}{\frac{3\sqrt{3}}{2}a^2 \sqrt{\frac{8}{3}}a} = \frac{6 \times \frac{4}{3}\pi \left(\frac{a}{2}\right)^3}{3\sqrt{2}\,a^3} \approx 0.74$$

对 3 种晶体结构的配位数和致密度进行分析计算的结果表明，配位数以 12 为最大，致密度以 0.74 为最高。因此，面心立方结构和密排六方结构均属于最紧密排列的结构，即晶胞中的原子具有相同的紧密排列程度；而在体心立方结构中，除位于体心的原子与位于顶角上的 8 个原子相切外，8 个顶角原子之间并不相切，故其致密度没有前者大。

1.3.1.5 晶体结构中的间隙

从晶体中原子排列的刚性模型和对致密度的分析可以看出，金属晶体存在许多间隙，这种间隙对金属的性能、合金相结构和扩散、相变等都有重要影响。

图 1-34~图 1-36 为 3 种典型金属晶体结构的间隙位置示意图。3 种金属晶体结构都存在两种间隙：八面体间隙和四面体间隙，它们分别是位于 6 个原子所组成的八面体中间的间隙和位于 4 个原子所组成的四面体中间的间隙。设金属原子的半径为 R；间隙所能容纳小球的最大半径即为间隙半径。

由图 1-34 可见，构成体心立方结构八面体间隙的 4 个角上的原子中心至间隙中心的距离较远，为 $\frac{\sqrt{2}}{2}a$；上下顶点的原子中心至间隙中心的距离较近，为 $a/2$。间隙的棱边

长度不全相等，是一个不对称的扁八面体间隙，这对以后讨论到间隙原子的固溶及其产生的畸变将有明显的影响。间隙半径为顶点原子至间隙中心的距离减去原子半径：$\frac{1}{2}a - \frac{\sqrt{3}}{4}a$

$= \frac{2-\sqrt{3}}{4}a = \frac{2-\sqrt{3}}{4}\cdot\frac{4R}{\sqrt{3}} \approx 0.154R$。晶胞的每个棱边中心及晶胞立方体 6 个面的中心都是八面体间隙中心位置。四面体间隙由 4 个原子所围成，棱边长度不全相等，也是不对称间隙。原子中心到间隙中心的距离皆为 $\frac{\sqrt{5}}{4}a$，因此间隙半径为 $\frac{\sqrt{5}}{4}a - \frac{\sqrt{3}}{4}a = \frac{\sqrt{5}-\sqrt{3}}{4}a =$

$\frac{\sqrt{5}-\sqrt{3}}{4}\cdot\frac{4R}{\sqrt{3}} \approx 0.291R$。显然四面体间隙比八面体间隙大得多。立方体的每个面上均有 4 个四面体间隙位置。

面心立方结构由于各个棱边长度相等，各个原子中心至间隙中心的距离也相等，所以它们是正八面体间隙和正四面体间隙。图 1-35 中标出了两种不同间隙在晶胞中的位置。八面体间隙的原子至间隙中心的距离为 $a/2$，原子半径为 $\frac{\sqrt{2}}{4}a$，所以间隙半径为 $\frac{1}{2}a -$

$\frac{\sqrt{2}}{4}a = \frac{2-\sqrt{2}}{4}a = \frac{2-\sqrt{2}}{4}\cdot\frac{4R}{\sqrt{2}} \approx 0.414R$。四面体间隙的原子至间隙中心的距离为 $\frac{\sqrt{3}}{4}a$，所以间隙半径为 $\frac{\sqrt{3}}{4}a - \frac{\sqrt{2}}{4}a = \frac{\sqrt{3}-\sqrt{2}}{4}a = \frac{\sqrt{3}-\sqrt{2}}{4}\cdot\frac{4R}{\sqrt{2}} \approx 0.225R$。可见，在面心立方结构中，八面体间隙比四面体间隙大得多。

密排六方结构的八面体间隙和四面体间隙的形状与面心立方结构的完全相似，当原子半径相等时，间隙大小完全相等，只是间隙中心在晶胞中的位置不同，如图 1-36 所示。

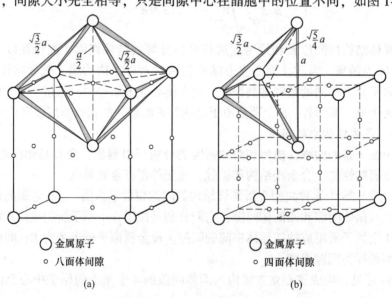

（a）　　　　　　　　　　　　　　　　　（b）

图 1-34　体心立方结构的间隙

（a）八面体间隙；（b）四面体间隙

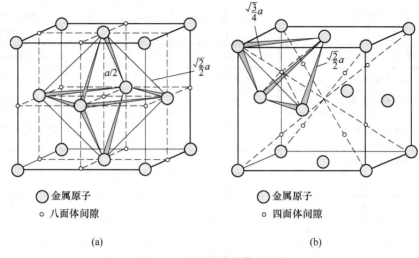

图 1-35 面心立方结构的间隙

(a) 八面体间隙；(b) 四面体间隙

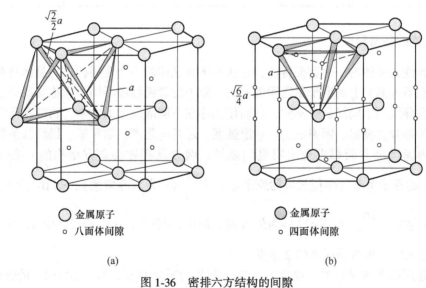

图 1-36 密排六方结构的间隙

(a) 八面体间隙；(b) 四面体间隙

3 种典型金属结构的晶体学特点见表 1-5。体心立方结构的配位数为 8 (最近邻原子相距为 $\frac{\sqrt{3}}{2}a$)，此外尚有 6 个相距为 a 的次近邻原子，有时也将之列入其内，故有时记为 (8+6)。密排六方结构中，只有当 $c/a = 1.633$ 时，其配位数为 12；如果 $c/a \neq 1.633$，则有 6 个最近邻原子和 6 个次近邻原子，故其配位数应记为 (6+6)。

表 1-5　3 种典型金属结构的晶体学特点

结 构 特 征			晶体结构类型		
			面心立方（A1） （FCC）	体心立方（A2） （BCC）	密排六方（A3） （HCP）
点阵常数			a	a	a, c（$c/a=1.633$）
原子密排面			$\{111\}$	$\{110\}$	$\{0001\}$
原子密排方向			$<110>$	$<111>$	$<11\bar{2}0>$
原子半径 R			$\dfrac{\sqrt{2}}{4}a$	$\dfrac{\sqrt{3}}{4}a$	$\dfrac{a}{2}\left(\dfrac{1}{2}\sqrt{\dfrac{a^2}{3}+\dfrac{c^2}{4}}\right)$
晶胞内原子数 n			4	2	6
配位数 CN			12	8（8+6）	12（6+6）
致密度 K			0.74	0.68	0.74
间隙	四面体间隙	数量	8	12	12
		大小	0.225R	0.291R	0.225R
	八面体间隙	数量	4	6	6
		大小	0.414R	0.154R<100> 0.633R<110>	0.414R

1.3.2　晶体的各向异性

　　各向异性是晶体的一个重要特性，是区别于非晶体的一个重要标志。晶体具有各向异性是由于在不同晶向上的原子紧密程度不同。原子的紧密程度不同，意味着原子之间的距离不同，则导致原子间结合力不同，从而使晶体在不同晶向上的力学、物理和化学性能不同，即无论是弹性模量、断裂抗力、屈服强度，还是电阻率、磁导率、线膨胀系数以及在酸中的溶解速度等方面都表现出明显的差异。例如具有体心立方结构的 α-Fe 单晶体，$<100>$晶向的原子密度（单位长度的原子数）为 $\dfrac{1}{a}$（a 为点阵常数），$<110>$晶向为 $\dfrac{0.7}{a}$，而$<111>$晶向为 $\dfrac{1.16}{a}$。所以$<111>$为最大密度晶向，其弹性模量 $E=290\mathrm{GPa}$，而$<100>$晶向的 $E=135\mathrm{GPa}$，前者是后者的 2 倍多。

　　在工业用的金属材料中，通常见不到这种各向异性特征。如上述 α-Fe 的弹性模量，不论方向如何，其弹性模量 E 均在 210GPa 左右。这是因为，一般金属在固态下是由很多晶粒所组成（在金属学中，晶粒是组织的基本组成单位）。图 1-37 所示为纯铁的显微组织，图中各个晶粒的取向不相同，晶粒与晶粒之间存在着取向上的差别，如图 1-38 所示。许多取向不同的单晶体晶粒随机排列的组合称为多晶体，各个晶粒之间有晶界分隔开。一般金属材料都是多晶体。由于多晶体中的晶粒取向是随机的，晶粒的各向异性被互相抵消，因此在一般情况下整个多晶体不显示各向异性，称为伪各项同性。如果用特殊的加工处理工艺，使组成多晶体的每个晶粒的取向大致相同，那么就将表现出各向异性，这点已在工业生产中得到了应用。

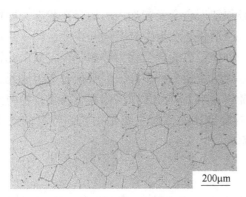

图 1-37　纯铁的显微组织

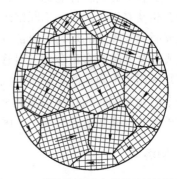

图 1-38　多晶体金属中晶粒取向示意图

用特殊的工艺可以制备单个的晶体，即单晶体。少数金属以单晶体形式使用。例如，单晶铜由于伸长率高、电阻率低和极高的信号传输性能，可作为生产集成电路、微型电子器件及高保真音响设备所需的高性能材料。

1.3.3　同素异构性

很多材料的晶体结构在特定温度、压力或外场下会发生一种晶体结构到另一种晶体结构的转变。单质元素中的这种现象称为同素异构性，例如有些固态金属 Fe、Mn、Ti、Co、Be、Sn 等具有两种或几种晶体结构。

以 Fe 随温度变化发生同素异构转变为例：Fe 在 1394℃ 至熔点间的稳定结构是体心立方结构，称为 δ-Fe。在 912～1394℃ 范围内的稳定结构是面心立方结构，称为 γ-Fe；在 912℃ 以下又重新回到体心立方结构，称为 α-Fe；由于不同晶体结构的致密度不同，当金属由一种晶体结构变为另一种晶体结构时，将伴随有体积的突变。图 1-39 为实验测得的纯铁加热时的膨胀曲线，在 α-Fe 转变为 γ-Fe 及 γ-Fe 转变为 δ-Fe 时，均会因体积突变而使曲线上出现明显的转折点。除体积变化外，同素异构转变还会引起其他性能的变化。

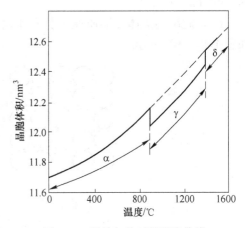

图 1-39　纯铁加热时的膨胀曲线

同素异构转变对于金属是否能够通过热处理操作来改变其性能具有重要的意义。

1.4　合金相的晶体结构

虽然纯金属在工业中有着重要的用途，但由于其强度低等原因，工业上广泛使用的金属材料绝大多数是合金。

要改变和提高金属材料的性能，合金化是最主要的途径。要知道合金元素加入后是如何起到改变和提高金属性能的作用，首先必须知道合金元素加入后的存在状态，即可能形成的合金相及其组成的各种不同组织形态。所谓相是合金中具有同一成分、同一结构和性质并以界面相互隔开的均匀组成部分。由一种相组成的合金称为单相合金，而由几种不同的相组成的合金称为多相合金。尽管合金中的组成相多种多样，但根据合金组成元素及其原子相互作用的不同，固态下所形成的合金相基本上可分为固溶体和金属化合物两大类。

合金组元之间的相互作用及其所形成的合金相的性质主要是由它们各自的电化学因素、原子尺寸因素和电子浓度三个因素控制的。

1.4.1　固溶体

固溶体是以某一组元为溶剂，在其晶体点阵中溶入其他组元原子（溶质原子）所形成的均匀混合的固态溶体，它保持着溶剂的晶体结构类型。工业上所使用的金属材料，绝大部分以固溶体为基体，有的甚至完全由固溶体所组成。例如，广泛应用的碳钢和合金钢，均以固溶体为基体相，其含量占组织中的绝大部分。因此，对固溶体的研究有重要的实际意义。

1.4.1.1　固溶体的类型

根据固溶体的不同特点，可以将其进行分类。

A　按溶质原子在溶剂点阵中所占位置分类

（1）置换固溶体。当溶质原子溶入溶剂中形成固溶体时，溶质原子占据溶剂点阵的结点或者说溶质原子置换了溶剂点阵的部分溶剂原子，这种固溶体就称为置换固溶体，如图 1-40（a）所示。

（2）间隙固溶体。溶质原子分布于溶剂点阵间隙而形成的固溶体称为间隙固溶体，如图 1-40（b）所示。

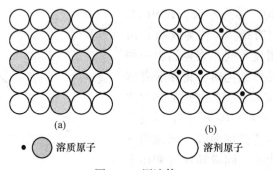

图 1-40　固溶体
（a）置换固溶体；（b）间隙固溶体

B　按溶解度分类

（1）有限固溶体。在一定条件下，溶质组元在固溶体中的浓度有一定的限度，超过这个限度，就会有其他合金相（另一种固溶体或化合物）形成，这种固溶体称为有限固溶体。大部分固溶体属于这一类，它在相图中的位置靠近两端的纯组元，因此也称为端际固溶体。表 1-6 列出一些合金元素在铁中的溶解度。

（2）无限固溶体。溶质能以任意比例溶入溶剂，固溶体的溶解度可达 100%，这种固溶体称为无限固溶体。事实上此时很难区分溶剂与溶质，二者可以互换。通常以含量大于50%的组元为溶剂，含量小于50%的组元为溶质。图1-41为无限固溶体的示意图。由此可见，无限固溶体只可能是置换固溶体。能形成无限固溶体的合金系不是很多，Cu-Ni、Ag-Au、Ti-Zr、Mg-Cd等合金系可形成无限固溶体。

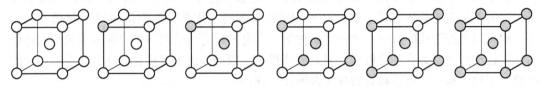

图1-41 无限置换固溶体中两组元素置换示意图

表1-6 合金元素在铁中的溶解度

元素	结构类型	在γ-Fe中最大溶解度/%	在α-Fe中最大溶解度/%	室温下在α-Fe中的溶解度/%
C	六方 金刚石型	2.11	0.0218	0.008（600℃）
N	简单立方	2.8	0.1	0.001（100℃）
B	正交	0.018~0.026	约0.008	<0.001
H	六方	0.0008	0.003	约0.0001
P	正交	0.3	2.55	约1.2
Al	面心立方	0.625	约36	35
Ti	β-Ti 体心立方（>882℃） α-Ti 密排六方（<882℃）	0.63	7~9	约2.5（600℃）
Zr	β-Zr 体心立方（>862℃） α-Zr 密排六方（<862℃）	0.7	约0.3	0.3（385℃）
V	体心立方	1.4	100	100
Nb	体心立方	2.0	α-Fe1.8（989℃） δ-Fe4.5（1360℃）	0.1~0.2
Mo	体心立方	约3	37.5	1.4
W	体心立方	约3.2	35.5	4.5（700℃）
Cr	体心立方	12.8	100	100
Mn	δ-Mn 体心立方（>1133℃） γ-Mn 面心立方（1095~1133℃） α，β-Mn 复杂立方（<1095℃）	100	约3	约3
Co	β-Co 面心立方（>450℃） α-Co 密排六方（<450℃）	100	76	76
Ni	面心立方	100	约10	约10
Cu	面心立方	约8	2.13	0.2
Si	金刚石型	2.15	18.5	15

C 按溶质原子与溶剂原子的相对分布分类

（1）无序固溶体。溶质原子统计地或随机地分布于溶剂的点阵中，它或占据着与溶剂原子等同的一些位置，或占据着溶剂原子间的间隙，是完全无序的，这类固溶体称为无序固溶体。

（2）有序固溶体。当溶质原子按适当比例并按一定顺序和一定方向，围绕着溶剂原子分布时，即具有长程有序结构，这种固溶体称为有序固溶体。它既可以是置换式的有序，也可以是间隙式的有序。在一定条件下，具有短程有序的固溶体会转变为长程有序固溶体，这种转变称为有序化转变。但是应当指出，固溶体由于有序化的结果，会引起结构类型的变化，所以也可以将它看作是金属化合物。

除上述分类方法外，还有一些其他的分类方法。如以纯金属为基的固溶体称为一次固溶体或端际固溶体；以化合物为基的固溶体称为二次固溶体。

1.4.1.2 置换固溶体

金属元素彼此之间一般都能形成置换固溶体，但溶解度视不同元素而异，有些能无限溶解，有的只能有限溶解。例如，Cu 与 Ni 可以无限互溶，Zn 在 Cu 中的溶解度不大于39%，而 Pb 在 Cu 中几乎不溶解。大量的实践表明，随着溶质原子的溶入，往往引起合金的性能发生显著的变化，因而研究影响溶解度的因素具有实际意义。影响溶解度的因素很多，主要取决于不同元素间的原子尺寸、电负性、电子浓度和晶体结构等。

A 原子尺寸因素

设溶剂和溶质的原子半径分别为 R_A、R_B，则溶剂与溶质原子尺寸相对大小 $\Delta R = \left| \dfrac{R_A - R_B}{R_A} \right| \times 100\%$。大量实验表明，在其他条件相近的情况下，$\Delta R$ 对置换固溶体的溶解度有重要影响。组元间的原子半径越接近，即 ΔR 越小，则固溶体的溶解度越大；而当 ΔR 越大时，则固溶体的溶解度越小。对一系列合金系所做的统计结果表明，当溶质与溶剂原子半径的相对差 $\Delta R < 15\%$，或者说溶质与溶剂的原子半径比 $R_{溶质}/R_{溶剂}$ 在 $0.85 \sim 1.15$ 之间，就可能形成溶解度较大甚至无限溶解的固溶体；当 $\Delta R \geq 15\%$ 时，则溶解度非常有限，而且 ΔR 越大，则溶解度越小。在以 Fe 为基的固溶体中，当 Fe 与其他溶质元素的原子半径相对差值 $\Delta R < 8\%$ 且两者的晶体结构相同时，才有可能形成无限固溶体；否则，就只能形成有限固溶体。在以 Cu 为基的固溶体中，只有 $\Delta R < 11\%$ 时，才可能形成无限固溶体。

原子尺寸因素对溶解度的影响可以作如下定性说明。当溶质原子溶入溶剂点阵后，将引起点阵畸变，即与溶质原子相邻的溶剂原子要偏离其平衡位置，如图 1-42 所示。当溶质原子比溶剂原子半径大时，则溶质原子将排挤它周围的溶剂原子；若溶质原子小于溶剂原子，则其周围的溶剂原子将向溶质原子靠拢。不难理解，形成这样的状态必然引起能量的升高，这种升高的能量称为点阵畸变能。组元间的原子半径相差越大，点阵畸变能越高，点阵结构越不稳定，极限溶解度就越小。同样，随着溶质原子溶入量的增加，单位体积的点阵畸变越严重，点阵畸变能越高，直至溶剂点阵不能再维持时，便达到了固溶体的溶解度极限。如此时再继续溶入溶质原子，溶质原子将不再能溶入固溶体中，只能形成其他新相。

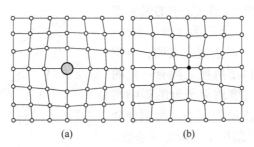

图 1-42 固溶体中大（a）、小（b）溶质原子
所引起的点阵畸变示意图

B 电负性因素（化学亲和力）

元素的电负性定义为元素的原子获得或吸引电子的相对倾向。各元素的电负性如图 1-43 所示，并表示了电负性与原子序数的关系。从图中可以看出，元素的电负性具有周期性，同一周期的元素，其电负性随原子序数的增大而增大；同一族的元素，其电负性随原子序数的增大而减小。溶质与溶剂元素在元素周期表中的位置相距越远，它们之间的化学亲和力越强，即合金组元间电负性差值越大，倾向于生成金属化合物而不利于形成固溶体。生成的化合物越稳定，则固溶体的溶解度就越小。只有电负性相近的元素才可能具有大的溶解度。

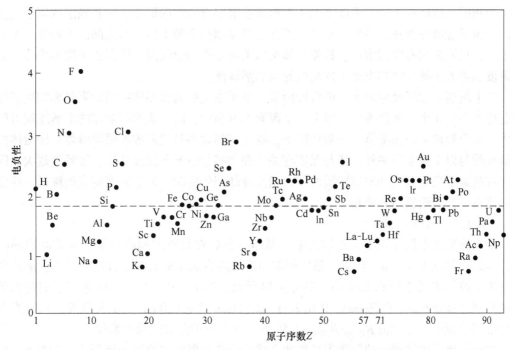

图 1-43 元素的电负性（虚线表示 Fe 的电负性数值）

C 电子浓度因素

实验结果表明，当原子尺寸因素较为有利时，在某些以一价金属（如 Cu、Ag、Au）为基的固溶体中，溶质的原子价越高，则其在 Cu、Ag、Au 中的溶解度越小。如二价 Zn、

三价 Ga、四价 Ge 和五价 As 在 Cu 中的最大溶解度（以原子分数表示）分别为 38%、20%、12% 和 7%（见图 1-44）。以上数值表明，溶质元素的原子价与固溶体的溶解度之间有一定的关系。进一步分析得出，溶质原子价的影响实质上是由合金的电子浓度所决定的。所谓合金的电子浓度是指合金晶体结构中的价电子总数 e 与原子总数 a 之比，即 e/a。合金中的电子浓度可按式（1-14）计算：

$$e/a = \frac{A(100 - x) + Bx}{100} \qquad (1\text{-}14)$$

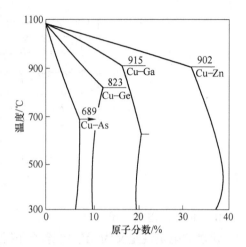

图 1-44　Cu 合金的固相线和溶解度曲线

式中，A、B 分别为溶剂和溶质的原子价；x 为溶质的原子分数（%）。根据式（1-14）分别算出上述合金在最大溶解度时的电子浓度，发现它们的数值都接近于 1.4。由此说明，溶质在溶剂中的溶解度受电子浓度的控制，固溶体的电子浓度有一个极限值，超过此极限值，固溶体就不稳定，而要形成另外的新相。

　　D　晶体结构

　　溶质与溶剂的晶体结构相同，是置换固溶体形成无限固溶体的必要条件。只有晶体结构类型相同，溶质原子才有可能连续不断地置换溶剂点阵中的原子，一直到溶剂原子完全被溶质原子置换完为止。显然，如果两组元的晶体结构类型不同，组元间的溶解度只能是有限的，只能形成有限固溶体。即使晶体结构类型相同的组元间不能形成无限固溶体，其溶解度也将大于晶体结构类型不同的组元间的溶解度。

　　综上所述，原子尺寸因素、电负性因素、电子浓度因素和晶体结构因素是影响固溶体溶解度大小的 4 个主要因素。当以上 4 个因素都有利时，所形成的固溶体的溶解度就可能较大，甚至形成无限固溶体。一般情况下，各元素间大多只能形成有限固溶体。固溶体的溶解度除与以上因素有关外，还与温度有关，在大多数情况下温度越高，溶解度越大。因此，在高温下已达到饱和的有限固溶体，当其冷却至低温时，由于其溶解度的降低，将使固溶体发生分解而析出其他相。

　　1.4.1.3　间隙固溶体

　　如果溶质原子尺寸很小，它溶入溶剂基体时会处在点阵的间隙位置，形成间隙固溶体，其结构如图 1-40（b）所示。形成间隙固溶体的溶剂元素大多是过渡族元素，溶质原子通常是原子半径小于 0.1nm 的一些非金属元素，如 H、B、C、N、O 等（它们的原子半径分别为 0.046nm、0.097nm、0.077nm、0.071nm 和 0.060nm）。实验证明，只有当溶质与溶剂的原子半径比值 $R_{溶质}/R_{溶剂} < 0.59$ 时，才有可能形成间隙固溶体。

　　实际金属晶体结构中的间隙半径都比上述几个非金属元素的原子半径小，例如 γ-Fe 中的八面体间隙半径为 0.053nm，α-Fe 的八面体间隙半径为 0.019nm，四面体间隙半径为 0.036nm，当上述非金属原子填入这些间隙位置后，都会使点阵常数增加，引起很大的点阵畸变（见图 1-45），所以，间隙固溶体的溶解度都是非常低的。当溶质原子较小时，它所引起的点阵畸变也较小，因此就可以溶入更多的溶质原子，溶解度也较大。

间隙固溶体的溶解度不仅与溶质原子的大小有关，还与溶剂晶体结构中间隙的形状和大小等因素有关。例如，C 在 γ-Fe 中的最大溶解度为 2.11%（质量分数），而在 α-Fe 中的最大溶解度仅为 0.0218%（质量分数）。这是因为固溶于 γ-Fe 和 α-Fe 中的 C 原子均处于八面体间隙中，而 γ-Fe 的八面体间隙尺寸比 α-Fe 的八面体间隙尺寸大。另外，α-Fe 为体心立方结构，而在体心立方结构中四面体和八面体间隙均是不对称的，尽管在<100>方向上八面体间隙比四面体间隙的尺寸小，仅为 0.154R；但它在<110>方向上却为 0.633R，比四面体间隙 0.291R 大得多。因此，C 原子处于八面

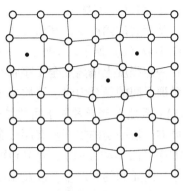

图 1-45 间隙固溶体中的点阵畸变

体间隙中。溶质原子溶入八面体间隙，在<100>方向引起畸变较大，在<110>方向引起畸变较小，这样对其周围引起的畸变是不均匀的，它是一种四方畸变。如果溶质原子在晶体中所有的八面体间隙位置随机分布，在宏观上的畸变还是均匀的，整体仍保持体心立方点阵；但如果溶质原子是择优分布，则可能导致点阵在该方向被拉长。

1.4.1.4 固溶体的结构

虽然固溶体仍保持着溶剂的晶体结构类型，但与纯组元相比，结构还是发生了变化，主要表现在以下几个方面。

A 点阵畸变和点阵常数改变

由于溶质与溶剂的原子大小不同，在形成固溶体时，必然在溶质原子附近的局部范围内造成点阵畸变。点阵畸变的大小可由点阵常数的变化所反映。对于置换固溶体来说，当溶质原子较溶剂原子大时，溶质原子周围点阵膨胀，平均点阵常数增加；反之，当溶质原子较溶剂原子小时，溶质原子周围点阵收缩，平均点阵常数减小。形成间隙固溶体时，点阵常数总是随着溶质原子的溶入而增大，这种影响往往比置换固溶体大得多。工业上常见的以 Al、Cu、Fe 为基的固溶体，其点阵常数的变化如图 1-46 所示。

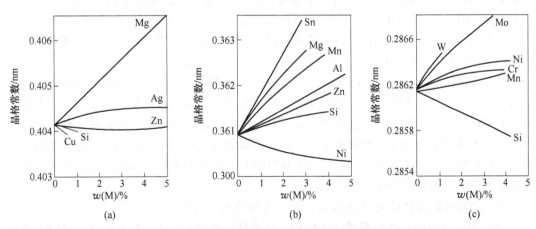

图 1-46 各元素溶入 Al、Cu、Fe 中形成置换固溶体时点阵常数的变化（M 表示金属元素）

(a) Al；(b) Cu；(c) Fe

B   偏聚与有序

从宏观的角度看，在热力学平衡的固溶体中，溶质原子的分布是完全无序、均匀的，如图1-47（a）所示。实际上，经 X 射线精细研究表明，在微观角度溶质原子的分布，总是在一定程度上偏离完全无序状态，存在着分布的不均匀性。当同种原子间的结合力大于异种原子间的结合力时，溶质原子倾向于成群地聚集在一起，形成许多偏聚区（图1-47（b））；反之，当异种原子间的结合力较大时，则溶质原子的近邻皆为溶剂原子，溶质原子倾向于按一定的规则呈有序分布，这种有序分布通常只在短距离小范围内存在，称为短程有序（图1-47（c））。偏聚和短程有序的程度与异种原子间和同种原子间作用力的相对大小、组元间的相对量，以及温度等因素有关。在两极端条件下，或是互不相溶，或出现长程有序，或形成化合物。

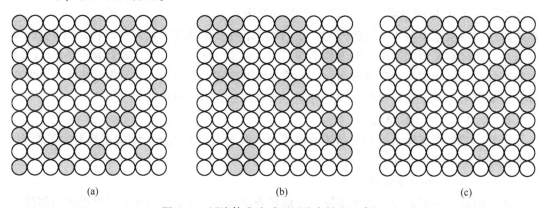

(a)   (b)   (c)

图 1-47   固溶体中溶质原子分布情况示意图

(a) 无序分布；(b) 偏聚分布；(c) 短程有序分布

C   有序固溶体

具有短程有序的固溶体，当低于某一温度时，可能使溶质和溶剂原子在整个晶体中都按一定的顺序排列起来，即由短程有序转变为长程有序，这样的固溶体称为有序固溶体，或称为超结构、超点阵。有序固溶体有确定的化学成分，可以用化学式来表示。例如在 Cu-Au 合金中，当两组元的原子数之比（即 Cu∶Au）等于 1∶1（CuAu）或 3∶1（Cu_3Au）时，在缓慢冷却条件下，两种元素的原子在固溶体中将由无序排列转变为有序排列，Cu、Au 原子在点阵中均占有确定的位置。

当有序固溶体加热至某一临界温度时，将转变为无序固溶体；而在缓慢冷却至这一温度时，又可转变为有序固溶体。这转变过程称为有序化，发生有序化的临界温度称为固溶体的有序化温度。由于溶质和溶剂原子在点阵中占据着确定的位置，因而发生有序化转变时会引起点阵类型的改变。严格说来，有序固溶体实质上是介于固溶体和化合物之间的一种相，但更接近金属化合物。当无序固溶体转变为有序固溶体时，性能发生突变：硬度及脆性显著增加，而塑性和电阻则明显降低。

常见的有序固溶体结构如图1-48所示，主要分为三大类。

（1）面心立方固溶体中形成的超结构。这类超结构存在于 Cu-Au、Fe-Ni、Al-Ni 等合金系中，主要有 Cu_3Au 型、CuAu Ⅰ 型、CuAu Ⅱ 型，其晶胞分别如图1-48（a）~（c）所示。在 Cu_3Au 型中，Au 原子位于立方晶胞的八个顶角上，Cu 原子则占据六个面心位置，

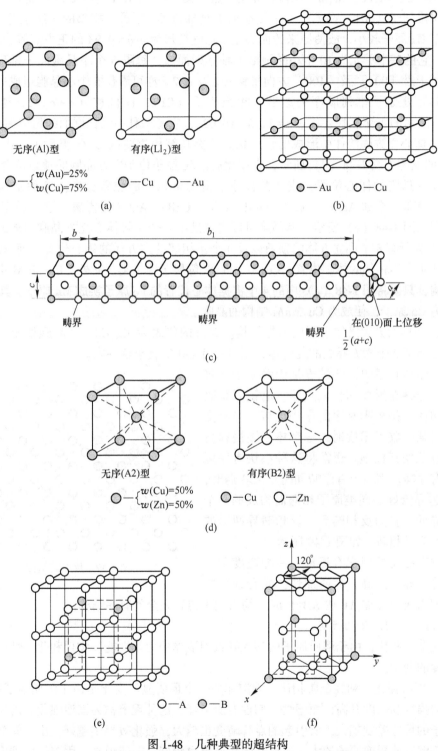

图 1-48 几种典型的超结构

(a) Cu_3Au I 型；(b) CuAu I 型；(c) CuAu II 型；

(d) CuZn 型；(e) Fe_3Al 型；(f) Mg_3Cd 型

Co_3Al、Ni_3Al、Ni_3Fe、Ni_3Si、Ni_3Mn 等属于这一类；在 CuAu I 型中 Cu 原子和 Au 原子交替地按层排列于 (001) 晶面上，一层晶面上全部是 Cu 原子，相邻的一层全部是 Au 原子。由于 Cu 原子较小，故使原来的面心立方点阵变形为 $c/a = 0.93$ 的正方点阵；在 CuAu II 型中，它的基本单元为 10 个小晶胞沿 b 轴排列而成，每隔 5 个小晶胞原子排列顺序改变，相当于沿 [001] 及 [100] 方向平移 $c/2$ 及 $a/2$。亦可看作 5 个小晶胞组成一个反相畴，在畴界处原子排列顺序的改变，相当于沿 (010) 面位移 $(a+c)/2$，得到如图 1-48 (c) 所示的正交晶胞，其 $c/a = 1$，$b = 10.02a$，它是一种一维长周期的超结构。

（2）体心立方固溶体中形成的超结构。这类超结构主要以 CuZn 型和 Fe_3Al 型为主。CuZn 型的晶胞如图 1-48 (d) 所示，有序化后，Zn 原子位于立方晶胞的顶角位置，Cu 原子位于立方晶胞的体心位置，或者两种原子呈完全相反的位置分布。这种结构也称为 CsCl 型。其他合金如 AgZn、AgCd、FeAl、FeTi、CuBe、AuCd 等皆属于这一类型；Fe_3Al 型的晶胞如图 1-48 (e) 所示，其晶胞可以看成是由 8 个一般体心立方晶胞组成的，其中 Fe 原子占据所有 8 个小立方体的顶角以及 4 个不相邻的立方体的体心位置，而 Al 原子只占其余的 4 个不相邻的体心位置，Cu_3Al、Fe_3Si 等属于这一类。此外，Cu_2MnAl 也近似于这类结构，只要将图 1-48 (e) 中的 4 个占据体心位置的 Fe 原子换成 Mn 原子，其余的 Fe 原子换为 Cu 原子，便成为 Cu_2MnAl 结构的晶胞。

（3）密排六方固溶体中形成的超结构。典型的代表为 Mg_3Cd，其晶胞如图 1-48 (f) 所示，相当于 2 个六方晶胞的复合体，Ag_3In、Ti_3Al 等属于这一类。

从无序到有序的转变过程是依赖原子迁移实现的，即存在形核和长大过程。电镜观察表明，最初核心是短程有序的微小区域。当合金缓冷经过某一临界温度时，各个核心慢慢独自长大，直至相互接壤。通常将这种小块有序区域称为有序畴。当两个有序畴同时长大相遇时，如果其边界恰好是同类原子相遇而构成的一个明显分界面，称为反相畴界，反相畴界两边的有序畴称为反相畴，如图 1-49 所示。

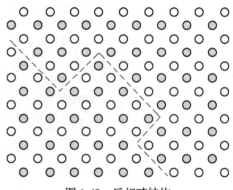

图 1-49　反相畴结构

影响有序化的因素有温度、冷却速度和合金成分等。温度升高，冷速加快，或者合金成分偏离理想成分（如 AB 或 AB_3）时，均不利于得到完全的有序结构。

1.4.1.5　固溶体的性能

和纯金属相比，由于溶质原子的溶入导致固溶体的力学性能、物理和化学性能产生了不同程度的变化。

（1）固溶强化。和纯金属相比，固溶体的一个最明显的变化是由于溶质原子的溶入，固溶体的强度和硬度升高，而塑性、韧性有所下降，这种现象称为固溶强化。溶质原子与溶剂原子的尺寸差别越大，所引起的点阵畸变也越大，强化效果则越好。由于间隙原子造成的点阵畸变比置换原子的大，所以其强化效果也较好。一般说来，固溶体的硬度、屈服强度和抗拉强度等总是比组成它的纯金属的平均值高；在塑性韧性方面，如伸长率、断面收缩率和冲击吸收功等，固溶体要比组成它的纯金属的平均值低，但比一般的金属化合物要高得多。因此，综合起来看，固溶体具有比纯金属和金属化合物更为优越的综合力学性能。有关固溶强化机理将在后面章节中进一步讨论。

（2）物理和化学性能的变化。固溶体合金随着溶解度的增加，点阵畸变增大，一般固溶体的电阻率升高，电阻温度系数下降。图1-50为Cu-Ni合金在0℃的电阻率随Ni含量（质量分数）的变化曲线。从图中可以看出，固溶体的电阻率是随溶质浓度的增加而增加的，而且在某一中间浓度时电阻率最大。此外，溶质原子的溶入还可以改变溶剂的磁导率、电极电位等。例如Si溶入α-Fe中可以提高磁导率，因此Si含量为2%～4%（质量分数）的硅钢片是一种应用广泛的软磁材料。又如Cr固溶于α-Fe中，当Cr含量达到12.5%（原子分数）时，Fe的电极电位由-0.60V突然上升到+0.2V，从而

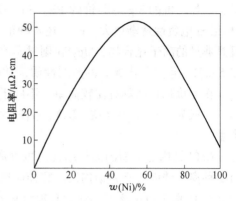

图1-50　Cu-Ni合金在0℃的电阻率
与成分的关系

有效地抵抗空气、水气、稀硝酸等的腐蚀。因此，工业上一般要求高磁导率、高塑性和耐蚀性合金，大多为固溶体合金。

固溶体有序化时因原子间结合力增加，点阵畸变和反相畴存在等因素都会引起固溶体性能突变，除了硬度和屈服强度升高电阻率降低外，甚至有些非铁磁性合金有序化后会具有明显的铁磁性。例如，Ni_3Mn和Cu_2MnAl合金，无序状态时呈顺磁性，但有序化形成超点阵后则成为铁磁性物质。

1.4.2　金属化合物

如果组成合金相的异类原子有固定的比例，所形成的固相的晶体结构与所有组元均不同，则称这种合金相为金属化合物。这种相大多出现在相图的中部，因此也称为中间相。

金属化合物通常可用化合物的化学分子式表示。大多数金属化合物中原子间的结合方式属于金属键与其他典型键（如离子键、共价键和分子键）相混合的一种结合方式。因此它们都具有金属性。正是由于中间相中各组元间的结合含有金属的结合方式，所以表示它们组成的化学分子式并不一定符合化合价规律如CuZn、Fe_3C等。另外，一些金属化合物的成分还可以在一定范围内变化，形成以化合物为基的固溶体（第二类固溶体或称二次固溶体）。金属化合物的性能可以介于高温合金和陶瓷之间，能够比Ni基高温合金有更高的高温比强度，又有比先进高温陶瓷材料更高的塑性和韧性，所以是有发展前景的材料。

和固溶体一样，电负性、电子浓度和原子尺寸对金属化合物的形成及晶体结构都有影响。据此，可将金属化合物分为正常价化合物、电子化合物、原子尺寸因素化合物等几大类，下面分别进行讨论。

1.4.2.1　正常价化合物

在元素周期表中，一些金属与电负性较强的ⅣA，ⅤA，ⅥA族的一些元素按照化学上的原子价规律所形成的化合物称为正常价化合物。它们的成分可以用分子式来表达，如

NaCl、GaF₂、Mg₂Si 等。正常价化合物的稳定性与组元间电负性差有关。电负性差值越小，化合物越不稳定，越趋于金属键结合；电负性差值越大化合物越稳定，越趋于离子键结合。如二价的 Mg 与四价的 Pb、Sn、Ge、Si 形成 Mg_2Pb、Mg_2Sn、Mg_2Ge、Mg_2Si。由 Pb 到 Si 电负性逐渐增大，故上述 4 种正常价化合物中 Mg_2Si 最稳定，熔点为 1102℃，而且是典型的离子化合物；Mg_2Sn 则显示半导体性质，主要为共价键结合；而 Mg_2Pb 熔点仅 550℃，且显示出典型的金属性质，其电阻值随温度升高而增大。

正常价化合物具有比较简单、不同于其组元元素的晶体结构，其成分可用分子式来表达，一般为 AB、A_2B（或 AB_2）、A_3B_2 型。图 1-51 给出了几种常见正常价化合物的结构类型。

NaCl 结构是典型的离子结构，每种离子沿立方体的棱边交替排列，这种结构可视为由 2 种离子的面心立方结构彼此穿插而成。在 Ga_2F 结构中，Ca^{2+} 离子构成面心立方结构，而 8 个 F^- 离子位于该面心立方晶胞内 8 个四面体间隙的中心，因此晶胞中 Ca^{2+} 与 F^- 离子数的比值为 4∶8，即 1∶2。所谓反 Ga_2F 结构就是 2 种原子调换位置所得的结果。在闪锌矿（ZnS）立方结构中，每个原子具有 4 个相邻的异类原子，它亦是由 2 种原子各自的面心立方点阵穿插而成。若晶胞由同类原子组成，则具有金刚石结构。六方硫锌矿（ZnS）结构中，每个原子也具有 4 个相邻的异类原子，如图 1-51（d）所示（图中只画出了六方晶胞的 1/3）。2 种原子各自组成密排六方结构，但彼此沿 c 轴方向错开一个距离。

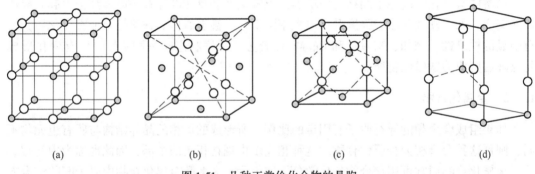

(a)　　　　　　　　(b)　　　　　　　　(c)　　　　　　　　(d)

图 1-51　几种正常价化合物的晶胞

(a) NaCl；(b) Ga_2F；(c) 闪锌矿；(d) 硫锌矿

1.4.2.2　电子化合物

研究发现很多金属化合物的电子浓度对其结构起控制作用，这些由电子浓度控制其稳定性的化合物称为电子化合物。电子化合物是休姆-罗塞里（W. Humme-Rothery）在研究 ⅠB 族的贵金属（Ag，Au，Cu）与ⅡB，ⅢA，ⅣA 族元素（如 Zn，Ga，Ge）所形成的合金时发现的，后来又在过渡族元素形成的（例如 Fe-Al，Ni-Al，Co-Zn）合金系中也发现了这类化合物。电子化合物又称为休姆-罗塞里相。

与固溶体的电子浓度相似，化合物的电子浓度用晶体结构中价电子总数 e 与原子总数 a 的比值（e/a）来表示。计算过渡族元素时其价电子数视为零。

这类化合物的特点是电子浓度是决定晶体结构的主要因素。当化合物的电子浓度分别为 21/12、21/13、21/14 附近时各对应出现相同的结构。电子浓度为 21/12 = 7/4 的电子化合物称为 ε 相，具有密排六方结构，其轴比 c/a 比理想轴比小，为 1.55～1.58；电子浓度为21/13 的电子化合物称为 γ 相（γ-黄铜结构），具有复杂立方结构；电子浓度为 21/14＝3/2 的电子化合物称为 β 相，一般具有无序的体心立方结构（β 相）或密排六方结构（ξ 相）。组成电子化合物的两个组元原子尺寸相差大时，倾向于体心立方结构 β 相；若原子尺寸相差小时倾向出现密排六方结构的 ξ 相。还有少数合金出现复杂立方的 β-Mn 结构。这是由于除主要受电子浓度影响外，其晶体结构也同时受尺寸因素及电化学因素的影响。表 1-7 列出一些典型的电子化合物。电子化合物中原子间的结合方式是以金属键为主，故具有明显的金属特性。

表 1-7　常见的电子化合物及其结构类型

电子浓度 $=\dfrac{3}{2}$，即 $\dfrac{21}{14}$			电子浓度 $=\dfrac{21}{13}$	电子浓度 $=\dfrac{7}{4}$，即 $\dfrac{21}{12}$
体心立方结构	复杂立方 β-Mn 结构	密排六方结构	γ 黄铜结构	密排六方结构
$CuZn$	Cu_5Si	Cu_3Ga	Cu_5Zn_8	$CuZn_3$
$CuBe$	Ag_3Al	Cu_5Ge	Cu_5Cd_8	$CuCd_3$
Cu_3Al	Au_3Al	$AgZn$	Cu_5Hg_8	Cu_3Sn
Cu_3Ga[①]	$CoZn_3$	$AgCd$	Cu_9Al_4	Cu_3Si
Cu_3In		Ag_3Al	Cu_9Ga_4	$AgZn_3$
Cu_5Si[①]		Ag_3Ga	Cu_9In_4	$AgCd_3$
Cu_5Sn		Ag_3In	$Cu_{31}Si_8$	Ag_3Sn
$AgMg$[①]		Ag_5Sn	$Cu_{31}Sn_8$	Ag_5Al_3
$AgZn$[①]		Ag_7Sb	Ag_5Zn_8	$AuZn_3$
$AgCd$[①]		Au_3In	Ag_5Cd_8	$AuCd_3$
Ag_3Al[①]		Au_5Sn	Ag_5Hg_8	Au_3Sn
Ag_3In[①]			Ag_9In_4	Au_5Al_3
$AuMg$			Au_5In_8	
$AuZn$			Au_5Cd_8	
$AuCd$			Au_9In_4	
$FeAl$			Fe_5Zn_{21}	
$CoAl$			Co_5Zn_{21}	
$NiAl$			Ni_5Be_{21}	
$PdIn$			$Na_{31}Pb_8$	

①不同温度出现不同的晶体结构。

1.4.2.3　原子尺寸因素化合物

一些化合物类型与组成元素的原子尺寸差别有关，当两种原子半径差很大的元素形成化合物时，倾向于形成间隙相和间隙化合物，而中等程度差别时倾向形成拓扑密堆相，现分别讨论如下。

A　间隙相和间隙化合物

原子半径较小的非金属元素如 C、H、N、B 等可与金属元素（主要是过渡族金属）

形成间隙相或间隙化合物，非金属元素处于化合物的间隙中。根据非金属（X）和金属（M）原子半径的比值（R_X/R_M）对这类化合物进行分类：当 R_X/R_M<0.59 时，形成具有简单晶体结构的相，称为间隙相（又称简单间隙化合物）；当 R_X/R_M>0.59 时，形成具有非常复杂晶体结构的相，通常称为间隙化合物。

由于 H 和 N 的原子半径仅为 0.046nm 和 0.071nm，尺寸小，故它们与所有的过渡族金属都满足 R_X/R_M<0.59 的条件，因此，过渡族金属的氢化物和氮化物都为间隙相；而 B 的原子半径为 0.097nm，尺寸较大，则过渡族金属的硼化物均为间隙化合物。至于 C 则处于中间状态，某些碳化物如 TiC、VC、NbC、WC 等是结构简单的间隙相，而 Fe_3C、Cr_7C_3、$Cr_{23}C_6$、Fe_4W_2C 等则是结构复杂的间隙化合物。

a 间隙相

间隙相具有比较简单的晶体结构，如面心立方（FCC）、密排六方（HCP），少数为体心立方（BCC）或简单六方结构，且与组元的结构均不相同。在晶体中，金属原子占据正常的位置，而非金属原子则规则地分布于点阵间隙中，这就构成一种新的晶体结构。例如 V 在纯金属时为体心立方点阵，而在间隙相 VC 中，金属 V 的原子形成面心立方点阵，C 原子存在于其间隙位置。非金属原子在间隙相中占据什么间隙位置，也主要取决于原子尺寸因素。当 R_X/R_M<0.414 时，通常可进入四面体间隙；若 R_X/R_M>0.414 时，则进入八面体间隙。间隙相的分子式一般为 M_4X，M_2X，MX 和 MX_2 四种。常见的间隙相及其晶体结构如表 1-8 所列。

表 1-8 常见的间隙相

间隙相的化学式	常见的间隙相	结构类型
M_4X	Fe_4N, Mn_4N	面心立方
M_2X	Ti_2H, Zr_2H, Fe_2N, Cr_2N, V_2N, W_2C, Mo_2C, V_2C	密排六方
MX	TaC, TiC, ZrC, VC, ZrN, VN, TiN, CrN, ZrH, TiH	面心立方
	TaH, NbH	体心立方
	WC, MoN	简单立方
MX_2	TiH_2, ThH_2, ZrH_2	面心立方

在密排结构（FCC 和 HCP）中，八面体和四面体间隙数与晶胞内原子数的比值分别为 1 和 2。当非金属原子填满八面体间隙时，间隙相的成分恰好为 MX，结构为 NaCl 型（MX 化合物也可呈立方 ZnS 型结构，非金属原子占据了四面体间隙的半数）；当非金属原子填满四面体间隙时（仅在氢化物中出现），则形成 MX_2 间隙相，如 TiH_2（在 MX_2 结构中，H 原子也可成对地填入八面体间隙中，如 ZrH_2）；在 M_4X 中，金属原子组成面心立方点阵，而非金属原子在每个晶胞中占据一个八面体间隙；在 M_2X 中，金属原子通常按密排六方结构排列（个别也有 FCC，如 W_2N、Mo_2N 等），非金属原子占据其中一半的八面体间隙位置，或四分之一的四面体间隙位置。M_4X 和 M_2X 可认为是非金属原子未填满间隙的结构。

尽管间隙相可以用化学分子式表示，但其成分也是在一定范围内变化，也可视为以化合物为基的固溶体（二次固溶体或缺位固溶体）。特别是间隙相不仅可以溶解其组成元素，而且间隙相之间还可以相互溶解。如果两种间隙相具有相同的晶体结构，且这两种间隙相中的金属原子半径差小于 15% 时，它们还可以形成无限固溶体，例如 TiC-ZrC、TiC-VC、ZrC-NbC、VC-NbC 等。间隙相中原子间结合键为共价键和金属键，即使非金属组元的原子分数大于 50% 时，仍具有明显的金属特性，而且间隙相几乎全部具有高熔点和高硬度的特点，是合金工具钢和硬质合金中的重要组成相。

　　b　间隙化合物

　　当非金属原子半径与过渡族金属原子半径之比 $R_X/R_M > 0.59$ 时所形成的相往往具有复杂的晶体结构，这就是间隙化合物。通常过渡族金属 Cr、Mn、Fe、Co、Ni 与 C 元素所形成的碳化物都是间隙化合物。常见的间隙化合物有 M_3C 型（如 Fe_3C、Mn_3C），M_7C_3 型（如 Cr_7C_3），$M_{23}C_6$ 型（如 $Cr_{23}C_6$）和 M_6C 型（如 Fe_3W_3C、Fe_4W_2C）等。间隙化合物中的金属元素常常被其他金属元素所置换而形成化合物为基的固溶体。例如渗碳体 Fe_3C 中，一部分 Fe 原子被 Mn 原子置换，则形成合金渗碳体 $(Fe, Mn)_3C$；而 Cr_7C_3 中往往溶入 Fe、Mo、W 等元素，可写成 $(Cr, Fe)_7C_3$；同样，Fe_3W_3C 中能溶入 Ni、Mo 等元素，成为 $(Fe, Ni)_3(W, Mo)_3C$。

　　间隙化合物的晶体结构都很复杂。如 $Cr_{23}C_6$ 属于复杂立方结构，晶胞中共有 116 个原子，其中 92 个 Cr 原子，24 个 C 原子，而每个 C 原子有 8 个相邻的金属 Cr 原子。这一大晶胞可以看成由 8 个亚胞交替排列组成的，在每个亚胞的顶角上交替分布着十四面体和正六面体（见图 1-52）。

　　间隙化合物中原子间结合键为共价键和金属键。其熔点和硬度均较高（但不如间隙相），是钢中的主要强化相。还应指出在钢中只有周期表中位于 Fe 左方的过渡族金属元素才能形成碳化物（包括间隙相和间隙化合物），它们的 d 层电子越少，与 C 的亲和力就越强，则形成的碳化物越稳定。

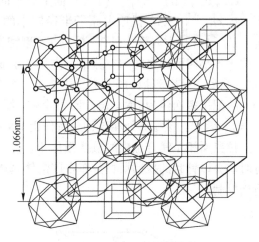

图 1-52　$Cr_{23}C_6$ 的晶体结构

　　B　拓扑密堆相

　　拓扑密堆相是由两种大小不同的金属原子所构成的一类金属化合物，其中大小原子通过适当的配合构成空间利用率和配位数都很高的复杂结构。由于这类结构具有拓扑特征，故称这些相为拓扑密堆相，简称 TCP 相，以区别于通常的具有 FCC 或 HCP 的几何密堆相。

　　拓扑密堆相的种类很多，已经发现的有拉弗斯相（如 $MgCu_2$、$MgNi_2$、$MgZn_2$、$TiFe_2$ 等），σ 相（如 FeCr、FeV、FeMo、CrCo、WCo 等），μ 相（如 Fe_7W_6、Co_7Mo_6 等），Cr_3Si 型相（如 Cr_3Si、Nb_3Sn、Nb_3Sb 等），R 相（如 $Cr_{18}Mo_{31}Co_{51}$ 等），P 相（如 $Cr_{18}Ni_{40}Mo_{42}$ 等）。下面简单介绍拉弗斯相和 σ 相的晶体结构。

　　a　拉弗斯（Laves）相

　　许多金属之间形成金属化合物属于拉弗斯相。二元合金拉弗斯相的典型分子式为

AB_2，其形成条件为：

（1）原子尺寸因素：A 原子半径略大于 B 原子，其理论比值应为 $R_A/R_B = 1.255$，而实际比值在 1.05~1.68。

（2）电子浓度：一定的结构类型对应着一定的电子浓度。

拉弗斯相的晶体结构有三种类型。它们的典型代表为 $MgCu_2$、$MgZn_2$ 和 $MgNi_2$。它们相对应的电子浓度范围见表 1-9。

表 1-9   三种典型拉弗斯相的结构类型和电子浓度范围

典型合金	结构类型	电子浓度范围	属于同类的拉弗斯相举例
$MgCu_2$	复杂立方	1.33~1.75	$AgBe_2$、$NaAu_2$、$ZrFe_2$、$CuMnZr$、$AlCu_3Mn_2$
$MgZn_2$	复杂六方	1.80~2.00	$CaMg_2$、$MoFe_2$、$TiFe_2$、$TaFe_2$、$AlNbNi$、$FeMoSi$
$MgNi_2$	复杂六方	1.80~1.90	$NbZn_2$、$HfCr_2$、$MgNi_2$、$SeFe_2$

以 $MgCu_2$ 为例，其晶胞结构如图 1-53（a）所示，共有 24 个原子，Mg 原子（A）8 个，Cu 原子（B）16 个。（110）面上原子的排列如图 1-53（b）所示，可见在理想情况下，$R_A/R_B = 1.225$。晶胞中原子半径较小的 Cu 位于小四面体的顶点，一正一反排成长链，从 [111] 方向看，是 3·6·3·6 型密排层，如图 1-54（a）所示；而较大的 Mg 原子位于各小四面体之间的空隙中，本身又组成一种金刚石型结构的四面体网络，如图 1-54（b）所示，两者穿插构成整个晶体结构。每个 Mg 原子周围有 4 个 Mg 原子和 12 个 Cu 原子，故配位多面体为 CN = 16；而每个 Cu 原子周围是 6 个 Mg 原子和 6 个 Cu 原子，即 CN = 12。因此，该拉弗斯相结构可看作由 CN16 与 CN12 两种配位多面体相互配合而成。

拉弗斯相是镁合金中的重要强化相。在高度合金化不锈钢和铁基、镍基高温合金中，有时也会以针状的拉弗斯相分布在固溶体基体上，当其数量较多时会降低合金性能，故应适当控制。

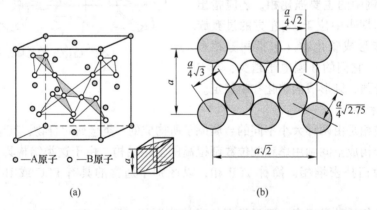

—A原子   —B原子

(a)   (b)

图 1-53 $MgCu_2$ 立方晶胞中 A，B 原子的分布

（a）$MgCu_2$ 晶胞结构；（b）（110）面上原子排列情况

b σ 相

σ 相通常存在于过渡族金属元素组成的合金中，其分子式可写作 AB 或 A_xB_y，如 FeCr、FeV、FeMo、MoCrNi、WCrNi、$(Cr，Wo，W)_x(Fe，Co，Ni)_y$ 等。尽管 σ 相可用

化学式表示，但其成分是在一定范围内变化，即也是以化合物为基的固溶体。

σ相具有复杂的四方结构，其轴比 $c/a \approx 0.52$，每个晶胞中有 30 个原子，如图 1-55 所示。σ相在常温下硬而脆，它的存在通常对合金性能有害。在不锈钢中出现 σ 相会引起晶间腐蚀和脆性；在 Ni 基高温合金和耐热钢中，如果成分或热处理控制不当，会发生片状的硬而脆的 σ 相沉淀，而使材料变脆，故应避免出现这种情况。

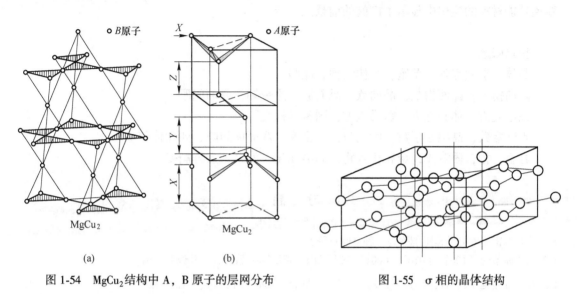

图 1-54　$MgCu_2$ 结构中 A，B 原子的层网分布　　　　图 1-55　σ 相的晶体结构

1.4.2.4　金属化合物的特性

虽然金属化合物种类繁多，晶体结构十分复杂，但它们都有共同的特性：具有极高的硬度、较高的熔点，而塑性很差。这是因为金属化合物中含有较多的离子键及共价键的成分。根据这一特性，绝大多数的工程材料将金属化合物作为强化合金的第二相来使用。例如，一些正常价化合物和多数电子化合物可作为有色金属的强化相。间隙相在合金钢及硬质合金中得到广泛应用。间隙化合物同样是合金钢及高温合金中的重要强化相。

此外，由于原子键合和晶体结构的多样性使得金属化合物具有许多特殊的物理化学性能，已日益受到人们的重视，不少金属化合物特别是超结构已作为新的功能材料和耐热材料正在被开发应用。

（1）具有超导性质的金属化合物，如 Nb_3Ge、Nb_3Al、Nb_3Sn、V_3Si、NbN 等。

（2）具有特殊电学性质的金属化合物，如 InTe-PbSe、GaAs-ZnSe 等在半导体材料的应用。

（3）具有强磁性的金属化合物，如稀土元素（Ce、La、Sm、Pr、Y 等）和 Co 的化合物具有特别优异的永磁性能。

（4）具有奇特吸释氢本领的金属化合物（常称为储氢材料），如 $LaNi_5$、FeTi、R_2Mg_{17} 和 $R_2Ni_2Mg_{15}$ 等（R 代表稀土 La、Ce、Pr、Nd 或混合稀土）是一种很有前途的储能和换能材料。

（5）具有耐热特性的金属化合物，如 Ni_3Al、NiAl、TiAl、Ti_3Al、FeAl、Fe_3Al、$MoSi_2$、$NbBe_{12}$、$ZrBe_{12}$ 等不仅具有很好的高温强度，并且在高温下具有比较好的塑性。

（6）耐蚀的金属化合物，如某些金属的碳化物、硼化物、氮化物和氧化物等具有良好的耐蚀性，若通过表面涂覆方法，可大大提高被涂覆件的耐蚀性能。

（7）具有形状记忆效应、超弹性和消震性的金属化合物，如 TiNi、CuZn、CuSi、MnCu、Cu_3Al 等已在工业上得到应用。

此外，LaB_6 等稀土金属硼化物所具有的热电子发射性，Zr_3Al 的优良中子吸收性等在新型功能材料的应用中显示了广阔的前景。

重点概念

晶体，空间点阵，单胞，晶体结构，晶胞

晶向指数，晶面指数，晶向族，晶面族，晶带轴，晶面间距

面心立方，体心立方，密排六方，同素异构性

点阵常数，晶胞原子数，配位数，致密度，八面体间隙，四面体间隙

合金，相，固溶体，金属化合物，固溶强化，偏聚，点阵畸变

习　题

1-1　为什么密排六方结构不能称为一种空间点阵？

1-2　四方晶系的 ［100］、［010］、［001］三个晶向是否属同一晶向族，并说明原因。

1-3　在立方晶胞中画出 (210)、$(1\bar{1}2)$、(321) 晶面和 ［346］、$[1\bar{2}1]$、$[12\bar{3}]$ 晶向。

1-4　写出立方晶系的 {111} 和 {110} 晶面族所包括晶面的密勒指数，并在晶胞中画出这些晶面。

1-5　分别计算面心立方结构和体心立方结构的 {111} 和 {110} 晶面族的晶面间距（设两种结构的点阵常数均为 a）。

1-6　试证明理想密排六方结构的轴比 $c/a = 1.633$。

1-7　归纳总结 3 种典型晶体结构的晶体学特征。

1-8　从晶体结构的角度，说明间隙固溶体、间隙相及间隙化合物之间的区别。

1-9　（1）设有一刚性球模型，球的直径不变，当由面心立方点阵转变为体心立方点阵时，试计算其体积膨胀。（2）经 X 射线测定，在 912℃ 时，γ-Fe 的点阵常数为 0.3633nm，α-Fe 的点阵常数为 0.2892nm，当由 γ-Fe 转化为 α-Fe 时，试求其体积膨胀，并与（1）比较，说明其差别的原因。

2 晶体缺陷

本章教学要点：重点掌握点缺陷的平衡浓度，位错的基本类型和特征，作用在位错上的力和位错运动，小角度晶界和大角度晶界；理解点缺陷的形成，柏氏回路及柏氏矢量，位错的应力场及位错与晶体缺陷间的交互作用，固体表面的表面结构和表面能；了解实际晶体中的位错。

晶体结构的特点是长程有序。结构基元（构成物质的原子、离子或分子）完全按照空间点阵规则排列的晶体叫理想晶体。在实际晶体中，由于原子、离子或分子的热运动，以及晶体的形成条件、冷热加工过程和其他辐射、杂质等因素的影响，实际晶体中原子的排列不可能那样规则、完整，而是或多或少地存在偏离理想结构的区域，出现了不完整性。通常，把实际晶体中偏离理想点阵结构的区域称为晶体缺陷。

根据晶体缺陷的几何特征，可以将它们分为三类。

（1）点缺陷：其特征是在三维空间的各个方向上尺寸都很小，尺寸范围约为一个或几个原子尺度，故称零维缺陷，例如空位、间隙原子等；

（2）线缺陷：其特征是在两个方向上尺寸很小，另外一个方向上延伸较长，也称一维缺陷，例如各种类型的位错；

（3）面缺陷：其特征是在一个方向上尺寸很小，另外两个方向上扩展很大，也称二维缺陷，例如晶界、相界、孪晶界和堆垛层错等。

在晶体中，这三类缺陷经常共存，它们互相联系，互相制约，在一定条件下还能互相转化。晶体中晶体缺陷的分布与运动，对晶体的性能，特别是对结构敏感的性能，如屈服强度、断裂强度、塑性、电阻率、磁导率等有很大的影响。另外晶体缺陷还与扩散、相变、塑性变形、再结晶、氧化、烧结等有着密切关系。下面将以金属晶体为例，分别讨论这三类晶体缺陷的结构与基本性质。

2.1 点 缺 陷

点缺陷是最简单的晶体缺陷，它是在结点上或邻近的微观区域内偏离晶体结构的正常排列的一种缺陷。晶体点缺陷包括空位、间隙原子和溶质原子，以及由它们组成的尺寸很小的复杂点缺陷，如空位对、空位团和空位-溶质原子对等。

在任何瞬间，总有一些原子的能量大到足以克服周围原子对它的束缚作用，就可能脱离其原来的平衡位置而迁移到别处。结果在原来点阵结点的位置上出现了空结点，称为空位。间隙原子是指处于点阵间隙位置的原子。间隙原子可以是晶体本身固有的原子，也可能是尺寸较小的外来异类原子（溶质原子或杂质原子），为了区分，常常称前者为自间隙原子。外来的异类原子若是取代晶体本身的原子而占据点阵结点上，这类外来的异类原子通常被称为置换原子。

2.1.1　点缺陷的形成

在晶体中，位于点阵结点上的原子并非静止的，而是以其平衡位置为中心做热振动。原子的振动能是按概率分布，有起伏涨落的。当某一原子具有足够大的振动能而使振幅增大到一定限度时，就可能克服周围原子对它的制约作用，跳离其原来的位置，使点阵中形成空结点，称为空位。

离开平衡位置的原子有三个去处：一是迁移到晶体表面或内表面的正常结点位置上，而使晶体内部留下空位，称为肖脱基（Schottky）缺陷；二是迁移到晶体点阵的间隙位置，而在晶体中同时形成数目相等的空位和间隙原子，则称为弗兰克（Frankel）缺陷；三是跑到其他空位中，使空位消失或使空位移位。另外，在一定条件下，晶体表面上的原子也可能跑到晶体内部的间隙位置形成间隙原子，如图 2-1 所示。

点阵正常结点位置出现空位后，其周围原子由于失去了一个近邻原子而使相互间的作用力失去平衡，因而它们会朝空位方向作一定程度的弛豫，并使空位周围出现一个波及一定范围的弹性畸变区。处于间隙位置的间隙原子，同样会使其周围点阵产生弹性畸变，而且畸变程度要比空位引起的畸变大得多，因此，它的形成能大，在晶体中的浓度比一般低得多。

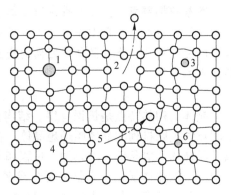

图 2-1　晶体中的各种点缺陷
1—大的置换原子；2—肖脱基缺陷；
3—异类间隙原子；4—复合空位；
5—弗兰克缺陷；6—小的置换原子

上述点缺陷的形成与温度密切相关，随着温度的升高，空位或间隙原子的数目也增多。因此，点缺陷又称为热平衡缺陷。另外，晶体中的点缺陷还可以通过高温淬火、冷变形加工和高能粒子（如 α 粒子、高速电子、中子等）的辐照效应等形成。

2.1.2　点缺陷的平衡浓度

晶体中点缺陷的存在，一方面造成点阵畸变，使晶体的内能升高，降低了晶体的热力学稳定性；另一方面，由于增大了原子排列的混乱程度，并改变了其周围原子的振动频率，引起组态熵和振动熵的改变，使晶体的熵值增大，增加了晶体的热力学稳定性。由于存在着这两个相互矛盾的因素，晶体中的点缺陷在一定的温度下有一定的平衡浓度。此时点缺陷的浓度就称为它们在该温度下的热力学平衡浓度。在一定温度下有一定的热力学平衡浓度，这是点缺陷区别于其他类型晶体缺陷的重要特点。

点缺陷的平衡浓度可以根据热力学理论求得。现以空位为例，计算如下：

由热力学原理可知，在恒温下，系统的自由能 F 为：

$$F = U - TS \tag{2-1}$$

式中，U 为内能；S 为总熵值（包括组态熵 S_c 和振动熵 S_f）；T 为绝对温度。

设由 N 个原子组成的晶体中含有 n 个空位，若形成一个空位所需能量为 E_v，则含有 n 个空位的晶体，其内能将增加 $\Delta U = n E_v$，而 n 个空位造成晶体组态熵的改变为 ΔS_c，振

动熵的改变为 $n\Delta S_f$，故自由能的改变为：

$$\Delta F = nE_v - T(\Delta S_c + n\Delta S_f) \tag{2-2}$$

根据统计热力学，组态熵 S_c 可表示为：

$$S_c = k\ln W \tag{2-3}$$

式中，k 为玻耳兹曼常数（1.38×10^{-23} J/K）；W 为微观状态的数目，即晶体中引入 n 个空位后，这些空位可能出现的不同排列方式的数目。

由 N 个原子组成的晶体，在没有空位时，原子可能排列方式只有一种，即每个点阵结点上只有一个原子。当晶体出现 n 个空位后，整个晶体包含 $N+n$ 个结点，原子可能排列方式数目就要增加。存在 n 个空位和 N 个原子时可能出现的不同排列方式数目为：

$$W = \frac{(N+n)!}{N!\,n!} \tag{2-4}$$

于是，晶体组态熵的增加为：

$$\Delta S_c = k\left[\ln\frac{(N+n)!}{N!\,n!} - \ln1\right] = k\ln\frac{(N+n)!}{N!\,n!} \tag{2-5}$$

当 N 和 n 值都非常大时，可用斯特令（Stirling）近似公式（$\ln x! \approx x\ln x - x$）将式（2-5）改写为：

$$\Delta S_c = k\left[(N+n)\ln(N+n) - N\ln N - n\ln n\right]$$

故形成 n 个空位引起晶体自由能的改变为：

$$\Delta F = n(E_v - T\Delta S_f) - kT\left[(N+n)\ln(N+n) - N\ln N - n\ln n\right]$$

在平衡态时，自由能应为最小，即

$$\left(\frac{\partial \Delta F}{\partial n}\right)_T = E_v - T\Delta S_f - kT[\ln(N+n) - \ln n] = 0$$

$$\ln\frac{N+n}{n} = \frac{E_v - T\Delta S_f}{kT}$$

当 $N \gg n$ 时，$\ln\dfrac{N}{n} = \dfrac{E_v - T\Delta S_f}{kT}$

故空位在 T 温度时的平衡浓度为：

$$C = \frac{n}{N} = \exp\left(\frac{\Delta S_f}{k}\right)\exp\left(-\frac{E_v}{kT}\right) = A\exp\left(-\frac{E_v}{kT}\right) \tag{2-6}$$

式中，$A = \exp(\Delta S_f/k)$ 是由振动熵决定的系数，一般约为 1～10。如果式（2-6）中指数的分子和分母同乘以阿伏加德罗常数 N_A（$6.023\times10^{23}\,\text{mol}^{-1}$），则式（2-6）可改写为：

$$C = A\exp(-N_A E_v/kN_A T) = A\exp(-Q_f/RT) \tag{2-7}$$

式中，$Q_f = N_A E_v$，为形成空位的激活能，即形成 1mol 空位所需做的功，J/mol；$R = kN_A$，为气体常数，其值为 8.31J/(mol·K)。

按照类似的计算，也可求得间隙原子的平衡浓度 C' 为：

$$C' = \frac{n'}{N'} = A'\exp(-\Delta E_v'/kT) \tag{2-8}$$

式中，A' 也是由振动熵决定的系数；N' 为晶体中间隙位置总数；n' 为间隙原子数；$\Delta E_v'$ 为形成一个间隙原子所需的能量。

在一般的晶体中，间隙原子的形成能 $\Delta E'_v$ 较大（约为空位形成能 ΔE_v 的 3~4 倍）。因此，在同一温度下，晶体中间隙原子的平衡浓度 C' 要比空位的平衡浓度 C 低得多。例如，Cu 的空位形成能为 1.7×10^{-19} J，而间隙原子形成能为 4.8×10^{-19} J；在 1273K 时，其空位的平衡浓度约为 10^{-4}，而间隙原子的平衡浓度仅约为 10^{-14}，两者浓度比接近 10^{10}。因此，在通常情况下，晶体中间隙原子数目甚少，相对于空位可以忽略不计；但是在高能粒子辐照后，产生大量的弗兰克缺陷，间隙原子数增加，就不能忽略了。所以，一般晶体中主要点缺陷是空位。

这意味着，靠点阵结点上的原子借热振动的帮助跳入间隙位置，形成等量空位和间隙原子的方式来产生平衡空位的可能性是很小的。空位的产生主要靠结点上的原子跳往晶体表面、晶界及位错处。换句话讲，晶体表面、晶界、位错起着空位源泉的作用，同时，也充当空位的尾闾，即它们也是空位消失的地方。

2.1.3 点缺陷的移动

从上面分析得知，在一定温度下，晶体中达到统计平衡的空位和间隙原子的数目是一定的，而且晶体中的点缺陷并不是固定不动的，而是处于不断的运动过程中。例如，空位周围的原子，由于热激活，某个原子有可能获得足够的能量而跳入空位中，并占据这个平衡位置。此时，在该原子的原来位置上，就形成一个空位。这一过程可以看作空位向邻近结点位置的迁移。如图 2-2 所示，当原子在位置 B 时，处于不稳定状态，因而能量较高，空位的迁移必须获得足够的能量来克服此障碍，故称该能量的增加为空位迁移激活能。同理，由于热运动，晶体中的间隙原子也可由一个间隙位置迁移到另一个间隙位置，只不过间隙原子的迁移激活能比空位小得多。在运动过程中，当间隙原子与一个空位相遇时，它将落入该空位，而使两者都消失，这一过程称为复合，又称湮没。与此同时，由于能量起伏，在其他地方可能又会出现新的空位和间隙原子，以保持在该温度下的平衡浓度不变。

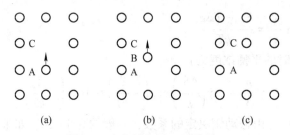

图 2-2 空位从位置 C 迁移到 A
（a）原来位置；（b）中间位置；（c）迁移后位置

2.1.4 点缺陷对金属性能的影响

点缺陷的存在使晶体体积膨胀，密度减小。例如形成一个肖脱基缺陷时，如果空位周围原子不移动，则应使晶体体积增加一个原子体积。但实际上空位周围原子会向空位发生一定偏移，所以体积膨胀大约为 0.5 原子体积。而产生一个间隙原子时，体积膨胀量为 1~2 倍原子体积。

点缺陷使金属的电阻增加，这是由于晶体中存在点缺陷时，传导电子受到散射，产生附加的电阻，附加电阻的大小和点缺陷浓度呈正比。例如，测得 Cu 中每增加 1%（原子分数）的空位，其电阻率的增加约为 $1.5\mu\Omega \cdot cm$。

空位对金属的许多过程有着影响，特别是对高温下进行的过程起着重要的作用。这与高温时空位的平衡浓度急剧增加有关。例如金属的扩散、固态相变、表面化学热处理、表面氧化、烧结等物理化学过程都与空位的存在和运动有着密切的联系。

另外，工业上采用淬火、辐照等方法获得过饱和点缺陷，这可以提高金属的屈服强度。

2.2 线 缺 陷

晶体的线缺陷表现为各种类型的位错。它是晶体中某处一列或若干列原子发生有规律错排现象，错排区是细长的管状畸变区域，长度可达几百至几万个原子间距，宽度仅为几个原子间距。

位错的概念最早是在研究晶体滑移过程时提出来的。当金属晶体受力发生塑性变形时，一般是通过滑移过程进行的，即晶体中相邻两部分在切应力作用下沿着一定的晶面和晶向相对滑动，滑移的结果是在晶体表面上出现明显的滑移痕迹——滑移线。为了解释此现象，根据刚性相对滑动模型，对晶体的理论剪切强度进行了理论计算，所估算出的使完整晶体产生塑性变形所需的临界切应力约等于 G/30，其中 G 为切变模量。但是，由实验测得的实际晶体的屈服强度要比这个理论值低 3~4 个数量级。为了解释这种差异，1934年泰勒（G. I. Taylor），奥罗万（E. Orowan）和波朗依（M. Polanyi）几乎同时提出了晶体中位错的假设，他们认为晶体实际滑移过程并不是滑移面两侧的所有原子都同时做整体刚性滑动，而是通过晶体中存在的线缺陷（即位错）来进行的，位错在较低切应力下容易滑移，使滑移区逐渐扩大，直至整个滑移面上的原子都先后发生相对位移。按照这一模型进行理论计算，其理论屈服强度比较接近于实验值。在此基础上位错理论有了很大发展，直到 20 世纪 50 年代，一系列直接观察位错的实验方法被发展出来，位错模型才为实验所证实，位错理论有了进一步的发展，进入一个与实验结合的新阶段。位错是一类极为重要的晶体缺陷，它对晶体的生长、固态相变、塑性变形、断裂以及其他物理化学性质具有重要影响。位错理论是现代物理冶金和材料科学的基础。

本节主要介绍位错的基本类型，位错的弹性性质，位错的运动、交割、增殖和实际晶体的位错。

2.2.1 位错的基本类型

位错实质上是晶体原子排列的一种特殊组态，因此熟悉它的结构特点是掌握位错各种性质的基础。目前已经提出许多合理的位错模型，其中最基本、最简单的类型有两种，即刃型位错和螺型位错。为了突出位错本身的形态，讨论将从简单立方晶体开始。

2.2.1.1 刃型位错

刃型位错的结构如图 2-3 所示，设有一简单立方晶体，在其晶面 ABCD 上半部存在有多余的半原子面 EFGH，这个半原子面中断于 ABCD 面上的 EF 处，它好像一把刀刃插入晶体中，使 *ABCD* 面上下两部分晶体之间产生了原子错排，故称"刃型位错"，多余半原子面与滑移面 *ABCD* 的交线 *EF* 就称作刃型位错线，其原子排列的具体模型如图 2-3（b）所示。

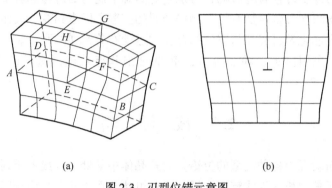

(a)　　　　　　　　　　　　　　(b)

图 2-3　刃型位错示意图

（a）立体模型；（b）垂直于位错线的原子平面图

　　刃型位错有一个额外的半原子面。为了方便讨论，一般把多出的半原子面在滑移面上部的刃型位错称为正刃型位错，用符号"⊥"表示；而把多出的半原子面在滑移面下部的刃型位错称为负刃型位错，用符号"⊤"表示。实际上这种正、负之分只具有相对意义，而无本质的区别，如将晶体旋转 180°，同一位错的正负号就要发生改变。

　　事实上，晶体中的位错并不是外加额外半原子面造成的，它的形成可能有多种原因。例如，晶体在塑性变形时，由于局部区域的晶体发生滑移即可形成位错，如图 2-4 所示。设想在晶体右上角施加一切应力 τ，促使右上部晶体中的原子沿着滑移面 *ABCD* 自右至左移动一个原子间距（见图 2-4（a）），由于此时晶体左上角的原子尚未滑移，于是在晶体内部就出现了已滑移区（*ABFE* 部分）和未滑移区（*CDEF* 部分）的边界 *EF*，在边界附近，原子排列的规则性遭到破坏（见图 2-4（b）），此边界线 *EF* 就相当于图 2-3 中额外半原子面的边缘，其结构恰好是一个正刃型位错。因此，可以把位错理解为晶体中已滑移区和未滑移区的边界线。它不一定是直线，也可以是折线或曲线，但它必与滑移方向（滑移矢量）相垂直，如图 2-5 所示。

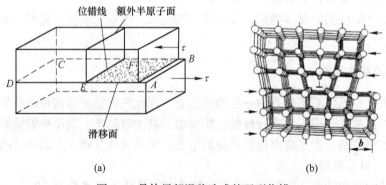

(a)　　　　　　　　　　　　　　(b)

图 2-4　晶体局部滑移造成的刃型位错

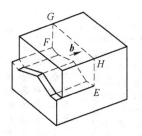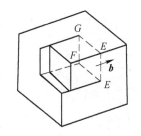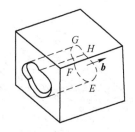

图 2-5　几种形状的刃型位错线

从图 2-4（b）可以看出，在位错线周围一个有限区域内，原子离开了原来的平衡位置，即产生了点阵畸变，并且在额外半原子面左右两边的畸变是对称的。就好像通过额外半原子面对周围原子施加一弹性应力，这些原子就产生一定的弹性应变一样，所以把位错线周围的点阵畸变区看成是存在着一个弹性应力场。就正刃型位错而言，滑移面上部的原子显得拥挤，原子间距变小，点阵受到压应力；滑移面下部的原子则显得稀疏，原子间距变大，点阵受到拉应力；而在滑移面上，点阵受到的是切应力。在位错中心，即额外半原子面的边缘处，点阵畸变最大；随着距位错中心距离的增加，点阵畸变程度逐渐减小。通常把点阵畸变程度大于其正常原子间距 1/4 的区域称为位错宽度，其值约为 3~5 个原子间距。位错线的长度很长，一般为几百到几万个原子间距，相比之下，位错宽度显得非常小，所以把位错看成是线缺陷，但事实上，位错是一条具有一定宽度的细长管道。而其他地方，除了弹性畸变外，原子排列接近于完整晶体。

以上的刃型位错模型中，可以看出其具有以下几个重要特征：

（1）刃型位错有一额外半原子面。

（2）位错线是一个具有一定宽度的细长点阵畸变管道，其中既有正应变，又有切应变。对于正刃型位错，滑移面上方点阵受到压应力，滑移面下方点阵受到拉应力；负刃型位错与此相反。

（3）位错线与晶体的滑移方向相垂直，位错线运动的方向垂直于位错线。

2.2.1.2　螺型位错

螺型位错是另一种基本类型的位错，它的结构特点可用图 2-6 加以说明。设有一简单立方晶体右侧受到切应力 τ 的作用，其右侧上下两部分晶体沿滑移面 ABCD 发生了错动，如图 2-6（a）所示。这时已滑移区和未滑移区的边界线 BC（位错线）不是垂直而是平行于滑移方向。为了分析 BC 线附近的原子排列，取出滑移面上下相邻的两个晶面，并且投影到与它们平行的平面上，如图 2-6（b）所示。图中以圆点 "•" 表示滑移面 ABCD 下方的原子，用圆圈 "○" 表示滑移面上方的原子。可以看出，在 aa' 右边晶体的上下层原子相对错动了一个原子间距，而在 BC 和 aa' 之间出现了一个约有几个原子间距宽的、上下层原子位置发生错排的过渡区，这里原子的正常排列遭到破坏。如果以位错线 BC 为轴线，从 a 开始按顺时针方向依次连接此过渡区的各原子，每旋转一周，原子面就沿着滑移方向前进一个原子间距，其走向与一个右螺旋线的前进方向一样（见图 2-6（c））。位错线附近的原子是按螺旋形排列的，所以把这种位错称为螺型位错。

根据位错线附近呈螺旋形排列的原子的旋转方向不同，螺型位错可分为右旋和左旋螺

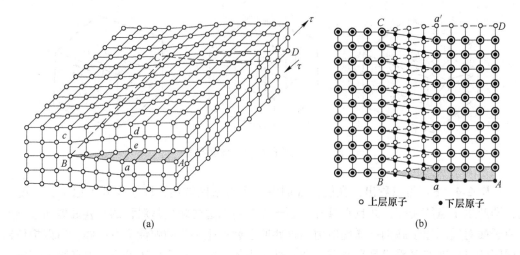

(a)　　　　　　　　　(b)

○ 上层原子　● 下层原子

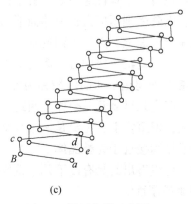

(c)

图 2-6　螺型位错示意图

型位错。通常根据右手法则，即以右手拇指代表螺旋的前进方向，其余四指代表螺旋的旋转方向，凡是符合右手定则的螺型位错称为右螺型位错；符合左手定则的螺型位错则称为左螺型位错。应该指出，螺型位错的左、右并非是相对的，它们有着本质差别，无论将晶体如何放置也不会改变其原本的左、右性质。

螺型位错线周围的点阵也发生了弹性畸变，但是，只有平行于位错线的切应变而无正应变，即不会引起体积膨胀和收缩，且在垂直于位错线的平面投影上，看不到原子的位移，看不出有缺陷。与刃型位错一样，从微观上看，螺型位错也是一条包含几个原子宽度的线缺陷。螺型位错线与滑移矢量平行，因此一定是直线而且位错线的移动方向与晶体滑移方向互相垂直。

综上所述，螺型位错具有以下重要特征：

（1）螺型位错没有额外半原子面。

（2）螺型位错线是一个具有一定宽度的细长的点阵畸变管道，其中只有切应变，而无正应变。

（3）位错线与晶体的滑移方向平行，位错线运动的方向与位错线垂直。

2.2.1.3　混合位错

除了前面介绍的两种基本类型位错外，还有一种形式更为普遍的位错，其滑移矢量既不平行也不垂直于位错线，而是与位错线相交成任意角度，这种位错称为混合位错。图 2-7 为形成混合位错时晶体局部滑移的情况。混合位错线 AC 是一条曲线。在 A 处，位错线与滑移矢量平行，因此是螺型位错；而在 C 处，位错线与滑移矢量垂直，因此是刃型位错。A 与 C 之间，位错线既不垂直也不平行于滑移矢量，每一小段位错线都可分解为刃型和螺型两个分量。混合位错附近的原子组态如图 2-7 (c) 所示。

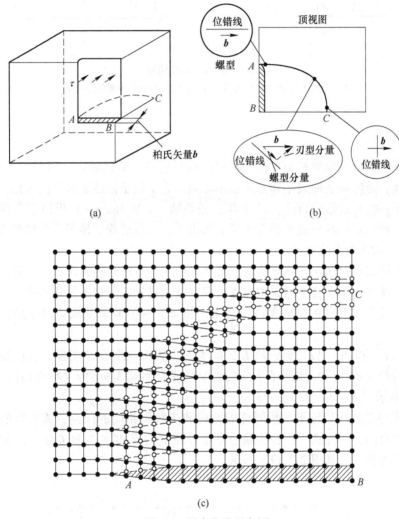

图 2-7　混合位错示意图

由于位错线是已滑移区与未滑移区的边界线。因此，位错具有一个重要的性质，即一根位错线不能终止于晶体内部，而只能露头于晶体表面（包括晶界）。若它终止于晶体内部，则必与其他位错线相连接，或在晶体内部形成封闭线。形成封闭线的位错称为位错环，如图 2-8 所示。图中的阴影区是滑移面上一个封闭的已滑移区。图 2-8 (b) 中的位错环各处的位错结构类型也可按各处的位错线方向与滑移矢量的关系加以分析，如 A、B 两处是刃型位错，且是异号的；C、D 两处是螺型位错，也是异号的；其他各处均为混合位错。

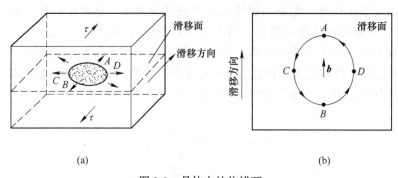

(a)　　　　　　　　　　　　　　(b)

图 2-8　晶体中的位错环

（a）晶体的局部滑移形成的位错环；（b）位错环各部分的结构

2.2.2　柏氏矢量

从上述基本类型位错的模型可知，在位错线附近的一定区域内，均发生了点阵畸变。位错类型不同，点阵畸变的大小和方向也不相同。为了便于描述晶体中的位错，以及更为确切地表征不同类型位错的特征，1939 年，柏格斯（J. M. Burgers）提出了采用柏氏回路来定义位错，使位错的特征能借柏氏矢量表示出来，可以更确切地揭示位错的本质。

2.2.2.1　柏氏矢量的确定

柏氏矢量可以通过柏氏回路来确定。图 2-9（a）、（b）分别为含有一个刃型位错的实际晶体和用作参考的不含位错的完整晶体。确定该位错柏氏矢量的具体步骤如下：

（1）人为定义位错线的正向单位矢量 L，例如，一般假设从纸面出来的方向为位错线的正方向。

（2）在实际晶体中，以位错线的 L 方向为轴，从任一原子 M 出发，绕位错线（避开位错线附近的严重畸变区）按原子步作右螺旋的闭合回路 $MNOPQ$（称为柏氏回路），如图 2-9（a）所示。

（3）在完整晶体中以原子步按同样的方向和步数作相同的回路，该回路的终点和始点必然是不闭合的，因此从不闭合回路的终点 Q 指向起点 M 的矢量 QM，就是实际晶体中位错的柏氏矢量 b，如图 2-9（b）所示。

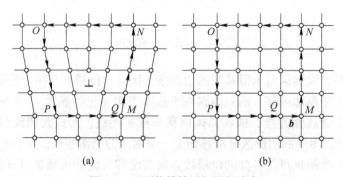

(a)　　　　　　　　　　　　(b)

图 2-9　刃型位错柏氏矢量的确定

（a）实际晶体的柏氏回路；（b）完整晶体的相应回路

由图 2-9 可见，刃型位错的柏氏矢量 **b** 与位错线垂直，这是刃型位错的一个重要特征。关于刃型位错的正、负的确定，可以有两种方法。一是右手法则，具体见图 2-10，即用右手的拇指、食指和中指构成三维直角坐标，以食指指向位错线的正向，中指指向柏氏矢量 **b** 的方向，则拇指的指向代表多余半原子面的位向，且规定拇指向上者为正刃型位错；反之为负刃型位错。二是旋转法，即把柏氏矢量 **b** 顺时针方向旋转 90°，若 **b** 的方向与位错线 **L** 的正向一致，则为正刃型位错；反之，则为负刃型位错。

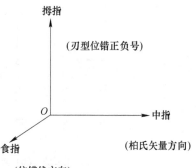

图 2-10 刃型位错的正、负、柏氏矢量与位错线方向之间的关系

螺型位错的柏氏矢量也可按同样的方法加以确定，如图 2-11 所示。由图中可见螺型位错的柏氏矢量 **b** 与位错线 **L** 平行，且规定 **b** 与 **L** 平行且同向为右螺型位错；**b** 与 **L** 平行反向为左螺型位错。

至于混合位错的柏氏矢量既不垂直也不平行于位错线，而与位错线相交成一定角度，叮将其分解成垂直和平行于位错线的刃型分量和螺型分量。

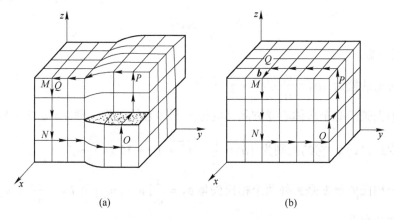

(a)   (b)

图 2-11 螺型位错柏氏矢量的确定

(a) 实际晶体的柏氏回路；(b) 完整晶体的相应回路

对可滑移的位错，柏氏矢量 **b** 总是平行于滑移方向，由此可见，根据柏氏矢量 **b** 与位错线 **L** 的关系，可确定位错的类型，如图 2-12 所示。当柏氏矢量 **b** 垂直于位错线 **L** 时，是刃型位错；当柏氏矢量 **b** 平行于位错线 **L** 时，是螺型位错；当柏氏矢量 **b** 和位错线 **L** 成任意角度时，是混合位错。

2.2.2.2 柏氏矢量的物理意义

位错周围的所有原子，都不同程度地偏离其平衡位置。离位错中心越远的原子，偏离量越小。通过柏氏回路将这些畸变叠加起来，畸变总的大小和方向便可由柏氏矢量表示出来。显然，柏氏矢量越大，位错周围的点阵畸变也越严重，因此，柏氏矢量是一个反映由位错引起的点阵畸变大小和方向的物理量。由此也可把位错定义为柏氏矢量不为零的晶体缺陷。

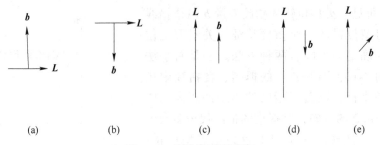

图 2-12　位错类型的确定

（a）正刃型；（b）负刃型；（c）右螺型；（d）左螺型；（e）混合型

从局部滑移引入位错的过程不难看出，位错的柏氏矢量就是已滑移区的滑移矢量。位错的许多性质如位错的能量、应力场、所受的力等都与柏氏矢量有关。

2.2.2.3　柏氏矢量的表示方法

柏氏矢量的大小和方向可以用它在晶轴上的分量，即初基点阵矢量 a、b 和 c 来表示。对于立方晶系晶体，由于 $a = b = c$，故柏氏矢量 b 的方向可用与其同向的晶向指数来表示。柏氏矢量的模 $|b|$ 的大小表示点阵畸变的程度，称为位错的强度。

一般立方晶系中位错的柏氏矢量可记为：

$$b = \frac{a}{n} [uvw] \tag{2-9}$$

式中，n 为正整数。

该柏氏矢量的模为 $|b| = \dfrac{a}{n} \sqrt{u^2 + v^2 + w^2}$。

例如，柏氏矢量等于从体心立方晶体的原点到体心的矢量，则 $b = a/2 + b/2 + c/2$，可写成 $b = a/2[111]$。它的模则为 $|b| = \dfrac{a}{2} \sqrt{1^2 + 1^2 + 1^2} = \dfrac{\sqrt{3}\,a}{2}$。

如果一个柏氏矢量 b 是另外两个柏氏矢量 $b_1 = \dfrac{a}{n}[u_1 v_1 w_1]$ 和 $b_2 = \dfrac{a}{n}[u_2 v_2 w_2]$ 之和，则按矢量加法法则有：

$$b = b_1 + b_2 = \frac{a}{n}[u_1 v_1 w_1] + \frac{a}{n}[u_2 v_2 w_2]$$

$$= \frac{a}{n}[u_1 + u_2 \; v_1 + v_2 \; w_1 + w_2] \tag{2-10}$$

2.2.2.4　柏氏矢量的特性

（1）在确定柏氏矢量时，只规定了柏氏回路必须在无畸变区内选取，而对其形状、大小和位置并没有作任何限制。这就意味着柏氏矢量与回路起点及其具体途径无关。如果事先规定了位错线的正向，并按右螺旋法则确定回路方向，那么一根位错线的柏氏矢量就是恒定不变的。换句话说，只要不和其他位错线相遇，不论回路怎样扩大缩小或任意移动，由此回路确定的柏氏矢量是唯一的，这就是柏氏矢量的守恒性。

（2）一根不分岔的位错线，不论其形状如何变化（直线、曲折线或闭合的环线），也不管位错线上各处的位错类型是否相同，其各部位的柏氏矢量都相同；而且当位错在晶体中运动或者改变方向时，其柏氏矢量不变，即一根位错线具有唯一的柏氏矢量。

（3）若一个柏氏矢量为 b 的位错可以分解为柏氏矢量分别为 b_1，b_2，$\cdots$，b_n 的 n 个位错，则分解后各位错柏氏矢量之和等于原位错的柏氏矢量，即 $b = \sum_{i=1}^{n} b_i$。如图 2-13（a）所示 b_1 位错分解为 b_2 和 b_3 两个位错，则 $b_1 = b_2 + b_3$。显然，若有数根位错线相交于一点（称为位错结点），则指向结点的各位错线的柏氏矢量之和应等于离开结点的各位错线的柏氏矢量之和（$\sum b_i = \sum b_i'$）。作为特例，如果各位错线的方向都是朝向结点或都是离开结点的，则柏氏矢量之和恒为零，即 $\sum b_i = 0$，如图 2-13（b）所示。

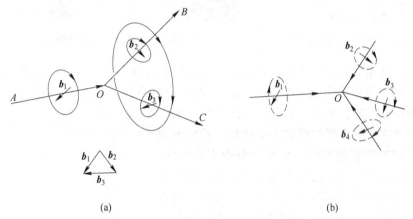

(a)   (b)

图 2-13　位错线相交与柏氏矢量的关系
（a）位错结点 $b_1 = b_2 + b_3$；（b）柏氏矢量的总和为零的情况（$\sum b_i = 0$）

2.2.3　位错的密度

应用一些物理和化学的实验方法可以将晶体中的位错显示出来。如用浸蚀法可得到位错腐蚀坑，由于位错附近的能量较高，所以位错在晶体表面露头的地方最容易受到腐蚀，从而产生蚀坑。位错腐蚀坑与位错是一一对应的。此外，用电子显微镜可以直接观察金属薄膜中的位错组态及分布，还可以用 X 射线衍射等方法间接地检查位错的存在。

由于位错是已滑移区和未滑移区的边界，所以位错线不能中止在晶体内部，而只能中止在晶体的表面或晶界上。在晶体内部，位错线一定是封闭的，或者自身封闭成一个位错环，或者构成三维位错网络，这种性质称为位错的连续性。图 2-14 是晶体中的位错网络示意图，图 2-15 是晶体中位错的实际照片。

在实际晶体中经常含有大量的位错，晶体中存在位错的多少可用位错密度 ρ 来描述。常用的表示位错密度的方法有两种。

一种是单位体积晶体中所包含的位错线的总长度，即：

$$\rho = L/V \tag{2-11}$$

式中，V 为晶体体积；L 为该晶体中位错线的总长度；ρ 的单位为 m^{-2}。

另一种是在晶体中单位面积上所截过的位错线数目，即：

$$\rho = n/A \tag{2-12}$$

式中，A 为晶体截面积；n 为穿过 A 面积的位错线数目。

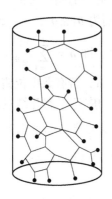

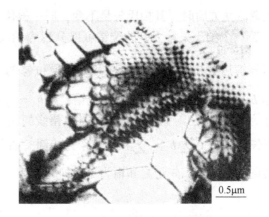

0.5μm

图 2-14　晶体中的位错网络示意图　　　　图 2-15　实际晶体中的位错网络

一般在经过充分退火的多晶体金属中，位错密度达 $10^6 \sim 10^8\,\mathrm{m^{-2}}$；而经剧烈冷塑性变形的金属，其位错密度高达 $10^{10} \sim 10^{12}\,\mathrm{m^{-2}}$，而且位错的组态也变得非常复杂，有时好像乱发似的缠结在一起，称为位错缠团，具体参见本书第 7 章相关内容。

位错的存在，对金属材料的力学性能、扩散及固态相变等过程有重要的影响，如果金属中不含位错，那么它的强度极高。目前已由实验室制造出一种很细的几乎不含位错的金属晶体（晶须），它的强度接近理论强度。例如，直径 $1.6\,\mu\mathrm{m}$ 的铁晶须，其抗拉强度高达 13400MPa；而工业上应用的退火纯铁，其抗拉强度则低于 300MPa，两者相差 40 多倍。几乎不含位错的晶须不易塑性变形，因而强度很高；而工业纯铁中含有位错，易于塑性变形，所以强度很低。晶体的强度与位错密度有密切的关系，可用图 2-16 说明。图中位错密度 ρ_m 对应于金属充分退火状态下的 ρ，此时晶体的强度最低；如果采用冷塑性变形等方法使金属位错密度增加，由于位错之间的相互作用和制约，则晶体的强度增加。因此，要提高工程材料的强度，可以采取两条相反的途径：要么尽量减少位错密度，要么尽量增大位错密度。前者的实例是晶须，后者的实例是非晶态材料。

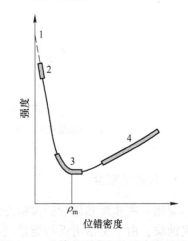

图 2-16　晶体的强度与位错密度的关系
1—理论强度；2—晶须强度；
3—未强化的纯金属强度；4—合金化、加工硬化或热处理的合金强度

2.2.4　位错的运动

位错的最重要性质之一是它可以在晶体中运动，而晶体宏观的塑性变形是通过位错运动来实现的。晶体的力学性能如强度、塑性和断裂等均与位错的运动有关。因此，了解位错运动的有关规律，对于改善和控制金属材料的力学性能是有益的。

位错的运动方式有两种最基本形式，即滑移和攀移。滑移是指位错线沿滑移面的移动，任何类型的位错均可进行滑移；攀移是指位错垂直于滑移面的移动，只有刃型位错才能进行攀移。

2.2.4.1 位错的滑移

位错的滑移是在外加切应力的作用下，通过位错中心附近的原子沿柏氏矢量方向在滑移面上不断地做少量的位移（小于一个原子间距）而逐步实现的。图 2-17 是刃型位错的滑移过程。图中实线表示位错（半原子面 PQ）原来的位置，虚线表示位错移动一个原子间距（如 $P'Q'$）后的位置。由图可见，在外切应力 τ 的作用下，位错虽然移动了一个原子间距，但位错附近的原子只有很小的移动，即由"•"位置移动到"○"位置。如果切应力继续作用，位错将继续向左逐步移动。当位错线沿滑移面滑移通过整个晶体时，就会在晶体表面沿柏氏矢量方向产生宽度为一个柏氏矢量 b 的滑移台阶，即造成了晶体的塑性变形，如图 2-17（b）所示。从图中可知，随着位错的移动，位错线所扫过的区域 $ABCD$（已滑移区）逐渐扩大，未滑移区则逐渐缩小，两个区域始终由位错线为分界线。在滑移时，刃型位错的运动方向始终垂直位错线而平行于柏氏矢量。刃型位错的滑移面就是由位错线与柏氏矢量所构成的平面，因此刃型位错有一个确定的滑移面。

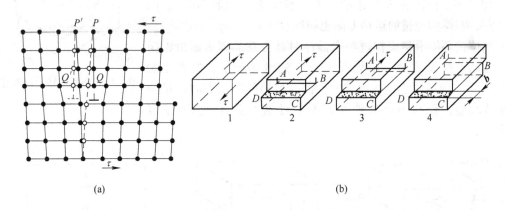

(a)　　　　　　　　　　　　　　　　(b)

图 2-17　刃型位错的滑移
(a) 正刃型位错滑移时周围原子的位移；(b) 滑移过程

图 2-18（a）表示螺型位错运动时位错线周围原子的移动情况（图面为滑移面，图中"○"表示滑移面以下的原子，"•"表示滑移面以上的原子）。由图可见，如同刃型位错一样，滑移时位错线附近原子的移动量很小，所以使螺型位错运动所需的力也是很小的。当位错线沿滑移面滑过整个晶体时，同样会在晶体表面沿柏氏矢量方向产生宽度为一个柏氏矢量 b 的滑移台阶（见图 2-18（c））。在滑移时，螺型位错的移动方向与位错线垂直，也与柏氏矢量垂直。对于螺型位错，由于位错线与柏氏矢量平行，所以原则上通过位错线的任何面都是可能的滑移面，即螺型位错的滑移面不是单一的。

必须指出，对于螺型位错，由于所有包含位错线的晶面都可能成为其滑移面，因此，当某一螺型位错在原滑移面上运动受阻时，有可能从原滑移面转移到与之相交的另一滑移面上继续滑移，这一过程称为交滑移。只有螺型位错能够交滑移。如果交滑移后的位错再转回和原滑移面平行的滑移面上继续运动，则称为双交滑移，如图 2-19 所示。

图 2-20 是混合位错沿滑移面的移动情况。根据确定位错线运动方向的右手法则，即以拇指代表沿着柏氏矢量 b 移动的那部分晶体，食指代表位错线方向，则中指就表示位错

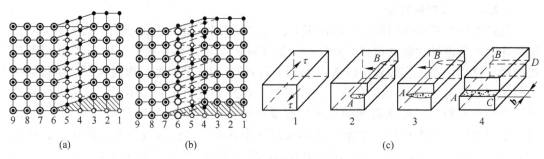

图 2-18　螺型位错的滑移

（a）原始位置；（b）位错向左移动了一个原子间距；（c）滑移过程

线移动方向。该混合位错在外切应力 τ 作用下将沿其各点的法线方向在滑移面上向外扩展，如箭头所示。在相同的切应力作用下，负刃型位错 B 的运动方向与正刃型位错 A 的运动方向相反（即负刃型位错 B 向前移动，正刃型位错 A 向后移动）。同样，左、右螺型位错的运动方向也相反。

图 2-19　螺型位错的交滑移

当位错环沿滑移面扫过整个晶体时就会在晶体表面沿柏氏矢量方向产生宽度为一个柏氏矢量 b 的滑移台阶，如图 2-20（b）所示。应该注意，在滑移时，混合位错的移动方向也是与位错线垂直，而与柏氏矢量 b 既不平行也不垂直，而成任意角度。

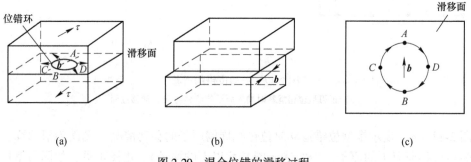

图 2-20　混合位错的滑移过程

（a）位错环；（b）位错环运动后产生的滑移；（c）位错环俯视图

2.2.4.2　位错的攀移

刃型位错除了可以在滑移面上滑移外，还可以在垂直于滑移面的方向上运动，即发生攀移。通常把多余半原子面向上运动称为正攀移，向下运动称为负攀移，如图 2-21 所示。刃型位错的攀移实质上就是构成刃型位错的多余半原子面的扩大或缩小，因此，它可通过物质迁移，即原子或空位的扩散来实现。如果有空位迁移到半原子面下端或者半原子面下端的原子扩散到别处时，半原子面将缩小，即位错向上运动，则发生正攀移（见图 2-21（a））；反之，若有原子扩散到半原子面下端，半原子面将扩大，位错向下运动，发生负攀移（见图 2-21（b））。整段位错同时攀移是很少见的，通常都是从位错线的局部开始，逐步完成整段位错的攀移。由于螺型位错没有多余的半原子面，因此，不会发生攀移运动。

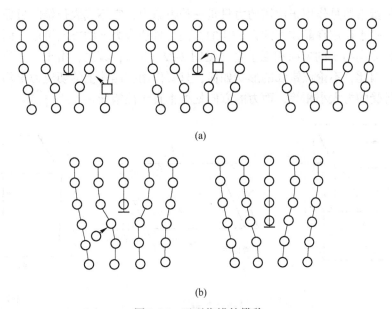

(a)

(b)

图 2-21　刃型位错的攀移
（a）空位运动引起的正攀移；（b）间隙原子运动引起的负攀移

位错攀移伴随着物质的迁移，需要通过扩散才能进行。因此，把攀移运动称为"非守恒运动"，而把位错滑移称为"守恒运动"。位错攀移时需要热激活，也就是比滑移需要更大的能量。对于大多数金属材料，在室温下很难进行位错的攀移，而在较高温度下，攀移较易实现。

经高温淬火、冷变形加工和高能粒子辐照后晶体中将产生大量的空位和间隙原子，晶体中过饱和点缺陷的存在有利于攀移运动的进行。而且外加应力对攀移也有影响。当外加应力为垂直于半原子面的拉应力时，有助于原子扩散到位错处，而使半原子面扩大，发生负攀移；反之，当外加应力为压应力时，有助于空位迁移到位错线附近而促使位错正攀移。

2.2.5　作用在位错上的力

在外切应力的作用下，位错将在滑移面上产生滑移运动。由于位错的移动方向总是与位错线垂直，因此，可理解为有一个垂直于位错线的"力"作用在位错线上。

利用虚功原理可以导出这个作用在位错上的力。如图 2-22 所示，设在切应力 τ 的作用下，使长度为 L 的位错在滑移面上移动了 $\mathrm{d}s$ 距离，结果使晶体中 $\mathrm{d}A$ 面积（$\mathrm{d}A = L \cdot \mathrm{d}s$）沿滑移面产生了 b 的滑移，故切应力所做的功为：$\mathrm{d}W = (\tau \mathrm{d}A) \cdot b = \tau L \mathrm{d}s \cdot b$。

此功也相当于作用在位错上的力 F 使位错线移动 $\mathrm{d}s$ 距离所做的功，即 $\mathrm{d}W = F \cdot \mathrm{d}s$。

$$\tau L \mathrm{d}s \cdot b = F \cdot \mathrm{d}s$$
$$F = \tau b \cdot L$$
$$F_\mathrm{d} = F/L = \tau b \tag{2-13}$$

F_d 是作用在单位长度位错上的力，它与外切应力 τ 和位错的柏氏矢量 b 成正比，其方向和位错移动方向相同，即与位错线垂直并指向滑移面的未滑移部分。

需要特别指出的是作用于位错的力只是一种组态力，它不代表位错附近原子实际所受到的力，也区别于作用在晶体上的力。F_d 的方向与外切应力 τ 的方向可以不同，如对纯螺型位错，F_d 的方向与 τ 的方向相互垂直（见图 2-22（b））；其次，由于一根位错具有唯一的柏氏矢量，因此，不论位错线的形状如何，只要作用在晶体上的切应力是均匀的，那么位错线各处所受的力大小相等，而力的方向处处垂直于位错线。

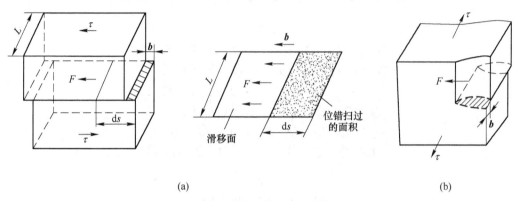

(a)　　　　　　　　　　　　　　　　　　　　　　　　(b)

图 2-22　作用在位错上的力
（a）作用在刃型位错上的力；（b）作用在螺型位错上的力

以上是切应力作用在滑移面上使位错发生滑移的情况，这种位错线的受力也称滑移力。但如果对晶体加上一个正应力分量，显然，位错不会沿滑移面滑移。但是，对刃型位错而言，则可在垂直于滑移面的方向运动，即发生攀移，此时刃型位错所受的力也称为攀移力。

如图 2-23 所示，设有一单位长度的位错线，当晶体受到 x 方向的拉应力 σ 作用后，此位错线在攀移力 F_y 作用下向下运动 dy 距离，则 $F_y \cdot dy$ 为位错攀移所消耗的功。位错线向下攀移 dy 距离后，在 x 方向推开了一个 b 大小，引起晶体体积膨胀为 $dy \cdot b \cdot 1$，而正应力所做膨胀功为 $-\sigma \cdot dy \cdot b \cdot 1$。

根据虚功原理，

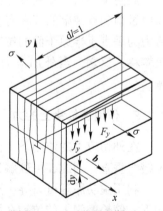

$$F_y \cdot dy = -\sigma \cdot dy \cdot b \cdot 1$$
$$F_y = -\sigma b \qquad\qquad (2\text{-}14)$$

由此可见，作用在单位长度刃型位错上的攀移力 F_y 的方向和位错线攀移方向一致，也垂直于位错线。σ 是作用在多余半原子面上的正应力，它的方向与 b 平行。负号表示 σ 为拉应力时，F_y 向下；若 σ 为压应力时，F_y 向上。

图 2-23　刃型位错的攀移力

2.2.6　位错的弹性性质

位错是局部畸变的区域，在它附近必然产生弹性应力场和弹性应变能。要进一步了解位错的性质，就需讨论位错的弹性应力场，由此求出位错所具有的能量、位错间的弹性交互作用、位错与晶体其他缺陷之间的弹性交互作用等。为了简化，这里主要讨论直位错的弹性性质。

2.2.6.1 位错的应力场

要准确地对晶体中位错周围的弹性应力场进行定量计算是复杂而困难的。为了研究位错的弹性应力场，通常采用弹性连续介质模型来进行计算。该模型假设晶体是一个连续的各向同性的弹性介质，并忽略位错中心区的严重点阵畸变情况，根据线弹性理论就可以获得接近真实情况的位错应力场的表达形式。因此，导出结果不适用于位错中心区，而对位错中心区以外的区域还是适用的，并已被很多实验所证实。

从材料力学中得知，物体中任一点的应力状态可用 9 个应力分量来表示，图 2-24 分别用直角坐标和圆柱坐标给出单元体上 9 个应力分量的表达方式，其中 σ_{xx}、σ_{yy} 和 σ_{zz}（σ_{rr}、$\sigma_{\theta\theta}$、σ_{zz}）为 3 个正应力分量，而 τ_{xy}、τ_{yx}、τ_{xz}、τ_{zx}、τ_{yz} 和 τ_{zy}（$\tau_{r\theta}$、$\tau_{\theta r}$、τ_{zr}、τ_{rz}、$\tau_{z\theta}$、$\tau_{\theta z}$）则为 6 个切应力分量。应力分量中的第一个下标表示应力作用面的法线方向，第二个下标表示应力的方向。

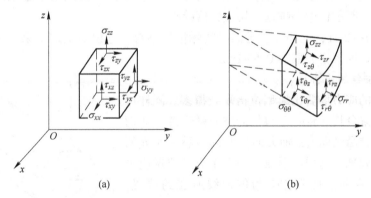

图 2-24 单元体的各应力分量

（a）直角坐标；（b）圆柱坐标

在平衡条件下，有 $\tau_{xy} = \tau_{yx}$、$\tau_{yz} = \tau_{zy}$、$\tau_{zx} = \tau_{xz}$（$\tau_{r\theta} = \tau_{\theta r}$、$\tau_{\theta z} = \tau_{z\theta}$、$\tau_{zr} = \tau_{rz}$），因此实际上只要 6 个应力分量就可决定任一点的应力状态。相对应的也有 6 个应变分量，其中 ε_{xx}、ε_{yy} 和 ε_{zz}（ε_{rr}、$\varepsilon_{\theta\theta}$、$\varepsilon_{zz}$）为 3 个正应变分量，$\gamma_{xy}$、$\gamma_{yz}$、$\gamma_{zx}$（$\gamma_{r\theta}$、$\gamma_{\theta z}$、$\gamma_{zr}$）为 3 个切应变分量。

A 螺型位错的应力场

螺型位错的连续介质模型如图 2-25 所示。设想有一很长的各向同性材料的空心圆柱体（中心孔的半径 r_0），先把圆柱体沿 xz 面切开一半，然后使两个切开面沿 z 方向作相对位移 b，再把这两个面黏结起来，这样就相当于形成了一个柏氏矢量为 b 的螺型位错，位错线即为空心圆柱的中心轴线 OO'，$MNO'O$ 即为滑移面。

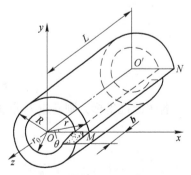

图 2-25 螺型位错的连续介质模型

由于圆柱体只有沿 z 方向的相对位移，因而只有两个切应变分量，无正应变分量。两个切应变分量用圆柱坐标表示为：$\gamma_{\theta z} = \gamma_{z\theta} = b/2\pi r$。相应的切应力分量则为：

$$\tau_{\theta z} = \tau_{z\theta} = G\gamma_{\theta z} = Gb/2\pi r \tag{2-15}$$

式中，G 为剪切弹性模量。

其余应力分量均为零，即 $\sigma_{rr} = \sigma_{\theta\theta} = \sigma_{zz} = 0$，$\tau_{r\theta} = \tau_{\theta r} = \tau_{rz} = \tau_{zr} = 0$。

若用直角坐标表示，则：

$$\left.\begin{array}{c} \tau_{yz} = \tau_{zy} = \dfrac{Gb}{2\pi} \cdot \dfrac{x}{x^2 + y^2} \\[3mm] \tau_{zx} = \tau_{xz} = -\dfrac{Gb}{2\pi} \cdot \dfrac{y}{x^2 + y^2} \\[3mm] \sigma_{xx} = \sigma_{yy} = \sigma_{zz} = \tau_{xy} = \tau_{yx} = 0 \end{array}\right\} \tag{2-16}$$

式（2-15）和式（2-16）可以看出，螺型位错的应力场具有以下特点：

（1）只有切应力分量，没有正应力分量，这表明螺型位错不引起晶体的膨胀和收缩。

（2）螺型位错所产生的切应力分量只与 r 有关（成反比），而与 θ、z 无关。只要 r 一定，$\tau_{z\theta}$ 就为常数。因此，螺型位错的应力场是轴对称的，即与位错中心距离相等的各点应力状态相同。距位错中心越远，切应力值越小。

注意，当 $r \to 0$ 时，$\tau_{\theta z} \to \infty$，显然与实际情况不符，这说明上述结果不适用位错中心的严重畸变区。通常把 r_0 取为 0.5 ~ 1nm。

B 刃型位错的应力场

刃型位错的应力场要比螺型位错复杂得多。同样可采用上述方法来分析。将一个很长的空心弹性圆柱体切开，使切面两侧沿径向（x 轴方向）相对位移一个 b 的距离，再黏结起来，这样就形成了一个正刃型位错应力场，如图 2-26 所示。图中 OO' 为位错线所在的位置，$MNO'O$ 为滑移面，y-z 面相当于多余的半原子面。

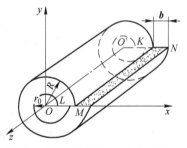

图 2-26　刃型位错的连续介质模型

根据此模型，应用弹性理论可求得刃型位错的应力场，在直角坐标系中的应力分量为：

$$\left.\begin{array}{c} \sigma_{xx} = -D\dfrac{y(3x^2 + y^2)}{(x^2 + y^2)^2} \\[3mm] \sigma_{yy} = D\dfrac{y(x^2 - y^2)}{(x^2 + y^2)^2} \\[3mm] \sigma_{zz} = \nu(\sigma_{xx} + \sigma_{yy}) \\[3mm] \tau_{xy} = \tau_{yx} = D\dfrac{x(x^2 - y^2)}{(x^2 + y^2)^2} \\[3mm] \tau_{xz} = \tau_{zx} = \tau_{yz} = \tau_{zy} = 0 \end{array}\right\} \tag{2-17}$$

若用圆柱坐标，则其应力分量为：

$$\left.\begin{array}{c} \sigma_{rr} = \sigma_{\theta\theta} = -D\dfrac{\sin\theta}{r} \\[3mm] \sigma_{zz} = \nu(\sigma_{rr} + \sigma_{\theta\theta}) \\[3mm] \tau_{r\theta} = \tau_{\theta r} = D\dfrac{\cos\theta}{r} \\[3mm] \tau_{rz} = \tau_{zr} = \tau_{\theta z} = \tau_{z\theta} = 0 \end{array}\right\} \tag{2-18}$$

式中，$D = \dfrac{Gb}{2\pi(1-\nu)}$；$G$ 为剪切弹性模量；ν 为泊松比。

由式（2-17）可以看出，刃型位错应力场具有以下特点：

（1）同时存在正应力分量与切应力分量，而且各应力分量的大小与 G 和 b 成正比，与 r 成反比，即距位错中心越远，应力的绝对值越小。

（2）各应力分量都是 x、y 的函数，而与 z 无关。这表明与刃型位错线平行的直线上各点应力状态均相同。

（3）刃型位错的应力场对称于多余半原子面（y-z 面），即对称于 y 轴。

（4）$y = 0$ 时，$\sigma_{xx} = \sigma_{yy} = \sigma_{zz} = 0$，说明在滑移面上，没有正应力，只有切应力，而且切应力 τ_{xy} 达到极大值 $\left(\dfrac{Gb}{2\pi(1-\nu)} \cdot \dfrac{1}{x} \right)$。

（5）$y > 0$ 时，$\sigma_{xx} < 0$；而 $y < 0$ 时，$\sigma_{xx} > 0$。说明正刃型位错的滑移面上侧为压应力，滑移面下侧为拉应力。

（6）在应力场的任意位置处，$|\sigma_{xx}| > |\sigma_{yy}|$。

（7）$x = \pm y$ 时，σ_{yy} 和 τ_{xy} 均为零，而且在每条对角线的两侧，τ_{xy}（τ_{yx}）及 σ_{yy} 的符号相反。

图 2-27 显示了正刃型位错周围的应力分布情况。注意，如同螺型位错一样，上述公式不能用于刃型位错的中心区。

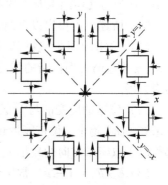

图 2-27　正刃型位错
周围的应力分布

2.2.6.2　位错的应变能

位错周围点阵畸变引起的弹性应力场导致晶体能量增加，这部分能量称为位错的应变能，或称为位错的能量。位错的应变能包括位错中心部分的能量 E_c 和位错周围的弹性能 E_e。由于位错中心区点阵严重畸变，不能作为弹性连续介质，因此不能用胡克定律，而需借助于点阵模型直接考虑晶体结构和原子间的相互作用。据估计，这部分能量大约为总应变能的 $1/15 \sim 1/10$ 左右，故通常予以忽略。通常所说的位错能量就是指中心区域以外的弹性应变能，此项能量可采用连续介质弹性模型根据单位长度位错所做的功求得。

假定图 2-26 所示的刃型位错是一个单位长度的位错。由于在造成这个位错的过程中，沿滑移方向的位移是从 0 逐渐增加到 b 的，它是个随 r 变化的变量，设其为 x；同时滑移面 MN 上各处所受的力也随 r 而变化。在位移的过程中，当位移为 x 时，切应力 $\tau_{\theta r} = \dfrac{Gx}{2\pi(1-\nu)} \cdot \dfrac{\cos\theta}{r}$，这里 $\theta = 0$，因此，为克服切应力 $\tau_{\theta r}$ 所做的功为：

$$W = \int_{r_0}^{R} \int_{0}^{b} \tau_{\theta r} \mathrm{d}x \mathrm{d}r = \int_{r_0}^{R} \int_{0}^{b} \frac{Gx}{2\pi(1-\nu)} \cdot \frac{1}{r} \mathrm{d}x \mathrm{d}r = \frac{Gb^2}{4\pi(1-\nu)} \ln \frac{R}{r_0} \tag{2-19}$$

这就是单位长度刃型位错的应变能 E_e^e。

同理，可求得单位长度螺型位错的应变能：

$$E_e^s = \frac{Gb^2}{4\pi}\ln\frac{R}{r_0} \tag{2-20}$$

对于一个位错线与其柏氏矢量 $\boldsymbol{b}$ 成 φ 角的混合位错，可以分解为一个柏氏矢量为 $\boldsymbol{b}\sin\varphi$ 的刃型位错分量和一个柏氏矢量为 $\boldsymbol{b}\cos\varphi$ 的螺型位错分量。由于互相垂直的刃型位错和螺型位错之间没有相同的应力分量，它们之间没有相互作用能。因此，分别算出这两个位错分量的应变能，它们的和就是混合位错的应变能，即：

$$E_e^m = E_e^e + E_e^s = \frac{Gb^2\sin^2\varphi}{4\pi(1-\nu)}\ln\frac{R}{r_0} + \frac{Gb^2\cos^2\varphi}{4\pi}\ln\frac{R}{r_0} = \frac{Gb^2}{4\pi k}\ln\frac{R}{r_0} \tag{2-21}$$

式中，$k = \dfrac{1-\nu}{1-\nu\cos^2\varphi}$，称为混合位错的角度因素，$k \approx 1 \sim 0.75$。显然，对螺型位错 $k=1$；对刃型位错 $k=1-\nu$；而对混合位错则 $k = \dfrac{1-\nu}{1-\nu\cos^2\varphi}$。

由此可见，位错应变能的大小与 r_0 和 R 有关，一般认为 r_0 与 b 值相近，约为 10^{-10} m；而 R 是位错应力场最大作用范围的半径，实际晶体中由于存在亚结构或位错网络，一般取 $R \approx 10^{-6}$ m。因此，单位长度位错的总应变能可简化为：

$$E = \alpha Gb^2 \tag{2-22}$$

式中，α 为与几何因素有关的系数，其值约为 $0.5 \sim 1$。

综上所述，可得出以下结论：

（1）位错的能量包括两部分：E_c 和 E_e。位错中心区的能量 E_c 一般小于总能量的 $1/10$，常可忽略；而位错的弹性应变能 $E_e \propto \ln R/r_0$，它随 R 缓慢地增加，所以位错具有长程应力场。

（2）位错的应变能与 b^2 成正比。柏氏矢量的模 $|\boldsymbol{b}|$ 反映了位错的强度。从能量的观点来看，$|\boldsymbol{b}|$ 越小，位错能量越低，在晶体中越稳定。为使位错具有最低能量，柏氏矢量都趋向于取密排方向的最小值。

（3）$E_e^s/E_e^e = 1-\nu$，常用金属材料的 ν 约为 $1/3$，故螺型位错的弹性应变能约为刃型位错的 $2/3$。

（4）位错的能量是以单位长度的能量来定义的，故位错的能量还与位错线的形状有关。由于两点间以直线为最短，所以直线位错的应变能小于弯曲位错，即更稳定，因此，位错线有尽量变直和缩短其长度的趋势。

（5）位错的存在会使体系的内能升高，虽然位错的存在也会引起晶体中熵值的增加，但相对来说，熵值增加有限，可以忽略不计。因此，位错的存在使晶体处于高能的不稳定状态，可见位错是热力学上不稳定的晶体缺陷。

2.2.6.3 位错的线张力

位错总应变能与位错线的长度成正比。为了降低能量，位错线有力求缩短的倾向，故在位错线上存在一种使其变直的线张力 T。

线张力类似于液体的表面张力，可定义为使位错增加单位长度所需的能量。所以位错的线张力 T 可近似地用下式表达：

$$T \approx kGb^2 \tag{2-23}$$

式中，k 为系数，约为 $0.5 \sim 1.0$。

需要指出，位错的线张力不仅驱使位错变直，而且也是晶体中位错呈三维网络分布的原因。因为位错网络中相交于同一结点的各位错，其线张力处于平衡状态，从而保证了位错在晶体中的相对稳定性。

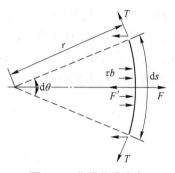

图 2-28　位错的线张力

位错线弯曲时，位错的线张力使位错线受到一指向曲率中心的力 F'，这个力力求把位错线变直，只有位错存在反向的力时位错才能保持弯曲状态。对于在滑移面弯曲的位错，曲率半径为 r 长度为 $\mathrm{d}s$ 的弧线，它在曲率中心所对的圆心角为 $\mathrm{d}\theta$，如图 2-28 所示。线张力在 $\mathrm{d}s$ 上产生指向曲率中心的力为 $2T\sin\dfrac{\mathrm{d}\theta}{2}$。设在外加的应力场下单位长度位错线受到的滑移力为 τb，则位错在平衡时有如下关系：

$$\tau b \cdot \mathrm{d}s = 2T\sin\frac{\mathrm{d}\theta}{2} \tag{2-24}$$

由于 $\mathrm{d}s = r\mathrm{d}\theta$，当 $\mathrm{d}\theta$ 很小时，$\sin\dfrac{\mathrm{d}\theta}{2} \approx \dfrac{\mathrm{d}\theta}{2}$，故：

$$\tau b = \frac{T}{r} \approx \frac{Gb^2}{2r} \quad \text{或} \quad \tau = \frac{Gb}{2r} \tag{2-25}$$

即一条两端固定的位错在切应力 τ 作用下将呈曲率半径 r 的弯曲。

2.2.6.4　位错间的交互作用

晶体中存在位错时，在它的周围便产生一个弹性应力场。实际晶体中往往有许多位错同时存在。它们的弹性应力场之间必然要发生相互作用，并影响到位错的分布和运动。而且此交互作用力随位错类型、柏氏矢量大小、位错线相对位向的变化而变化。这里介绍几种最简单、最基本的情况。

A　两平行螺型位错的交互作用

如图 2-29 所示，设有两个平行于 z 轴的螺型位错，位于坐标原点和 (r, θ) 处，其柏氏矢量分别为 $\boldsymbol{b}_1$、$\boldsymbol{b}_2$。由于螺型位错的应力场中只有切应力分量，且具有径向对称的特点。位错 $\boldsymbol{b}_1$ 在 (r, θ) 处的切应力为 $\tau_{\theta z} = \dfrac{Gb_1}{2\pi r}$。

因此，位错 $\boldsymbol{b}_2$ 在位错 $\boldsymbol{b}_1$ 的应力场作用下受到的径向作用力为：

$$f_r = \tau_{\theta z} \cdot b_2 = \frac{Gb_1 b_2}{2\pi r} \tag{2-26}$$

f_r 方向与矢径 r 方向一致。同理，位错 $\boldsymbol{b}_1$ 在位错 $\boldsymbol{b}_2$ 应力场作用下，也将受到一个大小相等、方向相反的作用力。由式（2-26）可知，两平行螺型位错间的作用力，其大小与两位错柏氏矢量模的乘积成正比，而与两位错间的距离成反比，其方向则沿径向 r 垂直于所作用的位错线。当 $\boldsymbol{b}_1$ 与 $\boldsymbol{b}_2$ 同向时，$f_r > 0$，即两同号平行螺型位错相互排斥；而当 $\boldsymbol{b}_1$ 与 $\boldsymbol{b}_2$ 反向时，$f_r < 0$，即两异号平行螺型位错相互吸引。也就是说，两平行螺型位错相互作用的特点是同号相斥，异号相吸（见图 2-29（b））。

B　两平行刃型位错间的交互作用

如图 2-30 所示，设有两个平行于 z 轴，相距为 $r (x, y)$ 的刃型位错 e_1 和 e_2，分别位于两个相互平行的晶面上，其柏氏矢量 b_1 和 b_2 均与 x 轴同向。令位错 e_1 位于坐标原点上，与坐标系的 z 轴重合。位错 e_2 的滑移面与 e_1 的滑移面平行，且均平行于 x-z 面。因此，在位错 e_1 的应力场中，只有切应力分量 τ_{yx} 和正应力分量 σ_{xx} 对位错 e_2 起作用，分别导致 e_2 沿 x 轴方向滑移和沿 y 轴方向攀移。这两个交互作用力分别为：

$$f_x = \tau_{yx} \cdot b_2 = \frac{Gb_1b_2}{2\pi(1-\nu)} \cdot \frac{x(x^2-y^2)}{(x^2+y^2)^2} \tag{2-27}$$

$$f_y = -\sigma_{xx} \cdot b_2 = \frac{Gb_1b_2}{2\pi(1-\nu)} \cdot \frac{y(3x^2+y^2)}{(x^2+y^2)^2} \tag{2-28}$$

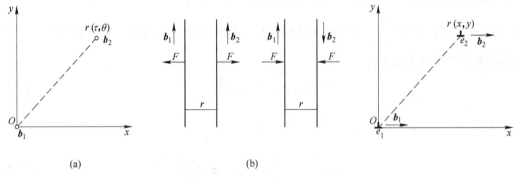

图 2-29 平行螺型位错的相互作用   图 2-30 平行刃型位错的交互作用

由式（2-27）可知，对于两个同号平行的刃型位错，滑移力 f_x 随位错 e_2 所处的位置而变化，它们之间的交互作用如图 2-31（a）所示，现归纳如下：

当 $|x| > |y|$ 时，若 $x > 0$，则 $f_x > 0$；若 $x < 0$，则 $f_x < 0$，说明当位错 e_2 位于图 2-31（a）中的①、②区间时，两位错相互排斥。

当 $|x| < |y|$ 时，若 $x > 0$，则 $f_x < 0$；若 $x < 0$，则 $f_x > 0$，说明当位错 e_2 位于图 2-31（a）中的③、④区间时，两位错相互吸引。

当 $|x| = |y|$ 时，即位错 e_2 处于 x-y 直角坐标的分角线位置时，$f_x = 0$，表明此时不存在使位错 e_2 滑移的作用力，但当它稍许偏离此位置就会受到位错 e_1 的吸引或排斥，使它偏离得更远，这一位置是位错 e_2 的介稳定位置。

当 $x = 0$ 时，即位错 e_2 处于 y 轴上时，$f_x = 0$，表明此时不存在使位错 e_2 滑移的作用力，而且一旦稍许偏离此位置就会受到位错 e_1 的吸引而退回原处，这一位置是位错 e_2 处于稳定平衡位置。可见，处于相互平行的滑移面上的同号刃型位错，将力图沿着与其柏氏矢量垂直的方向排列起来。通常把这种呈垂直排列的位错组态称为位错墙，它可以构成小角度晶界。回复过程中多边形化后的亚晶界就是由此形成的。

当 $y = 0$ 时，若 $x > 0$，则 $f_x > 0$；若 $x < 0$，则 $f_x < 0$。此时 f_x 的绝对值和 x 成反比，即处于同一滑移面上的同号刃型位错总是相互排斥的，位错间距离越小，排斥力越大。

至于攀移力 f_y，由于它与 y 同号，当位错 e_2 在位错 e_1 的滑移面上边时，受到的攀移力 f_y 是正值，即指向上；当位错 e_2 在位错 e_1 滑移面下边时，f_y 为负值，即指向下。因此，两位错沿 y 轴方向是互相排斥的。

对于两个异号的刃型位错，它们之间的交互作用力 f_x、f_y 的方向与上述同号位错时相

反，而且位错 e_2 的稳定平衡位置和介稳定位置正好互相对换，$|x| = |y|$ 时，e_2 处于稳定平衡位置，如图 2-31（b）所示。

图 2-31（c）综合地展示了两平行刃型位错间的交互作用力 f_x 与距离 x 之间的关系。图中 y 为两位错的垂直距离（即滑移面间距），x 表示两位错的水平距离（以 y 的倍数度量），f_x 的单位为 $\dfrac{Gb_1b_2}{2\pi(1-\nu)y}$。可以看出，两同号位错间的作用力（图中实线）与两异号位错间的作用力（图中虚线）大小相等，方向相反。

至于异号位错的 f_y，由于它与 y 异号，所以沿 y 轴方向的两异号位错总是相互吸引，并尽可能靠近乃至最后消失。

除上述情况外，在互相平行的螺型位错与刃型位错之间，由于两者的柏氏矢量相垂直，各自的应力场均没有使对方受力的应力分量，故彼此不发生作用。

若是两平行位错中有一根或两根都是混合位错时，可将混合位错分解为刃型和螺型分量，再分别考虑其刃型分量之间交互作用和螺型分量之间交互作用，最后叠加起来就得到总的作用力。

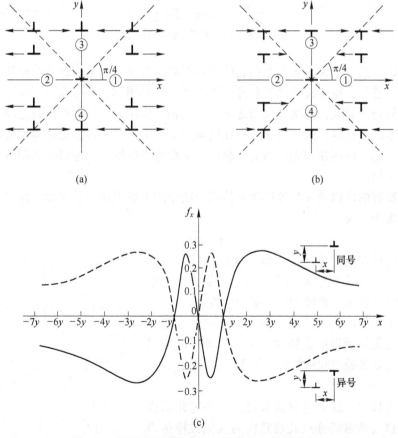

图 2-31　两平行刃型位错在 x 轴方向上的交互作用

（a）同号位错；（b）异号位错；（c）两平行刃型位错沿柏氏矢量方向的交互作用力

2.2.6.5　位错的塞积

在切应力的作用下，同一个位错源产生的大量位错沿一个滑移面的运动过程中，如果遇到障碍物（晶界、第二相颗粒、不动位错等）的阻碍，领先的位错在障碍前被阻止，后续的位错被迫堆积起来，形成位错的平面塞积，如图 2-32（a）所示，并在障碍物的前端形成高度应力集中。这列塞积的位错群体就称为位错的塞积群，最靠近障碍物的位错称为领先位错。

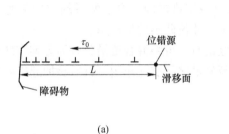

(a)

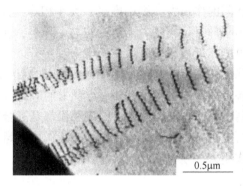

0.5μm

(b)

图 2-32　位错的平面塞积
（a）示意图；（b）高温合金中的位错塞积

位错塞积群的一个重要效应是在它的前端引起应力集中。塞积群中的位错所受的作用力比较复杂：首先，每个位错都受到外加切应力产生的滑移力 τb，这个力促使位错运动，并尽量在障碍物前靠拢；其次是位错之间产生的相互排斥力，每一对位错之间的排斥力都可以用式（2-27）求得，这个力使位错在滑移面上尽量散开；再次是障碍物的阻力，这是一个短程力，它只作用在领先位错上。显然，塞积群中的每一个位错在各种应力场的联合作用下保持平衡。

位错塞积群的位错数 n 与障碍物至位错源的距离 L 成正比。经计算，塞积群在障碍处产生的应力集中 τ 为：

$$\tau = n\tau_0 \tag{2-29}$$

式中，τ_0 为滑移方向的分切应力值。此式说明，在塞积群前端产生的应力集中是 τ_0 的 n 倍。L 越大，则塞积的位错数目 n 越多，造成的应力集中便越大。

当晶粒边界前位错塞积引起的应力集中效应能够使相邻晶粒内晶界附近的位错源开动，即相邻晶粒屈服，也可能在晶界处引起微裂纹，如图 2-33 所示。

2.2.6.6　位错的交割

对于在滑移面上运动的位错来说，会穿过此滑移面的其他位错（通常将穿过此滑移面的其他位错称为林位错）。林位错会阻碍位错的运动，但是若应力足够大，滑动的位错将切过林位错继续前进。位错相互

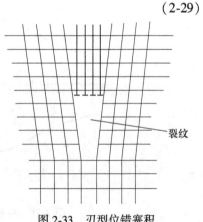

裂纹

图 2-33　刃型位错塞积
造成的微裂纹

切割的过程称为位错的交割。位错交割时会发生相互作用，这对金属材料的强化、点缺陷的产生有重要意义。

一般情况下，两个位错交割时，每个位错上都会新产生一小段位错，新位错的大小和方向取决于另一个位错的柏氏矢量，而新位错的柏氏矢量与携带它们的原位错相同。当交割产生的小段位错在原位错的滑移面上时，称为扭折；若该小段位错不在原位错的滑移面上时，则称为割阶。

下面介绍几种典型的位错交割情况。

A 两个柏氏矢量互相垂直的刃型位错交割

如图 2-34 所示，柏氏矢量为 b_1 的刃型位错 AB 和柏氏矢量为 b_2 的刃型位错 CD 分别位于两垂直的平面（Ⅰ）、（Ⅱ）上。若 AB 向下运动与 CD 交割，由于 AB 扫过的区域，其滑移面（Ⅰ）两侧的晶体将发生 b_1 距离的相对位移，因此交割后，在位错线 CD 上产生 PP′ 小台阶。显然，PP′ 的大小和方向取决于 b_1。由于位错柏氏矢量的守恒性，PP′ 的柏氏矢量仍为原位错 CD 的柏氏矢量 b_2，b_2 垂直于 PP′，因而 PP′ 是刃型位错，它的滑移面是（Ⅰ）面，而不是原位错线的滑移面（Ⅱ）。因此，PP′ 是割阶。由于通常柏氏矢量的长度只有滑移方向的一个原子间距，故当位错 CD 滑移时，割阶 PP′ 将随 CD 一起滑移，即刃型位错上的割阶一般不影响位错的滑移。产生割阶需要供给能量，所以交割过程对位错运动是一种阻碍。至于位错 AB，由于它平行位错 CD 的柏氏矢量 b_2，因此交割后的位错 AB 形状不变。

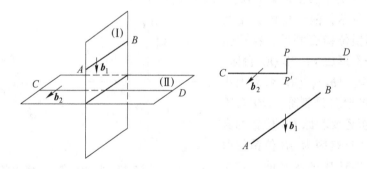

图 2-34 刃型位错的交割（$b_1 \perp b_2$）

B 两个柏氏矢量互相平行的刃型位错交割

如图 2-35 所示，两个柏氏矢量互相平行的刃型位错交割后，在 AB 和 CD 位错线上分

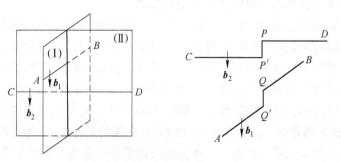

图 2-35 刃型位错的交割（$b_1 /\!/ b_2$）

别出现平行于 $\boldsymbol{b}_1$、$\boldsymbol{b}_2$ 的 QQ'、PP' 台阶，因此 QQ'、PP' 都是螺型位错。它们的滑移面和原位错的滑移面相同，例如 PP' 的滑移面仍为原位错 CD 的滑移面（Ⅱ），故为扭折。在运动过程中，这种扭折在位错线张力的作用下会自动消失，AB 和 CD 均恢复直线形状。

C　两个柏氏矢量垂直的刃型位错和螺型位错的交割

如图 2-36 所示，两个柏氏矢量垂直的刃型位错和螺型位错交割后，在刃型位错 AB 上形成大小等于 $|\boldsymbol{b}_2|$ 且方向平行于 $\boldsymbol{b}_2$ 的割阶 PP'，其柏氏矢量为 $\boldsymbol{b}_1$。PP' 垂直于 $\boldsymbol{b}_1$，故是刃型位错。虽然，割阶 PP' 的滑移面与原刃型位错 AB 的滑移面不同，但可以随位错 AB 一起向前滑移，当带有这种割阶的位错继续运动时将受到一定的阻力。

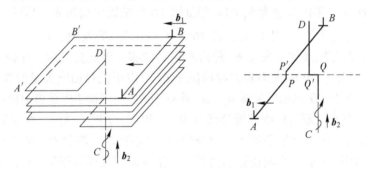

图 2-36　刃型位错和螺型位错的交割

D　两个柏氏矢量相互垂直的螺型位错交割

如图 2-37 所示，两个柏氏矢量相互垂直的右螺型位错交割后，在位错 AB 和 CD 上分别形成 PP' 和 QQ' 台阶，PP' 台阶大小等于 $|\boldsymbol{b}_2|$，QQ' 台阶大小等于 $|\boldsymbol{b}_1|$。PP' 台阶是割阶，QQ' 台阶是割阶或是扭折还要看原 CD 位错的真实滑移面而定。这是因为 AB 位错的滑移面已定（图 2-37 中的水平面，它是由外应力条件决定的），PP' 台阶的滑

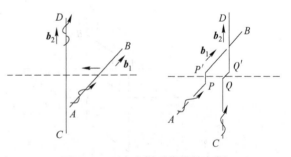

图 2-37　两个右螺型位错的交割

移面不在位错 AB 的滑移面上，是刃型割阶。但 CD 位错的滑移面未定，如果 QQ' 台阶的滑移面与原位错的滑移面相同，是扭折，可以靠滑移消失；如果不同，是割阶，不能靠滑移消失。通常这种刃型割阶会阻碍螺型位错的移动。

综上所述，运动的位错交割后，每根位错线上都可能产生扭折或割阶，其大小和方向取决于另一位错的柏氏矢量，但仍具有原位错线的柏氏矢量。所有的割阶都是刃型位错，而扭折可以是刃型位错，也可以是螺型位错。另外，扭折与原位错线在同一滑移面上，可随原位错线一起运动，几乎不产生阻力，而且扭折在位错线张力的作用下易于消失。但是，割阶与原位错线不在同一滑移面上，如图 2-38 所示。对于刃型位错而言，其割阶 PP' 与柏氏矢量所组成的滑移面（图 2-38（a）中 $PP'Q'Q$ 灰色的面），一般都与原位错线 AA' 的滑移方向一致，能与原位错一起滑移。但是割阶的滑移面并不一定是晶体的最密排面，割阶 PP' 运动时所受到的晶格阻力较大，所以割阶对整根位错的运动还是有一些阻碍作用。

对于螺型位错而言，其割阶 PP' 与柏氏矢量所组成的滑移面（图 2-38(b) 中 $PP'A'R$ 灰色的面），一般都与原位错线 AA' 的滑移方向垂直。位错 AA' 滑动到 BB' 位置的过程中，割阶 PP' 要通过攀移到达 QQ' 位置，因为攀移远比滑移困难，所以割阶对整体位错 AA' 的移动起钉扎作用，成为位错运动的障碍，整根位错的滑动速度由割阶攀移速度控制，通常称此为割阶硬化。

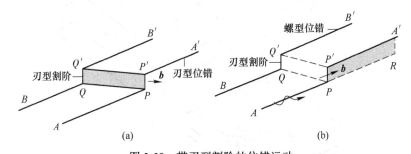

图 2-38　带刃型割阶的位错运动
（a）刃型位错上的刃型割阶；（b）螺型位错上的刃型割阶

带割阶的螺型位错的运动，按割阶高度的不同，又可分为三种情况：第一种割阶的高度只有 $1 \sim 2$ 个原子间距，若外力足够大，螺型位错可以把割阶拖着走，在割阶后面留下一排点缺陷（见图 2-39（a））；第二种割阶的高度很大，约在 20nm 以上，此时割阶两端的位错相隔太远，它们之间的相互作用较小，可以各自独立地在各自的滑移面上滑移，并以割阶 MN 为轴，在滑移面上旋转（见图 2-39（c）），这实际也是在晶体中产生位错的一种方式；第三种割阶的高度是在上述两种情况之间，位错不可能拖着割阶运动。在外应力作用下，割阶之间的位错线弯曲，位错前进就会在其身后留下一对拉长了的异号刃型位错线段（常称位错偶极子）（见图 2-39（b））。为了降低应变能，这种位错偶会断开而留下一个长的位错环，而位错线仍回复原来带割阶的状态，而长的位错环又会再进一步分裂成小的位错环，这是形成位错环的机理之一。

2.2.6.7　位错与点缺陷的交互作用

晶体中的点缺陷（空位、间隙原子等）都会引起点阵畸变，即有弹性应力场，该应力场与周围位错的应力场会发生交互作用，以减小畸变，降低系统的应变能。因为点缺陷引起的点阵畸变是球对称的，即只引起半径改变，球的形状不变，所以点缺陷周围介质的位移都垂直于球面。因此，位错应力场中只有正应力分量可以做功，切应力分量与点缺陷没有交互作用。显然，这种弹性交互作用在刃型位错中显得尤其重要，这是由刃型位错的应力场特点所决定的。例如在正刃型位错滑移面上方原子受到压应力，下方受到拉应力。而晶体中的间隙原子以及尺寸大于溶剂原子的溶质原子使周围点阵原子受到压应力，而尺寸小于溶剂原子的溶质原子又使点阵受到拉应力（图 2-1）。所有这些溶质原子都会在刃型位错周围找到合适的位置，即大的置换原子和间隙原子处于正刃型位错滑移面下方，小的置换原子和空位处于滑移面上方时（图 2-40），不仅使原来溶质原子造成的应力场消失了，同时又使位错的应变及应变能明显降低，从而体系处于较低的能量状态，因此位错与溶质原子交互作用的热力学条件是完全具备的。至于晶体中溶质原子最终是否移向位错周围，还要视动力学条件如溶质原子的扩散能力，晶体中间隙原子的扩散速率要比置换型溶

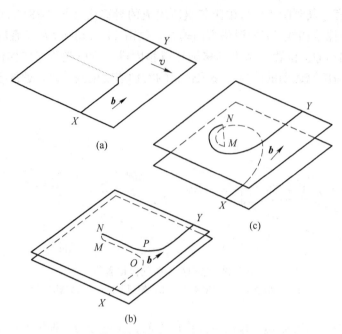

图 2-39　带不同高度割阶的螺型位错滑动的行为

（a）小割阶被拖着一起滑动，后面留下一串点缺陷；（b）中等割阶——位错 *NP* 和 *MO* 形成一对位错偶极子；

（c）非常大的割阶——位错 *NY* 和 *MX* 各自独立运动

质原子大得多，所以间隙小原子与刃型位错的交互作用十分强烈，如钢中固溶的 C、N 小原子常分布于刃型位错周围，使位错周围的 C、N 浓度明显高于平均值，甚至可以高到位错周围形成碳化物、氮化物小质点。通常把溶质原子与位错交互作用后，在位错周围偏聚的现象称为气团，是由柯垂尔（A. H. Cottrell）首先提出，故又称为柯氏气团。当溶质原子分布于位错周围时使位错的应变能下降，这样位错的稳定性增加了，在这种情况下推动位错移动，或者挣脱气团的束缚，或者拖着气团一起前进，都要做更多的功，降低了位错的移动性，从而提高晶体的塑性变形抗力（即屈服强度）。即气团的形成对位错有钉扎作用，是固溶强化的原因之一。

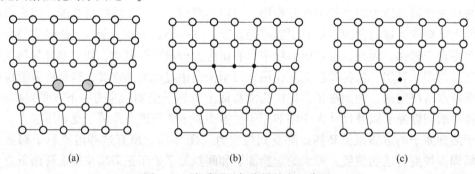

图 2-40　溶质原子与位错的交互作用

（a）溶质原子大于溶剂原子的置换固溶体；（b）溶质原子小于溶剂原子的置换固溶体；（c）间隙固溶体

由于螺型位错的应力场只有切应力分量，而溶质原子产生的点阵畸变是球对称性的，因此螺型位错与溶质原子不发生弹性相互作用。实际上，溶质原子引起的点阵畸变与球对称性相差很远。例如体心立方的 α-Fe 晶体中的 C 或 N 原子，它们处于扁八面体间隙的位置，在<100>方向相接的基体原子距离近，在<110>方向相接的基体原子距离远，所以产生非对称的点阵畸变。其应力场不仅有正应力分量，同时还有切应力分量，因此既和刃型位错有相互作用，也和螺型位错发生交互作用。这样，螺型位错的应力场会使间隙原子在位错线附近产生局部有序排列，这种有序排列称为史氏气团。

空位与位错也会发生交互作用，其结果是使位错发生攀移，这一交互作用在高温下显得十分重要，因为空位浓度是随温度升高呈指数关系上升的。

2.2.7 位错的生成和增殖

2.2.7.1 位错的生成

从熔融状态凝固的晶体中，就已经有与经充分退火晶体相当的位错密度（$10^6 \sim 10^8 \, cm^{-2}$），也就是说，在晶体形成的过程中已经产生了大量的位错，这些原始位错究竟是如何产生的？晶体中的位错来源主要有以下几种。

（1）晶体生长过程中产生位错。其主要来源有：由于熔体中杂质原子在凝固过程中不均匀分布使晶体的先后凝固部分成分不同，从而点阵常数也有差异，可能形成位错作为过渡；由于温度梯度、浓度梯度、机械振动等影响，生长着的晶体偏转或弯曲引起相邻晶块之间有位向差，它们之间就会形成位错；晶体生长过程中由于相邻晶粒发生碰撞或因液流冲击，以及冷却时体积变化的热应力等会使晶体表面产生台阶或受力变形而形成位错。

（2）由于自高温较快凝固及冷却时晶体内存在大量过饱和空位，空位的聚集能形成位错。

（3）晶体内部的某些界面（如第二相质点、孪晶、晶界等）和微裂纹的附近，由于热应力和组织应力的作用，往往出现应力集中现象，当此应力高至足以使该局部区域发生滑移时，就在该区域产生位错。

2.2.7.2 位错的增殖

在晶体中一开始已存在一定数量的位错，由于塑性变形时有大量位错滑出晶体，所以变形后晶体中的位错数目应越来越少。但事实恰恰相反，经剧烈塑性变形后的金属晶体，其位错密度可增加 4~5 个数量级。这个现象充分说明在晶体形成以后的变形过程中位错必然是以某种方式不断地增殖，能增殖位错的地方称为位错源。

位错的增殖机制有多种，其中最重要的是弗兰克-瑞德（Frank-Read）于 1950 年提出并已为实验所证实的位错增殖机制，称为弗兰克-瑞德位错源（Frank-Read 源），简称 F-R源。

设想晶体中某滑移面上有一段刃型位错 AB，其两端被位错网络结点钉住，如图 2-41 所示。当沿位错柏氏矢量 **b** 方向施加外切应力 τ，使位错 AB 沿滑移面向前滑动。但由于 AB 两端固定，只能使位错线发生弯曲（图 2-42（b））。单位长度位错线所受的滑移力 $F_d = \tau b$，它总是与位错线本身垂直，所以弯曲后的位错每一小段

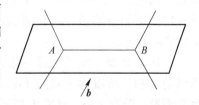

图 2-41　弗兰克-瑞德源的结构

继续受到 F_d 的作用沿它的法线方向向外扩展，其各点移动的线速度相同，而角速度不同。距离 A、B 越近的地方，角速度越大。所以当位错弯曲成半圆后，两端将分别绕结点 A、B 发生卷曲（见图 2-42（c））。在位错线弯曲和扩展的过程中，由柏氏矢量和位错线的关系可知，位错线上各点的性质发生了变化。例如图 2-42（d）中所示，m 点为左螺型位错，n 点为右螺型位错。在外加切应力作用下，位错圈不断扩大。在 m、n 两个异号位错相遇以后，它们互相抵消，形成一闭合的位错环和位错环内的连接 AB 的一小段弯曲位错线（见图 2-42（e））。只要外加应力 τ 继续作用，位错环便继续向外扩张，同时环内的弯曲位错在线张力作用下又被拉直，恢复到原始状态。之后，在外加切应力的继续作用下，AB 不断重复上述过程，结果便放出大量位错环，造成位错的增殖。

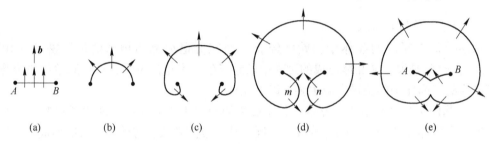

图 2-42　弗兰克-瑞德源的位错增殖过程

为使 F-R 源动作，外加切应力需克服位错线弯曲时线张力所引起的阻力。由 2.2.6.3 节位错的线张力得知，外加切应力 τ 与位错弯曲时的曲率半径 r 之间的关系为：$\tau = \dfrac{Gb}{2r}$，即曲率半径越小，要求与之相平衡的切应力越大。从图 2-42 可以看出，当 AB 弯成半圆形时，曲率半径最小，所需的切应力最大，此时 $r=L/2$，L 为 A 与 B 之间的距离，故使 F-R 源发生作用的临界切应力为：

$$\tau_c = \frac{Gb}{L} \tag{2-30}$$

通常，L 的数量级为 $10^{-4}\mathrm{cm}$，$|b| \approx 10^{-8}\mathrm{cm}$，则式（2-30）给出的 τ_c 约为 $10^{-4}G$。如果把位错源的开动看成是晶体的屈服，则 τ_c 就是临界分切应力，这和实际晶体的屈服强度接近。由于晶体各向异性，位错环各点扩展速率未必相同，故实验中观察到的位错环往往是多边形的，如方形、六边形等，图 2-43 是在形变后的 Si 单晶体试样中所拍摄的照片，它清晰地证明了位错源的实际存在。

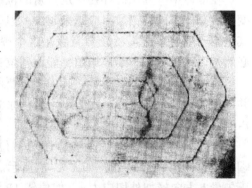

图 2-43　Si 单晶体中的位错源照片

上述 F-R 源，实质上是一段两端被钉扎的可滑动位错，所以称为双边 F-R 源，又称为 U 型平面源。除此之外，还有 L 型平面源（或称单边 F-R 源）、双交滑移增殖、位错攀移增殖等机制。

L 型平面源，又称单边 F-R 源，其实质是一段一端被钉扎的可滑动位错。图 2-44 中 *EDC* 是一个L型位错，其柏氏矢量为 **b**，这个位错的两段 *ED* 和 *DC* 不在同一个滑移面上。由于某种原因，*ED* 段不能滑移，即 *D* 点被钉扎住。在切应力 τ 作用下，*DC* 段开始滑移，并逐渐绕 *D* 点（即 *ED* 轴）旋转，并不断向外扩展。图 2-44 画出 $\widehat{DC}$ 位错旋转了不同角度后的位置 $\widehat{DC_1}$、$\widehat{DC_2}$、$\widehat{DC_3}$、…。它们都是位错 $\widehat{DC}$ 在晶体中滑移过程的各个阶段，是已滑移区和未滑移区的边界。不滑移的 $\widehat{ED}$ 段位错称为极轴位错，滑移的 $\widehat{DC}$ 段位错称为扫动位错。从图 2-44 可知，扫动位错在滑移过程中，它的类型是不断变化的。例如，在初始位置（图 2-44（a）中 $\widehat{DC}$ 位置），它是正刃型位错；在旋转 90° 后（图 2-44（b）中 $\widehat{DC_2}$ 位置），柏氏矢量与位错线方向一致，它是右螺型位错。虽然扫动位错绕极轴位错做旋转运动，但晶体自始至终都是沿着 **b** 的方向滑移。$\widehat{DC}$ 段位错旋转到什么位置，局部滑移区（图 2-44 中的阴影区）便扩大到什么位置。可见滑移面上下两部分晶体的相对滑动是分区依次进行的，而不是同时进行的。当扫动位错旋转了 360° 后，由于它扫过了整个滑移面，晶体上半部分均移动了 |**b**|，而位错又回复到原来位置。如果切应力 τ 保持不变，则晶体可以沿着滑移面不断地滑移。

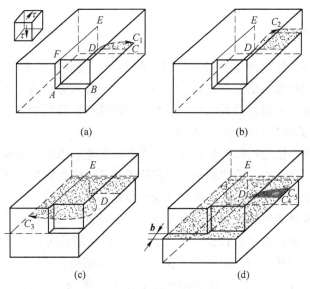

(a)

(b)

(c)

(d)

图 2-44　单边 F-R 源的位错增殖过程

图 2-45 为双交滑移的位错增殖机制示意图。螺型位错的滑移面不是唯一的，凡是包含该位错并且在晶体学允许的晶面都可以作为它的滑移面。以 FCC 晶体为例，平行于 [10$\bar{1}$] 方向的螺型位错即可在（111）面上滑移，也可在（1$\bar{1}$1）面上滑移。因此，当一根平行于 [10$\bar{1}$] 方向的螺型位错在初始滑移面（111）上滑移遇到障碍物或局部应力状态的变化，该位错的一段交滑移到（1$\bar{1}$1）面，并且在绕过障碍后又回到与（111）面平

行的另一个（111）面（即发生双交滑移），此时在（1$\bar{1}$1）面上形成了两个刃型割阶 *AC*
和 *BD*，它们却难以滑移。于是刃型割阶 *AC* 和 *BD* 就成了极轴位错，结果使原位错在滑移
面（111）上滑移时成为一个 F-R 源。在随后的滑移过程中产生大量的位错环，引起大量
的滑移。有时在第二个（111）面扩展出来的位错环又可以通过交滑移转移到第三个
（111）面上进行增殖。从而使位错迅速增加，因此，它是比上述的 F-R 源更有效的增殖
机制。

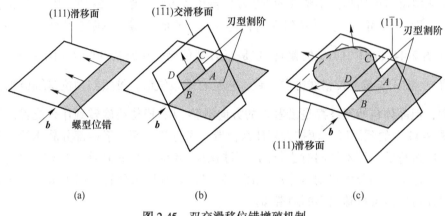

图 2-45   双交滑移位错增殖机制

2.2.8 实际晶体中的位错

前面所介绍有关晶体中的位错结构及其一般性质，主要是以简单立方晶体为研究对
象，而金属的晶体结构大多是面心立方、体心立方和密排六方结构，而且实际晶体结构中
的位错更为复杂，除具有前述的共性外，还有一些特殊性质和复杂组态。

2.2.8.1 实际晶体结构中的单位位错

简单立方晶体中位错的柏氏矢量 *b* 总是等于点阵矢量。点阵矢量是点阵中连接任意两
结点的矢量。但实际晶体中，位错的柏氏矢量除了等于点阵矢量外，还可能小于或大于点
阵矢量。位错根据柏氏矢量的不同，可以分为全位错和不全位错。

通常把柏氏矢量等于单位点阵矢量或其倍数的位错称为"全位错"，其中柏氏矢量等
于单位点阵矢量的位错称为"单位位错"。由于单位位错移动时，不破坏滑移面上下原子
排列的完整性，即已滑移区和未滑移区具有相同的晶体结构。把柏氏矢量不等于点阵矢量
整数倍的位错称为"不全位错"，其中柏氏矢量小于点阵矢量的位错称为"部分位错"，
不全位错滑移后，滑移面上下原子排列规律发生变化。

实际晶体结构中，位错的柏氏矢量不能是任意的，它要符合晶体的结构条件和能量条
件。晶体结构条件是指柏氏矢量必须连接一个原子平衡位置到另一平衡位置。从能量条件
看，由于位错能量正比于 b^2，柏氏矢量 *b* 越小越稳定。能量较高的位错是不稳定的，往
往通过位错反应分解为能量较低的位错组态。

表 2-1 给出了典型晶体结构中，单位位错的柏氏矢量及其大小和数量。

表 2-1　典型晶体结构中单位位错的柏氏矢量

结构类型	柏氏矢量	方向	$\lvert b \rvert$	数量
简单立方	$a\langle 100\rangle$	$\langle 100\rangle$	a	3
面心立方	$a/2\langle 110\rangle$	$\langle 110\rangle$	$\dfrac{\sqrt{2}a}{2}$	6
体心立方	$a/2\langle 111\rangle$	$\langle 111\rangle$	$\dfrac{\sqrt{3}a}{2}$	4
密排六方	$a/3\langle 11\bar{2}0\rangle$	$\langle 11\bar{2}0\rangle$	a	3

2.2.8.2 堆垛层错

实际晶体中所出现的不全位错通常与其原子堆垛结构的变化有关。由第 1 章中的原子堆垛可知，密排晶体结构可看成由许多密排原子面按一定顺序堆垛而成。例如，面心立方结构是以密排面 {111} 按 $\cdots ABCABC\cdots$ 顺序堆垛而成；密排六方结构则是以密排面 {0001} 按 $\cdots ABAB\cdots$ 顺序堆垛起来的。为了方便起见，若用 △ 表示 AB、BC、CA、$\cdots$ 顺序，▽ 表示相反的顺序，如 BA、AC、CB、$\cdots$。因此，面心立方结构的堆垛顺序表示为 △△△△$\cdots$（见图 2-46 (a)），密排六方结构的堆垛顺序表示为 △▽△▽$\cdots$（见图 2-46 (b)）。

实际晶体结构中，密排面的正常堆垛顺序有可能遭到破坏和错排，称为堆垛层错，简称层错。例如，面心立方结构的正常堆垛顺序中抽出一层 A 原子面后，堆垛顺序变成 $\cdots ABCBCA\cdots$（即 $\cdots△△▽△△\cdots$），称为抽出型层错，如图 2-47 (a) 所示；相反，若在正常堆垛顺序中插入一层 B 原子面，则堆垛顺序变为 $\cdots ABCBABCA\cdots$（即 $\cdots△△▽▽△△\cdots$），称为插入型层错，如图 2-47 (b) 所示。此时，B 与相邻的 C、A 两层均形成堆垛层错，可见一个插入型层错相当于两个抽出型层错。从图 2-47 中还可看出，面心立方晶体中存在堆垛层错时相当于在其间形成了一薄层的密排六方结构晶体（$\cdots BCBC\cdots$）。

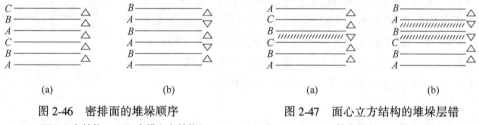

图 2-46　密排面的堆垛顺序
(a) 面心立方结构；(b) 密排六方结构

图 2-47　面心立方结构的堆垛层错
(a) 抽出型；(b) 插入型

密排六方结构也可能形成堆垛层错，其层错包含面心立方晶体的堆垛顺序。密排六方晶体的层错也有两种类型：具有抽出型层错时，堆垛顺序变为 $\cdots▽△▽▽△▽\cdots$，即 $\cdots BABACAC\cdots$；而插入型层错则为 $\cdots▽△▽▽▽△▽\cdots$，即 $\cdots BABACBCB\cdots$。

体心立方晶体的密排面 {110} 和 {100} 的堆垛顺序只能是 $\cdots ABABAB\cdots$，故这两组密排面上不可能有堆垛层错。但是，它的 {112} 面堆垛顺序却是周期性的，如图 2-48 所示。图中表示出两个体心立方晶胞和一组平行的 $(1\bar{1}2)$ 面的位置。由于立方结构中相同指数的晶向与晶面互相垂直，所以可沿 $[1\bar{1}2]$ 方向观察 $(1\bar{1}2)$ 面的堆垛顺序为 $\cdots$

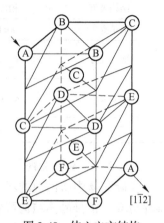

ABCDEFAB···。当 {1$\bar{1}$2} 面的堆垛顺序发生差错时，可产生···*ABCDCDEFA*···堆垛层错。

由以上所述可知，形成层错时几乎不产生点阵畸变，但它破坏了晶体的完整性和正常的周期性，使电子发生反常的衍射效应，故使晶体的能量增加，这部分增加的能量称为堆垛层错能，常以单位面积的层错能 γ（J/m^2）表示，其量纲和界面能相同。表 2-2 列出了部分面心立方结构金属的层错能和平衡距离。由于堆垛层错只破坏了原子间的次近邻关系，从连续三层晶面才能看出堆垛顺序的差错，因此，层错能比最近邻原子关系被破坏的界面能要低。目前对于金属的层错能还没有可靠的理论计算方法，一般可用实验方法测量或估计层错能。从能量的观点来看，晶体中出现层错的概率与层错能有关，层错能越低则出现的概率越大。如在层错能很低的奥氏体不锈钢和 α-黄铜中，常可看到大量的层错，而在层错能高的铝中，就看不到层错。

图 2-48 体心立方结构
(1$\bar{1}$2) 面的堆垛顺序示意图

表 2-2 面心立方结构金属的层错能和平衡距离

金属	层错能 γ /J·m^{-2}	不全位错的平衡距离 d （原子间距）	金属	层错能 γ /J·m^{-2}	不全位错的平衡距离 d （原子间距）
Ag	0.02	12.0	Al	0.20	1.5
Au	0.06	5.7	Ni	0.25	2.0
Cu	0.04	10.0	Co	0.02	35.0

2.2.8.3 不全位错

当层错只在某些晶面的局部区域内发生，并不贯穿整个晶体时，那么，在层错与完整晶体的交界处原子的最近邻关系被破坏，就存在柏氏矢量 b 不等于点阵矢量的不全位错，如图 2-49 所示。不全位错引起的能量变化介于全位错和堆垛层错之间。

在面心立方晶体中，有两个重要的不全位错：肖克莱（Shockley）不全位错和弗兰克（Frank）不全位错。

A 肖克莱不全位错

图 2-50 为面心立方晶体中肖克莱不全位错的结构。图面代表

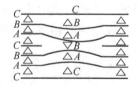

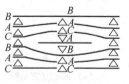

图 2-49 层错的边界为位错

(10$\bar{1}$) 面，每一横排原子是一层垂直于图面的 (111) 密排面。图中右边晶体按···*ABCABC*···正常顺序堆垛，而左边晶体是按 *ABCBCAB*···顺序堆垛，即有层错存在，层错与完整晶体的边界就是肖克莱不全位错。这相当于左侧原来 *A* 层原子面沿 [1$\bar{2}$1] 方向滑移到 *B* 层位置，*A* 以上的各层原子也依次移到 *C*、*A*、*B*、···层原子的位置。位错的柏氏矢量 $b = a/6$ [1$\bar{2}$1]，它与位错线互相垂直，故是刃型不全位错。

根据其柏氏矢量与位错线的夹角关系，肖克莱不全位错既可以是纯刃型，也可以是纯螺型或混合型。肖克莱不全位错可以在其所在的 {111} 面上滑移，滑移的结果使层错扩

大或缩小。但是，即使是纯刃型的肖克莱不全位错也不能攀移，这是因为它有确定的层错相连，若进行攀移，势必离开此层错面，故不可能进行。即使是螺型肖克莱不全位错也不能交滑移，因为螺型肖克莱不全位错是沿<1$\bar{2}$1>方向，而不是沿两个 {111} 面的交线<110>方向，故它不可能从一个滑移面转移到另一个滑移面上交滑移。

  B 弗兰克不全位错

  图 2-51 为抽去半层密排面形成的弗兰克不全位错。与抽出型层错联系的不全位错通常称为负弗兰克不全位错，而与插入型层错相联系的不全位错称为正弗兰克不全位错。它们的柏氏矢量都属于 $a/3<111>$，且都垂直于层错面 {111}，但方向相反。弗兰克位错属于纯刃型位错。显然这种位错不能在滑移面上进行滑移运动，否则将使其离开所在的层错面，但能通过点缺陷的运动沿层错面进行攀移，使层错面扩大或缩小。所以弗兰克不全位错又称为不滑动位错或固定位错，而肖克莱不全位错则属于可动位错。

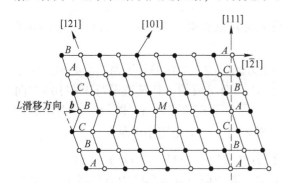

图 2-50 面心立方晶体中的肖克莱不全位错 图 2-51 抽去半层密排面形成的弗兰克不全位错

  密排六方晶体和面心立方晶体相似，可以形成肖克莱不全位错或弗兰克不全位错。对于体心立方晶体，当在 {112} 面出现堆垛层错时，在层错边界也出现不全位错。

  2.2.8.4 位错反应

  实际晶体中，组态不稳定的位错可以转化为组态稳定的位错；具有不同柏氏矢量的位错线可以合并为一条位错线；反之，一条位错线也可以分解为两条或更多条具有不同柏氏矢量的位错线。通常，将位错之间的相互转化（分解或合并）称为位错反应。位错反应的结果是降低体系的自由能。

  位错反应能否进行，取决于是否满足如下两个条件：

  （1）几何条件：按照柏氏矢量守恒性的要求，反应后各位错的柏氏矢量之和应该等于反应前各位错的柏氏矢量之和，即：

$$\sum \boldsymbol{b}_{前} = \sum \boldsymbol{b}_{后} \tag{2-31}$$

  （2）能量条件：从能量角度，位错反应必须是一个伴随着能量降低的过程。为此，反应后各位错的总能量应小于反应前各位错的总能量。由于位错能量正比于其 $\boldsymbol{b}^2$，故可近似地把一组位错的总能量看作是 $\sum |\boldsymbol{b}_i|^2$，于是便可引入位错反应的能量判据，即：

$$\sum |\boldsymbol{b}_{前}|^2 > \sum |\boldsymbol{b}_{后}|^2 \tag{2-32}$$

  以两个肖克莱不全位错合成洛末-柯垂耳位错的反应为例：

$$\frac{a}{6}[\bar{2}\bar{1}\bar{1}] + \frac{a}{6}[121] \rightarrow \frac{a}{6}[\bar{1}10]$$

几何条件：$\sum \boldsymbol{b}_{前} = \frac{a}{6}[\bar{2}\bar{1}\bar{1}] + \frac{a}{6}[121] = \frac{a}{6}[\bar{1}10]$，$\sum \boldsymbol{b}_{后} = \frac{a}{6}[\bar{1}10]$

$$\sum \boldsymbol{b}_{前} = \sum \boldsymbol{b}_{后}$$

能量条件：$\sum |\boldsymbol{b}_{前}|^2 = \left(\frac{\sqrt{6}a}{6}\right)^2 + \left(\frac{\sqrt{6}a}{6}\right)^2 = \frac{a^2}{3}$，$\sum |\boldsymbol{b}_{后}|^2 = \left(\frac{\sqrt{2}a}{6}\right)^2 = \frac{a^2}{18}$

$$\sum |\boldsymbol{b}_{前}|^2 > \sum |\boldsymbol{b}_{后}|^2$$

同时满足几何条件和能量条件，所以反应可以进行。

2.2.8.5 面心立方晶体中的位错

A 汤普森四面体

面心立方晶体中所有重要的位错和位错反应可用汤普森（N. Thompson）提出的参考四面体和一套标记清晰而直观地表示出来。

如图 2-52 所示，A、B、C、D 依次为面心立方晶胞中 3 个相邻外表面的面心和坐标原点，以 A、B、C、D 为顶点连成一个由 4 个 {111} 面组成的，且其边平行于<110>方向的四面体，这就是汤普森四面体。如果以 α、β、γ、δ 分别代表与 A、B、C、D 点相对面的中心，把 4 个面以三角形 ABC 为底展开，得图 2-52（c）。由图中可见：

（1）四面体的 4 个面即为 4 个可能的滑移面：(111)、$(\bar{1}11)$、$(1\bar{1}1)$、$(11\bar{1})$ 面。

（2）四面体的 6 个棱边代表 12 个<110>晶向，即为面心立方晶体中全位错 12 个可能的柏氏矢量。

（3）每个面的顶点与其中心的连线代表 24 个 1/6<112>型的滑移矢量，它们相当于面心立方晶体中可能的 24 个肖克莱不全位错的柏氏矢量。

（4）4 个顶点到它所对的三角形中点的连线代表 8 个 1/3<111>型的滑移矢量，它们相当于面心立方晶体中可能的 8 个弗兰克不全位错的柏氏矢量。

（5）4 个面中心相连即 $\alpha\beta$、$\alpha\gamma$、$\alpha\delta$、$\beta\gamma$、$\gamma\delta$、$\beta\delta$ 等代表 12 个 1/6<110>型的滑移矢量，它是压杆位错的一种，详见面角位错。

有了汤普森四面体，面心立方晶体中各类位错反应尤其是复杂的位错反应都可极为简便地用相应的汤普森符号来表达。图 2-52 面心立方晶体中 (111) 面上全位错 $a/2$ [110] 的分解用相应的汤普森符号来表达。例如 (111) 面上柏氏矢量为 $a/2$ [$\bar{1}$10] 的全位错的分解，可以简便地写为：

$$BC \rightarrow B\delta + \delta C \tag{2-33}$$

B 扩展位错

面心立方晶体中，能量最低的全位错是处在 {111} 面上的柏氏矢量为 $a/2$<110>的单位位错。现考虑它沿 {111} 面的滑移情况。

面心立方晶体的 {111} 面是按 …$ABCABC$… 顺序堆垛的。若单位位错 $\boldsymbol{b} = a/2$ [$\bar{1}$10] 在切应力作用下沿着 (111) [$\bar{1}$10] 在 A 层原子面上滑移时，则 B 层原子从 B_1 位置滑动到相邻的 B_2 位置，需要越过 A 层原子的"高峰"，这需要提供较高的能量(见图 2-53)。但

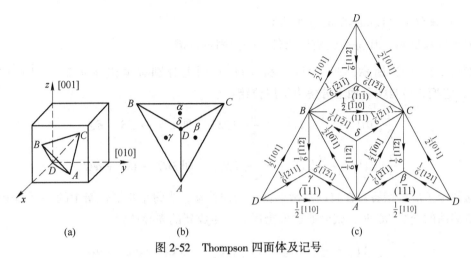

图 2-52 Thompson 四面体及记号

（a）Thompson 四面体；（b）四面体外表面中心位置；（c）Thompson 四面体的展开

如果滑移分两步完成，即先从 B_1 位置沿 A 原子间的"低谷"滑移到邻近的 C 位置，即 $b_1 = 1/6\,[\bar{1}2\bar{1}]$；然后再由 C 滑移到另一个 B_2 位置，即 $b_2 = 1/6[\bar{2}11]$，这种滑移比较容易。显然，第一步当 B 层原子移到 C 位置时，将在 (111) 面上导致堆垛顺序变化，即由原来的 $\cdots ABCABC\cdots$ 正常堆垛顺序变为 $\cdots ABCACB\cdots$，而第二步从 C 位置再移到 B 位置时，则又恢复正常堆垛顺序。既然第一步滑移造成了层错，因此，层错区与正常区之间必然会形成两个不全位错。故 b_1 和 b_2 为肖克莱不全位错。也就是说，一个全位错 b 分解为两个肖克莱不全位错 b_1 和 b_2，全位错的运动由两个不全位错的运动来完成，即 $b = b_1 + b_2$。这个位错反应从几何条件和能量条件判断均是可行的。

由于这两个不全位错位于同一滑移面上，彼此同号且其柏氏矢量的夹角 θ 为 60°，故它们必然相互排斥并分开，其间夹着一片堆垛层错区。通常把一个全位错分解为两个不全位错，中间夹着一个堆垛层错的整个位错组态称为扩展位错，图 2-54 为 $a/2[\bar{1}10]$ 扩展位错的示意图。

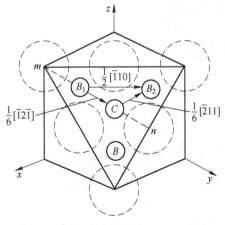

图 2-53 面心立方晶体中 (111) 面上
全位错 $a/2\,[\bar{1}10]$ 的分解

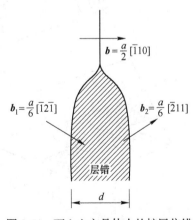

图 2-54 面心立方晶体中的扩展位错

C　面角位错（Lomer-Cottrell 位错）

面角位错是 FCC 中除弗兰克位错外又一类固定位错。

如图 2-55（a）所示，在（111）和（1$\bar{1}\bar{1}$）面上分别有全位错 $a/2$［10$\bar{1}$］和 $a/2$［011］，它们在各自滑移面上分解为扩展位错：

$$\frac{a}{2}\left[10\bar{1}\right] \rightarrow \frac{a}{6}\left[2\bar{1}\bar{1}\right] + \frac{a}{6}\left[11\bar{2}\right] \quad 即\ CA \rightarrow C\delta + \delta A$$

$$\frac{a}{2}\left[011\right] \rightarrow \frac{a}{6}\left[112\right] + \frac{a}{6}\left[\bar{1}21\right] \quad 即\ DC \rightarrow D\alpha + \alpha C$$

这两个扩展位错各自在自己的滑移面上相向移动，当每个扩展位错中的一个不全位错达到滑移面的交线 BC 时，就会通过位错反应，生成新的先导位错：

$$\frac{a}{6}\left[2\bar{1}\bar{1}\right] + \frac{a}{6}\left[\bar{1}21\right] \rightarrow \frac{a}{6}\left[110\right] \quad 即\ C\delta + \alpha C \rightarrow \alpha\delta$$

这个新位错 $a/6[110]$ 是纯刃型的，其柏氏矢量位于（001）面上，其滑移面是（001），但 FCC 的滑移面应是 ｛111｝，因此，这个位错是固定位错，又称压杆位错。不仅如此，它还带着两片分别位于（111）和（1$\bar{1}\bar{1}$）面上的层错区，以及 $a/6$［11$\bar{2}$］和 $a/6$［112］两个不全位错。这种形成于两个 ｛111｝ 面之间的面角上，由三个不全位错和两片层错所构成的位错组态称为洛末–柯垂尔位错（Lomer-Cottrell 位错），简称面角位错。它对面心立方晶体的加工硬化可起重大作用。

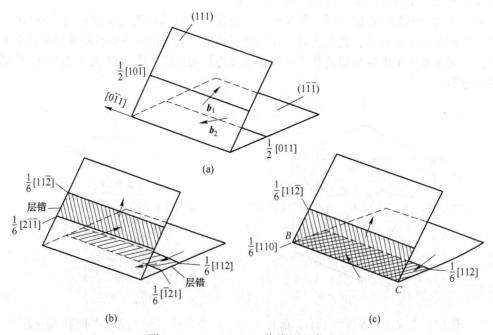

图 2-55　Lomer-Cottrell 位错的形成过程

2.3 面 缺 陷

晶体的界面包括两类：晶体的外表面（自由表面）和晶体的内界面。外表面是指晶体与气体或真空的分界面，而内界面可分为晶界和晶粒内部的亚晶界、孪晶界、堆垛层错及相界面等。界面通常包含几个原子层厚的区域，该区域内的原子排列甚至化学成分往往不同于晶体内部，又因它是二维结构分布，故也称为晶体的面缺陷。面缺陷对金属的物理性能、化学性能和力学性能都有着重要影响。

2.3.1 表面与表面能

在晶体表面上，每个原子只是部分地被其他原子包围着，它的相邻原子数比晶体内部少。另外，由于成分偏聚和表面吸附作用往往导致晶体表面成分与晶体内部不一。这些将导致表面层原子间结合键与晶体内部并不相等。因此，表面原子就会偏离其正常的平衡位置，并影响到邻近的几层原子，造成表层的点阵畸变，它们的能量比内部原子高，这几层高能量的原子层称为表面。晶体表面单位面积自由能的增加称为表面能 $\gamma(\mathrm{J/m^2})$，它与表面张力同数值、同量纲。表面能也可理解为产生单位面积新表面所做的功：

$$\gamma = \frac{\mathrm{d}W}{\mathrm{d}S} \tag{2-34}$$

式中，$\mathrm{d}W$ 为产生 $\mathrm{d}S$ 表面所做的功。

由于表面是一个原子排列的终止面，另一侧无固体中原子的键合，如同被割断，故其表面能可用形成单位新表面所割断的结合键数目来近似表达：

$$\gamma = \frac{\text{被割断的结合键数目}}{\text{形成单位新表面}} \times \frac{\text{能量}}{\text{每个键}} \tag{2-35}$$

表面能与晶体表面原子排列致密程度有关，原子密排的表面具有最小的表面能。若以原子密排面作晶体表面时，晶体的能量最低，最稳定，所以自由晶体暴露在外的表面通常是低表面能的原子密排晶面。图 2-56 为 FCC 的 Au 晶体表面能的极图。图中径向矢量为垂直于该矢量的晶体表面上表面张力的大小。由图可知，原子密排面 {111} 具有最小的表面能。如果晶体的外表面与密排面成一定角度，为了保持低能量的表面状态，晶体的外表面大都呈台阶状（见图 2-57），台阶的平面是低表面能晶面，台阶密度取决于表面和低能面的交角。晶体表面原子的较高能量状态及其所具有的残余结合键，将使外来原子易于被表面吸附，并引起表面能的降低。此外，台阶状的晶体表面也为原子的表面扩散，以及表面吸附现象提供一定条件。

表面能除了与晶体表面原子排列致密程度有关外，还与晶体表面曲率有关。当其他条件相同时，曲率越大，表面能也越大。表面能的这些性质，对晶体的生长、固态相变中新相形成都起着重要作用。

2.3.2 晶界

多数晶体物质是由许多晶粒所组成，每一个晶粒就是一个小单晶体。相邻晶粒之间的界面称为晶界，它是一种内界面。为了描述晶界的几何性质，需说明晶界相对于其中一个晶体的相对位向及其两侧晶粒的相对位向。

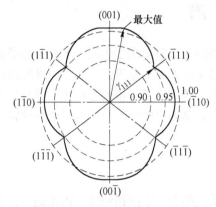

图 2-56　Au 在 1030℃氢气中的
表面能的极图（以 γ_{210} 为 1.00）

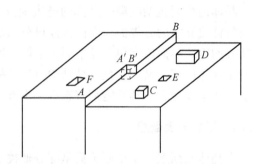

图 2-57　一个低指数晶面，表示具有扭折 $A'B'$ 的台阶
AB，单和双吸附原子 C 和 D，单和双空位 E 和 F

　　晶界相对于其中一个晶体的相对位向描述了晶界在 2 个晶体之间的位置。它可由该晶界平面的法线方向的单位矢量 n 决定，故应有 2 个自由度（n 的 2 个方向余弦）；确定 2 个晶粒的相对位向，可以考虑在一个参考坐标系中同一个晶粒的两部分，沿着坐标系中的某一旋转轴 u 旋转一定角度 θ，那么 u（u 的 2 个方向余弦）和 θ 共同决定了两晶粒的相对位向，故需要 3 个自由度。这就是说，从几何上描述一个晶界需要 5 个自由度。

　　根据相邻晶粒之间位向差 θ 角的大小，可将晶界分为小角度晶界和大角度晶界两类。

2.3.2.1　小角度晶界

　　两个相邻晶粒的位向差小于 10° 的晶界称为小角度晶界。小角度晶界又可分为倾转晶界和扭转晶界，前者由刃型位错构成，后者由螺型位错构成。

　　A　对称倾转晶界

　　对称倾转晶界可以看作把晶界两侧晶体互相倾转 $\theta/2$ 的结果，如图 2-58 所示。这种对称倾转晶界可看成是用一系列平行的刃型位错加以描述，图 2-59 所示为一简单的对称倾转晶界模型。由于相邻两晶粒的位向差 θ 角很小，如果相邻位错的间距为 D，则 D 与柏氏矢量 b 之间的关系为：

$$\frac{|b|}{D} = 2\sin\frac{\theta}{2} \tag{2-36}$$

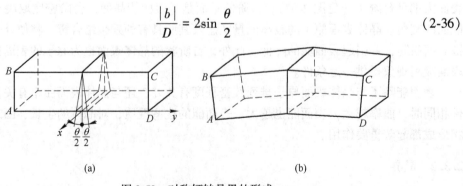

(a)　　　　　　　　　　　　　　　(b)

图 2-58　对称倾转晶界的形成
（a）倾转前；（b）倾转后

当 θ 很小时，$\sin\dfrac{\theta}{2} \approx \dfrac{\theta}{2}$，故该晶界上的位错间距为：

$$D = \frac{|b|}{\theta} \tag{2-37}$$

可见，随着位向差的增大，位错间距将要减小。当 $\theta > 10°$ 时，D 只有 $5 \sim 6$ 个原子间距，此时位错密度太大，这种结构是不稳定的，因此，θ 较大时，该模型就不适用了。

B 不对称倾转晶界

如果倾转晶界的界面绕 x 轴转了一角度 ϕ，如图 2-60 所示，则此时两晶粒之间的位向差仍为 θ 角，但此时晶界的界面对于两个晶粒是不对称的，因此，称为不对称倾转晶界。它有两个自由度 θ 和 ϕ。该晶界结构可看成由两组柏氏矢量相互垂直的刃位错 b_1、b_2 交错排列而构成的。两组刃型位错各自的间距 D_1 和 D_2 可根据几何关系分别求得，即：

$$D_1 = \frac{b_1}{\theta\cos\phi}, \quad D_2 = \frac{b_2}{\theta\sin\phi} \tag{2-38}$$

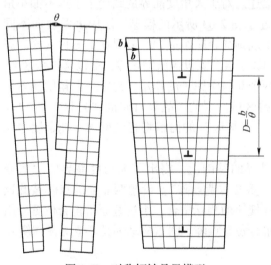

图 2-59　对称倾转晶界模型

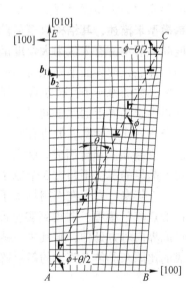

图 2-60　不对称倾转晶界模型

C 扭转晶界

扭转晶界是小角度晶界的又一种类型。它可看成是两部分晶体绕 u 轴在一个共同的晶面上相对扭转一个 θ 角所构成的，扭转轴垂直于这一共同的晶面，如图 2-61 所示。该晶界的结构可看成是由互相交叉的螺型位错所组成，晶界两侧的原子位置在位错处不吻合，而其余处是吻合的，如图 2-62 所示。

纯扭转晶界和倾转晶界均是小角度晶界的简单情况，两者不同之处在于倾转晶界形成时，转轴在晶界内；而扭转晶界的转轴则垂直于晶界。对于一般的小角度晶界，其旋转轴与界面之间可以保持任意的位向关系，故这种界面可看作是由一系列刃型位错、螺型位错或混合位错的网络所构成，这已被实验所证实。

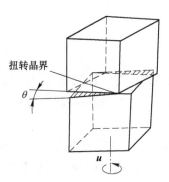

图 2-61 扭转晶界的形成过程

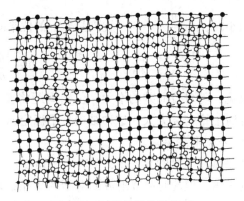

图 2-62 扭转晶界位错模型

2.3.2.2 大角度晶界

两个相邻晶粒的位向差大于 10°的晶界称为大角度晶界。多晶体材料中各晶粒之间的晶界通常为大角度晶界。大角度晶界的结构比较复杂，其中原子排列较不规则，不能用位错模型来描述，其结构直至目前也难以简单描述。对于大角度晶界的结构了解远不如小角度晶界清楚，有人认为大角度晶界的结构接近于图 2-63 所示的模型。图中表明位向不同的相邻晶粒的界面不是光滑的曲面，而是由不规则的台阶组成的。分界面上既包含同时属于两晶粒的原子 D，也包含不属于任一晶粒的原子 A；既包含压缩区 B，也包含扩张区 C。这是由于晶界上的原子同时受到位向不同的两个晶粒中原子的作用。总之，大角度晶界上原子排列比较紊乱，但也存在一些比较整齐的区域。因此，晶界可看成"好区"与"坏区"交替相间组合而成。随着位向差 θ 的增大，"坏区"的面积将相应增加。纯金属中大角度晶界的厚度不超过 3 个原子间距。

近年来，有人在应用场离子显微镜研究晶界的基础上，提出了大角度晶界的"重合位置点阵"模型，并得到实验证实。什么是"重合位置点阵"？设想两晶粒的点阵彼此通过晶界向对方延伸，则其中一些原子将出现有规律的相互重合。由这些原子重合位置所组成的比原来晶体点阵大的新点阵，通常称为重合位置点阵。图 2-64 表示体心立方晶体绕公

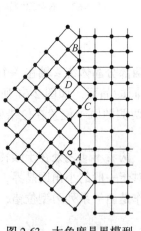

图 2-63 大角度晶界模型

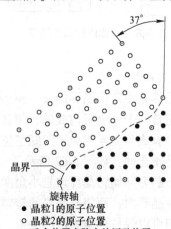

旋转轴
- 晶粒1的原子位置
○ 晶粒2的原子位置
◎ 重合位置点阵中的原子位置

图 2-64 体心立方晶体中的重合位置点阵

共的［100］轴旋转 37°后，两晶粒的原子排列模型。该图中每 5 个原子即有一个是重合位置，即重合位置的原子为晶体原子的 1/5，故称为 1/5 重合位置点阵。显然，由于晶体结构及所选旋转轴和转动角度的不同，可以出现不同重合位置密度的重合点阵。重合位置的原子占晶体原子的比例，称为重合位置密度。表 2-3 列出了立方晶系金属中重要的重合位置点阵。

表 2-3 立方晶系金属中重要的重合位置点阵

晶体结构	旋转轴	转动角度/(°)	重合位置密度
体心立方	［100］	36.9	1/5
	［110］	70.5	1/3
	［110］	38.9	1/9
	［110］	50.5	1/11
	［111］	60.0	1/3
	［111］	38.2	1/7
面心立方	［100］	36.9	1/5
	［110］	38.9	1/9
	［111］	60.0	1/7
	［111］	38.2	1/7

根据该模型，在大角度晶界结构中将存在一定数量重合点阵的原子。显然，界面上包含的重合位置密度越高，即晶界上越多的原子为两个晶粒所共有，原子排列的畸变程度越小，则界面能就越低。然而，从表 2-3 可知，不同晶体结构具有重合点阵的特殊位向是有限的。所以，重合位置点阵模型尚不能解释两晶粒处于任意位向差的晶界结构。作为一个大角度晶界结构模型，还需要进行补充和修正，以便把重合点阵的概念用到更宽广的范围。

总之，对于大角度晶界的结构还正在继续研究和讨论中。

2.3.2.3 晶界能

由于晶界上的原子排列是不规则的，产生点阵畸变，从而使系统的自由能增高，这部分能量称为晶界能或界面能。晶界能定义为形成单位面积界面时，系统的自由能变化 $\left(\dfrac{dF}{dA}\right)$，它等于界面区单位面积的能量减去无界面时该区单位面积的能量。

小角度晶界的能量主要来自位错能量（形成位错的能量和将位错排成有关组态所做的功），而位错密度又决定于晶粒间的位向差，所以，小角度晶界能 γ 与相邻两晶粒之间的位向差 θ 有关，其关系式为：

$$\gamma = \gamma_0 \theta (A - \ln\theta) \tag{2-39}$$

式中，$\gamma_0 = \dfrac{Gb}{4\pi(1-\nu)}$ 为常数，其值取决于材料的剪切弹性模量 G、泊松比 ν 和位错的柏氏矢量 b；A 为积分常数，取决于位错中心的原子错排能。由式（2-39）可知，小角度晶界的晶界能是随位向差 θ 增加而增大（见图 2-65）。但注意，该公式只适用于小角度晶界，而对大角度晶界不适用。

实际上，多晶体的晶界一般为大角度晶界，各晶粒的位向差大多在 30°~40°左右，实验测出各种金属大角度晶界能约在 0.25～1.0J/m² 范围内，与晶粒之间的位向差 θ 无关，大体上为定值，且比小角度晶界能大很多。

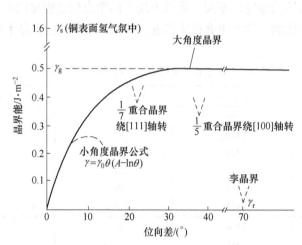

图 2-65　Cu 的不同类型界面的晶界能

2.3.2.4　晶界的特性

（1）晶界处点阵畸变大，存在着晶界能。因此，晶粒的长大和晶界的平直化都能减少晶界面积，从而降低晶界的总能量，这是一个自发过程。然而晶粒的长大和晶界的平直化均需通过原子的扩散来实现，因此，随着温度升高和保温时间的增长，均有利于这两个过程的进行。

（2）在常温下，晶界的存在会对位错的运动起阻碍作用，致使塑性变形抗力提高，宏观表现为晶界较晶内具有较高的强度和硬度。因此晶粒越细，金属材料的强度和硬度越高；而高温下则相反，因高温下晶界存在一定的黏滞性，易使相邻晶粒产生相对滑动。

（3）晶界处原子的扩散速度比在晶粒内部快得多。这是因为晶界处原子偏离平衡位置，具有较高的动能，并且晶界处存在较多的缺陷，如空位、杂质原子和位错等。

（4）在固态相变过程中，新相易于在晶界处优先形核。这是由于晶界能量较高，且原子活动能力较大。显然，原始晶粒越细，晶界越多，则新相形核率也相应越高。

（5）由于成分偏析和内吸附现象，特别是晶界富集杂质原子情况下，往往晶界熔点较低，故在加热过程中，因温度过高将引起晶界熔化和氧化，导致"过热"现象产生。

（6）与晶内相比，晶界的腐蚀速度一般较快。这是由于晶界能量较高、原子处于不稳定状态，以及晶界富集杂质原子。这也是用腐蚀剂显示金相样品组织的依据，以及某些金属材料在使用中发生晶间腐蚀破坏的原因。

2.3.3　亚晶界

在多晶体中，即使一个晶粒内，原子排列也并不是十分规整，其中会出现位向差很小（通常小于1°）的亚结构，亚结构的平均直径通常为 0.001mm 数量级，如图 2-66 所示。各亚结构之间的交界称为亚晶界。显然，亚晶界属于小角度晶界。金属材料中经常会出现亚结构，主要是凝固、塑性变形、回复、再结晶以及固态相变等过程中形成的。

2.3.4 孪晶界

孪晶是指相邻两个晶体（或一个晶体的两部分）沿一个公共晶面构成镜面对称的位向关系，这两个晶体就称为"孪晶"，此公共晶面就称为孪晶面（见图 2-67（a））。孪晶之间的界面称为孪晶界，孪晶界可分为两类，即共格孪晶界和非共格孪晶界，如图 2-67 所示。

如果孪晶界和孪晶面一致，称为共格孪晶界（见图 2-67（a））。在孪晶面上的原子同时位于两个晶体点阵的结点上，为两个晶体所共有，属于自然地完全匹配，是无畸变的完全共格晶面，因

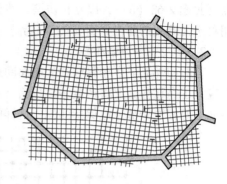

图 2-66　金属晶粒内的结构示意图

此它的界面能很低（约为普通晶界界面能的1/10），很稳定，在显微镜下呈直线，这种孪晶界较为常见。

如果孪晶界相对于孪晶面旋转一角度，即可得到非共格孪晶界（见图 2-67（b））。此时，孪晶界上只有部分原子为两部分晶体所共有，因而原子错排较严重，这种孪晶界的能量相对较高，约为普通晶界的1/2。

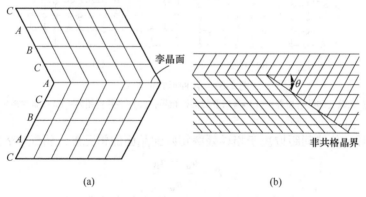

（a）　　　　　　　　　　　　　　（b）

图 2-67　孪晶界
（a）共格孪晶界；（b）非共格孪晶界

依孪晶形成原因的不同，可分为"形变孪晶""生长孪晶"和"退火孪晶"等。

2.3.5 相界

具有不同结构的两相之间的界面称为相界。根据界面上的原子排列结构的特点，相界面可分为共格相界、半共格相界和非共格相界三种类型。

2.3.5.1 共格相界

所谓共格是指界面上的原子同时位于两相点阵的结点上，即在相界面上两相原子完全相互匹配，如图 2-68（a）所示。这是一种无畸变的具有完全共格的相界，其界面能很低。但是理想的完全共格界面，只有在共格孪晶界时才可能存在。对相界而言，其两侧为

两个不同的相，即使两个相的晶体结构相同，其点阵常数也不可能相等，因此在形成共格界面时，必然在相界附近产生一定的弹性畸变，晶面间距较小者发生伸长，较大者产生压缩（见图2-68（b）），以互相协调，使界面上原子达到匹配。显然，这种共格相界的能量相对于无畸变的共格界面（如孪晶界）的能量要高。

2.3.5.2 半共格相界

若两相邻晶体在相界面处的晶面间距相差较大，则在相界面上不可能做到完全的一一对应，于是在界面上将产生一些位错（见图2-68（c）），以降低界面的弹性应变能，这时界面上两相原子部分地保持匹配，这样的界面称为半共格界面。

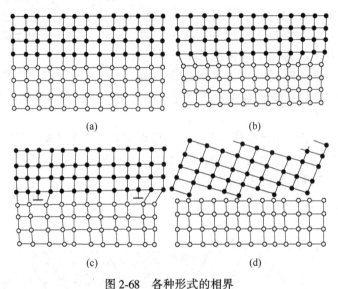

图2-68　各种形式的相界

（a）无畸变的共格相界；（b）有畸变的共格相界；（c）半共格相界；（d）非共格相界

半共格相界上位错间距取决于相界处两相匹配晶面的错配度。错配度 δ 定义为：

$$\delta = \frac{a_\alpha - a_\beta}{a_\alpha} \tag{2-40}$$

式中，a_α 和 a_β 分别表示相界面两侧的 α 相和 β 相的点阵常数，且 $a_\alpha > a_\beta$。由此可求得位错间距 D 为：

$$D = a_\beta / \delta \tag{2-41}$$

当 δ 很小（$\delta < 0.05$）时，D 很大，α 和 β 相在相界面上趋于共格，即成为共格相界；对于比较大的原子错配度（$0.05 < \delta < 0.25$），从能量角度而言，以半共格界面代替共格界面更为有利，在半共格界面上，由刃型位错周期地调整补偿两相间的不匹配；当 δ 很大（$\delta > 0.25$）时，D 很小，α 和 β 相在相界面上完全失配，即成为非共格相界。

2.3.5.3 非共格相界

当两相在相界面处的原子排列相差很大时，即 δ 很大时，只能形成非共格界面（见图2-68（d））。这种相界与大角度晶界相似，可看成是由原子不规则排列的很薄的过渡层构成。

2.3.5.4 相界能

相界能可以通过实验方法（如界面张力平衡法或动力学方法等）进行测量。从理论上来讲，相界能包括两部分，即弹性畸变能和化学交互作用能。弹性畸变能大小取决于错配度 δ 的大小；而化学交互作用能取决于界面上原子与周围原子的化学键结合状况。相界面结构不同，这两部分能量所占的比例不同。如对共格相界，由于界面上原子保持着匹配关系，故界面上原子结合键数目不变，因此这里弹性应变能是主要的；而对于非共格相界，由于界面上原子的化学键数目和强度与晶内相比发生了很大变化，故其界面能以化学能为主，而且总的界面能较高。从相界能的角度来看，从共格至半共格到非共格依次递增。

重点概念

晶体缺陷，点缺陷，线缺陷，面缺陷

空位，间隙原子，点缺陷的平衡浓度，热平衡点缺陷

刃型位错，螺型位错，混合位错

柏氏回路，柏氏矢量，柏氏矢量的物理意义，柏氏矢量的守恒性

位错的滑移、交滑移和攀移，位错的交割，割阶和扭折

位错的应力场，位错的应变能，线张力，滑移力和攀移力

位错密度，位错增殖（F-R 源），位错塞积

位错反应，几何条件和能量条件

晶界，亚晶界，小角度晶界，对称倾转晶界，不对称倾转晶界，扭转晶界

大角度晶界，重合位置点阵模型，晶界能

孪晶界，相界，共格相界，半共格相界，错配度，非共格相界

习　题

2-1　纯金属晶体中的主要点缺陷类型有哪几种？这些点缺陷对金属的结构和性能有哪些影响？

2-2　某晶体中形成一个空位所需的激活能为 0.32×10^{-18} J。在 800℃ 时，10^4 个原子中有一个空位。求在何种温度时，10^3 个原子中含有一个空位。

2-3　纯铁的空位形成能为 105kJ/mol，将纯铁加热到 850℃ 后急冷至室温（20℃），假设高温下的空位全部保留，试求过饱和空位浓度与室温平衡浓度的比值。

2-4　位错基本类型有哪两种？试说明各种类型位错的位错线、柏氏矢量、位错线运动方向之间的关系。指出这两种位错运动方式的异同点。

2-5　一个位错环能否各部分都是螺型位错或各部分都是刃型位错，试说明之。

2-6　在面心立方结构金属 Cu 中（111）面上运动着柏氏矢量为 $b = a/2\ [\bar{1}10]$ 的位错，位错线方向也是 $[\bar{1}10]$，请在立方单胞中画出（111）晶面和 $[\bar{1}10]$ 晶向，并说明该位错的类型，如果该位错的运动受到阻碍后，请判断是否有可能转移到 $(\bar{1}11)$、$(1\bar{1}1)$、$(11\bar{1})$ 各晶面上继续运动？为什么？

2-7　画一个方形位错环，并在这个平面上画出此位错环的柏氏矢量及位错线方向，使柏氏矢量平行于位错环的任意一条边，据此指出位错环各段位错的类型。

2-8　若面心立方晶体中有 $b = a/2\ [\bar{1}01]$ 的单位位错和 $b = a/6\ [12\bar{1}]$ 的不全位错，两个位错相遇是否能发生位错反应？为什么？若反应可以进行，写出合成后位错的柏氏矢量，并说明该位错的类型。

2-9　如图 2-69 所示，晶体中有一位错环 ADBCA，回答下列问题：

（1）位错环各段位错的类型。

（2）在剪应力 τ 作用下，位错环将如何运动？晶体将如何变形？

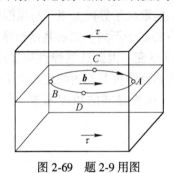

图 2-69　题 2-9 用图

2-10 已知柏氏矢量 $|b| = 0.25\,nm$，如果对称倾转晶界的位向差 $\theta = 1°$ 和 $10°$，求晶界上位错之间的距离。从计算结果可得到什么结论？

3 金属及合金的相图

本章教学要点：重点掌握相律、杠杆定律、三元系平衡相的定量法则；了解二元相图的测定方法、相平衡、三元相图的表示方法；能独立分析三种基本相图中的点、线的含义，能分析相图中的恒温反应以及不同成分的合金凝固过程，能计算平衡凝固时，合金中相组成物和组织组成物的相对含量，能根据相图推测合金性能，分析三元相图的空间模型，分析其截面图或投影图，写出四相平衡转变。

纯金属结晶后只能得到单相的固体，合金结晶后，既可获得单相的固溶体，也可获得单相的金属化合物，但更常见的是获得既有固溶体又有金属化合物的多相组织。组元（组成材料最基本的、独立的物质）不同，获得的固溶体和金属化合物的类型也不同，即使组元确定之后，凝固后所获得的相的性质、数目及其相对含量也随着合金成分和温度的变化而变化，即在不同的成分和温度时，合金将以不同的状态存在。为了研究不同合金系中的状态和合金成分与温度之间的变化规律，就要利用相图这一工具。例如钢铁材料中的平衡问题是借助 Fe-C 二元相图进行分析和研究。

相图是表示在平衡条件下合金系中合金的状态或相与成分、温度及压力间关系的图解，又称为状态图或平衡图。从相图上可以清楚地了解合金系在各种成分、温度和压力下所处的平衡状态，如它存在哪些相，相的成分及相对含量如何，以及在加热或冷却时可能发生哪些相转变等。显然，相图是研究金属材料的一个十分重要的工具。掌握相图的分析和使用方法，可以帮助了解和分析金属材料在不同条件下的相的平衡存在状态和相转变规律，研制、开发新的材料以及预测材料的性能。相图还可为制定材料制备工艺，如金属材料的熔炼、锻轧、焊接、热处理等工艺提供重要理论依据。

3.1 相图的基本知识

采用不同的热力学变量，可以构成不同类型的相图，所以相图的形式和种类很多，如温度-成分图（$T\text{-}x$）、温度-压力-成分（$T\text{-}P\text{-}x$）图、温度-压力（$T\text{-}P$）图，以及立体模型图解（如三元相图）和它们的某种截面图、投影图等。根据研究内容的需要，可以选择方便的图解，以形象地阐明其相互关系。

对于单组元（一元）系统，通常采用温度-压力（$T\text{-}P$）图；压力变化不大的情况下，压力对凝聚态相平衡的影响可以忽略。所以，除了特殊情况外，二元系统和三元系统通常采用温度-成分（$T\text{-}x$）图。

3.1.1 相

在热力学中，将所研究的原子、分子等集体称为系统，又称体系。例如研究 Fe 和 C

组成的合金，则把 Fe 和 C 作为系统。

在一个系统中，具有同一聚集状态的均匀部分称为相，不同相之间有明显的界面分开。例如由盐的水溶液组成的系统只有一个相，如果把此溶液的浓度超过饱和溶解度，就会出现未溶解的盐，这时系统中就有两个相。这是物理化学中对相所下的定义。但在金属学中，还有某些特殊情况：即使是单相固溶体，其中各微区的成分并不完全均匀，而存在成分偏聚现象，所以各处的性质也就不完全相同；另外，同一相的不同晶粒之间也存在界面，所以有界面分开的并不一定都是两种相。金属材料中的相，"均匀"是指成分、结构及性质在宏观上完全相同，或呈现连续变化而没有突变现象。

3.1.2　相图的表示方法

合金存在的状态通常由合金的成分、温度和压力三个因素确定，合金的成分变化时，则合金中所存在的相及相的相对含量也随之发生变化。同样，当温度和压力发生变化时，合金所存在的状态也要发生改变。由于合金的熔炼、加工、热处理等都是在一个大气压下进行，所以合金的状态可由合金的成分和温度两个因素确定。对于二元系合金相图来说，通常用一个成分坐标和一个温度坐标表示，如图 3-1 所示。在成分和温度坐标平面内的任何点称为表象点，一个表象点反映一个合金的成分和温度，所以表象点可反映不同成分的合金在不同温度时所处的状态。横坐标上

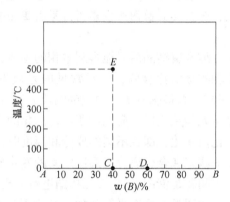

图 3-1　二元合金相图的表示方法

的任一点均表示一种合金的成分，如横坐标两端 A 和 B 代表组成合金的两个纯组元，往 B 端点移动时，B 组元含量增加。二元相图中的成分有两种表示方法：质量分数（w_i）和摩尔分数（x_i）。

$$w_A = \frac{R_A x_A}{R_A x_A + R_B x_B}, \; w_B = \frac{R_B x_B}{R_A x_A + R_B x_B} \tag{3-1}$$

$$x_A = \frac{w_A / R_A}{w_A / R_A + w_B / R_B}, \; x_B = \frac{w_B / R_B}{w_A / R_A + w_B / R_B} \tag{3-2}$$

式中，w_A、w_B 分别为组元 A、B 的质量分数；x_A、x_B 分别为组元 A、B 的摩尔分数；R_A、R_B 分别为组元 A、B 的相对原子量；$w_A + w_B = 100\%$；$x_A + x_B = 100\%$。图 3-1 中 C 点的成分为 $w_B = 40\%$、$w_A = 60\%$，D 点的成分为 $w_B = 60\%$、$w_A = 40\%$，E 点表示合金的成分为 $w_B = 40\%$、$w_A = 60\%$，温度为 500℃。

三元系合金相图的表示方法将在后续小节中重点介绍。

3.1.3　相图的建立

建立相图的方法有实验测定和理论计算两种，但目前所用的相图大部分都是根据实验方法建立起来的。具体的实验方法有热分析法、金相分析法、膨胀法、磁性法、电阻法及 X 射线结构分析法等。除金相分析法和 X 射线结构分析法外，其他方法都是利用合金在

温度、成分变化时发生相变，将引起合金某些物理参量的突变（如比体积、磁性、比热容、硬度等）来测定其临界点的。这些方法中，热分析法最为常用和直观，下面简单说明热分析法的基本操作过程。

下面以 Cu-Ni 合金为例，说明绘制二元合金相图的过程。通过实验测定相图时，首先要配制一系列不同含 Ni 量的 Cu-Ni 合金，然后再测出这些合金从液态到室温的冷却曲线，找出相变临界点（曲线上的转折点），如液相向固相转变的临界点（凝固温度）、固态相变临界点。图 3-2 (a) 给出 Ni 含量（质量分数）为 30%、50%、70% 的 Cu-Ni 合金及纯 Cu、纯 Ni 的冷却曲线。从图中可见，纯 Cu 和纯 Ni 的冷却曲线都有一水平阶段，表明其凝固是在恒温下进行，凝固温度分别为 1083℃ 和 1452℃。其他三种合金的冷却曲线都没有水平阶段，但有两次转折，两个转折点所对应的温度代表两个临界点，表明这些合金都是在一个温度范围内进行凝固，温度较高的临界点是凝固开始的温度，称为上临界点；温度较低的临界点是凝固终了的温度，称为下临界点。凝固开始后，由于放出凝固潜热，致使温度的下降变慢，在冷却曲线上出现了一个转折点；凝固终了后，不再放出凝固潜热，温度的下降变快，于是又出现了一个转折点。最后将这些临界点分别标在温度-成分坐标图上，把凝固开始温度点和终了温度点分别连接起来，就得到图 3-2 (b) 所示的Cu-Ni 相图。其中上临界点的连线称为液相线，表示合金凝固的开始温度或加热过程中熔化终了的温度；下临界点的连线称为固相线，表示合金凝固终了的温度或在加热过程中开始熔化的温度。这两条曲线把相图划分出一些区域，这些区域即称为相区。利用相分析法测出相图中各相区所含的相，将它们的名称填入相应的相区，即得到一张完整的相图。

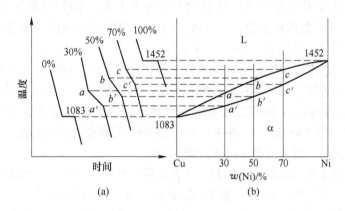

图 3-2 用热分析法建立 Cu-Ni 相图
(a) 冷却曲线；(b) 相图

为了精确测定相变的临界点，用热分析法时必须非常缓慢地冷却，力求达到热力学的平衡条件，一般控制在每分钟 0.15～0.5℃ 之内。而且应配制较多数目的合金，采用高纯度金属和先进的测温技术，并同时配合几种不同的方法进行测定。

3.1.4 相律

在某一温度下，系统中各相经过很长时间也不互相转变，处于平衡状态，这种平衡称为相平衡。相平衡的热力学条件要求每个组元在各相中的化学势必须相等。因此，相平衡时系统内部不存在原子的迁移。但是由动力学规律可以认为，这种相平衡是一种动态平衡，即在相界两侧附近原子仍在不停地转移，只不过在同一时间内各相之间原子转移速度相等而已。

相律是描述金属和合金在平衡状态下发生相变时所遵循的规律之一，是理解、分析和使用相图的重要工具，所测定的相图是否正确，要用相律检验，在研究和使用相图时，也要用到相律。相律是表示在平衡条件下，系统的自由度数、组元数和相数之间的关系，是系统平衡条件的数学表达式。相律可用下式表示：

$$F = C - P + 2 \tag{3-3}$$

式中，F 为平衡系统的自由度数；C 为平衡系统的组元数；P 为平衡系统的相数。相律的含义是：在只受外界温度和压力影响的平衡系统中，它的自由度数等于系统的组元数和相数之差再加上 2。平衡系统的自由度数是指平衡系统的独立可变因素（如温度、压力、成分等）的数目，恒不为负。这些因素可在一定范围内任意独立地改变而不会影响到原有的共存相数。当平衡系统的压力为常数时，相律可表达为：

$$F = C - P + 1 \tag{3-4}$$

此时，合金的状态由成分和温度两个因素确定。因此，对纯金属而言，成分固定不变，只有温度可以独立改变，所以纯金属的自由度数最多只有 1 个；而对二元系合金来说，已知一个组元的含量，则合金的成分即可确定，因此合金成分的独立变量只有 1 个，再加上温度因素，所以二元合金的自由度数最多为 2 个；依此类推，三元系合金的自由度数最多为 3 个，四元系为 4 个……

根据相律可以确定系统中可能共存的最多平衡相数。例如对单元系来说，组元数 $C = 1$，由于自由度不可能出现负值，所以当 $F = 0$ 时，同时共存的平衡相数应具有最大值，代入相律公式 (3-4)，可得 $P = 1 - 0 + 1 = 2$。

可见，对单元系来说，同时共存的平衡相数不超过 2 个。例如，纯金属凝固时，温度固定不变，自由度为零，同时共存的平衡相为液、固两相。对二元系来说，组元数 $C = 2$，当 $F = 0$ 时，$P = 2 - 0 + 1 = 3$，说明二元系中同时共存的平衡相数最多为 3 个。对三元系来说，组元数 $C = 3$，当 $F = 0$ 时，$P = 3 - 0 + 1 = 4$，说明三元系中同时共存的平衡相数最多为 4 个。依此类推 n 元系，最多可以 $n+1$ 相平衡共存。

此外，利用相律可以解释纯金属与二元合金凝固时的一些差别。例如，纯金属凝固时存在液、固两相，其自由度为零，说明纯金属在凝固时只能在恒温下进行。二元合金凝固时，在两相平衡条件下，其自由度 $F = 2 - 2 + 1 = 1$，说明温度和成分中只有一个独立可变因素，即在两相区内任意改变温度，则成分随之而变；反之亦然。此时，二元合金将在一定温度范围内凝固。如果二元合金出现三相平衡共存时，则其自由度 $F = 2 - 3 + 1 = 0$，说明此时的温度恒定不变，而且三个相的成分也恒定不变，凝固只能在各个因素完全恒定不变的条件下进行，属恒温转变，在相图上表示为水平线。

利用相律还可以检验和校核相图中出现的错误，凡违背相律、在热力学上不符合平衡状态的相图必然是错误的。

3.1.5 杠杆定律

在合金的凝固过程中，合金中各个相的成分以及它们的相对含量都在不断地发生变化。为了了解某一具体合金中相的成分及其相对含量，需要应用杠杆定律。在二元系合金中，杠杆定律主要适用于两相区，因为对单相区来说无此必要，而三相区又无法确定，这是由于三相恒温线上的三个相可以以任何比例相平衡。

要确定相的相对含量，首先必须确定相的成分。根据相律可知，当二元系处于两相共存时，其自由度 $F=1$，这说明只有一个独立变量。例如温度变化，那么两个平衡相的成分均随温度的变化而改变；当温度恒定时，自由度为零，两个平衡相的成分也随之固定不变。两个相成分点之间的连线（等温线）称为连接线。实际上两个平衡相成分点即为连接线与两条平衡曲线的交点，下面以 Cu-Ni 合金为例进行说明。

如图 3-3 所示，在 Cu-Ni 二元相图中，液相线是表示液相的成分随温度变化的平衡曲线，固相线是表示固相的成分随温度变化的平衡曲线，合金 I 在温度 t 时，处于两相平衡状态，即 L+α。要确定液相 L 和固相 α 的成分，可通过温度 t 作一水平线段 $aO'b$，分别与液相线和固相线相交于 a 点和 b 点，a、b 两点在成分坐标轴上的投影 x_1 和 x_2，即分别表示液、固两相的成分。

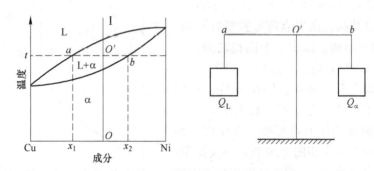

图 3-3　Cu-Ni 二元匀晶相图和杠杆定律示意图

下面计算液相和固相在温度 t 时的相对含量。设合金的总质量为 1，液相的质量为 Q_L，固相的质量为 Q_α，则有：

$$Q_L + Q_\alpha = 1 \tag{3-5}$$

此外，合金中的 Ni 含量应等于液相中 Ni 含量与固相中 Ni 含量之和，即：

$$Q_L x_1 + Q_\alpha x_2 = 1 \cdot x_0 \tag{3-6}$$

由以上两式可以得出：

$$\frac{Q_L}{Q_\alpha} = \frac{O'b}{aO'} \tag{3-7}$$

式（3-7）表明合金在两相区，两个平衡相的相对含量之比与合金成分点两边的线段长度呈反比关系，这个关系就如力学中的杠杆原理一样，故称为杠杆定律。

式（3-7）也可以写成下列形式：

$$\left. \begin{array}{l} Q_L = \dfrac{O'b}{ab} \times 100\% \\[2mm] Q_\alpha = \dfrac{aO'}{ab} \times 100\% \end{array} \right\} \tag{3-8}$$

这两个式子可以直接用来求出两相的相对含量。

值得注意的是，在推导杠杆定律的过程中，并没有涉及 Cu-Ni 相图的性质，而是基于相平衡的一般原理导出的。因而不管怎样的系统，只要满足相平衡的条件，那么在两相共存时，其两相的相对含量都能用杠杆定律确定。

3.2 一 元 相 图

根据相律式 (3-3)，对于单元系：

$$F = 3 - P \tag{3-9}$$

从式 (3-9) 可以看出，单相状态时 $F = 2$，即温度、压力均可独立变动。两相平衡状态时 $F = 1$，说明温度或压力只有一个可以独立变化。三相共存状态时 $F = 0$，即温度和压力均固定不变。可见，对于单元系统，在压力不为常量的情况下，最多可有三相平衡共存。显然，这种情况只能出现在某一固定的温度和压力条件下。

图 3-4 给出纯铁的 P-T 相图。Fe 有 3 种同素异构体：α-Fe、γ-Fe 和 δ-Fe，其中 α-Fe 和 δ-Fe 是体心立方结构，两者点阵常数略有不同；γ-Fe 是面心立方结构。图中 3 个固相之间有两条晶型转变线 bb' 和 cc' 将它们分开。相图中共有 5 个单相区，即气相、液相、固相 α-Fe、固相 γ-Fe 和固相 δ-Fe。单相平衡时，自由度数为 2，即在单相区内温度和压力均可独立变化而不影响体系状态。单相区在相图上表现为一块面积。两相平衡时，自由度为 1，两相平衡在相图中表现为一根线。图中 aa'、bb'、cc'、ab、bc 和 ad 为两相平衡共存线，在曲线上温度和压力只有

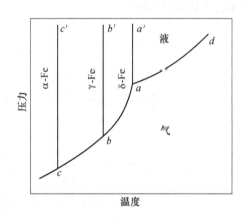

图 3-4 纯铁的相图

一个可以独立变动，另一个由曲线确定。三相平衡时，自由度数为 0，在相图中表现为一个点。图中 a、b 和 c 点为三相平衡共存点。由于自由度数不可能为负值，所以单元系中最大可能出现的平衡相数目是 3。

3.3 二 元 相 图

本节重点分析和讨论二元相图中的三种基本相图：匀晶相图、共晶相图和包晶相图。最后，对其他二元系相图进行介绍，并对二元相图的分析方法进行小结。

3.3.1 二元匀晶相图

两组元在液态和固态均能无限互溶的二元合金系所构成的相图，称为二元匀晶相图。在两个金属组元之间形成合金时，要能无限互溶必须服从以下条件：两者的晶体结构相同，原子尺寸相近，尺寸差小于 15%。另外，两者有相同的原子价和相似的电负性。具有这类相图的二元合金系主要有 Cu-Ni、Au-Ag、Au-Pt、Cr-Mo、Mo-W、Cd-Mg 等。在这类合金中，从液相中直接凝固出一个固相的过程，称为匀晶转变。绝大多数的二元相图都

包括匀晶转变部分，因此掌握这一类相图是学习二元合金相图的基础。现以 Cu-Ni 二元匀晶相图为例进行分析。

3.3.1.1 相图分析

图 3-5 为 Cu-Ni 二元合金相图，按照相图的点、线、相区进行相图分析。

（1）点。相图中 A、B 点分别是纯组元 Cu、Ni 的熔点。

（2）线。AB 凸曲线为液相线，各不同成分的合金加热到该线以上时全部转变为液相，而冷却到该线时开始凝固出 α 固溶体。AB 凹曲线为固相线，各不同成分的合金加热到该线时开始熔化，而冷却到该线时全部转变为 α 固溶体。

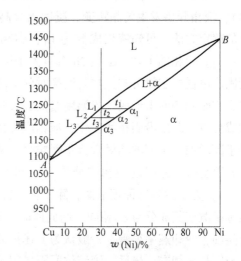

图 3-5 Cu-Ni 相图及典型合金平衡凝固过程分析

（3）相区。在 AB 凸曲线之上，所有的合金都处于液态，是液相的单相区，以 L 表示；在 AB 凹曲线以下，所有的合金都已凝固完毕，处于固态，是固相的单相区，用 α 表示；α 是 Cu-Ni 互溶形成的置换式无限固溶体。在液相线和固相线之间，合金已开始凝固，但凝固过程尚未结束，是液相和固相的两相共存区，用 L+α 表示。

匀晶相图还有其他形式，如 Au-Cu、Fe-Co、Cr-Mo 等在相图上具有极小点，而在 Pb-Tl 相图上具有极大点，两种类型相图分别如图 3-6（a）和（b）所示。对应于极大点和极小点的合金，由于液、固两相的成分相同，此时用来确定体系状态的变量数应减少一个，于是自由度 $F=C-P+1=1-2+1=0$，即恒温转变。

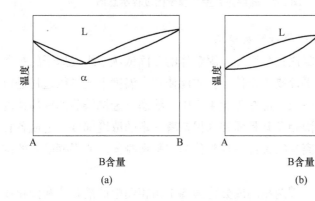

图 3-6 具有极小点与极大点的匀晶相图
（a）具有极小点；（b）具有极大点

3.3.1.2 固溶体的平衡凝固及组织

平衡凝固是指液态合金在无限缓慢的冷却条件下进行的凝固，因冷却速率十分缓慢，原子能够进行充分扩散，在凝固过程中的每一时刻都能达到完全的相平衡。现以 Ni 含量为 30%（质量分数）的 Cu-Ni 合金为例，分析其平衡凝固过程及组织变化。

由图 3-5 可以看出，该合金自高温缓慢冷却，当冷却到与液相线相交的 L_1 点时（t_1 温度），液相开始发生匀晶转变，凝固出含高熔点组元 Ni 较多的 α_1 固溶体，根据平衡相成分的确定方法，可知液相成分为 L_1，固相成分为 α_1，此时液、固两相的相平衡关系为 $L_1 \rightarrow \alpha_1$。由相图可知，α_1 的 Ni 含量大于该合金的 Ni 含量（30%Ni），这种现象称为选分凝固。由杠杆定律可知，在 t_1 温度时的 α_1 相对含量为零，说明在 t_1 温度时，凝固刚刚开始，实际固相尚未形成。当温度略低于 t_1 时，固相便可以形成，并且随着温度的降低，α 的成分将不断地沿固相线变化，液相成分也将不断地沿液相线变化。同时，固相的相对含量不断增加，液相的相对含量不断减少，两相的相对含量可用杠杆定律求出。当温度缓冷至 t_2 温度时，此时的固相成分为 α_2，液相成分为 L_2，此时液、固两相的相平衡关系为 $L_2 \rightarrow \alpha_2$。为了达到这种相平衡，除了在 t_2 温度直接从液相中凝固出的 α_2 外，原有的 α_1 必须通过扩散使其成分与 α_2 相同。与此同时，液相的成分也通过扩散由 L_1 向 L_2 变化。由于平衡凝固，冷却速率很慢，一般认为上述扩散过程能充分进行。当温度缓冷至 t_3 温度时，合金与固相线相文，最后一滴液体凝固成固溶体，合金凝固完毕，得到了与原合金成分相同的单相 α 固溶体。图 3-7 说明了该合金平衡凝固时的组织变化过程。

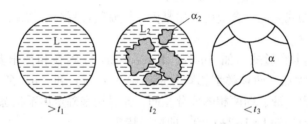

图 3-7　固溶体合金平衡凝固过程示意图

3.3.1.3　固溶体的非平衡凝固及组织

由上述固溶体的平衡凝固过程可知，固溶体的凝固依赖于组元原子的扩散，只有在极其缓慢的冷却条件下，即平衡凝固条件下，才能使每个温度下的扩散过程进行完全，使液相和固相的成分整体均匀一致。但在工业生产中，液态合金浇铸后的冷却速度较快，组元原子得不到充分扩散，使液相尤其是固相内保持着一定的浓度梯度，造成各相内成分的不均匀。这种使凝固过程偏离平衡条件的现象称为非平衡凝固。非平衡凝固的结果对合金的组织和性能有很大影响。

在非平衡凝固时，液、固两相的成分将偏离平衡相图中的液相线和固相线。假设液体中存在着充分混合条件，即液相的成分可以借助扩散、对流或搅拌等作用完全均匀化，而固相内却来不及进行扩散。显然这是一种极端情况。现仍以 Cu-Ni 合金为例进行分析。由图 3-8 可知，成分为 C_0 的合金冷却至 t_1 温度开始凝固，首先析出成分为 α_1 的固溶体，液相的成分为 L_1。当温度下降至 t_2 时，析出的固相成分应为 α_2。但是由于冷却较快，固相中的扩散不充分，使晶体内部成分仍低于 α_2，甚至保留为 α_1，从而出现晶体内外成分不均匀现象。此时整个已凝固的固相成分为 α_1 和 α_2 的平均成分 α_2'；在液相内，由于能充分进行扩散，使整个液相的成分时时处处均匀一致，沿液相线变化至 L_2。当温度继续下降至 t_3 时，凝固出的固相成分应为 α_3，同样由于固相内无法充分扩散，使整个固相的实际成分为 α_1、α_2 和 α_3 的平均值 α_3'，液相的成分沿液相线变至 L_3。此时如果是平衡凝固的话，t_3 温度已相当于凝固完毕的固相线温度，全部液体应当在此温度下凝固完毕，已凝固的固相成分应为合金成分 C_0。但是由于是非平衡凝固，已凝固固相的平均成分不是 α_3，而是 α_3'，与合金的成分 C_0 不同，仍有一部分液体尚未凝固，合金冷却到 t_4 温度才能凝固完毕，即非平衡凝固导致凝固终了温度低于平衡凝固时的终了温度。此时固相的平均成分由 α_3' 变化到 α_4'，与合金原始成分 C_0 一致。

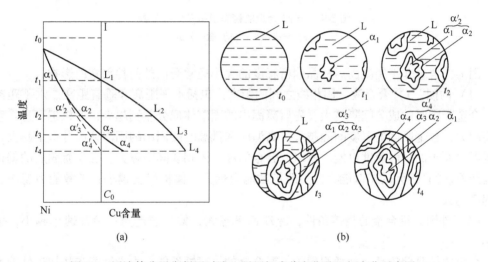

图 3-8　固溶体非平衡凝固时液、固两相成分变化及组织变化示意图

若把每一温度下的固相平均成分点连接起来，就得到图 3-8（a）虚线所示的 $\alpha_1 \, \alpha_2' \, \alpha_3' \, \alpha_4'$ 固相平均成分线。应当指出，固相平均成分线与固相线的意义不同，固相线的位置与冷却速度无关，位置固定；而固相平均成分线则与冷却速度有关，冷却速度越大，则偏离固相线的程度越大。当冷却速度极为缓慢时，则其与固相线重合。

图 3-8（b）为固溶体合金非平衡凝固时的组织变化示意图。由图可见，固溶体合金非平衡凝固的结果，使先后从液相中析出的固相成分不同，再加上冷却速度较快，不能使成分扩散均匀，结果使每个晶粒内部的化学成分很不均匀。先凝固的部分含高熔点组元 Ni 较多，后凝固的部分含低熔点组元 Cu 较多，在晶粒内部存在着浓度差别，这种在一个晶粒内部化学成分不均匀的现象，称为晶内偏析。由于固溶体凝固时通常以树枝状方式生长，使枝干和枝间的化学成分不同，所以也称为枝晶偏析。图 3-9（a）为 Cu-Ni 合金的铸态组织，经浸蚀后枝干和枝间的颜色存在着明显的差别。电子探针微区分析也证实在不易浸蚀的亮白色枝干处含高熔点的 Ni 较多，在易受浸蚀的暗黑色枝间处含低熔点的 Cu 较多，如图 3-9（b）所示。

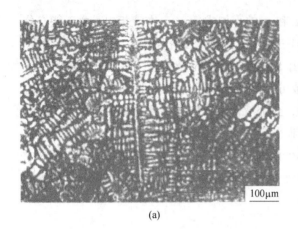
(a)

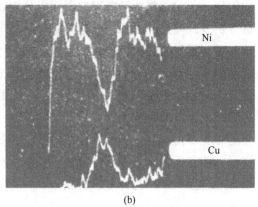
(b)

图 3-9 Cu-Ni 合金的铸态组织及微区分析

（a）铸态组织；（b）微区分析

固溶体合金非平衡凝固后枝晶偏析程度的大小通常受内外两种因素的影响。

（1）内因。1）合金液、固相线之间的距离，包括水平距离和垂直距离。水平距离越大，合金凝固时的成分间隔越大，先后凝固出的固溶体成分差别越大，偏析越严重；垂直距离越大，合金凝固的温度间隔越大，高温时和低温时凝固出的固溶体成分差别越大，而且低温时原子的扩散速度也慢。所以，合金的液、固相线间距越大，合金凝固后的偏析程度越严重。2）组元的扩散能力，一般扩散能力越大，偏析程度越小；扩散能力越小，偏析程度越大。

（2）外因。指合金的浇铸条件，冷却速率越大，偏析越严重；冷却速率越小，偏析越小。

合金的枝晶偏析是一种微观偏析，对合金的抗腐蚀性能、力学性能和热加工性能产生不利影响，因此生产上要避免产生枝晶偏析。为了消除这种偏析，可将合金加热到略低于固相线的温度下进行长时间保温，使原子充分扩散，得到平衡的稳定组织。这种热处理工艺叫扩散退火或均匀化退火。

3.3.2 二元共晶相图

两组元在液态时无限互溶，在固态时有限互溶，甚至完全不溶，发生共晶转变，形成共晶组织的二元系相图，称为二元共晶相图。具有该类相图的合金有 Pb-Sn、Al-Si、Pb-Sb、Ag-Cu 等，在 Fe-C、Al-Mg 等相图中，也包含有共晶部分。图 3-10 所示即为典型的 Pb-Sn 二元共晶相图，下面以它为例进行分析。

3.3.2.1 相图分析

（1）点。A 点和 B 点分别是纯

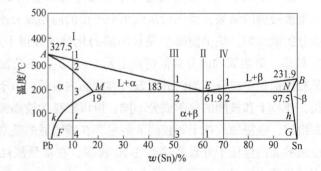

图 3-10 Pb-Sn 相图

组元 Pb 和 Sn 的熔点，为 327.5℃和 231.9℃；M 点是 Sn 在 Pb 中的最大溶解度点，N 点是 Pb 在 Sn 中的最大溶解度点；F 点是室温时 Sn 在 Pb 中的溶解度，G 点是室温时 Pb 在 Sn 中的溶解度；E 点是共晶点，具有该点成分的合金在恒温 183℃时发生共晶转变 $L_E \rightarrow \alpha_M + \beta_N$，共晶转变是具有一定成分的液相在恒温下同时转变为两个具有一定成分和结构的固相的过程。

（2）线。AEB 线为液相线，其中 AE 线表示 α 相凝固的开始温度，BE 线表示 β 相凝固的开始温度；$AMENB$ 线为固相线，其中 AM 线表示 α 相凝固的终了温度，而 BN 线表示 β 相凝固的终了温度；MEN 水平线称为共晶线，成分在 $M \sim N$ 之间的合金在恒温 183℃时均发生共晶转变 $L_E \rightarrow \alpha_M + \beta_N$，形成两个固溶体所组成的机械混合物，通常称为共晶体或共晶组织；MF 线为 Sn 在 Pb 中的溶解度曲线，NG 线为 Pb 在 Sn 中的溶解度曲线。

（3）相区。相图中有 3 个单相区：即在 AEB 液相线以上的液相 L、AMF 线以左的单相 α 固溶体区和 BNG 以右的单相 β 固溶体区。α 相是 Sn 在 Pb 中的固溶体，β 相是 Pb 在 Sn 中的固溶体。各个单相区之间有 3 个两相区：即 L+α（$AEMA$ 区）、L+β（$BENB$ 区）和 α+β（$FMENGF$ 区）。在 3 个两相区之间的水平线 MEN 为 L+α+β 三相共存区。

根据相律，在二元系中，三相共存时，自由度为零，共晶转变是恒温转变，故是一条水平线，而且三个相的成分为恒定值，在相图上的特征是 3 个单相区与水平线只有 1 个接触点，其中 L 相区在水平线上部的中间，α 相区和 β 相区分别位于水平线的两端。

此外，应当指出，当三相平衡时，其中任意两相之间也必然相互平衡，即 L-α、L-β、α-β 之间也存在着相互平衡关系，ME、EN 和 MN 分别为它们之间的连接线，在这种情况下就可以利用杠杆定律分别计算平衡相的含量。

具有共晶相图的二元系合金，通常根据它们在相图中的位置不同，分为以下几类：（1）成分对应于共晶点 E 的合金称为共晶合金；（2）成分位于共晶点 E 以左、M 点以右的合金称为亚共晶合金；（3）成分位于共晶点 E 以右、N 点以左的合金称为过共晶合金；（4）成分位于 M 点以左、N 点以右的合金称为端际固溶体合金。

3.3.2.2 共晶系典型合金的平衡凝固及组织

A 端际固溶体合金

以 Pb-Sn 合金Ⅰ（$w_{Sn} = 10\%$）为例。由图 3-10 可以看出，合金Ⅰ冷却到 1 点时开始发生匀晶转变，从液相中析出 α 固溶体（L→α）。随着温度的降低，α 固溶体的数量不断增多，而 L 相的数量不断减少，它们的成分分别沿固相线 AM 和液相线 AE 发生变化。当合金冷却到 2 点时，凝固完毕，L 相全部转变成单相 α 固溶体，其成分与原始的液相成分相同。继续冷却时，在 2~3 点温度范围内，α 固溶体自然冷却不发生成分和结构的变化。当温度下降到 3 点以下时，Sn 在 α 固溶体中呈过饱和状态，因此，多余的 Sn 就以 β 固溶体的形式从 α 固溶体中析出。随着温度继续降低，α 固溶体的溶解度逐渐减小，α 相的平衡成分沿 MF 线变化，其相对量逐渐减少，而析出的 β 相的平衡成分沿 NG 线变化，其相对量逐渐增加。通常将固溶体中析出另一种固相的过程称为脱溶转变，即过饱和固溶体的分解过程。脱溶转变的产物一般称为次生相或二次相，次生的 β 固溶体以 β_{II} 表示，以区别从液体中直接凝固出的 β 固溶体（初晶或初生 β）。由于次生相是从固相中析出，而原子在固相中的扩散速度慢，所以析出的次生相 β_{II} 不易长大，一般都比较细小，并分布在 α 相晶界上或 α 固溶体晶粒内的缺陷部位。由上述分析可知，该合金凝固结束后在室温形

成 α+β_II 两相组织，如图 3-11 所示。图中黑色基体为 α 相，白色颗粒为 β_II 相。该合金的冷却曲线如图 3-12 所示，图 3-13 是其平衡凝固过程示意图。

图 3-11 Sn-Pb 合金 I 的显微组织

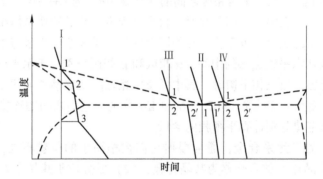

图 3-12 各种典型 Pb-Sn 合金的冷却曲线

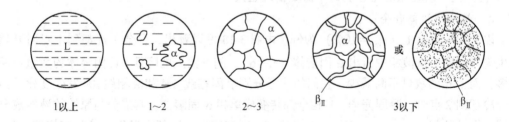

图 3-13 Sn-Pb 合金 I 的平衡凝固过程

由相图可以看出，F 点以左、G 点以右的合金凝固过程与匀晶合金完全相同，而成分位于 F 点和 M 点之间的所有合金，平衡凝固过程均与上述合金相似，其显微组织都是由 α+β_II 两相所组成，只是两相的相对含量不同。合金成分越靠近 M 点，含 β_II 量越多；而越接近 F 点，含 β_II 量越少。

室温下，合金 I 的相组成物和组织组成物的含量均可用杠杆定律求出。如合金 I 的相组成物为 α 和 β 两相，它们的相对含量分别为：

$$\alpha\% = \frac{4G}{FG} \times 100\% \qquad \beta\% = \frac{F4}{FG} \times 100\% \tag{3-10}$$

合金 I 的组织组成物为 α 和 β_{II}，它们的相对含量计算和相组成物的计算相同，即：

$$\alpha\% = \frac{4G}{FG} \times 100\% \qquad \beta_{II}\% = \frac{F4}{FG} \times 100\% \tag{3-11}$$

另外，由相图还可以看出，成分位于 N 点和 G 点之间的所有合金的平衡凝固过程与上述合金相似，所不同的是它从 L→β，从 β→α_{II}。该合金凝固结束后室温形成 β+α_{II} 两相组织。次生相的尺寸、形态和分布影响合金的性能，可以通过热处理来控制。

B 共晶合金

含 Sn 量为 61.9%的合金为共晶合金 II（E 点）。由相图可以看出共晶合金 II 缓慢冷却至 t_E 温度（183℃）时，合金体系直接从液相区进入三相区，在恒温下从 L 相中同时结晶出 α 和 β 固溶体，即发生共晶转变：L_E→α_M+β_N（$L_{61.9}$→α_{19}+$\beta_{97.5}$）。由于发生共晶转变是三相平衡，用相律可知它是在恒温下进行的，直到液相完全消失为止。这时所得到的组织是 α_M 和 β_N 两个相的机械混合物，即共晶组织（α_M+β_N）。α_M 相和 β_N 相的相对含量可分别用杠杆定律求出：

$$\alpha_M\% = \frac{EN}{MN} \times 100\% \qquad \beta_N\% = \frac{ME}{MN} \times 100\% \tag{3-12}$$

继续冷却时，共晶组织中的 α_M 和 β_N 相都要发生溶解度的变化，α 相成分沿着 MF 线变化，β 相的成分沿着 NG 线变化，分别析出次生相 β_{II} 和 α_{II}，由于次生相 α_{II} 和 β_{II} 通常与共晶组织中的 α 和 β 相混合在一起，所以在显微镜下难以分辨。因此该合金在室温时的组织一般认为是由（α+β）共晶体组成。图 3-14 是 Pb-Sn 共晶合金的显微组织，它是由黑色的 α 相和白色的 β 相呈层片状交替分布。该合金的冷却曲线如图 3-12 所示，图 3-15 是该合金平衡凝固过程的示意图。

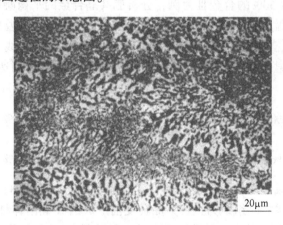

20μm

图 3-14 Pb-Sn 共晶合金的显微组织

室温下，共晶合金 II 的相组成物为 α 和 β 两相，它们的相对含量分别为：

$$\alpha\% = \frac{1G}{FG} \times 100\% \qquad \beta\% = \frac{F1}{FG} \times 100\% \tag{3-13}$$

室温下，共晶合金 II 的组织组成物为 100%的（α+β）共晶体。

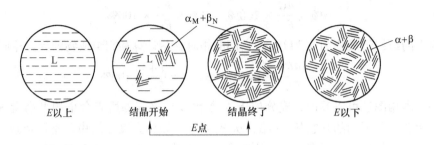

图 3-15　共晶合金的平衡凝固过程

共晶组织的形态很多，按其中两相的分布形态，可将它们分为层片状、棒状（条状或纤维状）、球状（短棒状）、针片状、螺旋状等，如图 3-16 所示。共晶组织的具体形态受到多种因素的影响。近年来有人提出，共晶组织中两个组成相的本质是其形态的决定性因素。在研究纯金属凝固时发现，晶体的生长形态与固、液界面的结构有关。金属的界面为粗糙界面，半金属和非金属为光滑界面。因此，金属-金属型的两相共晶组织大多为层片状或棒状，金属-非金属型的两相共晶组织通常具有复杂的形态，表现为树枝状、针片状或骨骼状等。

共晶合金在铸造工业中是非常重要的，其原因在于它有一些特殊的性质：（1）比纯组元熔点低，简化了熔化和铸造的操作；（2）共晶合金比纯金属有更好的流动性，其在凝固中防止了阻碍液体流动的枝晶的形成，从而改善铸造性能；（3）恒温转变减少了铸造缺陷，例如偏聚和缩孔；（4）共晶凝固可获得多种形态的显微组织，尤其是规则排列的层状或杆状共晶组织可能成为优异性能的原位复合材料。

C　亚共晶合金

下面以含 Sn 量为 50% 的合金 Ⅲ 为例，分析亚共晶合金的平衡凝固过程。当合金 Ⅲ 缓冷至 1 点时，开始凝固出 α 固溶体。在 1~2 点温度范围内，随着温度的缓慢下降，α 固溶体的数量不断增多，α 相的成分和液相成分分别沿着 AM 和 AE 线变化。这一阶段的转变属于匀晶转变。当温度降至 2 点时，α 相和剩余液相的成分分别达到 M 点和 E 点，两相的相对含量分别为：

$$\alpha\% = \frac{E2}{ME} \times 100\% = \frac{61.9 - 50}{61.9 - 19} \times 100\% \approx 27.8\%$$

$$L\% = \frac{M2}{ME} \times 100\% = \frac{50 - 19}{61.9 - 19} \times 100\% \approx 72.2\%$$

在 2 点温度时，成分为 E 点的液相便发生共晶转变：$L_E \rightarrow \alpha_M + \beta_N$，这一转变一直进行到剩余液相全部形成共晶组织为止。共晶转变前形成的 α 固溶体称为初晶或先共晶相。亚共晶合金在共晶转变刚刚结束之后的组织是由先共晶 α 相和共晶组织（α+β）所组成的，即 α+（α+β）。其中共晶组织的量即为温度刚到达 t_E 时液相的量（（α+β）% = L% = 72.2%）。在 2 点以下继续冷却时，将从 α 相（包括先共晶 α 相和共晶组织中的 α 相）和 β 相（共晶组织中的 β 相）分别析出次生相 β_{II} 和 α_{II}。在显微镜下，只有从先共晶 α 相中析出的 β_{II} 可能观察到，共晶组织中析出的 α_{II} 和 β_{II} 一般难以分辨。所以该合金室温下的组织为 α+β_{II}+（α+β）。该合金的冷却曲线如图 3-12 所示，平衡凝固过程如图 3-17 所示。

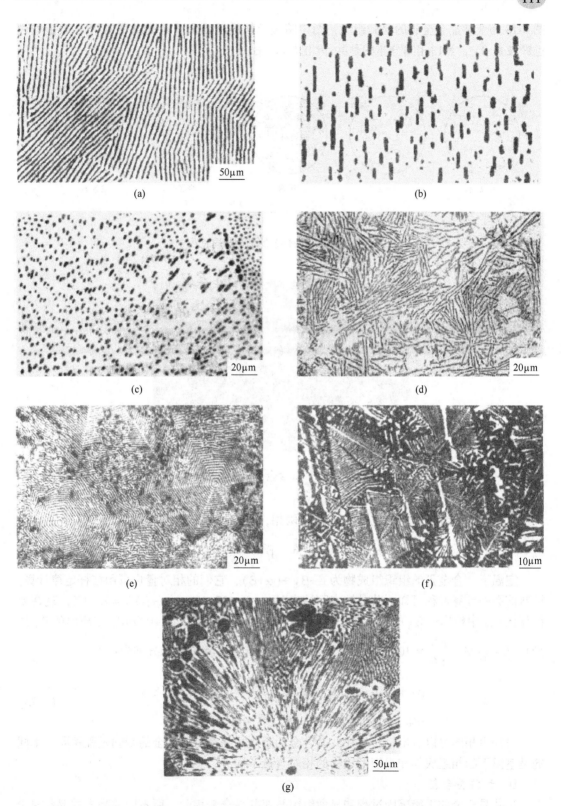

图 3-16　各种形态的共晶组织

（a）层片状；（b）棒状；（c）球状；（d）针状；（e）螺旋状；（f）蛛网状；（g）放射状

图 3-18 为亚共晶合金Ⅲ的显微组织，图中暗黑色树枝状晶部分是先共晶 α 相，其上的白色颗粒是 $\beta_{\text{Ⅱ}}$，黑白相间分布的是共晶组织（α+β）。

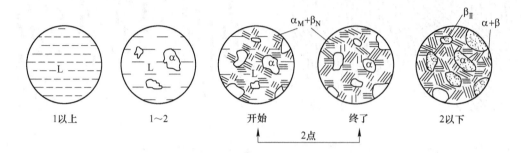

图 3-17　亚共晶合金的平衡凝固过程

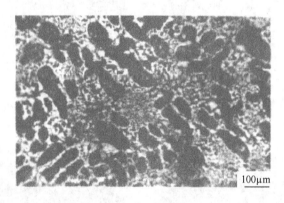

图 3-18　Pb-Sn 合金Ⅲ的显微组织

室温下，合金Ⅲ的相组成物为 α 和 β 两相，它们的相对含量分别为：

$$\alpha\% = \frac{3G}{FG} \times 100\% \qquad \beta\% = \frac{F3}{FG} \times 100\% \tag{3-14}$$

室温下，合金Ⅲ的组织组成物为 $\alpha + \beta_{\text{Ⅱ}} + (\alpha + \beta)$，它们的相对量也可用杠杆定律计算。按照前面的计算过程可知，共晶转变刚结束时 $\alpha_{\text{初}}\% = 27.8\%$，$(\alpha + \beta)\% = 72.2\%$，现在要计算从 $\alpha_{\text{初}}$ 中析出的 $\beta_{\text{Ⅱ}}$ 的量，应先计算出 $\beta_{\text{Ⅱ}}$ 的最大析出量（即 $100\%\alpha_{\text{初}}$ 中析出的 $\beta_{\text{Ⅱ}}$ 的量）：$\beta_{\text{Ⅱ最大}}\% = \frac{FM}{FG} \times 100\%$，则从中析出的 $\beta_{\text{Ⅱ}}$ 量和剩余的 α 量分别为：

$$\beta_{\text{Ⅱ}}\% = \beta_{\text{Ⅱ最大}}\% \times \alpha_{\text{初}}\% = \frac{FM}{FG} \times 100\% \times 27.8\%$$

$$\alpha\% = \alpha_{\text{初}}\% - \beta_{\text{Ⅱ}}\% = 27.8\% - \beta_{\text{Ⅱ}}\% \tag{3-15}$$

另外由相图可以看出，所有亚共晶合金的凝固过程都与该合金的凝固过程相同，不同的是室温下的相组成物和组织组成物的相对含量不同。

　　D　过共晶合金

过共晶合金的平衡凝固过程和显微组织与亚共晶合金相似，所不同的是先共晶相是 β 固溶体。因此，它在室温时的组织组成物为：$\beta + \alpha_{\text{Ⅱ}} + (\alpha + \beta)$。图 3-19 是 Pb-Sn 合金Ⅳ的显微组织。图中亮白色卵形部分为先共晶 β 相，其余部分为共晶组织 (α+β)。根据图 3-10 的 Pb-Sn 相图，综合上述分析可知，虽然 $F \sim G$ 点之间的合金均由 α 和 β 两相所组成，但是由于合金成分和凝固过程的变化，相的大小、数量和分布状况，即合金的组织差别很大，甚至完全不同。如在 $F \sim M$ 成分范围内，合金的组织为 $α+β_{II}$，亚共晶合金的组织为 $α+β_{II}+(α+β)$，共晶合金完全为共晶组织 (α+β)，过共晶合金的组织为 $β+α_{II}+(α+β)$，在 $N \sim G$ 点之间的合金组织为 $β+α_{II}$。其中的 α、β、$α_{II}$、$β_{II}$ 及 (α+β) 在显微组织中均能清楚地区分开，是组成显微组织的独立部分，称为组织组成物。从相的本质看，它们都是由 α 和 β 两相所组成，所以 α 和 β 两相称为合金的相组成物。

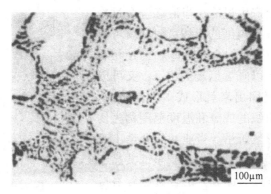

图 3-19　Pb-Sn 合金 Ⅳ 的显微组织

为了方便分析研究组织，常常把合金平衡结晶后的组织直接填写在合金相图上，如图 3-20 (b) 所示。这样，相图上所表示的组织与显微镜下所观察到的显微组织能互相对应，便于了解合金系中任一合金在任一温度下的组织状态，以及该合金在凝固过程中的组织变化。

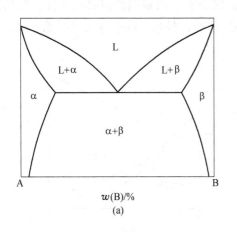
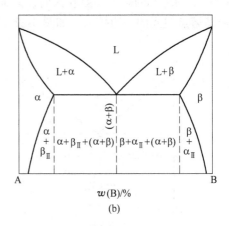

图 3-20　相组成物填写的相图 (a) 和组织组成物填写的相图 (b)

3.3.2.3　共晶系合金的非平衡凝固及组织

前面讨论了共晶系合金在平衡条件下的凝固过程，但铸件和铸锭的凝固都是非平衡凝固过程，由于冷却速率快，原子扩散不能充分进行，这不仅使固溶体产生枝晶偏析，而且还使共晶体的组织形态以及初晶与共晶体的相对含量发生变化。共晶系的典型非平衡凝固组织主要有伪共晶和离异共晶。

A　伪共晶

在平衡凝固条件下，只有共晶成分的合金才能获得100%的共晶组织。但在非平衡凝固时，成分在共晶点附近的亚共晶或过共晶合金，也可能得到100%的共晶组织，这种非共晶成分的合金经非平衡凝固后，所得到的全部共晶组织称为伪共晶组织。由于伪共晶组织具有较高的力学性能，所以研究它具有一定的实际意义。

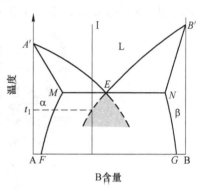

图 3-21　伪共晶示意图

从图 3-21 可以看出，在非平衡凝固条件下，由于冷却速率较快，将会产生过冷，当液态合金过冷到两条液相线的延长线所包围的影线区时，就可得到共晶组织。这是因为这时的合金液体对于 α 相和 β 相都是过饱和的，所以既可以凝固出 α，又可以凝固出 β，它们同时凝固出来就形成了共晶组织。通常将形成全部共晶组织的成分和温度范围称为伪共晶区，如图中的阴影区所示。当亚共晶合金 I 过冷至 t_1 温度以下进行凝固时就可以得到全部共晶组织。从形式上看，越靠近共晶成分的合金越容易得到伪共晶组织，可是事实并不完全如此，因为伪共晶区并不只是简单的由两液相线的延长线所构成，伪共晶区的形状和位置，通常与组成合金的两组元的熔点、组成共晶体的两相的生长速度以及共晶点的位置等因素有关。（1）当两组元具有相近熔点时，共晶点的位置一般处在共晶线的中间，这时两组成相的生长速度相差不大，因此，伪共晶区相对于共晶点近乎对称地扩大，属于这一类的为金属-金属型共晶，如 Pb-Sn、Ag-Cu 系等，如图 3-22（a）所示。（2）当两组元的熔点相差较大时，共晶点的位置一般偏向低熔点的组元，则伪共晶区偏向高熔点组元的一边扩大，如图 3-22（b）所示，Al-Si、Fe-C 系等属于这一类。

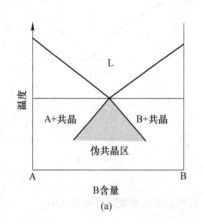

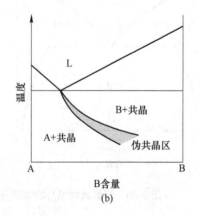

图 3-22　两类伪共晶区相图

了解伪共晶区在相图中的位置，有助于正确判断合金在非平衡凝固后的组织。图 3-23

为 Al-Si 系合金的伪共晶区示意图。由图可以看出，共晶成分的 Al-Si 合金在非平衡凝固后得到 α+(α+Si) 的亚共晶组织，这是由于伪共晶区偏向 Si 一侧，这样，共晶成分的液相表象点 a 不会过冷到伪共晶区内，只有先凝固出 α 相，α 相向液体中排出溶质原子 Si，当液体的成分达到 b 点时，才能发生共晶转变。其结果好像共晶点向右移动了一样，共晶合金变成了亚共晶合金。同样，过共晶成分的合金在非平衡凝固后，也可能得到亚共晶或共晶组织。

B 离异共晶

离异共晶通常出现在成分接近 M 点或 N 点的端际固溶体合金的非平衡凝固组织中，也可存在于成分接近 M 点或 N 点的亚共晶合金和过共晶合金的凝固组织中，如图 3-24 所示。

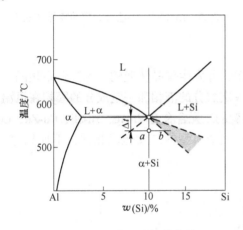

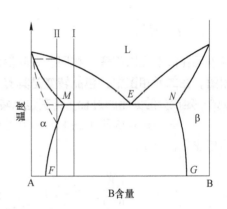

图 3-23 Al-Si 合金系的伪共晶区   图 3-24 可能产生离异共晶示意图

由图可以看出，对于成分接近 M 点的端际固溶体合金（合金 Ⅱ）在非平衡凝固条件下，其固相的平均成分线将偏离平衡固相线，如图 3-24 中的虚线所示。因此当合金冷却至共晶温度时还未完全凝固，仍有少量的液相存在。此时的液相成分接近于共晶成分，它将会发生共晶转变，形成共晶组织。由于此时剩余液相的量很少，并且是最后凝固，因此形成的共晶组织往往为一薄层，分布在先共晶固溶体的晶界或枝晶间，它的组织形态如图 3-25 所示。由于先共晶相数量较多，而共晶组织数量甚少，共晶组织中与先共晶相相同的一相，会优先依附于先共晶相上长大，并把另一相推向最后凝固的晶界处，从而使共晶组织的特征消失，这种两相分离的共晶组织称为离异共晶。图 3-25 是 Cu 含量为 4% 的 Al-Cu 合金在非平衡凝固时形成的离异共晶（α+CuAl$_2$），在晶界处分布的是金属化合物 CuAl$_2$。在钢中因偏析而形成的 Fe-FeS 共晶，也往往是离异共晶，其中 FeS 分布在晶界上。

此外，离异共晶组织也可在平衡条件下获得。在共晶相图中，成分接近 M 点或 N 点的亚共晶和过共晶合金平衡凝固时，其先共晶相的相对量较多，而共晶组织的相对量甚少，也可能导致共晶组织中与先共晶相相同的那一相，依附于先共晶相上生长，剩下的另一相则单独存在于晶界处，从而使共晶组织的特征消失，形成离异共晶。当合金成分越接近 M 点（或 N 点）时（图 3-24 合金 Ⅰ），越易发生离异共晶。

非平衡条件下产生的离异共晶是一种非平衡组织，可以用均匀化处理的方法予以消除。将非平衡离异共晶组织的合金，加热到低于共晶温度并长时间保温，由于原子的充分扩散，最终得到接近平衡状态的固溶体组织 α+β$_{II}$。而平衡条件下得到的离异共晶，均匀化处理也无法消除，可能会给合金的性能带来不良影响。

离异共晶组织容易和次生相组织混淆，因此在制定实际生产工艺时应严格加以区分。

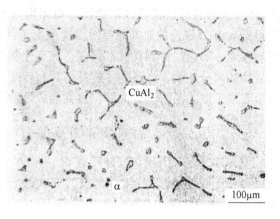

图 3-25　Al-4%Cu 铸造合金中的离异共晶组织

3.3.3　二元包晶相图

两组元在液态无限溶解，在固态有限溶解，并发生包晶转变的二元合金系相图，称为包晶相图。在二元相图中，包晶转变是具有一定成分的液相和一定成分的固相在恒温下转变成新的一定成分的固相的过程。具有包晶转变的二元合金有 Pt-Ag、Sn-Sb、Cu-Zn、Cu-Sn、Ag-Sn、Fe-C 等。图 3-26 所示的 Pt-Ag 相图是一个典型的二元包晶相图，下面以它为例，对包晶相图进行分析。

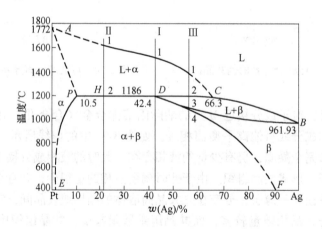

图 3-26　Pt-Ag 合金相图

3.3.3.1　相图分析

（1）点。A 点和 B 点分别是纯组元 Pt 和 Ag 的熔点，A 是 1772℃，B 是 961.93℃；C 点是包晶转变时，液相的平衡成分点；P 点是 Ag 在 Pt 中的最大溶解度点，也是包晶转变时 α 相的平衡成分点；D 点是包晶点，具有该点成分的合金在恒温 1186℃时发生包晶转变 $L_C + α_P \rightarrow β_D$。D 点也是 Pt 在 Ag 中的最大溶解度点；E 点是室温时 Ag 在 Pt 中的溶解度，F 点是室温时 Pt 在 Ag 中的溶解度。

（2）线。ACB 线为液相线，其中 AC 线表示 α 相凝固的开始温度，CB 线表示 β 相凝固的开始温度；APDB 为固相线，其中 AP 线表示 α 相凝固的终了温度，而 DB 线表示 β

相凝固的终了温度；PE 线为 Ag 在 Pt 中的溶解度曲线，DF 线为 Pt 在 Ag 中的溶解度曲线；PDC 线为包晶线，成分在 $P \sim C$ 之间的合金在恒温 1186℃时均发生包晶转变 $L_C + \alpha_P \rightarrow \beta_D$，形成单相固溶体。根据相律可知，在包晶转变时，其自由度为零（$F = 2 - 3 + 1 = 0$），即三个相的成分不变，且转变在恒温下进行，反映在相图上是水平线。

（3）相区。相图中有三个单相区：即在 ACB 液相线以上的液相 L、APE 线以左的单相 α 固溶体区和 BDF 线右下方的单相 β 固溶体区。α 是 Ag 溶于以 Pt 为基的置换固溶体，β 是 Pt 溶于以 Ag 为基的置换固溶体。各个单相区之间有三个两相区，即 L+α（$ACPA$ 区）、L+β（$BCDB$ 区）和 α+β（$PDFEP$ 区）。在三个两相区之间的水平线 PDC 为 L+α+β 三相共存区。在相图上，三相区（包晶转变区）的特征是：反应相是液相和一个固相，其成分点位于水平线的两端，所形成的固相位于水平线中间的下方。

3.3.3.2 典型包晶合金的平衡凝固及组织

由相图可知，成分在 P 点以左、C 点以右的合金，在平衡凝固时不发生包晶转变，其凝固过程与共晶相图的端际固溶体合金完全相同，因此这里主要分析图 3-26 所示三种典型成分合金的平衡凝固过程。

A 合金 I（$w_{Ag} = 42.4\%$）

由图 3-26 可以看出，当合金 I 从液态缓慢冷却到与液相线相交的 1 点时，开始发生匀晶转变，从液相中凝固出 α 相。随着温度的降低，α 相的含量不断增多，液相的含量不断减少，α 相和液相的成分分别沿固相线 AP 和液相线 AC 变化。当温度降低到包晶温度（1186℃）时，合金中 α 相的成分达到 P 点，液相的成分达到 C 点，它们的相对含量可分别由杠杆定律求出：

$$\alpha\% = \frac{DC}{PC} \times 100\% = \frac{66.3 - 42.4}{66.3 - 10.5} \times 100\% \approx 42.8\%$$

$$L\% = \frac{PD}{PC} \times 100\% = \frac{42.4 - 10.5}{66.3 - 10.5} \times 100\% \approx 57.2\%$$

在此温度下，液相 L 和固相 α 发生包晶转变：

$$L_C + \alpha_P \rightarrow \beta_D$$

转变结束后，液相和 α 相消失，全部转变为成分为 D 点的 β 固溶体。

继续冷却时，Pt 在 β 相中的溶解度达到饱和，不断析出次生相 α_{II}，其成分沿 DF 线变化，α_{II} 相的成分沿 PE 线变化至低温时的 E 点。因此，合金 I 的室温组织为 β+α_{II}，其平衡凝固过程示意图如图 3-27 所示。

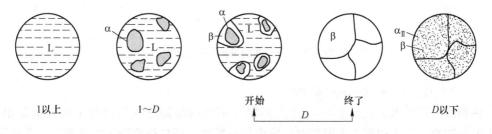

| 1以上 | 1~D | 开始 ⟵ D ⟶ 终了 | | D以下 |

图 3-27 合金 I 的平衡凝固示意图

包晶转变是具有 *C* 点成分的液相和具有 *P* 点成分的固相 α 发生作用而生成具有 *D* 点成分的单相 β 的过程，这个过程需要通过原子扩散来完成。β 相通常倾向于依附在初生 α 相的表面形核，以降低形核功。并且包围着 α 相，其长大过程是通过消耗 L 相和 α 相而长大，所以称为包晶转变。由于 β 相中的 Ag 含量低于 L 相，高于 α 相；而 Pt 含量高于 L 相，低于 α 相，所以 β 相长大时 α 相中的 Pt 原子通过 β 向液相中扩散，液相中的 Ag 原子通过 β 向 α 中扩散，如图 3-28 所示。这样，β 相将不断消耗着液相和 α 相而长大，液相和 α 相的含量不断减少。随着时间的延长，β

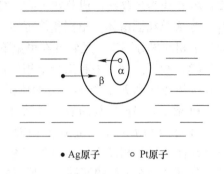

• Ag原子   ○ Pt原子

图 3-28 　包晶反应时原子迁移示意图

相越来越厚，扩散距离越来越远，包晶转变也必将越加困难。因此，包晶转变需要花费相当长的时间，直到最后把液相和 α 相全部消耗完毕为止。包晶转变结束后，在平衡组织中已看不出任何包晶转变过程的特征。

B 　合金 II（$w_{Ag} = 10.5\% \sim 42.4\%$）

由相图可以看出，该合金在 1~2 点温度范围内的凝固过程与合金 I 相同，当温度降低至 2 点时，α 相和液相的成分分别为 *P* 点与 *C* 点，两者的含量分别为：

$$\alpha\% = \frac{2C}{PC} \times 100\% \qquad L\% = \frac{P2}{PC} \times 100\% \tag{3-16}$$

在 2 点温度（1186℃）时，成分为 *P* 点的 α 相与成分为 *C* 点的液相共同作用，发生包晶转变，转变为单相 β 固溶体。与合金 I 相比较，合金 II 在 2 点温度时的 α 相的相对量较多，因此，包晶转变结束后，除了新形成的 β 相外，还有剩余的 α 相。在 2 点温度以下，由于 α 和 β 固溶体的溶解度随着温度的降低而减小，将不断地从 α 固溶体中析出 β_{II}，从 β 固溶体中析出 α_{II}，因此该合金的室温组织为 $\alpha + \beta + \alpha_{II} + \beta_{II}$。该合金的平衡凝固过程示意图如图 3-29 所示。

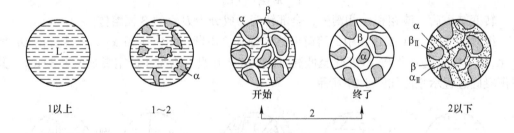

图 3-29 　合金 II 的平衡凝固示意图

C 　合金 III（$w_{Ag} = 42.4\% \sim 66.3\%$）

由相图可以看出，该合金在 1~2 点温度范围内的凝固过程与合金 I 和合金 II 相同，发生匀晶转变。当冷却到 2 点温度时，发生包晶转变。用杠杆定律可以计算出，合金 III 中液相的相对含量大于合金 I 中液相的相对含量，所以包晶转变结束后，仍有液相存在。当合金的温度降低至 2 点以下，剩余的液相继续凝固出 β 固溶体。在 2~3 点之间，合金的转变属于匀晶转变，β 相的成分沿 *DB* 线变化，液相的成分沿 *CB* 线变化。在温度降低到 3 点时，合金Ⅲ全部转变为单相 β 固溶体。在 3~4 点之间的温度范围内，合金Ⅲ为单相 β 固溶体自然冷却，不发生变化。在冷却至 4 点以下，Pt 在 β 固溶体达到饱和，将从 β 相中不断析出 α_{II}。因此，该合金的室温组织为 $\beta+\alpha_{\text{II}}$。该合金的平衡凝固过程示意图如图 3-30 所示。

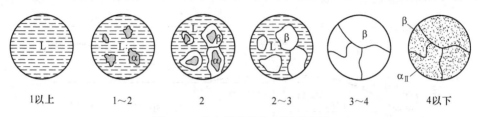

图 3-30   合金Ⅲ的平衡凝固示意图

3.3.3.3   包晶合金的非平衡凝固及组织

如上所述，当合金发生包晶转变时，新生成的 β 相依附于已有的 α 相上形核并长大，β 相很快将 α 相包围起来，而使 α 相和液相被 β 相分隔开。要继续进行包晶转变，则必须通过 β 相进行原子扩散，液相才能和 α 相继续相互作用形成 β 相。原子在固体中的扩散速度比在液相中慢得多，所以包晶转变是一个十分缓慢的过程。在实际生产条件下，由于冷却速度较快，包晶转变将被抑制而不能继续进行，剩余的液相在低于包晶转变温度下，直接转变为 β 相。这样一来，在平衡转变时本来不存在的 α 相就被保留下来，同时 β 相的成分也很不均匀。这种由于包晶转变不能充分进行而产生的化学成分不均匀现象称为包晶偏析。

应当指出，如果包晶转变温度很高（如铁碳合金），原子扩散较快，则包晶转变有可能彻底完成。和共晶系合金一样，位于 *P* 点左侧的合金Ⅰ（图 3-31）在平衡冷却条件下本来不应发生包晶转变，但是在非平衡条件下，由于固相平均成分线的向下偏移，使最后凝固的液相可能发生包晶反应，形成一些不应出现的 β 相。包晶转变产生的非平衡组织，可采用长时间的均匀化退火来减少或消除。

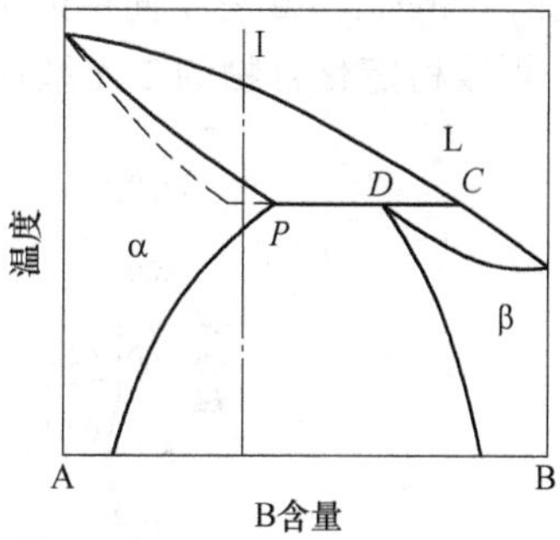

图 3-31   因快冷而可能发生
的包晶反应示意图

3.3.4   其他二元相图

除了匀晶、共晶和包晶三种最基本的二元相图之外，还有其他类型的二元合金相图，现简要介绍如下。

3.3.4.1   组元之间形成化合物的二元相图

在某些二元系中，组元间可能形成一个或几个化合物，由于它们位于相图中间，故又称中间相。根据化合物的稳定性可以分为稳定化合物和不稳定化合物。稳定化合物是指具有一定的熔点，在熔点以下保持其固态结构而不发生分解的化合物；而不稳定化合物是指没有明显熔点，并在一定温度就发生分解的化合物。现举例说明这两种类型化合物在相图中的特征。

A 形成稳定化合物的相图

图 3-32 是 Mg-Si 相图，在 Si 含量（质量分数）为 36.6% 时，Mg 与 Si 形成稳定化合物 Mg_2Si。它具有确定的熔点（1087℃），熔化后的 Si 含量不变。在相图中，稳定化合物是一条垂线，它表示 Mg_2Si 的单相区。所以可把稳定化合物 Mg_2Si 看作一个独立组元，把 Mg-Si 相图分成 Mg-Mg_2Si 和 Mg_2Si-Si 两个独立二元共晶相图分别进行分析。

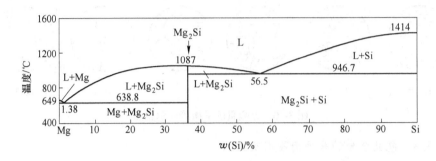

图 3-32　Mg-Si 相图

有时，两个组元可以形成多个稳定化合物，这样就可以将相图分成更多的简单相图来进行分析。如在 Mg-Cu 相图（图 3-33）中，存在两个稳定化合物 Mg_2Cu 和 $MgCu_2$，其中 $MgCu_2$ 对组元有一定的溶解度，即形成以化合物为基的固溶体，它在相图中就不是一条垂线，而是一个区域（图中虚线区）。若以该化合物熔点（820℃）对应的成分向横坐标作垂线，用该垂线把这一单相区分开，这样就把 Mg-Cu 相图分成了 Mg-Mg_2Cu、Mg_2Cu-$MgCu_2$、$MgCu_2$-Cu 三个简单的共晶相图。图中的 γ 相是以 $MgCu_2$ 为基的固溶体。

形成稳定化合物的二元系很多，如 Cu-Ti、Fe-P、Mg-Sn、Ag-Sr 等合金系。

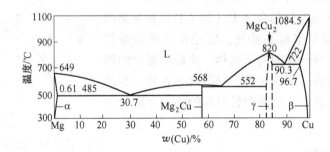

图 3-33　Mg-Cu 相图

B 形成不稳定化合物的相图

图 3-34 为 K-Na 相图。从图中可以看出，当 Na 含量（质量分数）为 54.4% 的 K-Na 合金形成的不稳定化合物被加热到 6.9℃，便会分解为成分与之不同的液相和 Na 晶体，实际上它是由包晶转变 L+Na→KNa_2 得到的。

同样，不稳定化合物也可能有一定的溶解度，则在相图上不是一条垂线，而是变成为一个相区，如图 3-35 所示的 Sn-Sb 相图。图中的 β′（或 β）是以不稳定化合物为基的固溶体。值得注意的是，不稳定化合物无论是处于一条垂线上或存在于具有一定溶解度的相区中，均不能作为独立组元来划分相图。具有不稳定化合物的二元合金相图还有 Al-Mn、Be-Ce、Mn-P 等。

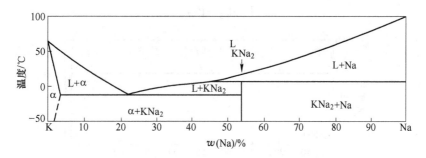

图 3-34　K-Na 相图

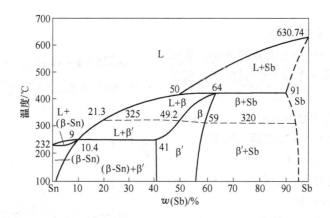

图 3-35　Sn-Sb 相图

3.3.4.2　具有其他恒温转变的相图

A　具有偏晶转变的相图

偏晶转变是由一个一定成分的液相 L_1 转变为另一个一定成分的液相 L_2 和一定成分的固相 α 的恒温转变，即 $L_1 \rightarrow L_2 + \alpha$。图 3-36 是 Cu-Pb 二元相图，在 955℃发生偏晶转变：

$$L_{36} \rightarrow L_{87} + Cu$$

图中 955℃的 BMD 水平线称为偏晶线，M 点是偏晶点；326℃水平线为共晶线，由于共晶点成分为 99.94%，很接近纯 Pb 组元，在该比例相图中无法标出。具有偏晶转变的二元系还有 Cu-S、Mn-Pb、Cu-O 等。

B　具有合晶转变的相图

合晶转变是由两个不同成分的液相 L_1 和 L_2 在恒温下转变为一个一定成分的固相

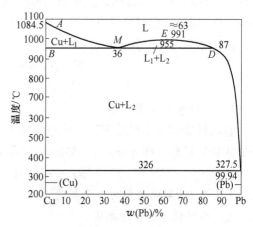

图 3-36　Cu-Pb 相图

的过程，具有这类转变的合金很少，如 Na-Zn、K-Zn 等。图 3-37 为 Na-Zn 相图，在 557℃ 发生合晶转变：

$$L_1 + L_2 \rightarrow \beta_{97.5}$$

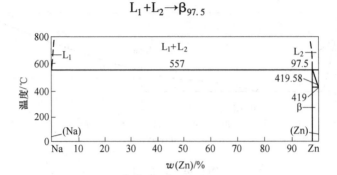

图 3-37　Na-Zn 相图

C　具有熔晶转变的相图

熔晶转变是一个一定成分的固相，在恒温下同时转变成另一个成分的固相和一定成分的液相的过程，$\alpha \rightarrow L + \beta$。图 3-38 是 Fe-B 二元相图。可以看出含 B 量在 0.02%~3% 的 Fe-B 合金，在 1381℃ 时发生熔晶转变：

$$\delta \rightarrow L + \gamma$$

具有熔晶转变的合金也很少，Fe-S、Cu-Sb 等合金系具有熔晶转变。

D　具有共析转变的相图

共析转变的形式类似共晶转变，共析转变是一个一定成分的固相在恒温下转变为另外两个一定成分的固相，即 $\gamma \rightarrow \alpha + \beta$。如图 3-39 所示的 Cu-Sn 相图，相图中 γ 为 Cu_3Sn，δ 为 $Cu_{31}Sn_8$，ε 为 Cu_3Sn，ζ 为 $Cu_{20}Sn_6$，η 和 η' 为 Cu_6Sn_5，它们都对组元有一定的溶解度。该相图存在 4 个共析转变：

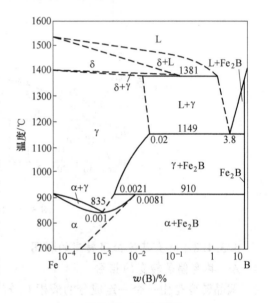

图 3-38　Fe-B 相图

$$\text{IV}: \beta \rightarrow \alpha + \gamma \qquad \text{V}: \gamma \rightarrow \alpha + \delta$$
$$\text{VI}: \delta \rightarrow \alpha + \varepsilon \qquad \text{VII}: \zeta \rightarrow \delta + \varepsilon$$

E　具有包析转变的相图

包析转变相似于包晶转变，它是由两个一定成分的固相在恒温下转变为另一个一定成分的固相的过程，即 $\alpha + \beta \rightarrow \gamma$。如图 3-39 的 Cu-Sn 合金相图中，有两个包析转变：

$$\text{VIII}: \gamma + \varepsilon \rightarrow \zeta \qquad \text{IX}: \gamma + \zeta \rightarrow \delta$$

3.3.4.3　其他类型的二元相图

A　具有脱溶过程的相图

固溶体常因温度降低而溶解度减小，析出第二相。如图 3-40 的 Fe-C 相图中，α 在

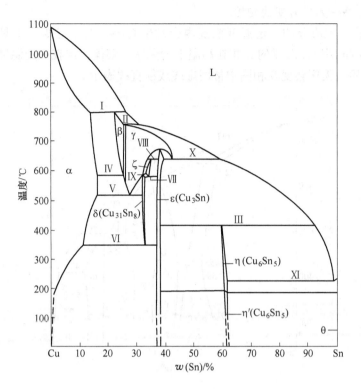

图 3-39 Cu-Sn 相图

727℃ 时具有最大的溶解度 0.0218%（P 点），随着温度降低，溶解度不断减小，至室温 α 几乎不固溶 C，因此，在 727℃ 以下 α 铁素体在降温过程中要不断地析出 Fe_3C，这个过程称为脱溶过程。

B 具有固溶体多晶型转变的相图

当体系中组元具有同素异构转变时，则形成的固溶体常常有多晶型转变，或称多形性转变。如图 3-40 的 Fe-C 二元相图，Fe 在固态发生同素异构转变，故相图在近 Fe 的一边从高温到室温有 δ（BCC）→γ（FCC）→α（BCC）的固溶体多晶型转变。

C 具有磁性转变的相图

磁性转变属于二级相变，固溶体或纯组元在高温时为顺磁性；在 T_c 温度以下呈铁磁性，T_c 温度称为居里温度，在相图上一般以虚线表示，如图 3-40 所示的 Fe-C 相图中的 770℃ 和 230℃ 的虚线分别表示 α 和 Fe_3C 的磁性转变温度。

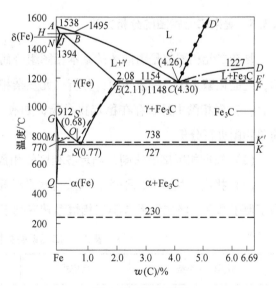

图 3-40 Fe-C 相图

D 具有有序—无序转变的相图

有些合金在一定成分和一定温度范围内会发生有序—无序转变。如图 3-41 的 Cu-Zn 相图中，Cu 和 Zn 两组元形成的 β 相在高温下为无序固溶体，但在一定温度会转变为有序固溶体 β′。有序—无序转变在相图中常用虚线或细直线表示。

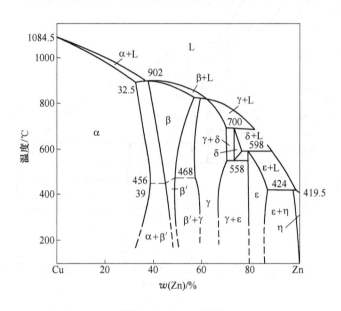

图 3-41　Cu-Zn 相图

3.3.5　复杂二元相图的分析方法

复杂二元相图都是由前述的基本相图组合而成的，只要掌握各类相图的特点和转变规律，就能化繁为简。一般来说，分析二元复杂相图的方法如下：

（1）看相图中是否存在稳定化合物，如有，则以这些化合物为界，把相图分成几个简单相图进行分析。

（2）根据相区接触法则，确定各相区的相数，注意水平线实质上是三相区。

（3）找出三相共存水平线，以及与水平线相连的 3 个单相区，确定恒温转变的类型。为了便于掌握，将二元系各类三相恒温转变列于表 3-1。

表 3-1　二元系各类恒温转变图型

恒温转变类型		反应式	图型特征	合金实例
共晶式	共晶转变	L→α+β	α ⟩ L ⟨ β	Pb-Sn
	共析转变	γ→α+β	α ⟩ γ ⟨ β	Fe-C

恒温转变类型		反应式	图型特征	合金实例
共晶式	偏晶转变	$L_1 \rightarrow L_2 + \alpha$	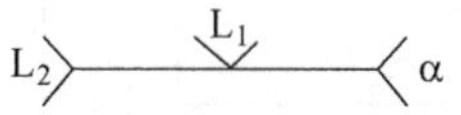	Cu-Pb
	熔晶转变	$\delta \rightarrow L + \gamma$	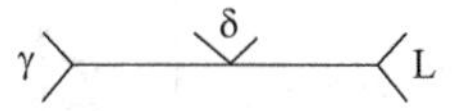	Fe-B
包晶式	包晶转变	$L + \beta \rightarrow \alpha$	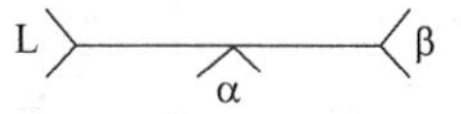	Cu-Zn
	包析转变	$\gamma + \beta \rightarrow \alpha$	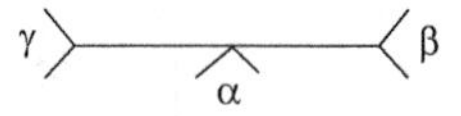	Fe-W
	合晶转变	$L_1 + L_2 \rightarrow \alpha$	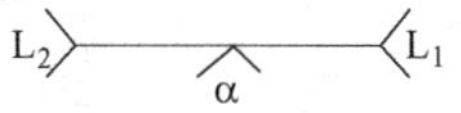	Na-Zn

（4）应用相图分析具体合金随温度改变而发生的相转变和组织变化规律。在单相区，该相的成分与合金相同；在两相区，不同温度下两相成分分别沿其相界线而变。根据研究的实际温度画出连接线，其两端分别与两条相界相交，由此根据杠杆定律可求出两相的相对含量；三相共存时，三个相的成分是固定的，可用杠杆定律求出恒温转变前后组成相的相对含量。

（5）在应用相图分析实际情况时，切记相图只给出体系在平衡条件下存在的相和相对含量，并不能表示出相的形状、大小和分布；相图只表示平衡状态的情况，而实际生产条件下合金很少能达到平衡状态，因此要特别重视它们在非平衡条件下可能出现的相和组织。

（6）相图的建立由于某种原因可能存在误差和错误，则可用相律来判断。实际研究的合金，其原材料的纯度与相图中的不同，这也会影响分析结果的准确性。

3.3.6　根据相图判断合金的性能

合金的性能很大程度上取决于组元的特性及其所形成的合金相的性质和相对含量，借助于相图所反映出的这些特性和参量来判定合金的使用性能（如力学和物理性能等）和工艺性能（如铸造性能、压力加工性能、热处理性能等），对于实际生产有一定的借鉴作用。

3.3.6.1　根据相图判断合金的使用性能

图 3-42 表示出各类二元合金相图与合金力学性能和物理性能之间的关系。由图 3-42（a）可见，形成两相机械混合物的合金，其性能大致是两个组成相性能的平均值，即性能与合金的成分呈线性关系。当合金组织为单相固溶体时，其性能随合金成分呈曲线变化，固溶体合金的强度、硬度一般均高于纯金属，但导电性低于纯金属，如图 3-42（b）所示。由图 3-42（d）可以看出，当合金系中形成稳定化合物（中间相）时，其性能在曲线上出现奇异点。另外，在形成机械混合物的合金中，各相的分散度对组织敏感的性能有较大的影响。例如共晶成分及接近共晶成分的合金，通常组成相细小分散，则其强度、硬度可提高，如图中虚线所示。

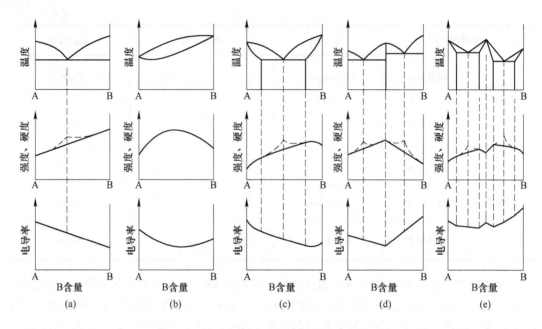

图 3-42　相图与合金硬度、强度及电导率之间的关系

3.3.6.2　根据相图判别合金的工艺性能

图 3-43 表示相图与合金铸造性能之间的关系。由于共晶合金的熔点低，并且是恒温转变，其流动性好，凝固后容易形成集中缩孔，合金致密，因此，铸造合金宜选择接近共

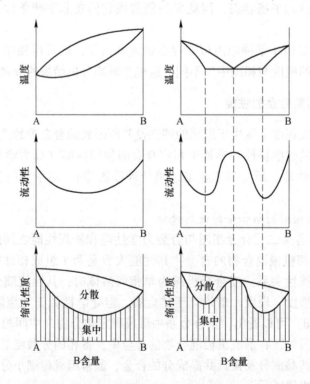

图 3-43　合金的流动性、缩孔性质与相图之间的关系

晶成分的合金。固溶体合金的流动性差，不如共晶合金和纯金属，而且液相线与固相线间隔越大，即凝固温度范围越大，树枝晶易粗大，对合金流动性妨碍严重，由此导致分散缩孔多，合金不致密，而且偏析严重，同时先后凝固区域容易形成成分的偏析。

压力加工好的合金通常是单相固溶体，因为固溶体的强度低，塑性好，变形均匀；而两相混合物，由于它们的强度不同，变形不均匀，变形大时，两相的界面也易开裂，尤其是存在脆性中间相对压力加工更为不利，因此，需要压力加工的合金通常是取单相固溶体或接近单相固溶体只含少量第二相的合金。

借助相图能判断合金热处理的可能性。相图中没有固态相变的合金只能进行消除枝晶偏析的扩散退火，不能进行其他热处理；具有同素异构转变的合金可以通过再结晶退火和正火热处理细化晶粒；具有溶解度变化的合金可以通过时效处理方法来强化合金；某些具有共析转变的合金，如 Fe-C 合金中的各种碳钢，先经加热形成奥氏体，然后进行快冷（淬火热处理），则共析转变将被抑制而发生性质不同的非平衡转变，由此获得性能不同的组织。

3.4 三 元 相 图

工业上应用的金属材料大多数是由两种以上的组元构成的多元合金。在多元相图中，由于第三个组元或第四个组元的加入，不仅引起组元之间溶解度的改变，而且会因新组成相的出现使得组织转变过程和相图变得更加复杂。因此，掌握三元相图的基本规律，有助于更好地了解和掌握各种金属材料的成分、组织和性能之间的关系以及三元合金从液态到固态的凝固过程和各种固态相变的过程。

实测一个完整的三元相图，工作量很繁重，至今比较完整的三元合金相图只测出了十几种。在实际生产和材料研究中，经常用到的是三元合金相图的水平截面、垂直截面及各相区在成分三角形上的投影图。本节主要讨论三元相图的使用，着重于截面图和投影图的分析。

3.4.1 三元相图的特点

三元相图与二元相图比较，组元数增加了一个，即成分变量为两个，故存在温度变量和两个独立可变的成分变量。因此，三元相图的基本特点为：

（1）完整的三元相图是三维的空间立体图形，如图 3-44 所示的是三元匀晶相图。

（2）三元系中，可以发生四相平衡转变。由相律可知，$F=C-P+1=3-P+1$，因此，$P=4-F$，当 $F=0$ 时，$P=4$，即三元系中最大平衡相数为 4。三元系的四相平衡转变是在恒温下进行的，如共晶反应 $L \rightarrow \alpha + \beta + \gamma$，即在某一温度下，一定成分的液体同时生成三个一定成分

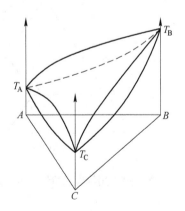

图 3-44 三元立体匀晶相图

和结构的固相 α、β 和 γ。四相平衡在三元立体相图中表现为一个恒温水平面。

（3）除单相区和两相平衡区外，还存在三相平衡区。根据相律，三元系发生三相平

衡时，还存在一个自由度，即在三元系中，三相平衡转变是在变温下进行的。

与二元相图一样，三元相图也遵循相区接触法则，即相邻相区的相数差为1。该法则不仅适用于三维空间相图，也适用于水平截面图和垂直截面图。

3.4.2　三元相图的成分表示方法

三元系相图中，独立可变的成分变量有两个，故表示成分的坐标轴应为两个，需要用一个平面来表示。一般采用的是三角形，这个三角形叫做成分三角形或浓度三角形。常用的成分三角形是等边三角形，有时也用等腰三角形或直角三角形表示成分。

3.4.2.1　等边成分三角形

等边成分三角形如图3-45所示，三角形的三个顶点A、B、C分别表示3个纯组元，三角形的边AB、BC、CA分别代表3个二元系A-B、B-C和C-A的成分。三角形内的任一点则代表一定成分的三元合金。下面以三角形ABC内O点为例，说明合金成分的求法。

设等边三角形的三条边AB、BC、CA按顺时针方向分别代表三组元B、C、A的含量。由O点出发，分别向A、B、C顶角对应边BC、CA、AB引平行线，相交于三边的a、b、c点。根据等边三角形的性质，可得：

$$Oa + Ob + Oc = AB = BC = CA$$

如果三角形的各边长为100%，由图可知，$Oc = Ca = w_A$，$Oa = Ab = w_B$，$Ob = Bc = w_C$。则Ca、Ab、Bc三条线段分别代表合金O中三组元A、B、C的质量分数。通常在三角形的边上标出刻度，一般均按顺时针方向标注组元的质量分数。这样就可以从三角形三条边的刻度上直接读出三组元的质量分数。为了便于使用，在成分三角形内常画出成分坐标的网格，如图3-46所示。这样可以方便地确定三角形内任一点三元合金的成分。例如，x点合金的成分为55%A、20%B和25%C。反之，若已知合金中三个组元的质量分数，也可在成分三角形中求出相应的三元合金成分点的位置。

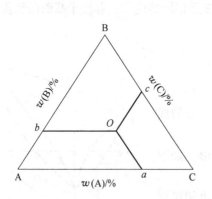
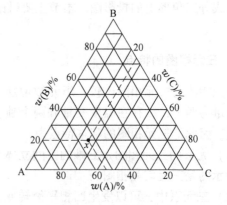

图3-45　用等边三角形表示三元合金的成分　　　图3-46　有网格的成分三角形

等边成分三角形中有两条特性线。

（1）平行成分三角形某一边的直线。凡成分点位于等边三角形某一边平行线上的三元合金，它们含与此线对应顶点代表的组元的质量分数或浓度相等。如图3-47所示，平行于AC边的ef线上的所有三元合金含B组元的质量分数都为Ae/%。

（2）通过成分三角形某一顶点的直线。凡成分点位于通过成分三角形某一顶点的直线上的所有三元合金，它们所含另外两顶点所代表的两组元的质量分数比或浓度比为恒定值。如图 3-47 中，Bg 线上的所有三元合金含 A 和 C 两组元的质量分数比均为 Cg/Ag。

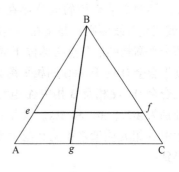

图 3-47　等边成分三角形中的
特性线

3.4.2.2　等腰成分三角形

当三元合金中某一组元（如 B）含量较少，而另外两个组元含量较多时，合金成分点将靠近等边三角形的某一边（AC 边）。为了使该部分相图清晰地表示出来，可将成分三角形两腰放大，成为等腰三角形。如图 3-48 所示，由于成分点 O 靠近底边 AC，所以在实际应用中只取等腰梯形部分即可。O 点合金成分的确定与前述等边三角形的求法相同，即过 O 点分别作两腰的平行线，交 AC 边于 a、c 两点，则 $Ca=30\%A$，$Ac=60\%C$；而过 O 点作 AC 边的平行线，与腰相交于 b 点，则组元 B 的质量分数为 $Ab=10\%$。等腰成分三角形适用于研究微量第三组元的影响。

3.4.2.3　直角成分三角形

当三元合金成分以某一组元为主，其他两个组元含量很少时，合金成分点将靠近等边三角形的某一顶点。若采用直角坐标表示成分，则可使该部分相图清楚地表示出来。设直角坐标原点代表高含量的组元，则两个互相垂直的坐标轴即代表其他两个组元的成分。例如，图 3-49 中的合金 O，B 组元的成分为 2%，C 组元的成分为 3%，则余量为组元 A 的成分 $(100-B-C)\%=95\%$。

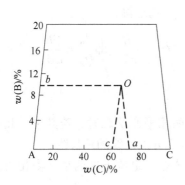

图 3-48　等腰成分三角形

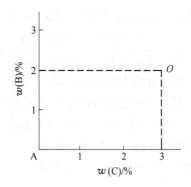

图 3-49　直角成分三角形

3.4.3　三元合金平衡相的定量法则

当三元合金处于两相或三相平衡时，各相的相对含量及其成分可用三元系中的直线法则、杠杆定律和重心法则来进行计算。

3.4.3.1　直线法则和杠杆定律

根据相律，对于三元合金来说，两相平衡时有两个自由度，若温度恒定，还剩下一个自由度，说明两个相中只有一个相的成分可以独立改变，而另一个相的成分则必须随之改变。即两个平衡相的成分存在着一定的对应关系，这个关系便是直线法则。直线法则（或三点共线原则）是指在一定温度下，当三元合金处于两相平衡时，合金的成分点和其两个平衡相的成分点必然位于成分三角形内的一条直线上。如图 3-50 所示，设在一定温度下合金 O 处于 α+β 两相平衡状态，α 相和 β 相的成分点分别为 a 和 b。由图中可读出三元合金 O、α 相及 β 相中 A 组元的质量分数分别为 CO_1、Ca_1 和 Cb_1，B 组元的质量分数分别为 AO_2、Aa_2 和 Ab_2。设此时 α 相的质量为 Q_α，则 β 相的质量应为 $1-Q_\alpha$。α 相与 β 相中 A 组元质量之和及 B 组元质量之和应分别等于合金中 A、B 组元的质量。由此可以得到：

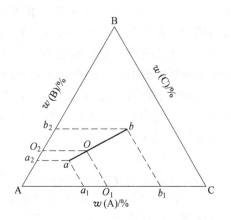

$$Ca_1 \cdot Q_\alpha + Cb_1 \cdot (1 - Q_\alpha) = CO_1 \cdot 1$$
$$Aa_2 \cdot Q_\alpha + Ab_2 \cdot (1 - Q_\alpha) = AO_2 \cdot 1$$

$$(3\text{-}17)$$

移项整理得：

$$Q_\alpha(Ca_1 - Cb_1) = CO_1 - Cb_1 \qquad (3\text{-}18)$$
$$Q_\alpha(Aa_2 - Ab_2) = AO_2 - Ab_2$$

上下两式相除，得：

$$\frac{Ca_1 - Cb_1}{Aa_2 - Ab_2} = \frac{CO_1 - Cb_1}{AO_2 - Ab_2} \qquad (3\text{-}19)$$

这就是解析几何中三点共线的关系式。由此证明三元合金在两相平衡时，两平衡相的成分点与合金的成分点为直线关系，即 O、a、b 三点共线。

图 3-50　三元合金中的直线法则

同样可证明，以等边三角形作成分三角形时，上述关系依然存在。

由前面推导中可知，$Q_\alpha(Ca_1 - Cb_1) = CO_1 - Cb_1$，移项得：

$$Q_\alpha = \frac{CO_1 - Cb_1}{Ca_1 - Cb_1} = \frac{O_1b_1}{a_1b_1} = \frac{Ob}{ab}, \ Q_\beta = 1 - Q_\alpha = \frac{aO}{ab}, \ 即\frac{Q_\alpha}{Q_\beta} = \frac{Ob}{aO} \qquad (3\text{-}20)$$

这就是三元合金系中的杠杆定律。

由直线法则及杠杆定律可以得出下列推论：

（1）当一定成分的三元合金在一定温度下处于两相平衡状态时，若其中一相的成分给定，另一相的成分点一定位于已知相成分点和合金成分点连线的延长线上。

（2）当两个平衡相的成分点已知时，合金的成分点一定位于这两个平衡相成分点的连线上。

3.4.3.2　重心法则

三元合金出现三相平衡时，合金的成分点与其三个平衡相成分点以及相对含量的关系遵循重心法则。

根据相律，三元合金处于三相平衡时，自由度为 1。当温度恒定时，三个平衡相的成分应为确定值。显然，在三相平衡时意味着存在三个两相平衡，由于两相平衡时的连接线为直线，三条连接线必然会组成一个三角形，称为连接三角形。合金成分点应位于三个平衡相的成分点所连成的连接三角形内。图 3-51 中 N 为合金的成分点，D、E、F 分别为三个平衡相 α、β、γ 的成分点。计算合金中各相的相对含量时，可设想先把三相中的任意两相，例如 α 和 γ 相混合成一体，然后再把这个混合体和 β 相混合成合金 N。根据直线法则，α+γ 混合体的成分点应在 DF 线上，同时又必定在 β 相和合金 N 的成分点连线 EN 的延长线上。由此可以确定，EN 延长线与 DF 线的交点 e 便是 α+γ 混合体的成分点。进一步由杠杆定律可以得出 β 相的相对含量应为：

$$\beta\% = \frac{Ne}{Ee} \times 100\% \qquad (3\text{-}21)$$

用同样的方法可求出 α 相和 γ 相的相对含量分别为：

$$\alpha\% = \frac{Nd}{Dd} \times 100\%$$
$$\gamma\% = \frac{Nf}{Ff} \times 100\% \qquad (3\text{-}22)$$

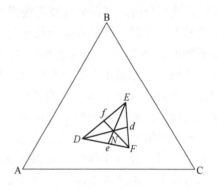

结果表明，N 点正好位于 △DEF 的质量重心，这就是三元合金的重心法则。

图 3-51　三元合金中的重心法则

3.4.4　三元匀晶相图

若组成三元合金的三个组元，在液态和固态均能无限互溶时，则其所构成的相图称为三元匀晶相图，如图 3-52 所示。

3.4.4.1　相图分析

图 3-52 是一种最简单的由 A、B、C 三个组元组成的三元匀晶相图的空间模型图。A、B、C 三种组元组成的成分三角形和与之垂直的温度轴构成了三棱柱体的框架。由于三个组元在液态和固态都彼此完全互溶，所以三个侧面都是简单的二元匀晶相图。

（1）点。T_A、T_B、T_C 三点分别代表 A、B、C 三个组元的熔点。

（2）线。T_AT_B、T_BT_C、T_CT_A 上凸线分别是 A-B、B-C、C-A 三个二元合金系的液相线；T_AT_B、T_BT_C、T_CT_A 下凹线分别是 A-B、B-C、C-A 三个二元合金系的固相线。

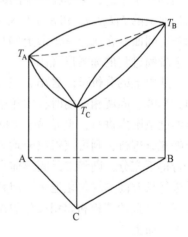

图 3-52　三元匀晶相图

（3）面。以三个二元合金系的液相线作为边缘构成的向上凸的空间曲面 $T_AT_BT_C$ 是 A-B-C 三元合金系的液相面，它表明不同成分的合金开始凝固的温度；以三个二元合金系的固相线作为边缘构成的向下凹的空间曲面 $T_AT_BT_C$ 是 A-B-C 三元合金系的固相面，它表明不同成分的合金凝固终了的温度。该匀晶转变从液相中凝固出的是三元固溶体。

（4）相区。单相区有两个，液相面 $T_AT_BT_C$ 以上的区域是液相区，记为 L；固相面 $T_AT_BT_C$ 以下的区域是固相区，记为 α；两相区有一个，在液相面 $T_AT_BT_C$ 上凸面和固相面 $T_AT_BT_C$ 下凹面的中间区域是液相 L 和 α 固溶体两相区。

3.4.4.2 三元固溶体合金的凝固过程

应用三元匀晶相图分析三元合金凝固过程的方法与二元相图相似，所不同的是，它的成分变化比二元匀晶合金复杂。现以合金 O 的凝固过程为例（图3-53）进行分析。当合金从液态缓慢冷却至 t_1 温度与液相面相交时，开始发生匀晶转变 L→α，从液相中凝出 α 固溶体，此时液相的成分为 L_1 点，即为合金成分，而固相的成分为固相面上的 S_1 点。当温度缓慢降至 t_2 时，液相数量不断减少，固相的数量不断增多，此时固相的成分沿固相面移至 S_2 点，液相成分沿液相面移至 L_2 点。由直线法则可知，在两相平衡时，合金及两个平衡相的成分点必定位于一条直线上，由此可以确定，合金的成分必位于液相和固相成分点的连接线上。在 t_1 时，其连接线为 L_1S_1；在 t_2 时，连接线为 L_2S_2。依此类推，在 t_3 温

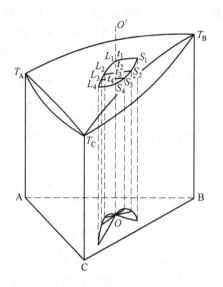

图 3-53　三元固溶体合金的凝固过程

度时，连接线为 L_3S_3；在凝固终了的 t_4 温度时，连接线为 L_4S_4，此时固相的成分达到合金 O 的成分，该合金凝固完毕，得到单相的 α 固溶体组织。值得注意的是，这些连接线虽然都是水平线，但是在合金的凝固过程中，液相的成分和固相的成分分别沿着液相面和固相面上的 $L_1L_2L_3L_4$ 和 $S_1S_2S_3S_4$ 空间曲线变化，它们不在同一个垂直平面上。因此，这两条空间曲线在成分三角形上的投影呈蝴蝶状，如图 3-53 所示，所以称之为三元固溶体合金凝固过程的蝴蝶形规律。

从以上的分析可以看出，三元匀晶转变与二元匀晶转变基本相同，两者都是选分凝固，当液、固两相平衡时，固相中高熔点组元的含量较液相高；两者的凝固过程均需在一定温度范围内进行，组元原子之间都要发生相互扩散。如果冷却速率较慢，原子间的扩散能够充分进行，则可获得成分均匀的固溶体；如果冷却速率较快，液、固两相中原子扩散进行得不充分，则和二元固溶体合金一样，获得存在枝晶偏析的组织。要使其成分均匀，需进行长时间的均匀化退火。但是两者之间也有差别，在凝固过程中，在同一温度下，尽管三元合金的液相和固相成分的连接线是条水平线，但液相和固相成分的变化轨迹不在同一个平面上。

三元相图立体模型的优点是比较直观，利用它可以确定合金的相变温度、相变过程及室温下的相组成。如从图 3-53 可知，合金 O 在 t_1 温度开始凝固，在 t_4 温度凝固终了。但是在实际应用时，很难确定合金的凝固开始温度及凝固终了温度，也不能确定在一定温度下两个平衡相的成分和相对含量等。因此，通常实际使用的三元合金相图都是平面化的水平截面（等温截面）、垂直截面（变温截面）以及各种相区和等温线的投影图。

3.4.4.3 水平截面图（等温截面图）

三元相图中的温度轴和成分三角形垂直，所以固定温度的截面图必定平行于成分三角形，这样的截面图称为水平截面，也称为等温截面。它相当于通过某一恒定温度所做的水平面与三元相图空间模型相交截得的图形在成分三角形上的投影。

图 3-54（b）为三元匀晶相图（a）在 t_1 温度（两相平衡温度区间）的水平截面。t_1

温度低于 B 组元的熔点，高于 A 组元和 C 组元的熔点。t_1 温度水平面与液相面和固相面相截的交线分别为 L_1L_2 和 S_1S_2，因此，L_1L_2 和 S_1S_2 分别是液相面和固相面的等温线，也就是共轭曲线，一般称为液相线和固相线。将这两条线投影到成分三角形上就得到了该温度的水平截面图。液相线 L_1L_2 和固相线 S_1S_2 把三元合金相图的水平截面图划分为三个相区：液相区 AL_1L_2CA，以 L 表示；固相区 BS_1S_2B，以 α 表示；液、固两相平衡区 $L_1L_2S_2S_1L_1$，以 L+α 表示。必须指出，实际的水平截面图是通过实验方法直接测定的，而不是先作空间图然后再用水平截面截取。

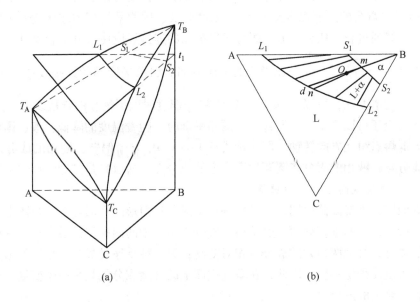

图 3-54　三元匀晶相图的水平截面
（a）立体模型；（b）t_1 水平截面

　　根据相律，三元合金两相平衡时系统的自由度为 $2(F = C - P + 1 = 3 - 2 + 1 = 2)$，在水平截面的两相区内，温度一定还有一个自由度。这就是说，只有一个平衡相的成分可以独立改变，另一个平衡相的成分必须随之改变。如果用实验方法测出一个平衡相的成分，通过直线法则就可以确定与之相应的另一个平衡相的成分。例如，用实验方法测定固相的成分为 m，则根据直线法则，两平衡相成分点间的连接线必定通过合金成分点，显然，mO 延长线与 L_1L_2 的交点 n，即为液相的成分点。图 3-54（b）中的连接线都是用实验方法测得的。

　　如果连接线确定之后，则可以利用杠杆定律计算两平衡相的相对含量。图 3-54（b）中的合金 O 在 t_1 温度下，液相 L 和固相 α 的相对含量分别为：

$$L\% = \frac{mO}{mn} \times 100\% \quad \alpha\% = \frac{nO}{mn} \times 100\% \tag{3-23}$$

　　尽管两平衡相的成分点需要用实验方法测定，但三元匀晶合金凝固时两平衡相的连接线方向，通常可以根据三组元熔点的高低来判断。因为三元固溶体合金的凝固与二元固溶体合金的凝固情况一样，先凝固出的固溶体中，高熔点组元比液相中多，而剩余液相中含低熔点组元比固溶体中多，这一规律叫选分凝固。图 3-54（b）为三元匀晶合金在 t_1 温度下的水平截面图，L_1L_2 是液相等温线，S_1S_2 是固相等温线，三组元的熔点高低顺序是 $T_B >$ $T_A > T_C$。当合金 O 在 t_1 温度时处于 L 和 α 两相平衡，根据选分凝固规律，则 α 相中含高熔点组元 A 的量大于液相中含高熔点组元 A 的量（$x_A^\alpha > x_A^L$）；而液相中含低熔点组元 C 的含量大于 α 相中含低熔点组元 C 的含量（$x_C^L > x_C^\alpha$）。所以 $\dfrac{x_A^\alpha}{x_C^\alpha} > \dfrac{x_A^L}{x_C^L}$，即 α 相中含高熔点组元 A 与低熔点组元 C 的浓度比，应该大于液相中这两组元的浓度比。如果连接 BO 延长至 d 点，成分位于 BOd 线上的所有合金中，A、C 组元含量的比值是恒定的。因此，连接线不会与 BOd 线重合的。所以合金 O 在 t_1 温度时液、固两平衡相的连接线一定偏离 BOd 线。连接线始终通过合金成分点 O，而且两平衡相的连接线应使 α 相和液相中 A、C 组元的浓度比满足 $\dfrac{x_A^\alpha}{x_C^\alpha} > \dfrac{x_A^L}{x_C^L}$ 时，才是连接线的偏离方向。因两平衡相的连接线往 mOn 方向偏离时，满足上述浓度比，所以 mOn 是合金 O 在 t_1 温度时两平衡相的连接线。

由上述讨论还可以看出，三元合金在两相平衡时，随着温度的降低，液、固两相的连接线逐渐向低熔点组元方向转动，即连接线从 B→A→C 方向偏转，固相的成分点逐渐靠近合金的成分点，液相的成分点逐渐远离合金的成分点，所以它是按蝴蝶形规律变化的。

3.4.4.4 垂直截面图（变温截面图）

垂直截面图又称变温截面图，它是由垂直于成分三角形的平面与三元相图空间模型相截得到的图形。常用的垂直截面一般是根据成分三角形中的两条特性线所作：一种是固定一个组元的成分，其他两组元的成分可相对变动；另一种是通过成分三角形的顶点，使其他两组元的含量比固定不变。因此，在垂直截面上的合金成分就只剩一个变量，可以用一个坐标轴表示合金的成分。

对于第一种截法，由图 3-55（a）可以看出，FE 平行于成分三角形的 AB 边，该截面与三元合金的液相面和固相面的交线分别为 L_1L_2 和 a_1a_2，则凸曲线 L_1L_2 为液相线，凹曲线 a_1a_2 为固相线，FE 垂直截面如图 3-55（b）所示。由图可以看出，它与二元均匀相图很相似，在液相线 L_1L_2 以上是液相区 L，在固相线 a_1a_2 以下是固相区 α，在 L_1L_2 和 a_1a_2 之间是 L+α 两相区。所不同的是，在该截面上的所有合金含 C 组元的量都相同，并且成分坐标轴的两端并不代表纯组元 A 和 B，而是代表 C 组元为定值的二元合金 A-C 和 C-B。所以液、固相线在该垂直截面图的两端不能相交于一点。这也可以由相律证明，二元合金两相平衡共存时自由度为 1，所以合金凝固是在一个温度区间内进行的。

对于第二种截法，截面 GB 过成分三角形纯组元 B 的顶点，该截面与三元合金的液相面和固相面的交线分别为 T_BL_3 和 T_Ba_3，则凸曲线 T_BL_3 为液相线，凹曲线 T_Ba_3 为固相线，GB 垂直截面如图 3-55（c）所示。由图可以看出，它与二元均匀相图也很相似，即在液相线 T_BL_3 以上是液相区 L；在固相线 T_Ba_3 以下是固相区 α；在 T_BL_3 和 T_Ba_3 之间是 L+α 两相区。所不同的是，在该截面上的所有合金含 A、C 组元的比值恒定，而且成分坐标轴的左端是 A-C 组元按一定比例熔合而成的二元合金，右端是纯组元 B。所以液、固相线在二元合金一端不能相交，而在纯组元一端则相交于一点。

由上述讨论可知，利用这两种垂直截面图可以分析合金的凝固过程，确定相变温度。现以图 3-55（b）中的合金 O 为例，由 O 点作垂线，与液相线和固相线相交的温度分别为

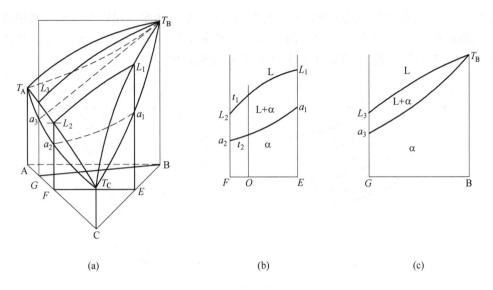

图 3-55　三元匀晶相图的垂直截面
(a) 立体模型；(b) FE 垂直截面；(c) GB 垂直截面

t_1 和 t_2。当合金 O 在 t_1 温度以上为液相；从 t_1 温度时开始发生匀晶转变 L→α，凝固出 α 固溶体，进入 L+α 两相区；到 t_2 温度时凝固完毕，形成均匀的单相 α 固溶体。即通过垂直截面图，可以反映合金 O 在各不同温度时所处的状态。

需指出的是，尽管垂直截面与二元相图的形状很相似，在分析合金的凝固过程时也大致相同，但是它们两者存在着本质上的差别。根据三元固溶体合金凝固时的蝴蝶形规律，在两相平衡时，平衡相的成分点不在同一个垂直截面上。所以用垂直截面图不能确定两平衡相的成分，也不能用杠杆定律计算两平衡相的相对含量。

必须指出，垂直截面图也是通过实验方法直接测定的，不是先作空间图然后再用垂直截面截取。

3.4.4.5　投影图

三元相图的水平截面图只能反映一个温度下的情况（可确定不同合金的相组成、相的成分及其相对含量），而垂直截面图只能反映一个三元合金系中很有限的一部分合金的情况（可确定这些合金在冷却或加热时相组成的变化情况），两者都有一定的局限性。如果把一系列水平截面图上的有关曲线画在同一个成分三角形中，使用起来就比较方便了。三元相图的投影图可以很好地解决这个问题。

投影图有两种：一种是把空间相图的所有相区间的交线都投影到成分三角形中，好像把相图在垂直方向压成一个平面，借助于对相图空间结构的了解，分析合金在冷却或加热过程中的相变；另一种是把一系列水平截面图中的相界线都投影到成分三角形中，在每一条线上都注明相应的温度。这样的投影图称为等温线投影图，其等温线相当于地图上的等高线，可以反映空间相图中各种相界面的变化趋势。例如，如果相邻等温线的温度间隔一定，则投影图上的等温线距离越密，表示这个相面的温度变化越陡。

三元匀晶相图的液相面和固相面除了在三个组元的熔点处，无任何其他相交的点和线，所以作第一种投影图无任何意义，一般应用的是等温线投影图，如图 3-56 所示。其中图 3-56（a）是液相面等温线投影图，图 3-56（b）是固相面等温线投影图。利用投影图可以直接找出各个成分的三元合金的开始凝固温度和凝固终了温度，如合金 O 在高于 t_4 低于 t_3 的温度开始凝固，在高于 t_6 低于 t_5 的温度凝固终了。

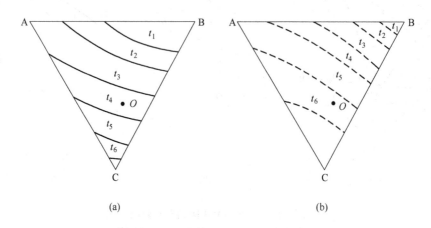

图 3-56　三元匀晶相图的等温线投影图

（a）液相面等温线投影图；（b）固相面等温线投影图

3.4.5　三元共晶相图

3.4.5.1　固态完全不溶的三元共晶相图

A-B-C 三组元在液态能无限互溶，在固态完全不溶，并且其中任两个组元之间能发生共晶转变，它们所构成的三元相图如图 3-57 所示。

A　相图分析

任何一组二元共晶系合金，当加入第三组元时，二元共晶相图中的"点"变成"线"，同类相关的线必然汇聚在一起，成为三元相图中的特征点；二元相图中的"线"变成"面"，同类相关的面相交，成为三元相图中的特征线。

a　点

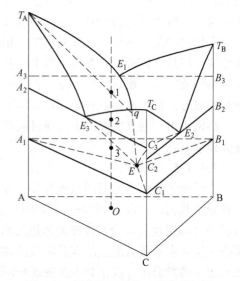

图 3-57　固态完全不溶三元共晶相图

T_A、T_B、T_C 分别是组元 A、B、C 的熔点，且 $T_A > T_B > T_C$。空间图的三个侧面是三个二元共晶相图，E_1、E_2、E_3 分别是 A-B、B-C、C-A 的二元共晶点，且 $T_{E_1} > T_{E_3} > T_{E_2}$。

E 点为三元共晶点，也是四相平衡时液相的成分点，它表示 E 点成分的液相冷却至 T_E 温度时发生三元共晶转变，形成三元共晶体，即 $L_E \rightarrow A + B + C$。三元共晶转变是四相平衡转变，发生三元共晶转变时自由度等于 0（$F = C - P + 1 = 3 - 4 + 1 = 0$），说明转变是在恒温下进行的，且液相和析出的三个固相的成分均保持不变。

b 线

E_1E、E_2E、E_3E 分别是 A-B、B-C、C-A 二元共晶转变线，它们分别是发生 L→A+B、L→B+C、L→C+A 二元共晶转变时液相成分的单变量线。由相律可知，在三元合金系中，处于三相平衡的共晶转变，其自由度为1。这就意味着，由于第三组元的加入，二元共晶转变是在一定的温度范围内进行，各个相的成分也随着温度的变化作相应的改变。

A_1E、B_1E、A_1B_1 线是在 T_E 温度 L→A+B 三相平衡时，A 与 L、B 与 L、A 与 B 的连接线；B_1E、C_1E、B_1C_1 线是在 T_E 温度 L→B+C 三相平衡时，B 与 L、C 与 L、B 与 C 的连接线；A_1E、C_1E、A_1C_1 线是在 T_E 温度 L→C+A 三相平衡时，A 与 L、C 与 L、A 与 C 的连接线。

其他线的物理意义与二元共晶相图中的相应线类似。

c 面

3 个液相面，即 $T_AE_1EE_3T_A$ 面是组元 A 的液相面（L→A）；$T_BE_1EE_2T_B$ 面是组元 B 的液相面（L→B）；$T_CE_2EE_3T_C$ 面是组元 C 的液相面（L→C）。

6 个二元共晶面，即 $A_1A_3E_1EA_1$ 和 $B_1B_3E_1EB_1$、$B_1B_2E_2EB_1$ 和 $C_1C_2E_2EC_1$、$A_1A_2E_3EA_1$ 和 $C_1C_3E_3EC_1$ 分别对应于液相开始生成二元共晶体（A+B）、（B+C）、（C+A），同时对应匀晶转变的结束。

1 个固相面，也是三元共晶面 $A_1B_1C_1$，对应三元共晶转变 L_E→A+B+C。即 E 点与 T_E 温度下三个固相的成分点 A_1、B_1、C_1 组成的四相平衡平面，也称为四相平衡共晶平面。

d 相区

4 个单相区：L、A、B 和 C，其中 A、B、C 三个单相区也分别是三个垂直温度线。

6 个两相区：L+A、L+B、L+C、A+B、B+C 和 C+A，其中 A+B、B+C 和 C+A 三个两相区分别由 $A_1B_1B_3A_3A_1$、$B_1C_1C_2B_2B_1$ 和 $C_1A_1A_2C_3C_1$ 三个侧面的区域表示。

4 个三相区：L+A+B、L+B+C、L+C+A 和 A+B+C。

1 个四相区：即 $A_1B_1C_1$ 三元共晶水平面，L+A+B+C。图 3-58 给出了与图 3-57 对应的各相区分解图。由图可以看出，二元共晶面由一系列水平直线组成。这些水平直线实质上就是连接线，其一端在纯组元温度轴上，另一端在两相共晶线上。而四相平衡共晶平面由 3 个三相平衡的连接三角形合并而成，其中三角形 A_1EB_1 是发生 L→A+B 共晶转变的三相平衡区的底面，三角形 B_1EC_1 是发生 L→B+C 共晶转变的三相平衡区的底面，三角形 C_1EA_1 是发生 L→C+A 共晶转变的三相平衡区的底面。低于 T_E 温度，合金全部凝固成固相，形成 A+B+C 的三相平衡区。

B 合金的凝固过程

以合金 O 的平衡凝固过程为例，如图 3-57 所示。从液态缓慢冷却至与液相面 $T_AE_1EE_3T_A$ 交于 1 点，开始发生匀晶转变，从液相中凝固出初晶 A。继续冷却时，液相中 A 组元含量不断减少，B、C 含量不断增加。由于初生相是纯组元 A，其成分投影点始终在 A 点，根据直线法则，剩余液相的成分位于 AO 的延长线上，即剩余液相的成分在液相面上沿 T_A1q 变化。当冷却至 2 点温度时，液相成分点位于 E_1E 两相共晶线的 q 点，液相开始发生二元共晶转变 L→A+B，同时凝固出 A 和 B，形成（A+B）二元共晶体。此时体系进入 L+A+B 三相平衡区，自由度为 1，说明二元共晶转变是在变温下进行的。随着温度降低，液相中不断析出二元共晶体（A+B），液相的成分沿 qE 线变化，而 A 和 B 两

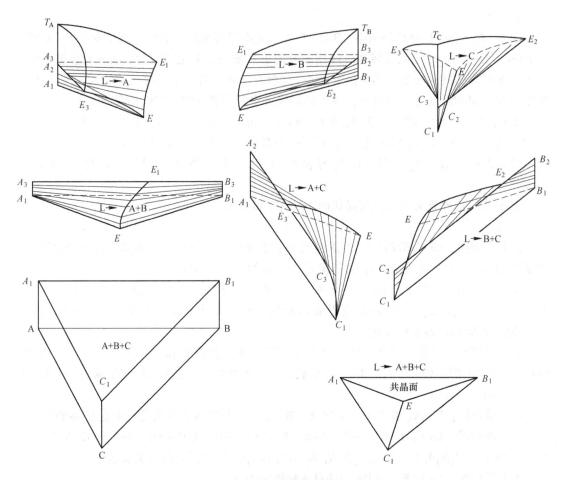

图 3-58 三元相图各相区分解图

相的成分不变（成分点分别沿两垂直轴 $T_A A$ 和 $T_B B$ 移动）。当冷却至 3 点温度时，液相成分刚好到达 E 点，开始发生三元共晶转变 L→A+B+C，即体系处于四相平衡状态，此时的自由度为 0，说明三元共晶转变是在恒温 T_E 下进行的，直至凝固结束。室温下合金 O 的平衡组织为 $A_初$+(A+B)+(A+B+C)。

C 投影图

虽然水平截面图和垂直截面图弥补了立体三元相图的不足，但应用起来比较麻烦，往往需要将一系列截面图配合起来进行分析。而三元相图的投影图则可在一个图形中分析三元合金的凝固过程。图 3-59 是三组元在固态下完全不溶的共晶相图的投影图。图中 AE_1EE_3A、BE_1EE_2B 和 CE_2EE_3C 是三个液相面的投影；E_1E、E_2E 和 E_3E 是三条二元共晶转变线的投影，AE、BE、CE 三条虚线是二元共晶曲面与三元共晶面的交线，它们的交点 E 是三元共晶点的投影；AE_1E、BE_1E、BE_2E、CE_2E、CE_3E、AE_3E 分别是六个二元共晶曲面的投影；三角形 ABC 是三元共晶面的投影。

借助于对相图空间结构的了解，根据此投影图可以分析合金的凝固过程和组织，并能确定平衡相和平衡组织的相对含量。现以图 3-59 中 O 点成分的合金为例并结合图 3-57 进行讨论。

合金 O 从液态冷却至液相面时（相当于 1 点温度），开始从液相中析出初晶 A。随着温度不断降低，初晶 A 的数量不断增加，液相的数量不断减少，由于初晶 A 成分固定不变，根据直线法则，液相的成分由 O 点沿 AO 的延长线逐渐变化。当液相的成分变化到与 E_1E 线相交的 m 点（相当于 2 点温度）时，开始发生二元共晶转变：L→A+B。随着温度的继续降低，二元共晶体（A+B）逐渐增多，同时液相的成分沿着二元共晶线 mE 变化。当液相成分变化至 E 点时，发生三元共晶转变：L→A+B+C，直至液相全部消失为止。随后温度继续降低，组织不再发生变化。室温下合

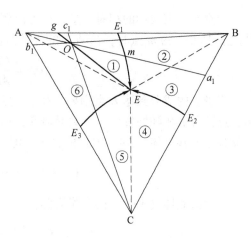

图 3-59　三元共相图的投影图

金 O 的平衡组织为 $A_{初}$+（A+B）+（A+B+C）。图 3-60 为该合金凝固过程的冷却曲线和室温下组织的示意图。

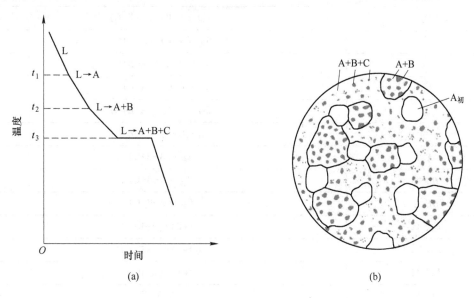

图 3-60　合金 O 凝固过程的冷却曲线（a）和室温下的组织示意图（b）

合金 O 在三元共晶转变结束后进入 A+B+C 三相区，这三个平衡相的相对含量可用重心法则求出：

$$A\% = \frac{Oa_1}{Aa_1} \times 100\%$$

$$B\% = \frac{Ob_1}{Bb_1} \times 100\% \tag{3-24}$$

$$C\% = \frac{Oc_1}{Cc_1} \times 100\%$$

合金组织组成物的相对含量，也可以利用杠杆定律求出。当液相的成分刚好到达二元共晶线 E_1E 上的 m 点时，初晶 A 的含量为：

$$A\% = \frac{Om}{Am} \times 100\% \qquad (3\text{-}25)$$

当液相的成分到达 E 点刚要发生三元共晶转变时，剩余的液相可以利用杠杆定律求出，这部分液相随即发生三元共晶转变，形成三元共晶组织。因此这部分液相的相对含量也就是三元共晶体（A+B+C）的含量，即：

$$(A + B + C)\% = \frac{Og}{Eg} \times 100\% \qquad (3\text{-}26)$$

二元共晶体（A+B）的含量则为：

$$(A + B)\% = \left(1 - \frac{Om}{Am} - \frac{Og}{Eg}\right) \times 100\% \qquad (3\text{-}27)$$

表 3-2 中列出了合金在投影图（图 3-59）中各区、线、点处的室温组织组成物。

表 3-2　平衡凝固后的室温组织

成分点区域	室温组织组成物
①	$A_{初}$+(A+B)+(A+B+C)
②	$B_{初}$+(A+B)+(A+B+C)
③	$B_{初}$+(B+C)+(A+B+C)
④	$C_{初}$+(B+C)+(A+B+C)
⑤	$C_{初}$+(C+A)+(A+B+C)
⑥	$A_{初}$+(C+A)+(A+B+C)
AE 线	$A_{初}$+(A+B+C)
BE 线	$B_{初}$+(A+B+C)
CE 线	$C_{初}$+(A+B+C)
E_1E 线	(A+B)+(A+B+C)
E_2E 线	(B+C)+(A+B+C)
E_3E 线	(C+A)+(A+B+C)
E 点	(A+B+C)

D　水平截面图

图 3-61 是三元共晶相图在不同温度的水平截面图，由于三元合金处于三相平衡时，自由度为 1，三相平衡转变是在变温下进行的，所以温度变化时，三个组成相的成分必然沿某特定的线发生变化。即三相平衡区是以三条单变量线作为棱边的空间三棱柱体，其水平截面必然是三角形，如图 3-61（c）所示。三角形的顶点代表该温度下三个平衡相的成分，其三个组成相两两处于平衡状态，三角形的边即是它们的连接线。这样的三角形反映了一定温度下三个平衡相成分之间的对应关系，叫做连接三角形。对于成分位于连接三角形中的合金，可以根据重心法则计算三个平衡相的相对含量。利用这些截面图可以了解到合金在不同温度所处的相平衡状态，以及分析各种成分的合金在平衡冷却时的凝固过程。

从图中可以看出，合金 R 在冷却过程中的组织平衡转变为：

$$L \rightarrow L + C \rightarrow C + L + (B + C) \rightarrow C + (B + C) + (A + B + C)$$

表明其凝固过程是：生成初晶 C，然后生成二元共晶（B+C），最后形成三元共晶（A+B+C）。室温下的组织为 $C_{初}$+（B+C）+（A+B+C）。

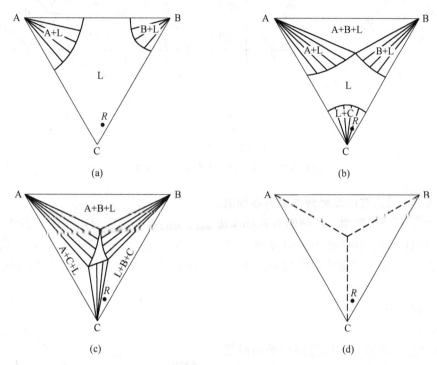

图 3-61　水平截面图

(a) $T_A > T_B > T > T_C$；(b) $T_C > T_{E_1} > T$；(c) $T_{E_3} > T_{E_2} > T > T_E$；(d) $T \leqslant T_E$

E　垂直截面图

图 3-62（a）中平行 AB 边的 rs 线的垂直截面和过顶点 A 的 At 垂直截面如图 3-62（b）、（c）所示。图中 $r_3 e'$ 和 $e's_3$ 是液相线，相当于截面与空间模型中液相面的交线；曲线 $r_2 d'$、$d'e'$、$e'f'$ 和 $f's_2$ 是垂直截面与二元共晶曲面的交线；水平线 $r_1 d'f's_1$ 是垂直截面与三元共晶面的交线。

利用垂直截面图可以分析合金的凝固过程，并可确定其相变临界温度。以图 3-62（a）中的合金 O 为例，当其冷到 1 点开始凝固出初晶 A，从 2 点开始进入 L+A+B 三相平衡区，发生 L→A+B 共晶转变，形成二元共晶（A+B），3 点在共晶平面 $A_1 B_1 C_1$ 上，冷至此点发生三元共晶转变 L→A+B+C，形成三元共晶（A+B+C），这一转变直到液相全部消失为止。继续冷却时，合金不再发生其他变化。其室温组织是 $A_{初}$+（A+B）+（A+B+C）。

At 垂直截面的成分轴过成分三角形的顶点 A，图中 $A_3 q'$ 和 $t_3 q'$ 是该截面与液相面的交线；$A_2 q'$、$q'h'$、$h't_2$ 是垂直截面与三个二元共晶面的交线；水平线 $A_1 h't_1$ 是垂直截面与三元共晶面的交线。应当指出，图中 $A_2 q'$ 水平线并不表示等温转变，只说明成分在 Aq 线段上的合金均在 $A_2 q'$ 温度开始发生二元共晶转变。

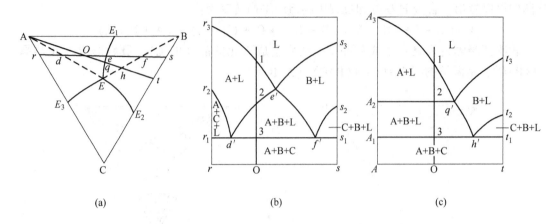

(a)   (b)   (c)

图 3-62   垂直截面图

(a) 成分三角形；(b) *rs* 截面；(c) *At* 截面

3.4.5.2   固态有限溶解的三元共晶相图

A-B-C 三元合金系中，任何两组元都构成二元共晶系，且三对组元在液态无限互溶，固态只能有限互溶，相图如图 3-63 所示。它与图 3-57 固态完全不溶的三元共晶相图之间的区别仅在于增加了固态溶解度曲面，在靠近纯组元的地方出现了单相固溶体区：α、β 和 γ 相区。

A   相图分析

a   点

E 点为三元共晶点，也是四相平衡时液相的成分点，它表示 E 点成分的液相冷却至 T_E 温度时发生三元共晶转变，形成三元共晶体，即 $L_E \to \alpha+\beta+\gamma$。$a$、$b$、$c$ 点分别为四相平衡时 α、β、γ 相的成分点，它们也是三元固溶体 α、β、γ 的最大溶解度点。a_0、b_0、c_0 分别是 α、β、γ 在室温时的溶解度点。

b   线

e_1E、e_2E、e_3E 分别是 A-B、B-C、C-A 二元共晶转变线，它们分别是发生 $L \to \alpha+\beta$、$L \to \beta+\gamma$、$L \to \alpha+\gamma$ 二元共晶转变时液相成分的单变量线。a_1a 和 b_1b 线是 $L \to \alpha+\beta$ 三相平衡时 α 和 β 相的单变量线，b_2b 和 c_2c 线是 $L \to \beta+\gamma$ 三相平衡时 β 和 γ 相的单变量线，a_2a 和 c_1c 线是 $L \to \alpha+\gamma$ 三相平衡时 α 和 γ 相的单变量线。

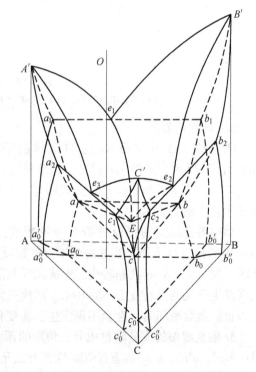

图 3-63   固态有限溶解三元共晶相图

aE、bE、ab 线是在 T_E 温度 $L \to \alpha+\beta$ 三相平衡时，α 与 L、β 与 L、α 与 β 的连接线；bE、cE、bc 线是在 T_E 温度 $L \to \beta+\gamma$ 三相平

衡时，β与L、γ与L、β与γ的连接线；aE、cE、ac 线是在 T_E 温度 L→α+γ 三相平衡时，α与L、γ与L、α与γ的连接线。

aa_0、bb_0、cc_0 线是 α+β+γ 三相平衡时，α、β、γ 的单变量线，也是 α、β、γ 的溶解度曲线。成分在 aa_0 线上的 α 固溶体，当温度降低时，将从 α 相中同时析出 $β_{II}$ 和 $γ_{II}$ 两种次生相。同样，成分在 bb_0、cc_0 线上的合金，当温度降低时，也分别从 β 相和 γ 相中同时析出 $α_{II}+γ_{II}$ 和 $α_{II}+β_{II}$ 两种次生相，所以又称这三条线为双析线。

a_0b_0、b_0c_0、c_0a_0 线分别是室温下 α、β、γ 三相平衡时，α与β、β与γ、α与γ的连接线；$a_0'a_0$ 和 $a_0''a_0$ 线是室温时 α 相对 B、C 组元的溶解度；$b_0'b_0$ 和 $b_0''b_0$ 线是室温时 β 相对 A、C 组元的溶解度；$c_0'c_0$ 和 $c_0''c_0$ 线是室温时 γ 相对 A、B 组元的溶解度。

c　面

3个液相面，即 $A'e_1Ee_3A'$ 面是 α 固溶体的液相面（L→α）；$B'e_1Ee_2B'$ 面是 β 固溶体的液相面（L→β）；$C'e_2Ee_3C'$ 面是 γ 固溶体的液相面（L→γ）。

6个二元共晶转变开始面，即 $a_1aEe_1a_1$ 和 $b_1bEe_1b_1$、$b_2bEe_2b_2$ 和 $c_2cEe_2c_2$、$c_1cEe_3c_1$ 和 $a_2aEe_3a_2$ 分别对应于液相开始生成二元共晶体（α+β）、（β+γ）、（α+γ）。

7个固相面，即3个固溶体（α、β、γ）相区的固相面：$A'a_1aa_2A'$（α）、$B'b_1bb_2B'$（β）、$C'c_1cc_2C'$（γ），它们分别是在液相全部消失的条件下，L→α、L→β、L→γ 的两相平衡转变结束的曲面；1个三元共晶面：abc，对应三元共晶转变 L_E→α+β+γ，即 E 点与 T_E 温度下三个固相的成分点 a、b、c 组成的四相平衡平面，也称为四相平衡共晶平面；3个二元共晶转变结束面：$a_1abb_1a_1$（α + β）、$b_2bcc_2b_2$（β + γ）、$c_1caa_2c_1$（α + γ），它们分别表示二元共晶转变至此结束，并分别与三个两相区相接邻，如图3-64所示。

6个单析溶解度曲面，即 $a_1aa_0a_0'a_1$（α→$β_{II}$）和 $a_2aa_0a_0''a_2$（α→$γ_{II}$）是 B、C 组元在 α 相中的溶解度曲面；$b_1bb_0b_0'b_1$（β→$α_{II}$）和 $b_2bb_0b_0''b_2$（β→$γ_{II}$）是 A、C 组元在 β 相中的溶解度曲面；$c_1cc_0c_0'c_1$（γ→$α_{II}$）和 $c_2cc_0c_0''c_2$（γ→$β_{II}$）是 A、B 组元在 γ 相中的溶解度曲面。

3个双析溶解度曲面，即 aa_0b_0ba（α→$β_{II}+γ_{II}$ 和 β→$α_{II}+γ_{II}$）是 α、β 两相平衡溶解度曲面；bb_0c_0cb（β→$α_{II}+γ_{II}$ 和 γ→$α_{II}+β_{II}$）是 β、γ 两相平衡溶解度曲面；aa_0c_0ca（α→$β_{II}+γ_{II}$ 和 γ→$α_{II}+β_{II}$）是 α、γ 两相平衡溶解度曲面，如图3-65所示。

d　相区

4个单相区：即 L、α、β、γ。L 相在 α、β、γ 三个液相面 $A'e_1Ee_3A'$、$B'e_1Ee_2B'$ 和 $C'e_2Ee_3C'$ 以上；α 相在固相面 $A'a_1aa_2A'$ 以下和单析溶解度曲面 $a_1aa_0a_0'a_1$ 和 $a_2aa_0a_0''a_2$ 以外；β 相在固相面 $B'b_1bb_2B'$ 以下和单析

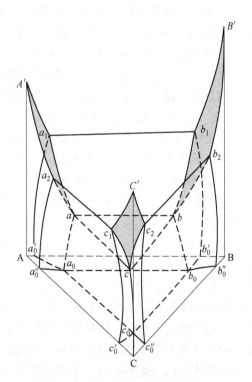

图3-64　三元共晶相图中的固相面

溶解度曲面 $b_1bb_0b_0'b_1$ 和 $b_2bb_0b_0''b_2$ 以外；γ 相在固相面 $C'c_1cc_2C'$ 以下和单析溶解度曲面 $c_1cc_0c_0'c_1$ 和 $c_2cc_0c_0''c_2$ 以外。

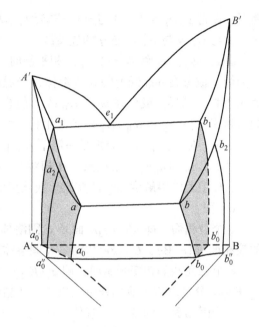

图 3-65 α 和 β 相的溶解度曲面

6 个两相区，即 L+α、L+β、L+γ、α+β、β+γ 和 γ+α。

4 个三相区，即 L+α+β、L+β+γ、L+γ+α 和 α+β+γ。

L+α+β 三相平衡区，在两个三相平衡共晶转变开始面 $a_1aEe_1a_1$ 和 $b_1bEe_1b_1$、一个三相平衡共晶转变终止面 $a_1abb_1a_1$ 之中，并与四相共晶面相接为 $\triangle aEb$ 面以上；它们构成一个封闭的三棱柱体。

L+β+γ 三相平衡区，在两个三相平衡共晶转变开始面 $b_2bEe_2b_2$ 和 $c_2cEe_2c_2$、一个三相平衡共晶转变终止面 $b_2bcc_2b_2$ 之中，并与四相共晶面相接为 $\triangle bEc$ 面以上，它们构成一个封闭的三棱柱体。

L+α+γ 三相平衡区，在两个三相平衡共晶转变开始面 $c_1cEe_3c_1$ 和 $a_2aEe_3a_2$、一个三相平衡共晶转变终止面 $c_1caa_2c_1$ 之中，并与四相共晶面相接为 $\triangle cEa$ 面以上，它们构成一个封闭的三棱柱体。

α+β+γ 三相平衡区，在四相共晶面 $\triangle abc$ 面以下，以及三个双析溶解度曲面 aa_0b_0ba、bb_0c_0cb 和 aa_0c_0ca 之中，它们构成一个封闭的三棱柱体。

1 个四相区，即 L+α+β+γ，是四相平衡共晶面 $\triangle abc$ 水平面。

由立体相图 3-63 可以看出，四相平衡面：它与 4 个单相区 L、α、β、γ 相交于 E、a、b、c 四个点，即以点接触；它与 6 个两相区 L+α、L+β、L+γ、α+β、β+γ 和 γ+α 相交于 Ea、Eb、Ec、ab、bc 和 ca 六条直线，即以线接触；它与 4 个三相区 L+α+β、L+β+γ、L+γ+α 和 α+β+γ 相交于 $\triangle aEb$、$\triangle bEc$、$\triangle cEa$ 和 $\triangle abc$ 四个三角形水平面，即以面接触。

为便于理解，图 3-66 单独描绘了三相平衡区和固态二相平衡区的形状。

B 典型合金平衡凝固过程分析

以图 3-63 中合金 O 为例，当合金 O 从液态冷却到与液相面 $A'e_1Ee_3A'$ 相交时，发生匀晶转变 L→α，从液相中凝固出初晶 α 相，进入 L+α 两相区。此时 α 相的成分在 α 相的固相面 $A'a_1aa_2A'$ 上，液相的成分在 α 相的液相面 $A'e_1Ee_3A'$ 上。随着温度的降低，液相中不断凝固出初晶 α，它的成分沿液相面变化，α 相的成分沿固相面变化，符合连接线规律。当冷却到二元共晶转变开始面 $a_1aEe_1a_1$ 时，α 相的成分与 a_1a 单变量线相交，液相成分与 e_1E 共晶线相交。这时剩余液相发生二元共晶转变 L→α+β，随着温度的降低，液相的成分沿单变量线 e_1E 变化，相对含量不断减少；α 相和 β 相的成分沿单变量线 a_1a 和 b_1b 变化，相对含量不断增加。当冷却到 T_E 温度时，液相的成分达到 E 点，这时剩下液相发生三元共晶转变 L_E→α_a+β_b+γ_c，直到液相完全消失。此时合金的组织组成物为 $\alpha_{初}$+(α+β)+(α+β+γ)。继续冷却合金 O 进入 α+β+γ 三相平衡区，α、β、γ 三个相的成分分别沿双析

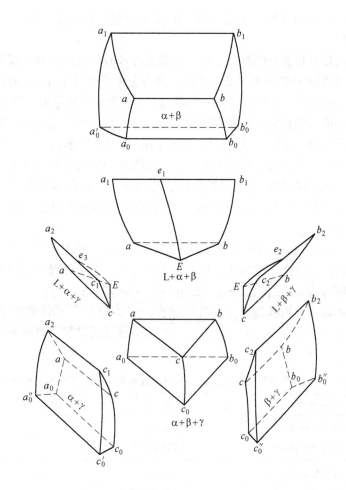

图 3-66 三元共晶相图中的两相区和三相区

溶解度线 aa_0、bb_0 和 cc_0 变化，$\alpha \rightarrow \beta_{II} + \gamma_{II}$、$\beta \rightarrow \alpha_{II} + \gamma_{II}$ 和 $\gamma \rightarrow \alpha_{II} + \beta_{II}$。因此，合金 O 在室温时的相组成物为 $\alpha + \beta + \gamma$，组织组成物为 $\alpha_{初} + (\alpha + \beta) + (\alpha + \beta + \gamma) + \beta_{II} + \gamma_{II}$。

C　投影图

固态具有溶解度的三元共晶相图的投影图如图 3-67 所示。投影图中，标有箭头的线表示三相平衡时平衡相成分随温度变化的单变量线，箭头方向表示温度从高到低的走向。其中 e_1E、e_2E、e_3E 三条线将液相面分成三个部分，分别对应于三个单相区 α、β 和 γ 的液相面 Ae_1Ee_3A、Be_1Ee_2B 和 Ce_2Ee_3C；合金冷

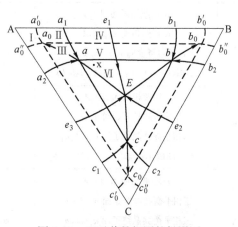

图 3-67 三元共晶相图的投影图

却到液相面时将分别从液相中凝固出初晶 α、β 和 γ 相。Aa_1aa_2A、Bb_1bb_2B 和 Cc_1cc_2C 分别是三个单相区 α、β 和 γ 的固相面投影，也是 α、β 和 γ 三个单相区的极限区域，α、β

和 γ 在室温下的单相区域分别是 $Aa'_0a_0a''_0A$、$Bb'_0b_0b''_0B$ 和 $Cc'_0c_0c''_0C$；投影图中的 $\triangle abc$ 是三元共晶平面的投影。

根据投影图可以分析合金的凝固过程，由合金冷却时经过的面确定其发生的反应过程和得到的组织。现以图 3-67 中的合金 x 为例，当合金缓冷至与 Ae_1Ee_3A 液相面相交时，开始从液相中凝固出初晶 α。随着温度的不断降低，α 相数量不断增多，液相 L 和固相 α 的成分分别沿着液相面和固相面呈蝴蝶形规律变化，这一过程与三元匀晶合金相同。当合金冷却到与二元共晶曲面 $a_1aEe_1a_1$ 相交时，进入 L+α+β 三相平衡区，并发生 L→α+β 共晶转变，在转变过程中，液相成分沿 e_1E 变化，α 相和 β 相的成分相应地沿着 a_1a 和 b_1b 变化。当温度到达三元共晶温度 T_E 时，液相的成分为 E 点，α 和 β 相的成分分别为 a 和 b 点，发生四相平衡共晶转变 $L_E→α_a+β_b+γ_c$，直至液相全部消失为止。此时合金的组织为 $α_初+(α+β)+(α+β+γ)$。

继续降温时，α、β 和 γ 相的成分分别沿 aa_0、bb_0、cc_0 变化，由于溶解度的变化，从每个固相中不断析出另外两个次生相，但从组织形态上，主要表现在从初生相中析出的次生相，因此室温时合金 x 的组织为 $α_初+(α+β)+(α+β+γ)+β_{II}+γ_{II}$。

可以用同样的方法分析其他合金的凝固过程，图 3-67 中所标注的六个区域，可以反映该三元合金系各种类型合金的凝固特点。它们的平衡凝固过程及组织组成物、相组成物列于表 3-3 中。

表 3-3　三元共晶相图中合金的平衡凝固过程及组织组成物与相组成物

区域	冷却通过的面	转　变	组织组成物	相组成物
I	α 相液相面 Ae_1Ee_3A α 相固相面 Aa_1aa_2A	L→α α 相凝固完毕	α	α
II	α 相液相面 Ae_1Ee_3A α 相固相面 Aa_1aa_2A α 相溶解度曲面 $a_1aa_0a'_0a_1$	L→α_初 α 相凝固完毕 α 相均匀冷却 α→β_{II}	$α_初+β_{II}$	α+β
III	α 相液相面 Ae_1Ee_3A α 相固相面 Aa_1aa_2A α 相溶解度曲面 $a_1aa_0a'_0a_1$ 三相区 (α+β+γ) 侧面 aa_0b_0ba	L→α_初 α 相凝固完毕 α 相均匀冷却 α→β_{II} α→β_{II}+γ_{II}	$α_初+β_{II}+γ_{II}$	α+β+γ
IV	α 相液相面 Ae_1Ee_3A 三相平衡共晶开始面 $a_1aEe_1a_1$ 三相平衡共晶终了面 $a_1abb_1a_1$ 溶解度曲面 $a_1aa_0a'_0a_1$、$b_1bb_0b'_0b_1$	L→α_初 L→α+β (α+β) 共晶转变完毕 α→β_{II}，β→α_{II}	$α_初+(α+β)+β_{II}$	α+β
V	α 相液相面 Ae_1Ee_3A 三相平衡共晶开始面 $a_1aEe_1a_1$ 三相平衡共晶终了面 $a_1abb_1a_1$ 溶解度曲面 $a_1aa_0a'_0a_1$、$b_1bb_0b'_0b_1$ 三相区 (α+β+γ) 侧面 aa_0b_0ba	L→α_初 L→α+β (α+β) 共晶转变完毕 α→β_{II}，β→α_{II} α→β_{II}+γ_{II}，β→α_{II}+γ_{II}	$α_初+(α+β)+β_{II}+γ_{II}$	α+β+γ

续表 3-3

区域	冷却通过的面	转　变	组织组成物	相组成物
VI	α 相液相面 Ae_1Ee_3A 三相平衡共晶开始面 $a_1aEe_1a_1$ 四相平衡共晶面 abc 三相区 $(\alpha+\beta+\gamma)$ 侧面 aa_0b_0ba、bb_0c_0cb、aa_0c_0ca	$L\rightarrow\alpha_{初}$ $L\rightarrow\alpha+\beta$ $L\rightarrow\alpha+\beta+\gamma$ $\alpha\rightarrow\beta_{II}+\gamma_{II}$，$\beta\rightarrow\alpha_{II}+\gamma_{II}$， $\gamma\rightarrow\beta_{II}+\alpha_{II}$	$\alpha_{初}+(\alpha+\beta)+$ $(\alpha+\beta+\gamma)+\beta_{II}+\gamma_{II}$	$\alpha+\beta+\gamma$

D　水平截面图

若所讨论的图 3-63 三元共晶相图中，各组元的熔点与二元共晶温度的关系为 $T_{B'}>T_{A'}>T_{C'}>T_{e_1}>T_{e_2}>T_{e_3}>T_E$。该三元合金系在不同温度下的水平截面如图 3-68 所示。由于

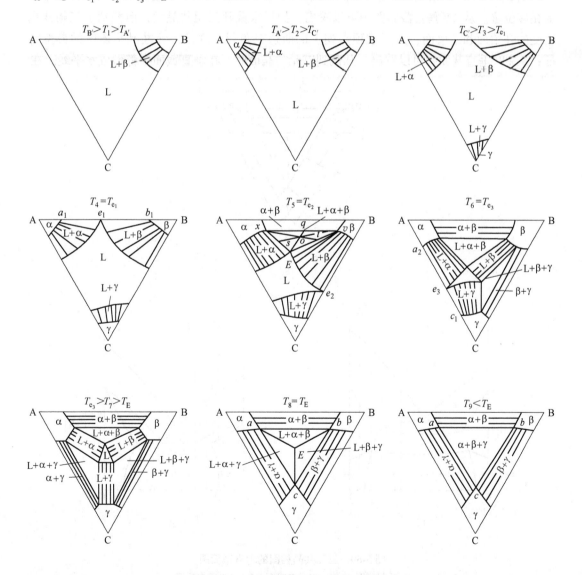

图 3-68　共晶相图的一些水平截面

水平截面图可以反映在一定温度时，合金所具有的平衡相，所以可以根据直线法则和重心法则来确定合金在两相平衡和三相平衡时的成分，并能利用杠杆定律和重心法则计算其相对含量。而且用一组水平截面图可以分析合金的凝固过程。由图中还可看到它们的共同特点是：

（1）三相区都呈三角形。这种三角形是连接三角形，三个顶点与三个单相区相连，这三个顶点就是该温度下三个平衡相的成分点。

（2）三相区以三角形的边与两相区连接，相界线就是相邻两相区边缘的连接线。

（3）两相区一般以两条直线及两条曲线作为边界。直线边与三相区接邻，一对共轭曲线把组成这个两相区的两个单相区分隔开。

E　垂直截面图

图 3-69 为该相图的两个垂直截面，其中图 3-69（a）表示两个垂直截面在成分三角形上相应位置。从 XY 垂直截面图中可以看出：如果未截到三元共晶面，但截到了三相共晶转变的开始面和结束面，则形成顶点朝上的曲边三角形，这是二元共晶平衡区的典型特征；从 VW 垂直截面中可以看出：凡截到三元共晶面时，在垂直截面中都形成水平线。在

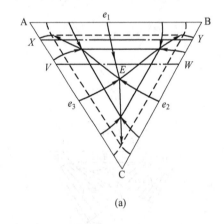

(a)

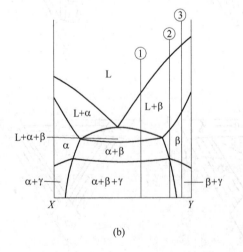

(b)

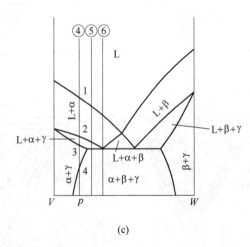

(c)

图 3-69　三元共晶相图的垂直截面图

(a) 投影图；(b) XY 垂直截面；(c) VW 垂直截面

该水平线之上，有三个三相平衡区，在水平线之下，有一个三个固相组成的三相区，这是三元共晶平衡区的典型特征；VW 截面中还清楚地看到四相平衡共晶平面及与之相连的四个三相平衡区的全貌，见图 3-69（c）。

利用 VW 截面可以分析合金 p 的凝固过程。合金 p 从 1 点起凝固出初晶 α，至 2 点开始进入三相区，发生二元共晶转变 L→α+γ，冷至 3 点凝固即告终止，3 点与 4 点之间处在 α+γ 两相区，无相变发生，在 4 点以下温度，由于溶解度变化而析出 $β_{II}$ 相和 $γ_{II}$ 相进入 α+β+γ 三相区。室温组织为 $α_初$+(α+γ)+少量次生相 $β_{II}$ 和 $γ_{II}$。

3.4.6 三元相图总结

三元相图的种类繁多，结构复杂，以上仅以几种典型的三元相图为例，说明其立体结构模型、水平截面、垂直截面、投影图及合金凝固过程的一些规律性。现把所涉及的一些规律性再进行归纳整理，掌握了这些规律性有助于对其他种类相图的分析和使用。

3.4.6.1 三元系的单相区

三元系以单相区存在时，由相律可知 $F=C-P+1=3-1+1=3$，即温度和两个组元的成分是可以独立改变的，因此，在三元相图中，单相区占有一定的温度和成分变化范围，为不规则的三维空间区域。

3.4.6.2 三元系的两相平衡区

三元相图的两相区可以是两个液相、一液相一固相或者两个固相平衡，它们多为三元匀晶转变或单析转变。由于两相区的自由度为 2，即温度和一个相的一个组元成分可以独立改变，而这个相中的另外两个组元的含量和另一相的成分都随之而定，不能独立改变。因此，在三元相图中，两相区也占有一定的温度和成分范围，为不规则的三维空间区域，但它常以一对共轭曲面与单相区相隔。无论是水平截面还是垂直截面都截取一对曲线为边界的区域。在水平截面上，平衡相的成分由两相区的连接线确定，可以应用杠杆定律计算两相的相对含量。当温度变化时，如果其中一个相的成分不变，则另一个相的成分沿不变相的成分点与合金成分点的延长线变化。如果两相成分均随温度而变化时，则两相的成分按蝴蝶形规律变化。在垂直截面上，只能判断两相转变的温度范围，不反映两平衡相的成分，故不能用杠杆定律计算两相的相对含量。

3.4.6.3 三元系的三相平衡区

三元系在三相平衡时，其自由度数为 1，即温度和各平衡相成分只有一个可以独立改变，当温度一定时，三个平衡相的成分随之而定。三相平衡区的立体模型是一个不规则的三棱柱体，三条棱边为三个相成分的单变量线。三相区的水平截面是一个直边三角形，三个顶点即三个相的成分点，各连接一个单相区，三角形的三个边各邻接一个两相区，可以用重心法则计算各相的相对含量。在垂直截面上，如果垂直截面截过三相区的三个侧面，则呈曲边三角形，三角形的顶点并不代表三个相的成分，所以不能重心法则计算三个相的相对含量。

三元系中的三相平衡转变主要有共晶型和包晶型两类。如何判断三相平衡为共晶反应还是包晶反应呢？一是从三相空间结构的连接三角形随温度下降的移动规律进行判定，如图 3-70 所示。三相共晶和三相包晶的空间模型虽然都是三棱柱体，但其结构有所不同，图 3-70（a）中的 αLβ 线为二元共晶线，L 为共晶点。加入第三组元之后，随着温度的降低，L 的单变量线走在前面，α 和 β 的单变量线在后面。图 3-70 (b) 的 αβL 线为二元包晶线，β 为包晶点，加入第三组元后，随着温度的降低，α 和 L 的单变量线在前面，β 的单变量线在后面。凡是位于前面的都是参加反应相，位于后面的是反应生成相。故图 3-70 (a) 为二元共晶反应，(b) 为二元包晶反应。二是从垂直截面上三相区的曲边三角形来判定。如果垂直截面截过三相区的三个侧面时，就会出现图 3-71 所示

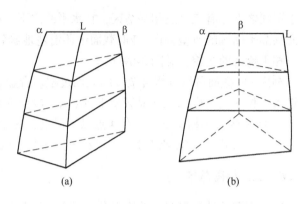

图 3-70 三元相图中三相平衡的两种基本形式
(a) 共晶型；(b) 包晶型

的两种不同的图形。两个曲边三角形的顶点均与单相区衔接，其中图 3-71 (a) 居中的单相区 (L) 在三相平衡区上方，(b) 居中的单相区 (β) 在三相平衡区的下方，遇到这种情况，可以断定，图 3-71 (a) 中的三相区内发生二元共晶反应，(b) 的三相区内发生二元包晶反应，这与二元相图的情况非常相似，差别仅在于水平直线已改为曲边三角形。如果曲边三角形的三个顶点邻接的不是单相区，则不能据此判定反应的类型，而需要根据相邻区分布特点进行分析。

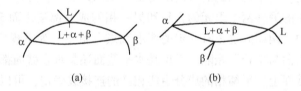

图 3-71 从垂直截面图的三相区特点判断三相平衡反应
(a) 二元共晶反应；(b) 二元包晶反应

三相区的投影图就是三根单变量线的投影，这三条线两两组成三相区的三个二元共晶曲面，在看相图时要仔细辨认。

3.4.6.4 三元系的四相平衡区

三元系在四相平衡时，其自由度数为 0，即温度和四个平衡相的成分是恒定的，因此它只能是一定温度时的一个水平面。如果四相平衡中有一相是液体，另三相是固体，则四相平衡可能有三种类型：

三元共晶反应： $L \rightarrow \alpha + \beta + \gamma$

三元包共晶反应： $L + \alpha \rightarrow \beta + \gamma$

三元包晶反应： $L + \alpha + \beta \rightarrow \gamma$

三元相图立体模型中的四相平衡是由 4 个成分点所构成的等温面，这 4 个成分点就是 4 个平衡相的成分，因此，四相平面和 4 个单相区相连，以点接触；四相平衡时其中任意两相之间也必然平衡，所以 4 个成分点中的任意两点之间的连接线必然是两相区的连接线，这样的连接线共有 6 根，即四相平面和 6 个两相区相连，以线接触。四相平衡时其中

任意三相之间也必然平衡，4个点中任意三个点连成的三角形必然是三相区的连接三角形，这样的三角形共有4个，所以四相平面和4个三相区相连，以面接触。这一点最重要，因为根据三相区和四相平面的邻接关系，就可以确定四相平衡平面的反应性质。

4个三相区与四相平面的邻接关系有三种类型：

（1）在四相平面之上邻接3个三相区，在四相平面之下邻接1个三相区。这样的四相平面为一个三角形，三角形的3个顶点连接3个固相区，液相的成分点位于三角形之中。这种四相平衡反应为三元共晶反应。

（2）在四相平面之上邻接2个三相区，在其之下邻接另2个三相区，这种四相平面为四边形，属于包共晶反应。反应式左边的两相（反应相）和反应式右边的两相（反应生成相）分别位于四边形对角线的两个端点。

（3）在四相平面之上邻接1个三相区，在其之下邻接3个三相区，这种四相平衡属于三元包晶反应。四相平面为一个三角形，反应相的三个成分点即三角形的顶点，反应生成相的成分点位于三角形之中。

四相平衡平面上下三相区的三种邻接关系总结于表3-4中。

表3-4 三元系中三种四相平衡转变

转变类型	共晶反应 $L\rightarrow\alpha+\beta+\gamma$	包共晶反应 $L+\alpha\rightarrow\beta+\gamma$	包晶反应 $L+\alpha+\beta\rightarrow\gamma$
转变前的三相平衡	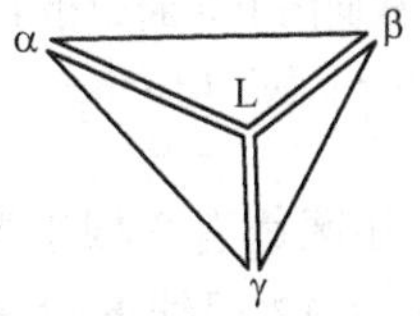 （图：α、β、γ三角形内含L，分为三个小三角形）	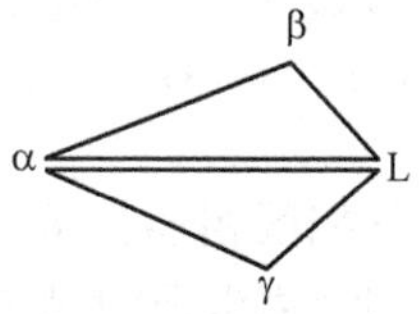 （图：α、L对角，β、γ，四边形）	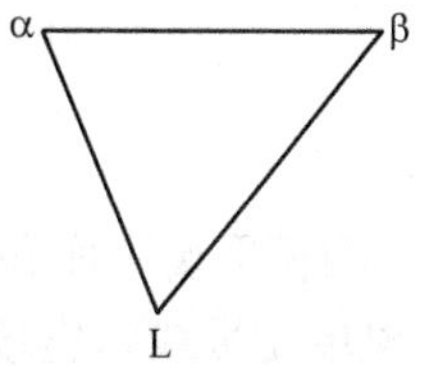 （图：α、β、γ三角形，L在下方顶点）
四相平衡	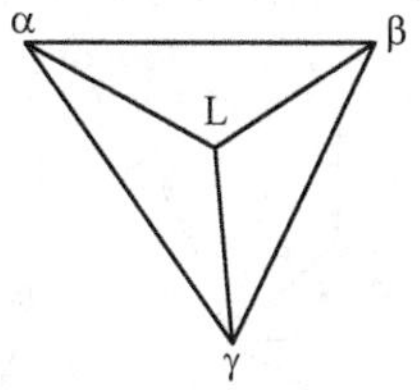 （图：α、β、γ三角形内含L）	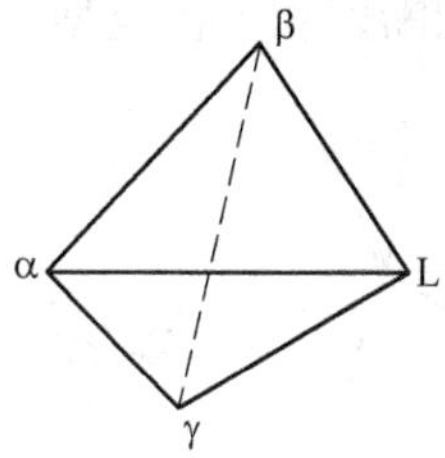 （图：α、L、β、γ四边形带对角线）	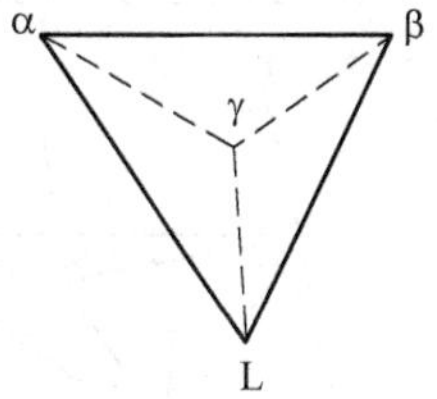 （图：α、β、γ三角形内含γ、L）
转变后的三相平衡	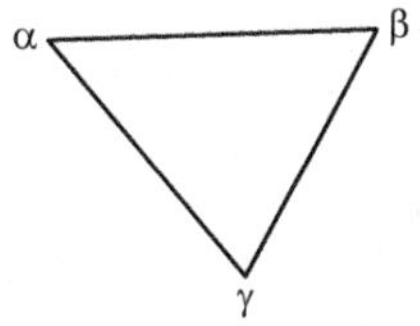 （图：α、β、γ大三角形）	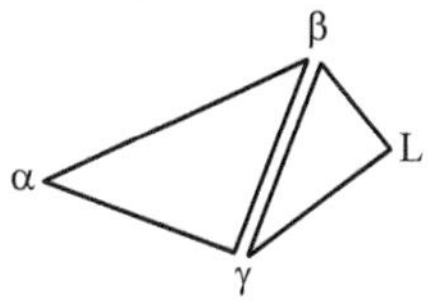 （图：α、β、γ、L四边形分割）	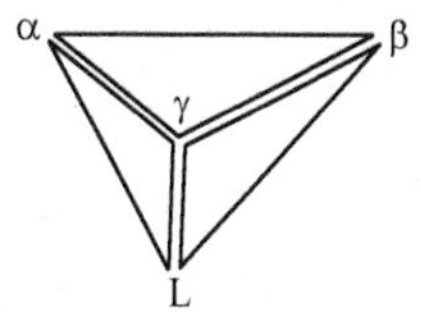 （图：α、β、γ、L分割三角形）

从表中可以看出，对于三元共晶反应，反应之前为3个小三角形 Lαβ、Lαγ、Lβγ 所代表的3个三相平衡，反应之后则为1个大三角形 αβγ 所代表的三相平衡；三元包晶反应前后的三相平衡情况恰好与三元共晶反应相反；包共晶反应之前为2个三角形 Lαβ 和 Lαγ 所代表的三相平衡，反应之后则为另2个三角形 αβγ 和 Lβγ 所代表的三相平衡。

在水平截面图上，当截面温度稍高于四相平衡平面时，则三元共晶反应有3个三相区，包共晶反应有2个三相区，三元包晶反应仅有1个三相区。当截面温度稍低于四相平面时，则三元共晶反应有 1 个三相区，三元包共晶反应有 2 个三相区，三元包晶反应有 3 个三相区。

在垂直截面图上，由于四相平衡时是一个水平面，所以四相区一定是一条水平线。如果垂直截面能截过 4 个三相区，那么对于三元共晶反应，在四相水平线之上有 3 个三相区，水平线之下有 1 个三相区，如图 3-72 (a) 所示。对于包共晶反应，在四相水平线之上有 2 个三相区，水平线之下也有 2 个三相区，如图 3-72 (b) 所示。对于三元包晶反应，在四相水平线之上有 1 个三相区，水平线之下有 3 个三相区，如图 3-72 (c) 所示。如果垂直截面不能同时与 4 个三相区相截，那么就不能靠垂直截面图来判断四相反应的类型。

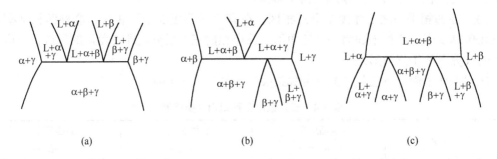

图 3-72　从截过 4 个三相区的垂直截面图上判断四相平衡类型
(a) L→α+β+γ；(b) L+α→β+γ；(c) L+α+β→γ

四相平衡平面和 4 个三相区相连，每一个三相区都有 3 根单变量线，四相平面必然与 12 根单变量线相连接。因此，投影图主要就反映这 12 根线的投影关系。根据单变量线的位置和温度走向，可以判断四相平衡类型，如图 3-73 所示。

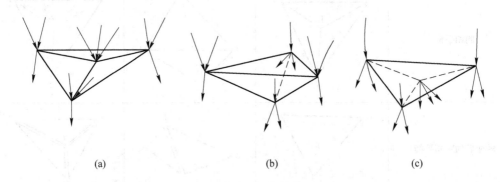

图 3-73　根据单变量线的位置和温度走向判断四相平衡类型
(a) 三元共晶反应；(b) 三元包共晶反应；(c) 三元包晶反应

液相面的投影图应用十分广泛，等温线常用细实线画出并标明温度，液相单变量线常用粗实线画出并用箭头标明从高温到低温的方向。在以单变量线的温度走向判断四相反应类型时，最常用的是液相的单变量线。当三条液相单变量线相交于一点时，在交点所对应的温度必然发生四相平衡转变。若三条液相单变量线上的箭头同时指向交点，则在交点所对应的温度发生三元共晶转变（图3-74（a））；若两条液相单变量线的箭头指向交点，一条背离交点，此时发生三元包共晶转变（图3-74（b））；若一条液相单变量线的箭头指向交点，两条背离交点，这种四相平衡属于三元包晶型（图3-74（c））。反应式的写法遵循以下原则：三元共晶反应是由液相生成这三条液相单变量线组成的三个液相面所对应的相；包共晶反应是由液相和箭头指向交点的那两根单变量线组成的液相面所对应的相生成另两个液相面所对应的相；三元包晶反应是箭头背离交点的两条液相单变量线组成的液相面所对应的相为反应生成相，液相和其他两个相为反应相。根据以上原则，图3-74中三种类型的四相反应式可分别写为：（a）L→α+β+γ；（b）L+α→β+γ；（c）L+α+β→γ。

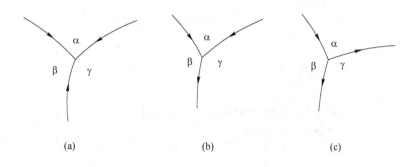

图3-74　根据三条单变量线的走向判断四相平衡类型
（a）L→α+β+γ；（b）L+α→β+γ；（c）L+α+β→γ

3.4.7　三元合金相图实例分析

3.4.7.1　Fe-Cr-C 三元系垂直截面

Cr 是合金钢中的重要合金元素，尤其是铬不锈钢 0Cr13、1Cr13、2Cr13 以及高碳高铬型模具钢 Cr12 等，Cr 是必不可少的主加合金元素。图3-75 是 Cr 的质量分数为13%的 Fe-Cr-C 三元系的垂直截面。它可以反映 Cr13 型不锈钢和 Cr12 型模具钢的组织与温度的关系。由图可以看出，由于高含量 Cr 的加入，使得 Fe-C 二元相图变得比较复杂。如共晶点和共析点的 C 含量降低，临界温度改变，使相区的范围和位置发生变化，而且出现了 Fe-C 相图中没有的新相区。

由截面图可知，它有4个单相区，是液相 L、高温铁素体 δ、奥氏体 γ 和铁素体 α。还有 8 个两相区和 8 个三相区以及 3 条四相平衡的水平线。图中 C_1 和 C_2 分别是 $(Cr, Fe)_7C_3$ 和 $(Cr, Fe)_{23}C_6$ 碳化物，C_3 是 $(Fe, Cr)_3C$ 合金渗碳体。

根据前面的介绍可知，图中左上角有一个 L+α+γ 三相区，为倒立的三角形，因此它是三相平衡包晶转变 L+α→γ；右上角有一个 L+γ+C_1 三相区，为正立的三角形，是三相平衡共晶转变 L→γ+C_1；在左下角有一个 α+γ+C_2 三相区，为正立的三角形，是三相平衡共析转变 γ→α+C_2；但并不是所有的三相区的三相平衡转变都能通过垂直截面图直接判断出来，有些还必须参考其投影图和有关的二元相图，才能判断出发生何种三相平衡转变。

相图中的四相平衡转变只有在四相平衡水平线与 4 个三相区接触时，才能判断出发生何种四相平衡转变。如图 3-75 中左下方 795℃ 水平线与 4 个三相区接触，并且是两上两下，所以是包共析四相平衡转变 $\gamma + C_2 \rightarrow \alpha + C_1$。而右下角 760℃ 的四相平衡水平线只与 3 个三相区接触，所以无法直接判断发生何种四相平衡转变。

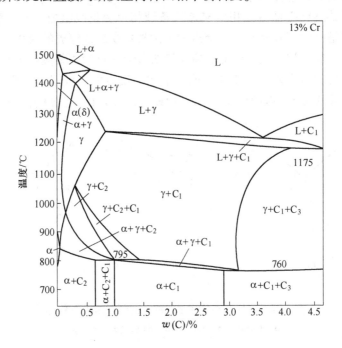

图 3-75　13%Cr 的 Fe-Cr-C 三元系的垂直截面

3.4.7.2　Fe-C-N 三元系水平截面

为了提高工件的表面硬度、耐磨性、疲劳强度、热硬性和耐蚀性，常对碳钢进行渗氮或碳氮共渗的化学热处理。这种处理一般在 400~600℃ 的温度下进行，因此该温度范围内的 Fe-C-N 三元水平截面图是了解碳钢表层到内部各组成相的重要资料。图 3-76 为 Fe-C-N 三元系 565℃ 的水平截面。由图可以看出，有 6 个单相区，分别是铁素体 α、奥氏体 γ、渗碳体 C、ε 相（$Fe_{2\sim3}$（N，C））、γ' 相（Fe_4（N，C））和 χ 相（碳化物）。图中有一个三角形区域，它与 4 个单相区接触，3 个顶点分别与 α、γ' 和 C 相接，而三角形内一点与 γ 接触，并且三条边构成直边三角形，它有 6 个两相平衡连接线，分别为该三角形的三条边和 γ 与 α、γ 与 C、γ 与 γ'；所以该三角形是四相平衡共析转变平面：$\gamma \rightarrow \alpha + \gamma' + C$。当 45 钢（C 的质量分数为 0.45%）在 565℃ 进行长时间渗氮处理，则由图中 C%=0.45% 的水平虚线可知，工件表面及内部各分层相组成依次为 ε、$\gamma' + \varepsilon$、C+γ'、α+C。

3.4.7.3　Al-Cu-Mg 三元系投影图

图 3-77 为 Al-Cu-Mg 三元系液相面投影图的富 Al 部分。图中细实线为等温线，带箭头的粗实线是液相面交线投影，也是三相平衡转变的液相单变量线投影。其中一条单变量线上标有两个方向相反的箭头，并在曲线中部画有一个黑点（518℃）。说明空间模型中相应的液相面在此处有凸起。利用此投影图可用来确定合金的开始凝固温度、初生相，并可根据液相面交线的温度走向判断发生的四相平衡转变类型。图中每个液相面都标有代表

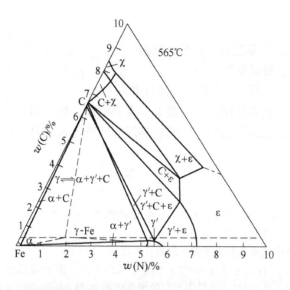

图 3-76 Fe-C-N 三元系水平截面

初生相的字母，这些字母的含义为：α-Al 代表以 Al 为溶剂的固溶体、θ 代表 $CuAl_2$、β 代表 Mg_2Al_3、γ 代表 $Mg_{17}Al_{12}$、S 代表 $CuMgAl_2$、T 代表 $Mg_{32}（Al，Cu）_{49}$、Q 代表 $Cu_3Mg_6Al_7$。

根据四相平衡转变平面的特点，该三元系存在下列四相平衡转变：

E_T 点发生三元共晶转变： $L \rightarrow \alpha + \theta + S$

P_1 点发生三元包共晶转变： $L + Q \rightarrow S + T$

P_2 点发生三元包共晶转变： $L + S \rightarrow \alpha + T$

E_U 点发生三元共晶转变： $L \rightarrow \alpha + \beta + T$

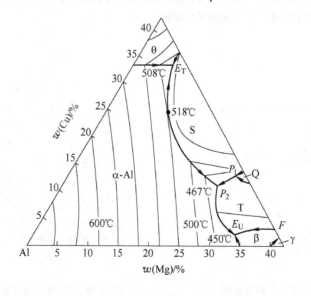

图 3-77 Al-Cu-Mg 三元系液相面等温线投影图

重要概念

相律，杠杆定律，平衡凝固，非平衡凝固

液相线，固相线，枝晶偏析

初生相，共晶组织（体），伪共晶，离异共晶

等边成分三角形，重心法则，水平截面，垂直截面，投影图

三元匀晶反应，三元共晶反应，三元包晶反应，三元包共晶反应

习　题

3-1 两个尺寸相同、形状相同的铜镍合金铸件，一个含90%Ni，另一个含50%Ni，铸造后自然冷却，哪个铸件的偏析严重？为什么？

3-2 共晶点和共晶线有什么关系？共晶组织一般是什么形态？

3-3 已知 A（熔点1000℃）与 B（熔点700℃）在液态无限互溶，但在室温时 A 和 B 完全不互溶。含 $w_B = 0.25\%$ 的合金正好在500℃完全凝固，它的平衡组织由73.3%的初晶 α 和26.7%的 （α+β）$_{共}$ 组成。而 $w_B = 0.50\%$ 的合金在500℃的组织由40%的初晶 α 和60%的 （α+β）$_{共}$ 组成，并且此合金的 α 总量为50%。试根据上述条件：

(1) 绘出 A-B 二元合金相图；

(2) 分析 $w_B = 0.85\%$ 的合金的凝固过程，画出其冷却曲线，并计算室温下的组织组成物的相对含量。

3-4 根据 A-B-C 三元共晶投影图（图3-78），分析合金 n_1、n_2 和 n_3（E 点）的凝固过程，绘出冷却曲线和室温下的组织示意图，并求出凝固完成后的组织组成物和相组成物的相对含量，作出 Bb 垂直截面。

3-5 图3-79为 Pb-Bi-Sn 相图的投影图。

(1) 写出点 P 和点 E 的反应类型和反应式；

(2) 写出合金 R（$w_{Bi} = 60\%$，$w_{Sn} = 20\%$）的凝固过程及室温组织；

(3) 计算合金 R 室温下组织组成物的相对含量。

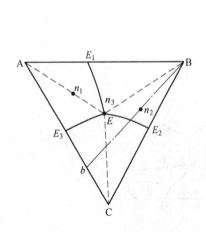

图3-78　A-B-C 三元共晶投影图

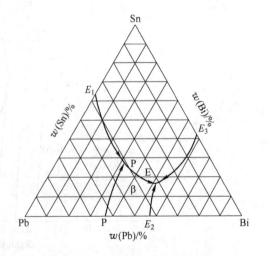

图3-79　Pb-Bi-Sn 相图的投影图

3-6 根据 $w_{Cr}=13\%$ 的 Fe-Cr–C 垂直截面（图 3-75）分析：

（1）$w_C=0.2\%$ 的合金从液态到室温的平衡凝固过程。若将此合金加热至 1000℃，这时的相组成如何？

（2）$w_C=2\%$ 的合金从液态到室温时的平衡凝固过程。试说明为何在组织中出现粗大碳化物？

3-7 假定需要用 $w_{Zn}=30\%$ 的 Cu-Zn 合金和 $w_{Sn}=10\%$ 的 Cu-Sn 合金制造尺寸、形状相同的铸件，参照 Cu-Zn（图 3-41）和 Cu-Sn（图 3-39）二元合金相图，回答下述问题：

（1）哪种合金的流动性好？

（2）哪种合金形成缩松的倾向大？

（3）哪种合金的热裂倾向大？

（4）哪种合金的偏析倾向大？

3-8 成分为 $w_{Cr}=18\%$，$w_C=1\%$ 的不锈钢，其成分点在 Fe-Cr-C 相图 1150℃ 截面上的点 p 处（见图 3-80），判断该合金在此温度下的平衡相，并计算平衡相的相对含量。

3-9 试说明三元相图的水平截面、垂直截面、投影图的作用及局限性。

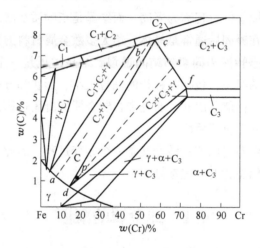

图 3-80　Fe-Cr-C 相图 1150℃ 等温截面

4 金属及合金的凝固

本章教学要点：重点掌握金属和合金凝固的条件，均匀形核和非均匀形核理论，成分过冷的定义和影响因素，铸锭的三个晶区；理解纯金属凝固时的冷却曲线，液态和固态金属的自由能-温度曲线，平衡分配系数的含义；了解液固界面微观结构，晶核长大机制和纯金属的生长形态，铸锭的几种常见缺陷，并能分析其形成原因；能分析固溶体合金平衡凝固过程和非平衡凝固过程，重点分析固溶体合金凝固时的溶质的再分配情况。

材料由液态转变为固态的过程称为凝固，而结晶是指物质从液态转变为具有晶体结构固相的过程。金属材料在凝固后通常是晶体。绝大多数金属材料的生产或成型都要经过熔炼和铸造，即经历由液态转变为固态的结晶过程。结晶过程是一个形核和长大的相变过程。金属凝固后所形成的组织，包括各种相的晶粒大小、形状和分布等，将极大地影响金属材料的加工性能和使用性能。因此，研究和控制金属的凝固过程，已成为提高金属材料力学性能和工艺性能的一个重要手段。

此外，金属材料由液态向固态的转变又是一个相变过程。因此，掌握金属材料凝固过程的基本规律将为研究固态相变奠定基础。

4.1 纯金属的凝固

4.1.1 液态金属的结构

结晶是液态金属转变为金属晶体的过程，液态金属的结构对结晶过程有重要的影响。

对液态金属的研究远不如对气态和固态金属的研究深入。液态金属的结构可以通过对比液、固、气三态的特性间接分析、推测，也可由 X 射线衍射方法加以验证。大量研究结果表明，液态金属的许多物理特性更接近于固态金属，而与气态金属根本不同。

液态金属具有与固态金属相同的结合键和近似的原子间结合力。X 射线分析结果表明，在熔点附近的液态金属的原子平均间距比固态金属略大些，原子配位数比密排结构的晶体略小些，通常在 8 ~ 10 之间（如表 4-1 所列）。液态原子的径向密度函数分析表明，在液体中的微小范围内，存在着紧密接触规则排列的原子集团，称为短程有序，但在大范围内原子是无序分布的。越接近熔点的液体中，这种短程有序越明显。

关于液态金属原子分布的具体结构，20 世纪 60 年代以来先后提出了两种与实验结果较为相符的结构模型：一种是准晶结构模型，认为在略高于熔点的液态金属中，原子存在局部排列的规则性；另一种是随机密堆模型，认为液态原子结构属非晶体，原子分布具有随机密堆性。

表 4-1   由 X 射线衍射分析得到的金属液态和固态结构数据的比较

金属	液　　态		固　　态	
	原子间距/nm	配位数	原子间距/nm	配位数
Al	0.296	10~11	0.286	12
Zn	0.294	11	0.265, 0.294	6+6
Cd	0.306	8	0.297, 0.330	6+6
Au	0.286	11	0.288	12

然而，上述两种模型都存在一定的局限性。液态金属中的局部规则排列的原子集团是很不稳定的。由于液态金属原子的热运动很激烈，而且原子间距较大，结合较弱，使得局部短程有序的原子集团处于时聚时散、此起彼伏、变化不定的状态。这种不断变化着的短程有序原子集团称为结构起伏，或称为相起伏。在液态金属中，每一瞬间都涌现出大量的尺寸不等的结构起伏，在一定的温度下，不同尺寸的结构起伏出现的概率不同，如图 4-1 所示。尺寸大的和尺寸小的结构起伏出现的概率都很小，在每一温度下出现的尺寸最大的结构起伏 r_{max} 与温度有关，温度越低，r_{max} 尺寸越大。均匀的液态金属凝固

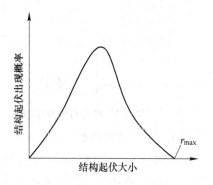

图 4-1   液态金属中不同尺寸
结构起伏出现的概率

过程中结晶的核心就是在结构起伏的基础上形成的，故这些结构起伏又称为"晶坯"。

4.1.2   凝固的宏观现象

凝固过程是一个十分复杂的过程，尤其是金属不透明，它的凝固过程不能直接观察，更给研究带来了困难。为了揭示金属凝固的基本规律，这里先从凝固的宏观现象入手，进而再去研究凝固过程的微观本质。

利用图 4-2 所示的试验装置，将金属放入坩埚中加热熔化成液体，然后让液态金属缓慢而均匀地冷却，并用 X-Y 记录仪将冷却过程中的温度与时间记录下来，获得的温度-时间曲线如图 4-3 所示，这一曲线称为冷却曲线。这种试验方法称为热分析法，冷却曲线又称热分析曲线。从冷却曲线可以看出凝固过程的两个十分重要的宏观特征。

4.1.2.1   过冷现象

从图 4-3 可以看出，当液态金属冷却到理论凝固温度界 T_m（金属的熔点）时，并未开始凝固，而是需要继续冷却到 T_m 之下某一温度 T_n，液态金属才开始凝固。通常将这种实际凝固温度低于理论凝固温度的现象称为"过冷"，并把金属的理论凝固温度 T_m 与实际凝固温度 T_n 之差 ΔT 称为过冷度，即 $\Delta T = T_m - T_n$。过冷度越大，则实际凝固温度越低。

过冷度随金属的性质、纯度以及金属液体的冷却速度等因素可以在很大的范围内变化。金属不同，过冷度的大小也不同；金属的纯度越高，则过冷度越大。当以上两个因素确定后，过冷度的大小主要取决于冷却速度，冷却速度越大，则过冷度越大，即实际凝固

温度越低；反之，冷却速度越慢，则过冷度越小，实际凝固温度越接近理论凝固温度。但是，不管冷却速度多么缓慢，也不可能在理论凝固温度进行结晶，即对于一定的金属来说，过冷度有一最小值，若过冷度小于这个值，凝固过程就不能进行。

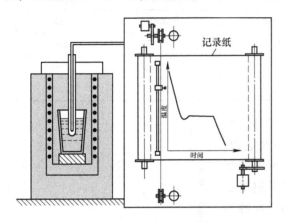

图 4-2　热分析装置示意图

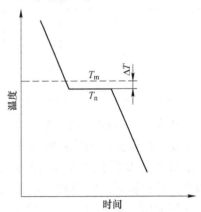

图 4-3　纯金属凝固时的冷却曲线

4.1.2.2　凝固潜热

1 摩尔（1mol）物质从一个相转变为另一个相时，伴随着放出或吸收的热量称为相变潜热。金属由液体冷凝成固体时会放出凝固潜热，它可从图 4-3 冷却曲线上反映出来。当液态金属的温度到达凝固温度 T_n 时，由于凝固潜热的释放，补偿了散失到周围环境的热量，所以在冷却曲线上出现了平台，平台延续的时间就是凝固过程所用的时间，凝固过程结束，凝固潜热释放完毕，冷却曲线便又继续下降。冷却曲线上的第一个转折点，对应着凝固过程的开始，第二个转折点则对应着凝固过程的结束。

在凝固过程中，如果释放的凝固潜热大于向周围环境散失的热量，温度将会回升，甚至发生已经凝固的局部区域出现重熔现象。因此，凝固潜热的释放和散失是影响凝固过程的一个重要因素，应当予以重视。

4.1.3　凝固的微观现象

为了搞清楚凝固的微观过程，20 世纪 20 年代，人们首先研究了透明的易于观察的有机物的凝固过程，后来发现，无论是非金属还是金属，在凝固时均遵循着相同的规律，即凝固过程是形核与长大的过程。凝固时首先在液体中形成具有某一临界尺寸的晶核，然后这些晶核再不断凝聚液体中的原子继续长大。形核过程与长大过程既紧密联系又相互区别。图 4-4 表示了微小体积的液态金属的凝固过程，图 4-5 为氯化铵形核和长大过程的照片。当液态金属过冷至理论凝固温度以下的某一温度时，晶核并未立即出生，而是经一定时间后才开始出现第一批晶核。凝固开始前的这段停留时间称为孕育期。随后已形成的晶核不断长大，与此同时，在液态金属中又不断形成一些新的晶核并长大。这一过程一直到各个晶体相互接触，液态金属耗尽为止，最终形成了固态金属的晶粒组织。由一个晶核长成的晶体，就是一个晶粒。由于各个晶核是随机形成的，其位向各不相同，所以各晶粒的位向也不相同，这样就形成多晶体金属。如果在凝固过程中只有一个晶核形成并长大，那么就形成单晶体金属。

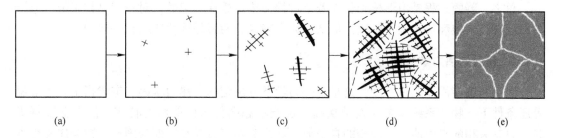

(a)   (b)   (c)   (d)   (e)

图 4-4 纯金属凝固过程示意图

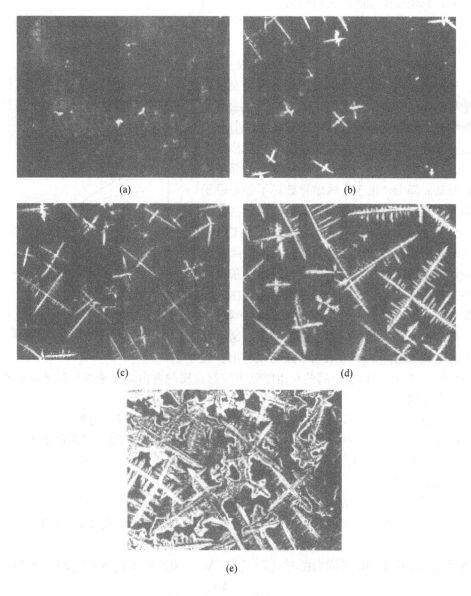

图 4-5 氯化铵的形核与长大过程

总之，凝固过程是由形核和长大两个过程交错重叠在一起的，对一个晶粒来说，它严格地区分为形核和长大两个阶段，但从整体上来说，两者是重叠交织在一起的。

4.1.4 凝固的热力学条件

液态金属凝固需要过冷度，这是由热力学条件决定的。热力学第二定律指出：在等温等压条件下，物质系统总是自发地从高自由能状态向低自由能状态转变。液态金属凝固时，只有液相的自由能高于固相的自由能，那么液相将自发地转变为固相，即金属发生凝固，从而使系统的自由能降低，处于更为稳定的状态。一定温度下，金属液、固两相的自由能之差，就是促使凝固转变的驱动力。

热力学指出，金属的状态不同，则其自由能也不同。体系在某一状态下的吉布斯自由能定义为：

$$G = H - TS \tag{4-1}$$

式中，H 为焓；T 为热力学温度；S 为熵，表示系统中原子排列的混乱程度，其值为正值。随着温度的升高，原子的活动能力提高，因而原子排列的混乱程度增加，即熵值增加，系统的自由能也就随着温度的升高而减小。

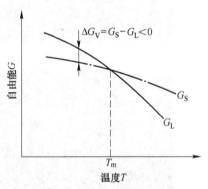

纯金属液、固两相自由能随温度变化规律如图 4-6 所示。由图可见，液相和固相的自由能都随着温度的升高而降低，由于金属熔化破坏了晶态原子排列的长程有序，使液态金属原子排列的混乱程度比固态金属的大，即 $S_L > S_S$，即液相的自由能-温度曲线的斜率较固相的大，所以液相自由能降低得更快些。由于两条曲线的斜率不同，因而两条曲线必然在某一温度相交，此时的液、固两相自由能相等，即 $G_L = G_S$，它表示两相处于平衡共存状态，具有同样的稳定性，既不熔化，也不凝固，这一温度就是理论凝固温度 T_m。从图 4-6 还可以看出，只

图 4-6　液相和固相自由能随温度变化示意图

有当温度低于 T_m 时，固态金属的自由能低于液态金属的自由能，液态金属才可以自发地转变为固态金属。

由此可见，液态金属要凝固，其凝固温度一定要低于理论凝固温度 T_m，此时固态金属的自由能低于液态金属的自由能，两相自由能之差构成了金属凝固过程的驱动力。

现在分析当液相向固相转变时，单位体积自由能的变化 ΔG_v 与过冷度 ΔT 的关系。

由于 $\Delta G_v = G_S - G_L$，由式（4-1）可知：

$$\Delta G_v = H_S - TS_S - (H_L - TS_L) = -(H_L - H_S) - T\Delta S \tag{4-2}$$

式中，$H_L - H_S = \Delta H_m$ 为熔化潜热，由于熔化是一个吸热过程，因此 $\Delta H_m > 0$。

$$\Delta G_v = -\Delta H_m - T\Delta S \tag{4-3}$$

当凝固温度等于理论凝固温度时（$T = T_m$），$\Delta G_v = 0$，即 $\Delta H_m = -T_m\Delta S$。此时

$$\Delta S = -\frac{\Delta H_m}{T_m} \tag{4-4}$$

当 $T < T_m$ 时，由于 ΔS 的变化很小，可视为常数。将式（4-4）代入式（4-3），得到：

$$\Delta G_{\mathrm{v}} = -\Delta H_{\mathrm{m}} + T\frac{\Delta H_{\mathrm{m}}}{T_{\mathrm{m}}} = -\Delta H_{\mathrm{m}}\frac{T_{\mathrm{m}} - T}{T_{\mathrm{m}}}$$

$$\Delta G_{\mathrm{v}} = -\Delta H_{\mathrm{m}}\frac{\Delta T}{T_{\mathrm{m}}} \tag{4-5}$$

由式（4-5）可知，要获得凝固过程所必需的驱动力，一定要使实际凝固温度低于理论凝固温度，即 $\Delta T > 0$，这样才能满足凝固的热力学条件，也就是说金属凝固时必须过冷。过冷度越大，固、液两相自由能的差值越大，即相变驱动力越大，凝固速度便越快。

4.1.5 晶核的形成

晶体的凝固是通过形核与长大两个过程进行的，即固相核心的形成与晶核生长至液相耗尽为止。形核方式可以分为两类：均匀形核和非均匀形核。

均匀形核：新相晶核是在液相中均匀地生成的，各个区域出现新相晶核的概率相同，即晶核由液相中的一些原子团直接形成，不受杂质粒子或外表面的影响。

非均匀（异质）形核：新相优先在液相中存在的异质处形核，即依附于液相中已有的杂质或外来表面形核。

在实际金属液体中不可避免地存在杂质和外表面（例如容器表面），因而其凝固方式主要是非均匀形核。但是，非均匀形核的基本原理是建立在均匀形核的基础上的，因而先讨论均匀形核。

4.1.5.1 均匀形核

A 形核时的能量变化

如前文所述，有关液态金属结构的定性认识是：长程无序、短程有序、结构起伏。由于液体中原子热运动较为强烈，它们在其平衡位置停留时间短暂，故这种短程有序的原子集团此消彼长，即前述的结构起伏。当温度降到熔点以下，在液相中时聚时散的短程有序原子集团，就可能成为均匀形核的"胚芽"或称晶胚，其中的原子呈现晶态的规则排列，而其外层原子与液体中不规则排列的原子相接触而构成界面。这些晶胚是否能成为晶核，还涉及晶核形成时的能量变化。

当过冷液体中出现晶胚时，一方面由于在这个区域中原子由液态的聚集状态转变为晶态的排列状态，使体系内的自由能降低（$\Delta G_{\mathrm{v}} < 0$），这是凝固的驱动力；另一方面，由于晶胚构成新的表面，又会引起表面自由能的增加，这是凝固的阻力。因此，体系总自由能的变化为：

$$\Delta G = \Delta G_{\mathrm{v}}V + \gamma A \tag{4-6}$$

式中，ΔG_{v} 是液、固两相单位体积自由能差，为负值；γ 是晶胚单位面积表面能，为正值；V 和 A 分别是晶胚的体积和表面积。假定晶胚为球形，半径为 r，当过冷液体中出现一个晶胚时，总的自由能变化 ΔG 应为：

$$\Delta G = \frac{4}{3}\pi r^3\Delta G_{\mathrm{v}} + 4\pi r^2\gamma \tag{4-7}$$

在一定温度下，ΔG_{v} 和 γ 为定值，所以 ΔG 是 r 的函数。ΔG 随 r 变化的曲线如图4-7所示。由图可知，ΔG 在半径为 r^* 时达到最大值。当晶胚较小时，即 $r < r^*$，其进一步长大将导致体系总自由能的增加，故这种尺寸晶胚不能成为晶核，最终熔化而消失；当晶

胚较大时，即 $r \geq r^*$，晶胚的长大使体系总自由能降低，故这些晶胚能够成为稳定的晶核。把半径为 r^* 的晶核称为临界晶核，而 r^* 称为临界半径，即能成为晶核的晶胚的最小半径。由此可见，晶核在过冷液体（$T<T_m$）中，不是所有晶胚都能成为稳定的晶核，只有达到临界晶核半径的晶胚才能实现。临界晶核半径 r^* 可通过求极值得到。令 $\dfrac{\mathrm{d}\Delta G}{\mathrm{d}r} = 0$，求得晶核的临界半径 r^*：

$$r^* = -\frac{2\gamma}{\Delta G_v} \qquad (4\text{-}8)$$

将式（4-5）代入式（4-8），得：

$$r^* = \frac{2\gamma T_m}{\Delta H_m \Delta T} \qquad (4\text{-}9)$$

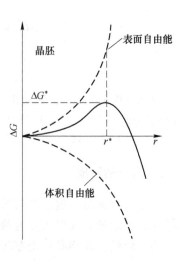

图 4-7　ΔG 随 r 的变化曲线

将式（4-8）代入式（4-7），则得：

$$\Delta G^* = \frac{16\pi\gamma^3}{3(\Delta G_v)^2} \qquad (4\text{-}10)$$

再将式（4-5）代入式（4-10），得：

$$\Delta G^* = \frac{16\pi\gamma^3 T_m^2}{3(\Delta H_m \Delta T)^2} \qquad (4\text{-}11)$$

式中，ΔG^* 是形成临界晶核所需的功，称为临界形核功。

由式（4-5）可知，ΔG_v 与过冷度相关。由于表面能 γ 随温度的变化较小，可视为定值，所以由式（4-9）和式（4-11）可知，临界晶核半径和临界形核功由过冷度 ΔT 决定，过冷度越大，临界晶核半径 r^* 越小，所需的临界形核功 ΔG^* 越小，则形核的概率增大，晶核的数目增多。当液相处于熔点 T_m 时，即 $\Delta T = 0$，由上式得 $r^* = \infty$，$\Delta G^* = \infty$，故任何晶胚都不能成为晶核，凝固不能发生。

对于临界晶核，其表面积为：

$$A^* = 4\pi(r^*)^2 = \frac{16\pi\gamma^2}{\Delta G_v^2} \qquad (4\text{-}12)$$

与式（4-10）比较，临界形核功 ΔG^* 又可表示为：

$$\Delta G^* = \frac{1}{3}A^*\gamma \qquad (4\text{-}13)$$

由此可见，形成临界晶核时体系的自由能仍是增加的（$\Delta G^* > 0$），临界形核功等于表面能的 1/3，即液、固两相的体积自由能差值只能补偿形成临界晶核表面所需表面能的 2/3，而不足的 1/3 则需依靠液相中存在的能量起伏来补充。能量起伏是指体系中每个微小体积实际具有的能量会偏离体系平均能量水平而瞬时涨落的现象。

综上所述，过冷度是形核的必要条件，而金属液体中客观存在的结构起伏和能量起伏也是均匀形核的必要条件，只有满足这三个条件才能形成稳定的晶核。

此外，过冷液体中存在的最大结构起伏尺寸 r_{max} 和临界晶核半径 r^* 与过冷度的关系如图 4-8 所示。由图可以看出，最大结构起伏尺寸 r_{max} 随过冷度的增大而增加，而临界晶

核半径 r^* 随过冷度的增大而减小，两条曲线的交点所对应的过冷度 ΔT^* 就是临界过冷度。当 $\Delta T < \Delta T^*$ 时，在过冷液体中存在的最大晶胚尺寸 r_{max} 小于临界晶核半径 r^*，不能成为晶核；当 $\Delta T \geq \Delta T^*$ 时，无论是最大尺寸的晶坯，还是较小尺寸的晶坯，其半径均达到或超过 r^*，此时液态金属的凝固过程易于进行。多种金属液体的凝固实验研究结果（见表4-2）表明，大多数金属液体均匀形核在相对过冷度 $\Delta T^*/T_m$ 为 0.15～0.25 之间，其中 $\Delta T^* = T_m - T^*$。

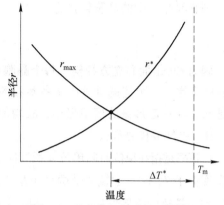

图 4-8　最大晶坯尺寸 r_{max} 和临界晶核半径 r^* 随过冷度的变化

表 4-2　部分金属液体实验的形核温度

金属	T_m/K	T^*/K	$\Delta T^*/T_m$
Hg	234.3	176.3	0.247
Sn	505.7	400.7	0.208
Pb	600.7	520.7	0.133
Al	931.7	801.7	0.140
Ge	1231.7	1004.7	0.184
Ag	1233.7	1006.7	0.184
Au	1336	1106	0.172
Cu	1356	1120	0.174
Fe	1803	1508	0.164
Pt	2043	1673	0.181
Mn	1493	1185	0.206
Co	1763	1433	0.187
Ni	1725	1406	0.185

注：T_m(K) 为熔点；T^*(K) 为液体可过冷的最低温度；$\Delta T^*/T_m$ 为折算温度单位的最大过冷度。注意：$\Delta T^*/T_m$ 接近常数。

均匀形核所需的过冷度很大，下面以 Cu 为例，进一步计算形核时临界晶核中的原子数。已知纯 Cu 的凝固温度 $T_m = 1356$ K，$\Delta T = 236$K，熔化热 $\Delta H_m = 1628 \times 10^6 J/m^3$，表面能 $\gamma = 177 \times 10^{-3} J/m^2$，由式（4-9）可得：

$$r^* = \frac{2\gamma T_m}{\Delta H_m \Delta T} = \frac{2 \times 177 \times 10^{-3} \times 1356}{1628 \times 10^6 \times 236} = 1.249 \times 10^{-9} m$$

Cu 的点阵常数 $a_0 = 3.615 \times 10^{-10}$ m，晶胞体积为：

$$V_L = (a_0)^3 = 4.724 \times 10^{-29} \ m^3$$

而临界晶核的体积为：

$$V^* = \frac{4}{3}\pi(r^*)^3 = 8.157 \times 10^{-27} \ m^3$$

则临界晶核中的晶胞数目为：

$$n = \frac{V^*}{V_L} \approx 173$$

因为 Cu 是面心立方结构，每个晶胞中有 4 个原子，因此，一个临界晶核的原子数目为 692 个原子。上述的计算由于各参数的实验测定的差异略有变化，总之，几百个原子自发地聚合在一起形核的概率很小，故均匀形核的难度较大。

B 均匀形核的形核率

形核率是指在单位时间单位体积液体中所形成的晶核数，以 N 表示，单位为 $cm^{-3} \cdot s^{-1}$。当温度低于 T_m 时，形核率受两个相互矛盾的因素控制：一方面从热力学考虑，随过冷度的增加，晶核的临界形核半径 r^* 和临界形核功 ΔG^* 均减小，因而需要的能量起伏越小，满足临界形核半径的晶胚数目越多，促进形核，则形核率越高；另一方面从动力学考虑，随过冷度的增加，原子活动能力越小，原子从液相向已形成晶坯扩散的速率减慢，阻碍形核，则形核率越低。因此综合考虑上述两个方面，形核率可表示为：

$$N = KN_1N_2 \tag{4-14}$$

式中，K 为比例常数；$N_1 = \exp\left(\frac{-\Delta G^*}{kT}\right)$ 称为形核功因子；$N_2 = \exp\left(\frac{-Q}{kT}\right)$ 称为原子扩散的概率因子；ΔG^* 为临界形核功；Q 为扩散激活能；k 为玻耳兹曼常数；T 为绝对温度。因此，形核率为：

$$N = K\exp\left(\frac{-\Delta G^*}{kT}\right) \cdot \exp\left(\frac{-Q}{kT}\right) \tag{4-15}$$

图 4-9 所示为形核率与温度之间的关系。由图可以看出，形核率存在峰值，其原因是在过冷度较小时，形核率主要受形核功因子控制，随着过冷度增加，所需的临界形核半径减小，因此形核率迅速增加，并达到最高值；随后当过冷度继续增大时，尽管所需的临界晶核半径继续减小，但由于原子在较低温度下难以扩散，此时，形核率受扩散的概率因子所控制，即过峰值后，随温度的降低，形核率迅速减小。对于金属材料，其凝固倾向极大，形核率与过冷度的关系通常如图 4-10 所示。可见，在达到某一过冷度之前，形核率的数值一直保持很小，几乎为零，此时金属液体不发生凝固；而当温度降至某一过冷度时，形核率突然增加。此温度可视为均匀形核的有效形核温度，在此温度以上，液体处于亚稳定状态。研究表明，金属液体均匀形核所需的过冷度很大。将超纯金属液体分散为许多不与容器接触的小液滴进行均匀形核实验，测出金属凝固时均匀形核过冷度约为 $0.2T_m$。

4.1.5.2 非均匀形核

在实际生产条件下，金属凝固形核的过冷度一般不超过 20℃，这是由于外界因素，如杂质颗粒或铸型内壁等促进了晶核的形成，也就是说依附于这些已存在的表面可使形核界面能降低，因而形核可在较小过冷度下发生，即非均匀形核。除非在特殊的实验室条件下，液态金属中一般不会出现均匀形核。

A 临界晶核和临界形核功

设晶核 α 在基底（杂质、型壁等）W 平面上形成，其形状是从半径为 r 的圆球上截

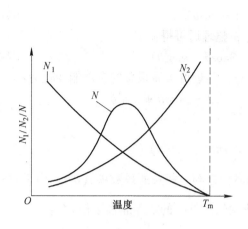

图 4-9　形核率与温度的关系

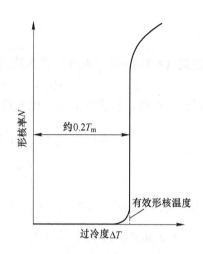

图 4-10　金属的形核率与过冷度的关系

取的截面半径为 R 的球冠，如图 4-11（a）所示。晶核形成后体系的体积自由能降低值为 $\Delta G_{v}V$，表面能增加值为 ΔG_{s}，则体系总的自由能变化为：

$$\Delta G = \Delta G_{v}V + \Delta G_{s} \tag{4-16}$$

式中，V 为晶核体积，ΔG_{v} 为负值。根据立体几何知识可知：

$$V = \pi r^3 \frac{2 - 3\cos\theta + \cos^3\theta}{3} \tag{4-17}$$

$$\Delta G_{s} = A_{\alpha L}\gamma_{\alpha L} + A_{\alpha W}\gamma_{\alpha W} - A_{LW}\gamma_{LW} \tag{4-18}$$

式中，$A_{\alpha L}$、$A_{\alpha W}$、A_{LW} 分别为晶核 α 与液相 L、晶核 α 与基底 W 及液相 L 与基底 W 之间的界面积；$\gamma_{\alpha L}$、$\gamma_{\alpha W}$、γ_{LW} 分别为 α-L、α-W、L-W 界面间的单位面积表面能。如图 4-11（b）所示，在三相交点处，表面张力应达到平衡：

$$\gamma_{LW} = \gamma_{\alpha L}\cos\theta + \gamma_{\alpha W} \tag{4-19}$$

式中，θ 为晶核 α 与基底 W 的接触角或浸润角。由于

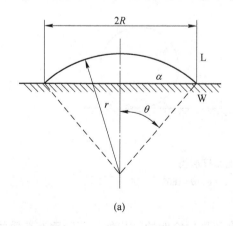

(a)

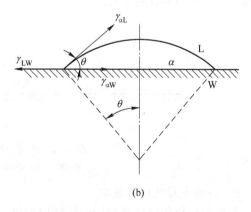

(b)

图 4-11　非均匀形核示意图

$$A_{\text{LW}} = A_{\alpha\text{W}} = \pi R^2 = \pi r^2 \sin^2\theta \qquad (4\text{-}20)$$

$$A_{\alpha\text{L}} = 2\pi r^2(1 - \cos\theta) \qquad (4\text{-}21)$$

将式（4-19）~式（4-21）代入式（4-18），整理后可得：

$$\Delta G_{\text{s}} = \pi r^2 \gamma_{\alpha\text{L}}(2 - 3\cos\theta + \cos^3\theta) \qquad (4\text{-}22)$$

把式（4-17）和式（4-22）代入式（4-16），整理可得体系总的自由能变化为：

$$\Delta G = \left(\frac{4}{3}\pi r^3 \Delta G_{\text{v}} + 4\pi r^2 \gamma_{\alpha\text{L}}\right)\frac{2 - 3\cos\theta + \cos^3\theta}{4} \qquad (4\text{-}23)$$

$$\Delta G = \left(\frac{4}{3}\pi r^3 \Delta G_{\text{v}} + 4\pi r^2 \gamma_{\alpha\text{L}}\right)f(\theta)$$

与均匀形核的式（4-7）比较，可看出两者仅差与 θ 相关的系数项 $f(\theta)$，由于对一定的体系，θ 为定值，故从 $\dfrac{\text{d}\Delta G}{\text{d}r} = 0$，可求得非均匀形核时的临界晶核半径 r^*：

$$r^* = -\frac{2\gamma_{\alpha\text{L}}}{\Delta G_{\text{v}}} \qquad (4\text{-}24)$$

由此可见，非均匀形核时，临界球冠的曲率半径与均匀形核时临界球形晶核的半径公式相同，把式（4-24）代入式（4-23），得非均匀形核的临界形核功为：

$$\Delta G_{\text{非}}^* = \frac{16\pi\gamma_{\alpha\text{L}}^3}{3(\Delta G_{\text{v}})^2} \cdot \frac{2 - 3\cos\theta + \cos^3\theta}{4} \qquad (4\text{-}25)$$

将上式与均匀形核功比较可得：

$$\frac{\Delta G_{\text{非}}^*}{\Delta G_{\text{均}}^*} = \frac{2 - 3\cos\theta + \cos^3\theta}{4} \qquad (4\text{-}26)$$

从图 4-11（b）可以看出，θ 在 0°~180°之间变化。当 $\theta = 180°$ 时，$\Delta G_{\text{非}}^* = \Delta G_{\text{均}}^*$，说明基底对形核不起作用，即相当于均匀形核的情况，如图 4-12（c）所示；当 $\theta = 0°$ 时，则 $\Delta G_{\text{非}}^* = 0$，说明非均匀形核不需形核功，基底可作为现成晶核，即为完全润湿的情况如图 4-12（a）；在非极端的情况下，θ 为小于 180°的某值，故 $f(\theta)$ 必然小于 1，则 $\Delta G_{\text{非}}^* < \Delta G_{\text{均}}^*$，这便是非均匀形核的条件，如图 4-12（b）。$\theta$ 越小，$\Delta G_{\text{非}}^*$ 越小，形核时所需过冷度也越小，非均匀形核越容易。

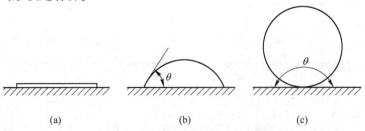

图 4-12　不同浸润角的晶核形貌

(a) $\theta = 0°$；(b) $0° < \theta < 180°$；(c) $\theta = 180°$

B　非均匀形核的形核率

非均匀形核的形核率与均匀形核的相似，但除了受过冷度的影响外，还受固态杂质的结构、数量、形貌及其他一些物理因素的影响。

a 过冷度的影响

由于非均匀形核所需的形核功很小，因此在较小的过冷度下，非均匀形核就明显开始了。图 4-13 为均匀形核与非均匀形核的形核率随过冷度变化的比较。从两者的对比可知，非均匀形核时达到最大形核率所需的过冷度较小，约为 $0.02T_m$；而均匀形核达到最大形核率时所需过冷度较大，约为 $0.2T_m$，是非均匀形核时的 10 倍。另外，非均匀形核的最大形核率小于均匀形核的最大形核率。这是由于非均匀形核需要合适的基底，而基底数量是有限的，当可被利用的形核基底全部被晶核所覆盖时，非均匀形核也就终止了。

b 固体杂质结构的影响

应当指出，不是任何固体杂质均能作为非均匀形核的基底促进非均匀形核。实验表明，只有那些与晶核的晶体结构相似，点阵常数相近的固体杂质才能促

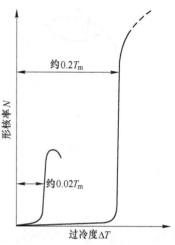

图 4-13 均匀形核率和非均匀
形核率随过冷度变化的对比

进非均匀形核，这样可以减小固体杂质与晶核之间的表面张力，从而减小 θ 角，以减小非均匀形核功。这样的条件（结构相似、尺寸相当）称为点阵匹配原理，凡满足这个条件的界面，就可能对形核起到催化作用，它本身就是良好的形核剂，或称为活性质点。

在铸造生产中，往往在浇铸前加入形核剂增加非均匀形核的形核率，以达到细化晶粒的目的。例如 Zr 能促进 Mg 的非均匀形核，这是因为两者都具有密排六方结构。Mg 的点阵常数为 $a = 0.3202nm$，$c = 0.5199nm$；Zr 的点阵常数为 $a = 0.3223nm$，$c = 0.5123nm$，两者的大小很相近。而且 Zr 的熔点（1855℃）远高于 Mg 的熔点 659℃。所以，在液态 Mg 中加入很少量的 Zr，可大大提高 Mg 的非均匀形核率。又如，Fe 能促进 Cu 的非均匀形核，这是因为在 Cu 的凝固温度 1083℃ 以下 γ-Fe 和 Cu 都具有面心立方结构，而且点阵常数相近：γ-Fe 的 $a = 0.3652nm$，Cu 的 $a = 0.3615nm$。所以在液态 Cu 中加入少量的 Fe，就能促进 Cu 的非均匀形核。

c 固体杂质形貌的影响

如果非均匀形核的基底不是平面，而是有一定的凹凸度，如图 4-14 所示。若形成三个晶核，它们具有相同的曲率半径 r 和相同的 θ 角，但三个晶核的体积却不一样。凹面上形成的晶核体积最小（图 4-14（a）），平面上次之（图 4-14（b）），凸面上最大（图 4-14（c））。由此可见，在曲率半径和接触角相同的情况下，晶核体积随界面曲率的不同而改变。凹曲面的形核效能最高，因为较小体积的晶胚便可达到临界晶核半径，平面的效能居中，凸曲面的效能最低。因此，对于相同的固体杂质颗粒，若其表面曲率不同，在凹曲面上形核所需过冷度比在平面、凸面上形核所需过冷度都要小。铸型壁上的深孔或裂纹是属于凹曲面情况，在凝固时，这些地方有可能成为促进形核的有效界面。

d 过热度的影响

过热度是指液态金属温度与金属熔点之差。液态金属的过热度对非均匀形核有很大的影响。当过热度较大时，有些固体杂质的表面状态改变了，如杂质内微裂缝及小孔减少，凹曲面变为平面，使非均匀形核的核心数目减少。当过热度很大时，将使固体杂质质点全

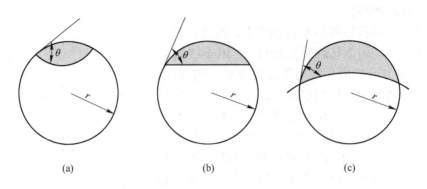

图 4-14　不同形状的固体杂质表面形核的晶核体积
(a) 凹面；(b) 平面；(c) 凸面

部熔化，这就使非均匀形核转变为均匀形核，形核率大大降低。

　　e　其他影响因素

　　非均匀形核的形核率除受以上因素影响外，还受其他一系列物理因素的影响，例如在液态金属凝固过程中进行振动或搅动，一方面可使正在长大的晶体碎裂成几个晶核；另一方面又可使受振动的液态金属中的晶核提前形成。用振动或搅动提高形核率的方法已被大量实验结果证明。

4.1.6　晶体的长大

　　一旦晶核形成后，晶核就继续长大。晶体的长大从宏观上来看，是晶体的界面向液相中逐步推移的过程；从微观上看，则是依靠原子逐个由液相扩散到晶体表面上，并按晶体点阵规律要求，逐个占据适当的位置而与晶体稳定牢靠地结合起来的过程。由此可见，晶体长大的条件是：(1) 要求液相能持续不断地向晶体扩散供应原子，这就要求液相有足够高的温度，以使液态金属原子具有足够的扩散能力；(2) 要求晶体表面能够不断而牢靠地接纳这些原子，晶体表面接纳这些原子的位置多少及难易程度与晶体的表面结构有关，并应符合凝固过程的热力学条件，这就意味着晶体长大时的体积自由能的降低应大于晶体表面能的增加，因此，晶体的长大必须在过冷的液体中进行，只不过它所需要的过冷度远比形核时小得多而已。一般说来，液态金属原子的扩散迁移并不特别困难，因而，决定晶体长大方式和长大速度的主要因素是晶核的界面结构和界面前沿液体中的温度梯度。这两者的结合，就决定了晶体长大后的形态。由于晶体的形态与凝固后的组织有关，因此对于晶体的形态及其影响因素应予以重视。

4.1.6.1　液-固界面的微观结构

　　液-固两相的界面按微观结构可分为粗糙界面和光滑界面两类。

　　(1) 光滑界面。在液-固相界面处液、固两相截然分开，固相的表面为基本完整的原子密排面，从原子尺度看界面是光滑的，但宏观上它往往由不同位向的小平面所组成，呈小平面台阶特征，这类界面也称小平面界面。图 4-15 (a) 为光滑界面的原子排列和宏观形貌示意图。

　　(2) 粗糙界面。在液-固相界面处存在几个原子层厚度的过渡层，在过渡层中约有半数的位置为固相原子所占据。从原子尺度看界面是高低不平的，无明显边界。从宏观来看，界面显得平直，不出现曲折的小平面，这类界面又称非小平面界面。图 4-15（b）为粗糙界面的原子排列和宏观形貌示意图。

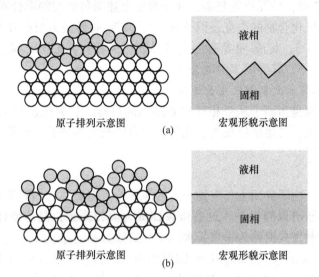

原子排列示意图 (a) 宏观形貌示意图

原子排列示意图 (b) 宏观形貌示意图

图 4-15 液-固界面示意图

（a）光滑界面；（b）粗糙界面

杰克逊（K. A. Jackson）提出决定粗糙及光滑界面的定量模型。假设液-固两相在界面处于局部平衡，故界面构造应是界面能最低的形式。如果在光滑界面上任意增加原子，即界面粗糙化时界面自由能的相对变化 ΔG_S 与界面上固相原子所占位置的比例 x 之间的关系可由式（4-27）表示：

$$\frac{\Delta G_S}{NkT_m} = \alpha x(1-x) + x\ln x + (1-x)\ln(1-x) \qquad (4-27)$$

式中，N 为界面上原子位置总数；k 为玻耳兹曼常数；T_m 为熔点；x 为界面上被固相原子占据位置的比例，$x = N_A/N$，N_A 为界面上被固相原子所占的位置数目；$\alpha = \xi \Delta H_m / kT_m$，称为杰克逊因子，其中 ΔH_m 为熔化热，$\xi = \eta/\nu$，η 为界面原子的平均配位数，ν 是晶体配位数，ξ 恒小于 1，称为晶体学因子。

对应于不同 α 值，$\Delta G_S/NkT_m$ 与 x 的关系如图 4-16 所示。由图可见：

（1）当 $\alpha \leqslant 2$ 时，在 $x = 0.5$ 处界面能具有极小值，即界面的平衡结构应是约有一半的原子被固相原子占据而另一半位置空着，形成粗糙界面。

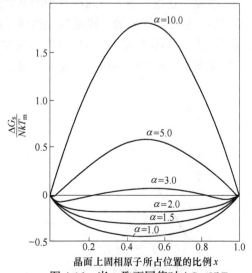

晶面上固相原子所占位置的比例 x

图 4-16 当 α 取不同值时 $\Delta G_S/NkT_m$ 与 x 的关系曲线图

（2）当 α>5 时，在 $x=0$ 和 $x=1$ 处，界面能有两个极小值，说明界面的平衡结构应是只有少数几个原子位置被占据，或者极大部分原子位置都被固相原子占据，即界面基本上为完整的平面，此时的界面为光滑界面。

（3）当 2<α<5 时，情况比较复杂，往往形成上述两种类型的混合界面。

金属和某些有机化合物的杰克逊因子 α≤2，其液-固界面为粗糙界面；多数无机化合物的杰克逊因子 α>5，其液-固界面为光滑界面；少数材料如 Bi、Sb、Ga、As、Ge、Si 等杰克逊因子 α=2~5，其界面多为混合型。

4.1.6.2　晶体的长大机制及生长速度

晶体的长大机制是指原子从液相迁移到固相的过程。长大机制与上述的液-固界面结构有关，有连续长大、二维形核长大、晶体缺陷台阶长大等方式，生长速度又与长大机制有密切关系。

A　连续长大

对于粗糙界面，由于界面上总有约一半的原子位置空着，它们对接纳液相原子具有等效性。故液相的原子可以随机进入这些位置而成为固相原子，晶体便连续地向液相中长大，故这种长大机制方式又称为垂直长大。

一般情况，当动态过冷度 ΔT_K（液-固界面向液相移动时所需的过冷度，称为动态过冷度）增大时，平均长大线速度 v_g 初始呈线性增大，如图 4-17 所示。对于大多数金属来说，连续长大所要求的动态过冷度很小，仅为 0.01~0.05℃，因此其平均长大速度与过冷度成正比，即

$$v_g = u_1 \Delta T_K \tag{4-28}$$

式中，u_1 为比例常数，视材料而定，单位为 m/(s·K)。有人估计 u_1 约为 10^{-2} m/(s·K)，故在较小的过冷度下，即可获得较大的长大速度。凝固时长大速度还受释放潜热的传导速率所控制，由于粗糙界面的物质一般只有较小的凝固潜热，所以长大速度较高。

B　二维晶核长大

二维晶核是指一定大小的单原子的平面薄层。若界面为光滑界面，二维晶核在相界面上形成后，液相原子沿着二维晶核侧边所形成的台阶不断地附着上去，使二维晶核很快扩展而覆盖整个晶体表面（见图 4-18）。这时长大中断，需在此界面上再形成新的二维晶核，并横向扩展而长满一层，如此反复进行。这种界面的推移通过二维晶核的不断形核

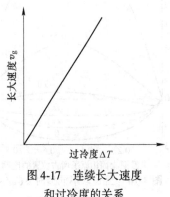

图 4-17　连续长大速度
和过冷度的关系

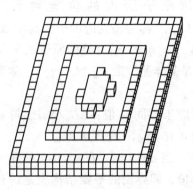

图 4-18　二维晶核长大机制示意图

和横向扩展而进行。因此晶核长大随时间是不连续的，平均长大速度由式（4-29）决定：

$$v_g = u_2 \exp\left(\frac{-b}{\Delta T_K}\right) \tag{4-29}$$

式中，u_2 和 b 均为常数。当动态过冷度 ΔT_K 很小时，v_g 非常小，这是因为二维晶核均匀形核时所需要的形核功较大。

C　晶体缺陷台阶长大

由于二维晶核需达到一定临界尺寸以及需要一定的形核功，因而需要较强的过冷条件。对于实际晶体，在液-固界面上可能存在许多不规则的结构缺陷，从而在光滑界面上形成台阶，进而促进晶核长大。其中最典型的是螺型位错在界面的露头，它可以使界面出现永远填不平的台阶，即借助螺型位错长大，其示意图如图 4-19（a）所示。因为原子很容易填充台阶，而当一个面的台阶被原子进入后又出现螺旋型的台阶。在最接近位错处，只需要加入少量原子就完成一周，而离位错较远处则需要较多的原子加入。因此，界面是以台阶机制长大和按螺旋方式连续扫过界面，在成长的界面上将形成螺旋新台阶。这种长大是连续的，其平均长大速度为：

$$v_g = u_3 \Delta T_K^2 \tag{4-30}$$

式中，u_3 为比例常数。由于界面上所提供的缺陷有限，即添加原子的位置有限，故长大速度小，即 $u_3 \ll u_1$。在一些非金属晶体上观察到螺型位错回旋生长的蜷线，表明了螺型位错长大机制是可行的。图 4-19（b）是 SiC 晶体表面的螺旋状生长蜷线。

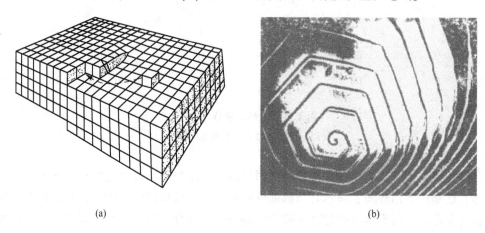

(a)　　　　　　　　　　　　　(b)

图 4-19　螺型位错台阶长大机制示意图
(a) 模型图；(b) SiC 晶体表面的螺旋状生长

图 4-20 比较了这三种机制的晶体长大速度 v_g 与动态过冷度 ΔT_K 之间的关系。由图可以看出，在所有长大机制中，连续长大机制的速度最快，因粗糙界面上相当于存在大量的现成的台阶；当 ΔT_K 较小时，光滑界面以螺型位错长大机制长大；当 ΔT_K 很大时，三者的长大速度趋于一致，此时平整界面上会产生大量的二维晶核，或产生大量的螺旋台阶，使平整界面变成粗糙界面。

4.1.6.3　晶体的生长形态

纯金属凝固时的生长形态不仅与液-固界面的微观结构有关，而且取决于界面前沿液相中的温度分布情况，温度分布有两种类型：正温度梯度和负温度梯度，如图 4-21 所示。

A　正温度梯度

液态金属在铸模中凝固时，往往由于模壁温度比较低，靠近模壁的液体首先过冷而凝固；而在铸模中心的液体温度最高，液体的热量和凝固潜热通过固相和模壁传导而迅速散出，这就造成液-固界面前沿液体的温度分布为正温度梯度，即液体中的过冷度随着离开液-固界面距离的增加而减小，如图 4-21（a）所示。

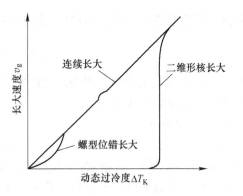

图 4-20　不同长大机制时长大速度与动态过冷度之间的关系比较示意图

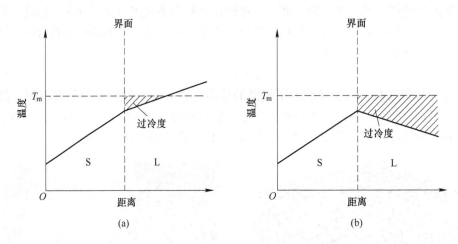

图 4-21　两种温度分布方式
（a）正温度梯度；（b）负温度梯度

在这种条件下，相界面的推移速度受固相传热速度控制。晶体的生长以接近平面状向前推移，这是由于当界面上偶尔有凸起部分而伸入温度较高的液体中时，它的长大速度就会减缓甚至停止，周围部分的过冷度较凸起部分大而会赶上来，使凸起部分消失，这种过程使液-固界面保持稳定的平面形态。即在正温度梯度下，晶体以平面状生长。但界面的形态按界面的性质仍有不同。

（1）若是光滑界面结构的晶体，其生长形态呈台阶状，组成台阶的平面（前述的小平面）是晶体的一定晶面，如图 4-22（a）所示。液-固界面自左向右推移，虽与 T_m 等温面平行，但小平面却与 T_m 等温面呈一定的角度。

（2）若是粗糙界面结构的晶体，其生长形态呈平面状，界面与 T_m 等温面平行，如图 4-22（b）所示。

B　负温度梯度

在缓慢冷却条件下，液体内部的温度分布比较均匀并同时过冷到某一温度。这时在模壁上的液体首先开始形核长大，液-固界面上所产生的凝固潜热将同时通过固相和液相传

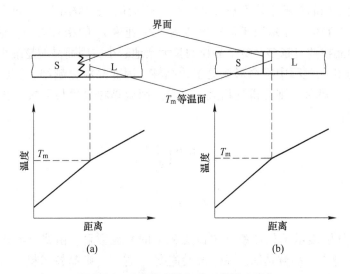

图 4-22　正的温度梯度下两种界面形态
（a）光滑界面（台阶状）；（b）粗糙界面（平面状）

导散出，这使得界面前沿的液体中产生负温度梯度，即界面前沿的液体中的过冷度随着离开液-固界面的距离的增加而增大，如图 4-21（b）所示。

　　在这种条件下，相界面的推移不只由固相的传热速度所控制，如果部分相界面一旦出现局部凸出生长，由于前方液体具有更大的过冷度而使凸出部分的长大速度增加。在这种情况下，液-固界面就不可能保持平面状而会形成许多伸向液体的晶枝（沿一定晶向轴），同时在这些晶枝上又可能会长出二次晶枝，在二次晶枝上再长出三次晶枝，如图 4-23 所示。晶体的这种生长方式称为树枝状生长或树枝状结晶。树枝状生长时，伸展的晶枝轴具有一定的晶体取向以降低界面能。晶轴与其晶体结构类型有关，例如：面心立方和体心立方主要为<100>；密排六方主要为<10$\bar{1}$0>。金属以树枝状方式生长时，最后凝固的金属将树枝状空隙填满，使每个枝晶成为一个晶粒。

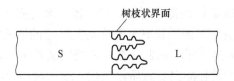

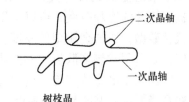

图 4-23　树枝状晶体生长示意图

　　在负温度梯度下，树枝状生长在具有粗糙界面的金属晶体中表现最为显著；而对于具有光滑界面的晶体来说，仍以平面状生长为主（即树枝状生长往往不甚明显），而某些 α 值大的亚金属则具有小平面的树枝状结晶特征。

4.1.6.4　晶粒大小的控制

　　金属和合金凝固后的晶粒大小对铸锭或铸件的性能有显著的影响。例如金属材料，其强度、硬度、塑性和韧性都随着晶粒细化而提高，因此，控制金属材料的晶粒大小具有重要的实际意义。

通常晶粒大小用晶粒的平均面积或平均直径来表示。金属凝固时，每个晶粒都由一个晶核长大而成。晶粒的大小取决于形核率 N 和长大速度 v_g 的相对大小。形核率 N 越大，则单位体积中的晶核数目越多，每个晶粒的长大余地越小，因而晶粒越细小。如果长大速度 v_g 越小，则在长大过程中将会形成更多的晶核，因而晶粒也越细小。反之，形核率 N 越小而长大速度 v_g 越大，则会得到粗大的晶粒。因此晶粒数目与形核率和长大速度，三者之间的关系为：

$$Z_V = 0.9 \left(\frac{N}{v_g} \right)^{3/4} \tag{4-31}$$

$$Z_S = 1.1 \left(\frac{N}{v_g} \right)^{1/2} \tag{4-32}$$

式中，Z_V 和 Z_S 分别表示单位体积和单位面积中的晶粒数目。由式（4-31）、式（4-32）可见，形核率 N 越大，晶粒越细；晶体长大速度 v_g 越大，则晶粒越粗。因此，凡是能促进形核、抑制长大的因素，都能细化晶粒；相反，凡是抑制形核、促进长大的因素，都使晶粒粗化。根据凝固理论可有效地控制凝固后的晶粒尺寸，工业生产中可以采用以下几个方法。

A　增加过冷度

同一材料的形核率 N 和长大速度 v_g 都取决于过冷度，增加凝固时的过冷度，形核率 N 和长大速度 v_g 均随之增加，但两者的增大速率不同，形核率 N 的增长率大于长大速度 v_g 的增长率，如图4-24所示。因此，在一般凝固条件下，增加过冷度可使凝固后的晶粒细化。增加过冷度的方法主要是提高液态金属的冷却速度。在铸造生产中，为了提高铸件的冷却速度，可以采用金属型或石墨型代替砂型，增加金属型的厚度，降低金属型的温度，如采用蓄热多散热快的金属型，局部加冷铁，以及采用水冷铸型等。增加过冷度的另一种方法是降低浇铸温度和浇铸速度。

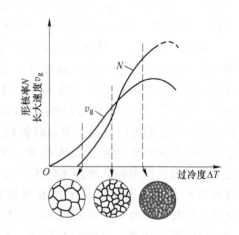

图4-24　金属凝固时形核率和
长大速度与过冷度的关系

B　变质处理

采用增加过冷度的方法细化晶粒只对小型或薄壁的铸件有效，而对较大的厚壁铸件就不适用。因为当铸件断面较大时，只是表层冷得快，而心部冷得很慢，因此无法使整个铸件体积内都获得细小而均匀的晶粒。为此，工业上广泛采用变质处理的方法。

变质处理是在浇铸前往液态金属中加入形核剂（又称变质剂），促进形成大量的非均匀晶核来细化晶粒。例如在铝合金中加入 Ti 和 B，在钢中加入 Ti、Zr、V，在铸铁中加入硅铁或硅钙合金。表4-5说明了某些铸造铝合金中加入 B、Zr、Ti 等变质剂后晶粒细化的情况。还有一类变质剂，它虽不能提供结晶核心，但能起到阻止晶粒长大的作用，因此又称其为长大抑制剂。例如将钠盐加入 Al-Si 合金中，Na 能富集于 Si 的表面，降低 Si 的长大速度，使合金的组织细化。

表 4-5 铸造铝合金中加入 B、Zr、Ti 细化晶粒的情况

材　料	加入元素	1cm² 面积上的晶粒数	铸模材料
铸造铝合金 ZL104 （10%Si，0.2%Mg， 0.02%Mn，0.5%Fe）	无 B% = 0.1%~0.2% 0.05%Ti，0.05%B	8~12 120~150 180~200	砂型 砂型 砂型
铸造铝合金 ZL301 （0.2%Si，0.3%Mn， 8%~10%Mg，0.3%Fe）	无 Zr% = 0.1%~0.2%	8~10 130~150	砂型 砂型

C　加速液体运动法

实践证明，在金属液体凝固时施加振动或搅拌作用可得到细小的晶粒。一方面是依靠从外面输入能量促使晶核提前形成；另一方面是使成长中的枝晶破碎，使晶核数目增加。进行振动或搅动的方法很多，例如用机械的方法使铸型振动或变速转动；使液态金属流经振动的浇铸槽；进行超声波处理。

4.2　固溶体合金的凝固

合金的凝固过程也是形核和长大过程。但是由于合金中存在第二组元或第三组元，其凝固过程较纯金属复杂。例如合金凝固时，晶核成分与液相成分不同，因此形核除了需要过冷度、结构起伏和能量起伏之外，还需要成分起伏。所谓成分起伏是指合金液体中微小体积的成分偏离液体平均成分，而且微小体积的成分因原子热运动而处于此起彼伏状态的现象。晶核长大除了需要动态过冷度之外，还伴随组元原子的扩散过程。

固溶体合金的凝固过程就是匀晶转变过程，其中要发生溶质的重新分配，重新分配的程度可用平衡分配系数 k_0 表示。k_0 定义为平衡凝固时固相和液相的溶质浓度之比，即：

$$k_0 = C_S / C_L \tag{4-33}$$

图 4-25 是固溶体合金匀晶转变时的两种分配系数情况。图 4-25（a）是 $k_0 < 1$ 的情况，也就是随着溶质增加，合金凝固的开始温度和终了温度降低；反之，当 $k_0 > 1$ 时，随着溶质

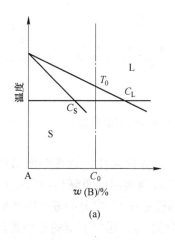

(a)

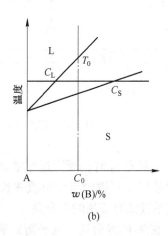

(b)

图 4-25　固溶体合金的分配系数

（a）$k_0 < 1$；（b）$k_0 > 1$

的增加，合金凝固的开始温度和终了温度升高。k_0 越接近 1，表示该合金凝固时重新分配的溶质成分与原合金成分越接近，即重新分配的程度越小。当固、液相线假定为直线时，由几何方法不难证明 k_0 为常数。

4.2.1　固溶体合金的平衡凝固

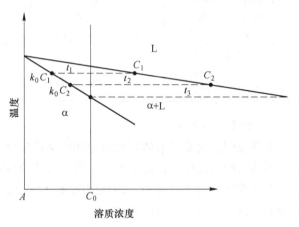

设图 4-26 中成分为 C_0 的合金在 t_1 温度开始凝固，按照相平衡关系，此时晶核成分为 k_0C_1，在液-固界面处与之平衡的液相成分为 C_1。但此时远离液-固界面处的液相成分仍保持着原来的成分 C_0，在界面邻近的液相区域形成了浓度梯度，如图 4-27（a）所示。由于浓度梯度的存在，必然引起液相内溶质原子和溶剂原子的相互扩散，即界面处的溶质原子向远离界面的液相内扩散，而远处液相

图 4-26　固溶体合金的平衡凝固

内的溶剂原子向界面处扩散，结果使界面处的溶质原子浓度从 C_1 降至 C_0'，破坏了液-固界面处的相平衡，如图 4-27（b）所示。只有通过晶体长大，排出的溶质原子使相界面处的液相浓度恢复到平衡成分 C_1（图 4-27（c）），才能保持界面处原来的相平衡关系。相界面处相平衡关系的重新建立，又造成液相成分的不均匀，出现浓度梯度，这势必又引起原子的扩散，破坏相平衡，最后导致晶体进一步长大，以维持原来的相平衡。如此反复，直到液相成分全部变为 C_1 为止，如图 4-27（d）所示。此时晶体停止长大，要使晶体继续长大，必须降低温度。

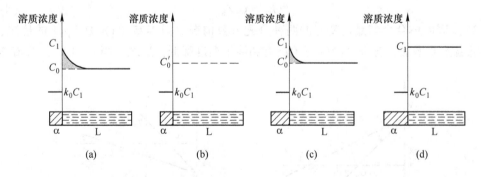

图 4-27　固溶体合金在 t_1 温度时的凝固过程

当温度从 t_1 降至 t_2 时，凝固过程继续进行。一方面是在 t_1 温度时所形成晶体继续长大；另一方面是在 t_2 温度时重新形核并长大。在 t_2 温度时的重新形核和长大过程与 t_1 温度时相似，只不过此时液相的成分是 C_1，新的晶核是在 C_1 成分的液相中形成，且晶核的成分为 k_0C_2，在液-固界面处与其平衡的液相成分为 C_2，建立了新的相平衡。此外，在 t_1 温度时形成的晶体在 t_2 温度继续长大时，由于在 t_2 温度时新生长的晶体成分为 k_0C_2，因

此又出现了新旧固相间的成分不均匀问题。这样不仅在液相内形成浓度梯度，而且在固相内也形成了浓度梯度，如图 4-28（a）所示。由图可知，在液-固界面两侧，溶质原子由界面向固相和液相中扩散，溶剂原子由固相和液相向界面处扩散，使相界面处液相和固相的浓度都发生了改变，从而破坏了相界面处的相平衡关系。为了建立 t_2 温度下的相平衡关系，只有使已凝固的固相进一步长大或由液相内凝固出新的晶体，以排出一部分溶质原子，达到相平衡时所需的溶质浓度。这样的过程需要反复进行，直到液相成分完全变为 C_2，固相成分完全变为 $k_0 C_2$ 时，液相和固相内的相互扩散过程才会停止，固相停止长大，如图 4-28（c）所示。

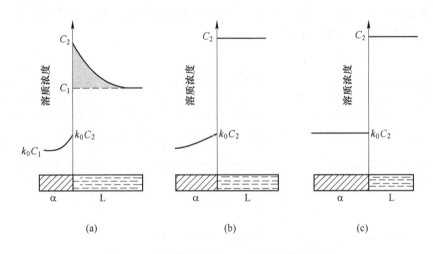

图 4-28　固溶体合金在 t_2 温度时的凝固过程

凝固的进一步进行，需要进一步降低温度。依此类推，直到达到 t_3 温度时，最后一滴液体凝固成固体后，固溶体的成分完全与合金成分（C_0）一致，成为均匀的单相固溶体的多晶体组织时，凝固过程即告终了。

综上所述，固溶体合金的平衡凝固过程概述如下：形核→相界平衡→扩散破坏平衡→长大→相界平衡。随着温度的降低，此过程重复进行，直至全部液体转变为成分均匀的固溶体为止。

4.2.2　固溶体合金非平衡凝固时的溶质分布

合金在实际凝固过程中，固相中的成分均匀化主要是靠原子扩散来完成的，由于固液相之间要发生溶质的重新分配，因此特别是在固相中，凝固过程中溶质不可能在大范围内充分扩散均匀，也就是说实际凝固过程通常是非平衡凝固，即已凝固的固相成分会随着凝固顺序的先后而不同。

为了便于讨论，以下研究一根水平圆棒由棒端面从左向右进行定向凝固，如图 4-29 所示。为了简化问题，做几点假设：（1）液-固界面是平直的；（2）晶体长大时液-固界面处维持着局部平衡状态，即在界面处满足 k_0 为常数；（3）忽略固相内的扩散；（4）固

图 4-29　水平单向凝固示意图

相和液相密度近似相同。

4.2.2.1 液相完全混合时的溶质分布

合金凝固速度很慢时，液相内溶质可通过扩散、对流和搅拌使整个液相中的溶质很快完全混合均匀；而固相内的溶质原子来不及扩散，成分不均匀。在$k_0<1$情况下，合金的凝固过程中溶质的再分配可由图4-30表示。合金棒从左端开始凝固，最左端固相成分为k_0C_0，界面推移到1处时，有少量溶质从固相排入液相，导致液相成分上升至稍高于C_0处，如图4-30（a）所示，此时液-固界面存在局部平衡。随着凝固过程的继续进行，界面推移2处，固相又向液相中排出溶质，剩余液相中的溶质浓度又升高，同时固相成分也升高，如图4-30（b）所示。图4-30（c）为凝固过程进行完毕时，溶质沿合金棒的分布曲线。该过程的凝固方程推导如下。

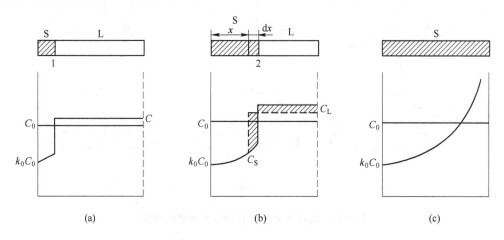

图4-30　液相中溶质完全混合时溶质再分配示意图
(a) 液-固相溶质分布；(b) 体积元 dx 凝固前后溶质分布；(c) 完全凝固后溶质分布

设合金圆棒的截面积为1单位面积，长度为l。已凝固段长为x，两相界面为平面，界面处液相和固相成分分别为C_L和C_S，且在不同时刻两相处于局部平衡时 $(C_S)_i = k_0(C_L)_i$，k_0 为常数，液、固两相的密度近似相等。根据质量守恒定律，体积元 $(1 \cdot dx)$ 发生凝固时排出的溶质为：

$$(C_L - C_S)dx = C_L(1 - k_0)dx \tag{4-34}$$

这些排出的溶质将均匀分布在剩余液相中，液相浓度升高 dC_L，则：

$$(l - x)dC_L = C_L(1 - k_0)dx \tag{4-35}$$

即：

$$\frac{dC_L}{C_L} = \frac{(1 - k_0)dx}{(l - x)}$$

两边积分后得：

$$C_L = C_0\left(1 - \frac{x}{l}\right)^{k_0-1} \tag{4-36}$$

$$C_S = k_0 C_0\left(1 - \frac{x}{l}\right)^{k_0-1} \tag{4-37}$$

式（4-37）称为正常凝固方程，它表示凝固
过程中固相的成分随凝固体积分数的变化规
律。固溶体经正常凝固后整个铸锭的溶质分
布如图4-31中b曲线所示（$k_0<1$），这符合
一般铸锭中浓度的分布，因此称为正常凝
固。这种溶质浓度由铸锭表面向中心逐渐增
加的不均匀分布称为正偏析，它是宏观偏析
的一种，这种偏析通过扩散退火也难以
消除。

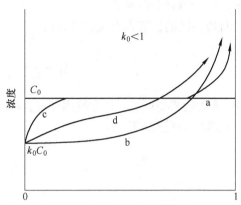

图4-31 单向凝固时的溶质分布
a—平衡凝固；b—液相中溶质完全混合；
c—液相中溶质只借扩散而混合；
d—液相中溶质部分混合

4.2.2.2 液相部分混合时的溶质分布

当固溶体合金凝固时，若其凝固速度较
快，液相中溶质只能部分混合。根据流体力
学，液体在管道中流动时紧靠管壁的薄层流
速为零，该薄层称为边界层，边界层内的液
相不产生对流，而只是通过扩散来传输溶质。由于扩散速度较慢，溶质从液-固界面处固
相中排出的速度高于从边界层中扩散出去的速度，这样，在边界层中就产生了溶质原子的
富集，而在边界层外的液体则因对流而获得均匀的浓度 $(C_L)_B$，液 - 固界面处一直保持平
衡，即 $(C_S)_i = k_0(C_L)_i$，如图4-32（a）所示。随着液-固界面不断向前移动，边界层中
溶质原子富集越来越多，浓度梯度加大，扩散速度加快，达到一定程度后，溶质从液-固界
面处固相中排出的速度正好等于溶质从边界层扩散出去的速度时，$(C_L)_i/(C_L)_B$ 变为常
数，直至凝固结束，此比值一直保持不变。把从凝固开始直到 $(C_L)_i/(C_L)_B$ 变为常数的
阶段称为初始过渡期，如图4-32（b）所示。

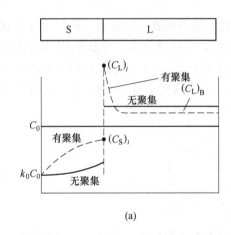

(a)

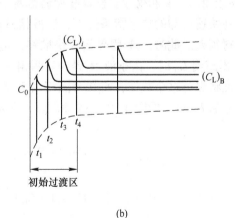

(b)

图4-32 凝固过程中溶质的聚集现象
（a）液-固边界层的溶质聚集对凝固圆棒成分的影响；（b）初始过渡期的建立

初始过渡期建立后，$(C_L)_i/(C_L)_B = k_1$，而液- 固界面处始终保持两相平衡，即
$(C_S)_i/(C_L)_i = k_0$，则：

$$k_e = k_0 k_1 = (C_S)_i/(C_L)_B \tag{4-38}$$

式中，k_e 为有效分配系数。

对边界层的扩散方程求解可导出：

$$k_e = \frac{k_0}{k_0 + (1 - k_0)\, e^{-R\delta/D}} \tag{4-39}$$

式中，δ 为边界层厚度；R 为凝固速度；D 为溶质扩散系数。

此阶段的凝固方程为：

$$\left.\begin{aligned}
(C_L)_B &= C_0 \left(1 - \frac{x}{l}\right)^{k_e - 1}\\[2mm]
C_S &= k_e C_0 \left(1 - \frac{x}{l}\right)^{k_e - 1}
\end{aligned}\right\} \tag{4-40}$$

式中，$k_0 < k_e < 1$。式（4-40）就是液相部分混合情况下，固溶体非平衡凝固过程中液相和固相的溶质分布方程。它表示在凝固过程中初始过渡区建立后，液相和固相成分随凝固体积分数的变化而变化。凝固结束后，合金棒中溶质分布如图 4-31 中 d 曲线所示。由此可见，随边界层厚度 δ 不同，即液相混合情况不同，有效分配系数 k_e 也不同。

（1）当凝固速度 R 很小时，$(R\delta/D) \to 0$，$k_e \approx k_0$，属于液相中溶质完全混合的情况；

（2）当凝固速度 R 很大时，$(R\delta/D) \to \infty$，$k_e \approx 1$，属于下面将要讨论的液相仅靠扩散混合时的情况，即液相溶质完全不混合的情况；

（3）一般情况下，凝固速度介于上述两者之间时，$k_0 < k_e < 1$，属于液相溶质部分混合的情况。

4.2.2.3　液相仅靠扩散混合时的溶质分布

在快速冷却的非平衡条件下，当液相只有扩散，没有搅拌、对流时，液相中溶质原子混合得很差。此时，液-固界面很快推移，边界层中溶质迅速富集，当固相中溶质浓度由 $k_0 C_0$ 提高到 C_0 时，由于液-固界面处两相平衡，这时 $(C_L)_i = C_0/k_0$，界面前沿液相中溶质浓度将保持这个数值，而其余液相由于完全不混合，溶质浓度仍保持 C_0，即初始过渡区建立后 $k_e = 1$，如图 4-33（a）和（b）所示。由式（4-40）可得：

$$\left.\begin{aligned}
(C_L)_B &= C_0 \left(1 - \frac{x}{l}\right)^{1-1} = C_0\\[2mm]
C_S &= 1 \cdot C_0 \left(1 - \frac{x}{l}\right)^{1-1} = C_0
\end{aligned}\right\} \tag{4-41}$$

式（4-41）表示溶质完全不混合情况下，在凝固过程中初始过渡区建立后，固相溶质浓度保持 C_0，边界层外液相溶质浓度也保持为 C_0。直至凝固接近结束，液相剩余很少时，由于质量守恒，剩余液相中溶质浓度迅速升高，故凝固结束后合金棒的末端富含溶质，合金棒的成分分布如图 4-31 中 c 曲线所示。

综上所述，固溶体非平衡凝固时，当希望获得最大程度的提纯，则应使 $(R\delta/D) \to 0$，即使 k_e 尽可能接近 k_0；若希望得到成分均匀的合金棒，则使得 $(R\delta/D)$ 尽可能大，

$k_e = 1$，这样在初始过渡区建立后，即可获得成分的均匀分布（合金棒两端除外）。

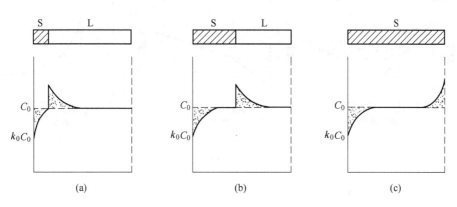

图4-33　液相仅靠扩散混合时溶质再分配示意图

（a）凝固开始时的溶质分布；（b）凝固过程中的溶质分布；（c）完全凝固后的溶质分布

4.2.3　成分过冷

4.2.3.1　成分过冷的概念

纯金属在凝固时，其理论凝固温度（T_m）不变，当液态金属中的实际温度低于T_m时，就引起过冷，这种过冷称为热过冷。在合金的凝固过程中，由于液相中溶质分布发生变化而改变了凝固温度，这可由相图中的液相线来确定，因此，将界面前沿液体中的实际温度低于由溶质分布所决定的凝固温度时产生的过冷，称为成分过冷。成分过冷能否产生及程度取决于液-固界面前沿液体中的溶质浓度分布和实际温度分布这两个因素。

为了方便讨论问题，设C_0成分的固溶体合金为定向凝固，在液相中只有扩散而无对流或搅拌。图4-34为$k_0 < 1$时合金产生成分过冷的情况。C_0成分的固溶体合金相图一角如图4-34（a）所示。液-固界面前沿液体的实际温度分布为正温度梯度，如图4-34（b）所示，它只受散热条件的影响，而与液体中的溶质分布情况无关。图4-34（c）为液体中完全不混合（$k_e = 1$）时，液-固界面前沿溶质浓度的分布情况，固溶体合金的平衡凝固温度随合金成分的不同而变化，这一变化规律可由液相线表示。故液-固界面前沿溶质浓度的分布曲线上每一点溶质浓度可直接在相图上找到所对应的凝固温度T_m，这种凝固温度变化曲线如图4-34（d）所示。然后，把图4-34（b）的实际温度分布线叠加到图4-34（d）上，就得到图4-34（e）。由图可见，在液-固界面前沿有一定范围内的液相，其实际温度低于平衡凝固温度，出现了过冷区域，即图中影线所示的区域。这个过冷度是由于界面前沿液相中的成分差别引起的，所以称为成分过冷。

4.2.3.2　产生成分过冷的临界条件

从图4-34（e）可以看出，出现成分过冷的极限条件是液体的实际温度梯度与界面处的平衡凝固曲线恰好相切。实际温度梯度进一步增大，就不会出现成分过冷；而实际温度梯度减小，则成分过冷区增大，形成成分过冷的临界条件可为：

$$\frac{G}{R} = \frac{mC_0}{D}\frac{1-k_0}{k_0} \tag{4-42}$$

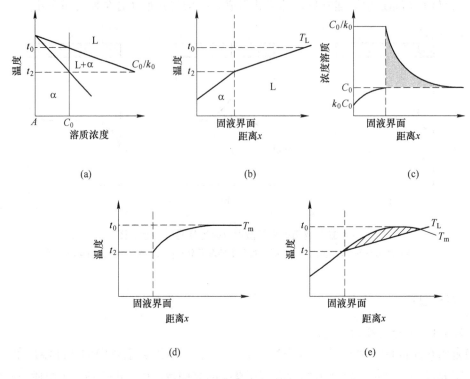

图 4-34 成分过冷示意图

式中，G 为液-固界面前沿液相中的实际温度梯度；R 为晶体长大速度（液-固界面向液相中的推进速度）；m 为相图上液相线斜率的绝对值；D 为液相中溶质的扩散系数；k_0 为溶质分配系数。显然，产生成分过冷的条件是：

$$\frac{G}{R} < \frac{mC_0}{D}\frac{1-k_0}{k_0} \tag{4-43}$$

反之，则不产生成分过冷。

式（4-43）的右边是反映合金性质的参数，而左边则是受外界条件控制的参数。从式（4-43）的右边参数看，随着溶质成分的增加，成分过冷倾向越大，所以溶质浓度越低，成分越接近纯金属的合金越不易产生成分过冷。当合金成分一定时，凝固温度范围越宽，这对应的 k_0 越小($k_0 < 1$ 时) 或 k_0 越大($k_0 > 1$ 时)，液相线斜率 m 越大，越易产生成分过冷。另外，扩散系数 D 越小，边界层中溶质越易聚集，这有利于成分过冷。而从外界条件看，实际温度梯度 G 越小，对一定的合金和凝固速度，图 4-34 (e) 中的阴影面积越大，成分过冷倾向增大。若凝固速度增大，则液体的混合程度减小，边界层的溶质聚集增大，这也有利于成分过冷。图 4-35 给出了几种不同的温度梯度对成分过冷区的影响，由图可见，温度梯度 G 越平缓，成分过冷区就越大，生产上一般就是通过控制温度梯度的大小来控制成分过冷区的大小的。

4.2.3.3 成分过冷对晶体生长形态的影响

金属的液-固界面一般为粗糙界面，因此纯金属的晶体形态主要受界面前沿液相中温度梯度的影响；而对固溶体合金来说，除受温度梯度的影响外，更主要的是要受成分过冷的影响。在负温度梯度时，固溶体与纯金属一样，凝固时晶体易于长成树枝状；而在正温度梯度时，由于溶质在液-固界面前沿液相的富集而引起的成分过冷，将对固溶体合金的晶体形态产生很大的影响。由于温度梯度不同，成分过冷程度可以分为三个区，如图 4-35 所示。在不同成分过冷区，晶体生长方式不同。

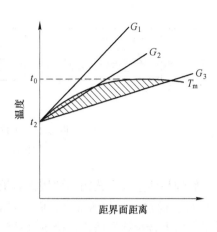

图 4-35　温度梯度对成分过冷的影响

当温度梯度 $G > G_1$ 时，使 $T_L > T_m$，故不产生成分过冷，离开界面，过冷度减小，液相内部处于过热状态。此时固溶体晶体以平界面方式生长，界面上有小的凸起，进入过热区会使其熔化消失，故形成稳定的平界面。

当温度梯度 $G_1 < G < G_2$ 时，产生小的成分过冷区，此时，平界面不稳定，界面上偶然凸起。进入过冷液体，由于过冷度稍有增加，促进了它们进一步凸向液体，但因成分过冷区较小，凸起部分不可能有较大伸展，而形成胞状界面，最后出现胞状组织，因为它的显微形态很像蜂窝，所以又称为蜂窝组织，它的横截面呈规则的六边形，如图 4-36 所示。

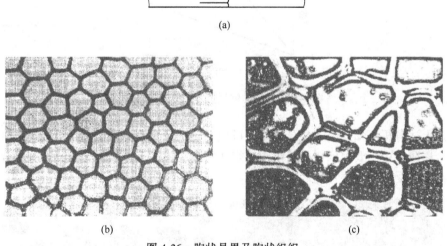

(a)

(b)　　　　　　　　　　(c)

图 4-36　胞状晶界及胞状组织

当温度梯度 $G_2 < G < G_3$ 时，即液相温度梯度较为平缓，成分过冷程度较大，液相很大范围处于过冷状态，类似负温度梯度条件。界面上偶然凸起部分就能继续伸向过冷液相中生长，同时在侧面产生分枝，形成二次轴，在二次轴上再长出三次轴等，形成树枝状骨架。晶体生长中，周围液相富集溶质，使凝固温度降低，过冷度减小，同时，因放出凝固潜热，周围温度升高，进一步减小过冷度，因而分枝停止生长，最后依靠固相散热、平界面方式生长，以填充枝晶间隙，直至凝固完成，形成晶粒。以上三种晶体生长方式如图 4-37 所示。

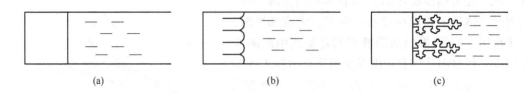

（a）   （b）   （c）

图 4-37　不同成分过冷下的晶体生长方式
（a）平面生长；（b）胞状生长；（c）树枝状生长

影响晶体生长方式的主要因素有液相的温度梯度 G、固相的凝固速度 R 和合金的溶质浓度 C_0，通过实验归纳得出它们对固溶体晶体生长形态的影响如图 4-38 所示。由图可以看出，增大合金溶质浓度、降低液体温度梯度、增大固相凝固速度，均可增大成分过冷程度，有利于树枝状生长；相反，则促进平面式生长。图 4-39 为 Al-Cu 合金在不同的成分过冷下所形成的三种晶粒组织。在工业生产中，晶体呈平面状生长所需要的温度梯度很大，一般很难达到。通常铸锭和铸件中的温度梯度均小于 3~5℃/cm，因此固溶体合金凝固后，总是形成树枝晶组织。

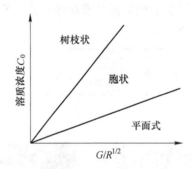

图 4-38　影响晶体生长方式的主要因素

通过上述分析可知，由于成分过冷，可使合金在正温度梯度下凝固得到树枝状组织；而在纯金属凝固中，要得到树枝状组织必须在负温度梯度下，因此，成分过冷是合金凝固区别于纯金属凝固的主要特征。

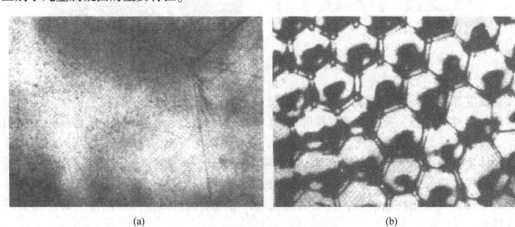

（a）   （b）

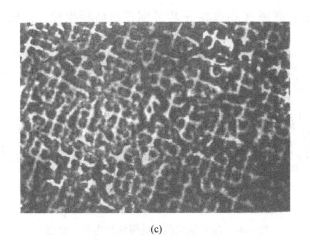

(c)

图 4-39　Al-Cu 合金的三种晶粒组织

（a）平面晶；（b）胞状晶；（c）树枝晶

4.3　共晶系合金的凝固

共晶合金的凝固是从液相中同时凝固出两个固相，图 4-40 是在固态下有限溶解的二元共晶合金相图，共晶反应由液相 L 同时生成富 A 的 α 固溶体和富 B 的 β 固溶体。共晶体的凝固同样需要形核和长大两个过程。通常认为共晶体的形核有交替形核机制和搭桥机制两种，当液体冷却到共晶温度以下时，过冷的液体中具有形成两个固相晶核的必要条件。无论哪种形核机制，总是其中一相先析出，先析出的相称为领先相。

现以层片状共晶体为例进行分析。设共晶体的先析出相是 α，由于 α 相中 B 组元含量较低，在 α 相的形核和长大过程中将排出 B 组元，使周围的液相中富集 B 组元，这就给 β 相形核和长大创造了条件，β 相就在 α 相的两侧形成。而 β 相的形核又促进 α 相形核，如此交替形核，反复互相促进就形成了 α、β 两相交替相间的层片状共晶晶核，如图 4-41（a）所示。

按照交替形核机制，一个共晶晶粒中的每一层应该是单独形核并长大的。但实际上形成共晶晶核并不需要 α、β 两相反复形核，而是首先形成一个 α 晶核，随后在其上再形成一个 β 晶核，然后 α 相和 β 相分别以搭桥方式连成整体构成共晶晶核，因此一个共晶晶核只包含一个 α 晶核和一个 β 晶核，如图 4-41（b）所示。根据搭桥机制，当领先相 α 形成后，其周围液相中富集的 B 组元促使 β 相在 α 相上的形核和长大，因为在同样过冷度的条件下，长大比形核容易，因此随后 α 相在 β 相外围迅速

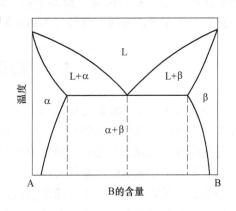

图 4-40　固态下有限溶解

二元共晶合金相图

生成，形成搭桥分支；同理 β 相也在 α 相外围迅速搭桥生成，形成了两相的搭桥交替分布。

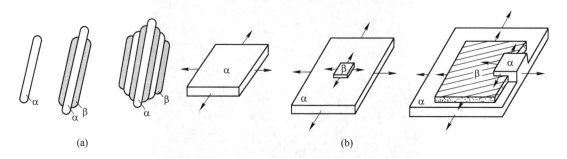

图 4-41　层片状共晶体的形核与生长示意图

（a）交替形核机制；（b）搭桥机制

共晶体形核后，两相在液体中交替并肩沿层片纵向长大，长大过程中，α 相和 β 相紧靠在一起，每一相的长大排出的溶质原子正是另一相长大所需要的，随后 A、B 组元原子分别向邻近的 α 相和 β 相前沿进行短程的横向扩散，破坏了 α 相和 β 相各自与液相间的相平衡，这又为两相的并肩长大创造了条件，如图 4-42 所示，最后形成一个由相互平行的 α 相和 β 相层片相间的共晶领域，或称共晶团。

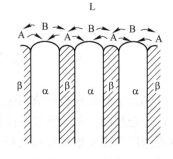

图 4-42　两相的并肩长大

综上所述，共晶合金凝固过程是形核→相界平衡→短程扩散破坏平衡→长大→相界平衡。此过程在恒温下进行，直至液态金属全部转变为由不同共晶领域组成的共晶组织为止。

4.4　铸锭的凝固及组织

在实际生产中，液态金属凝固成固态产品的工艺过程称为铸造。铸造后不再经过塑性加工的产品叫作铸件，而铸造后还要经过塑性加工的叫作铸锭。虽然它们的凝固过程均遵循凝固的普遍规律，但是由于铸锭或铸件冷却条件的复杂性，给铸态组织带来很多特点。铸态组织是指凝固后的晶粒的大小、形状、晶界状态、合金元素和杂质的分布以及铸锭中的缺陷等。对铸件来说，铸态组织直接影响到它的力学性能和使用寿命；对铸锭来说，铸态组织不但影响到它的塑性加工性能，而且还能影响到塑性加工后的金属制品的组织及性能。因此，下面以铸锭为例分析铸态宏观组织的特征、形成及影响因素。

4.4.1　铸锭的一般组织及形成

纯金属铸锭的宏观组织通常由三个晶区所组成，即外表层的等轴细晶区、中间的柱状晶区和心部粗大的等轴晶区，如图 4-43 所示。不同的浇铸条件可使铸锭的晶区结构有所变化，甚至可使其中一个或两个晶区完全消失。

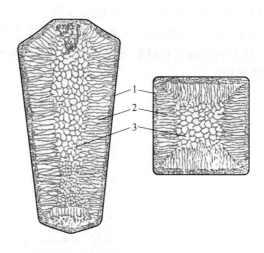

图 4-43　铸锭的晶区示意图
1—表层等轴细晶区；2—柱状晶区；3—中心等轴晶区

4.4.1.1　表层等轴细晶区

当高温的液态金属浇铸后，凝固首先从模壁处开始。这是由于温度较低的模壁有强烈的吸热和散热作用，使接触锭模表面的液态金属急剧冷却，产生极大的过冷度，如图 4-44 中曲线 t_1 所示。加上模壁可以作为非均匀形核的基底，因此在最外层形成大量的晶核，晶核迅速长大到互相接触，这样便在靠近模壁处形成一层很薄的等轴细晶区，又称为激冷区。

表层等轴细晶区的形核数目取决于模壁的形核能力以及模壁处所能达到的过冷度，后者主要依赖于锭模的表面温度、热传导能力和浇铸温度等因素。如果锭模的表面温度低、热传导能力好以及浇铸温度较低，就可获得较大的过冷度，从而使形核率增加，等轴细晶区会扩展到铸锭中部；相反，如果浇铸温度高，锭模的散热能力小而使其温度很快升高，就大大降低了晶核数目，等轴细晶区的厚度也要减小。

4.4.1.2　柱状晶区

柱状晶区由垂直于锭模的粗大柱状晶所构成。在表层等轴细晶区形成的同时，一方面锭模的温度由于被液态金属加热而迅速升高；另一方面由于金属凝固后的收缩，等轴细晶区和锭模脱离，形成一空气层，给液态金属的继续散热造成困难。此外，等轴细晶区的形成还释放出了大量的凝固潜热，也使锭模的温度升高。上述种种原因，均使液态金属冷却减慢，温度梯度变得平缓，如图 4-44 中曲线 t_2 和 t_3 所示。这样便在等轴细晶的基础上使部分晶粒向里生长成柱状晶。这是因为：（1）尽管在液-固界面前沿液体中有适当的过冷度，但这一过冷度很小，不利于新晶核的生成，但有利于等轴细晶区内靠近液相的某些小晶粒的继续长大，而离柱状晶前沿稍远处的液态金属尚处于过热之中，无法另行生核，因此凝固主要靠晶粒的继续长大来进行。（2）垂直于锭模方向散热最快，因而晶体沿其相反方向择优生长成柱状晶。由于晶体各方向长大的速度不同，即晶体的长大速度是各向异性的，各晶粒向里长大的速度也不同。一次晶轴方向长大速度最快，但是由于散热条件的影响，只有那些一次晶轴与温度梯度一致的晶粒长大速度最快，迅速地并排优先长入液体中，而侧面受到彼此的限制而不能侧向长大，只能沿散热方向长大，从而形成了柱状晶区，如图4-45所示。各柱状晶的位向都是一次晶轴方向，例如立方晶系各个柱状晶的一次晶轴都是<100>方向，结果柱状晶区在性能上就显示出了各向异性，这种晶体学位向一致的铸态组织称为"铸造织构"。

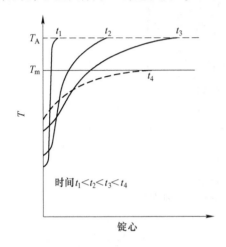

图4-44　浇铸后铸锭内温度的分布与变化

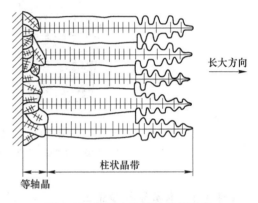

图4-45　铸锭中柱状晶区的形成

由此可见，柱状晶区形成的外因是散热的方向性，内因是晶体长大的各向异性。柱状晶的长大速度与已凝固固相的温度梯度和液相的温度梯度有关，固相的温度梯度越大，或液相的温度梯度越小时，则柱状晶的长大速度就越快。如果已凝固固相的导热性好，散热速度很快，始终能保持定向散热，并且在柱状晶前沿的液体中没有新形成的晶粒阻挡，那么柱状晶就可以一直长大到铸锭中心，直到与其他柱状晶相遇而止，这种铸锭组织称为穿晶组织，如图4-46所示。

4.4.1.3　中心等轴晶区

图4-46　穿晶组织

在柱状晶生长阶段，由于液-固界面前沿的液相中溶质原子的富集，形成成分过冷区。而且柱状晶越发展，温度梯度越小，如图4-44中曲线t_4所示。当铸锭内四周的柱状晶都向铸锭心部发展并达到一定的位置时，由于成分过冷的增大，使铸锭心部的液体都处于过冷状态，如图4-47所示，满足了形核对过冷度的要求，于是在整个剩余液体中同时形核。由于此时的散热已经失去了方向性，晶核可以在各个方向上均匀长大，阻碍了柱状晶区的发展，形成中心等轴晶区。当它们长到与柱状晶相遇，全部液体凝固完毕后，即形成明显的中心等轴晶区。

4.4.2　铸锭中三层组织的性能

由于铸锭中存在着表层等轴细晶区、中间柱状晶区和中心等轴粗晶区三层不同组织，因此在性能上就有明显的差异。

等轴细晶区的晶粒十分细小，组织致密，力学性能较好。但由于表层细晶区的厚度一

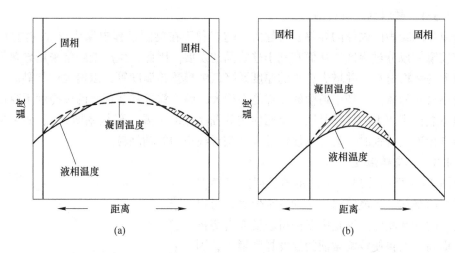

图 4-47　在铸锭中心发展的成分过冷区域示意图（阴影区即成分过冷区）
(a) 柱状晶发展阶段；(b) 等轴晶成长阶段

般都很薄，有的只有几毫米厚，因此对整个铸锭的性能影响不大。

在柱状晶区中，晶粒彼此间的界面比较平直，气泡缩孔很小，所以组织比较致密。但当沿不同方向长大的两组柱状晶相遇时，会形成柱晶交界面。柱晶交界面是杂质、气泡、缩孔较富集的地区，因而是铸锭的脆弱结合面，简称弱面。例如在方形铸锭中的对角线处就很容易形成弱面，当压力加工时，易于沿这些弱面形成裂纹或开裂。此外，柱状晶区的性能有方向性，对塑性好的金属或合金，即使全部为柱状晶组织，也能顺利通过热轧而不至开裂；而对塑性差的金属或合金，如钢铁和镍合金等，则应力求避免形成发达的柱状晶区，否则往往导致热轧开裂而产生废品。但在某些场合，如果要求零件沿着某一个方向具有优越的性能时，也可利用柱状晶沿其长度方向的性能较高的特点，使铸件形成全部为同一方向的柱状晶组织，这种工艺称为定向凝固。

与柱状晶区相比，等轴晶区的各个晶粒在长大时彼此交叉，枝权间的搭接牢固，裂纹不易扩展；不存在明显的弱面；各晶粒无择优取向，其性能也没有方向性，这是等轴晶区的优点。但其缺点是等轴晶的树枝状晶体比较发达，分枝较多，因此显微缩孔较多，组织不够致密，使该区力学性能降低。

4.4.3　影响铸锭凝固组织的因素

在一般情况下，金属铸锭的宏观组织有三个晶区。由于凝固条件的复杂性，纯金属的铸锭在某些条件下只有柱状晶区或只有等轴晶区，即使有三个晶区，不同铸锭中各晶区所占的比例也往往不同。由于不同的晶区具有不同的性能，因此必须控制凝固条件，使性能好的晶区所占比例尽可能大，而使不希望的晶区所占比例尽量减少甚至完全消失。例如柱状晶的特点是组织致密，性能具有方向性；缺点是存在弱面，但是这一缺点可以通过改变铸型结构（如将断面的直角连接改为圆弧连接）来解决，因此塑性好的铝、铜等铸锭都希望得到尽可能多的致密的柱状晶。但对于钢铁等许多材料的铸锭和大部分铸件来说，一般都希望得到尽可能多的等轴晶。控制铸锭各晶区的组织可以采用以下工艺措施。

4.4.3.1　铸模的冷却能力

铸模和刚凝固的固体的导热能力越大，越有利于在凝固过程中保持较大的温度梯度，即保持较窄的成分过冷区，从而有利于柱状晶的发展。因此，生产上经常采用导热性好与热容量大的铸模材料，并增大铸模的厚度及降低铸模预热温度等，以增大柱状晶区。但是对于较小尺寸的铸件，如果铸模的冷却能力很大，整个铸件都在很大的过冷度下凝固，这时不但不能得到较大的柱状晶区，反而促进等轴晶区的发展（形核率增大）。如采用水冷结晶器进行连续铸锭时，就可以使铸锭全部获得细小的等轴晶粒。

4.4.3.2　浇铸温度

由图 4-48 可以看出，柱状晶的长度随浇铸温度的提高而增加，当浇铸温度达到一定值时，可以获得完全的柱状晶区。这是由于浇铸温度或者浇铸速度的提高，均将使铸锭截面的温度梯度增大，因而有利于柱状晶区的发展。相反，浇铸温度低则有利于中心等轴晶区的发展。

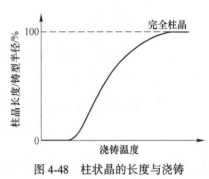

图 4-48　柱状晶的长度与浇铸温度的关系

4.4.3.3　熔化温度

熔化温度越高，液态金属的过热度越大，非金属夹杂物溶解得越多，则非均匀形核数目就越少，从而减少了柱状晶前沿液体中形核的可能性，有利于柱状晶区的发展。

通过单向散热使整个铸件获得全部柱状晶的技术称为定向凝固技术，已应用于工业生产中。例如磁性铁合金的最大磁导率方向是 <001> 方向，而柱状晶的一次晶轴正好是这一方向，所以可利用定向凝固技术来制备磁性铁合金。又如，喷气发动机的涡轮叶片最大负荷方向是纵向，具有等轴晶组织的涡轮叶片容易沿横向晶界失效，利用定向凝固技术生产的涡轮叶片，使柱状晶的一次晶轴方向与最大负荷方向保持一致，从而提高涡轮叶片在高温下对塑性变形和断裂的抗力。为了得到更好的高温力学性能，还可利用保持小过冷度的单晶制备技术获得单晶叶片，避免高温下由晶界弱化造成的强度降低，并且其晶面和晶向可控制为最佳性能取向。

4.4.3.4　变质处理

在液态金属浇铸前加入有效的形核剂，增加液态金属的形核率，阻碍柱状晶区的发展，获得细小的等轴晶粒。这种变质处理的方法广泛应用于工业生产中。

4.4.3.5　物理方法

在液态金属凝固过程中，如果采用机械振动、超声波振动、电磁搅拌及离心铸造等物理方法，使液态金属发生运动，不但可以使其温度均匀，减少铸锭截面的温度梯度，而且使已凝固的树枝晶破碎导致增加晶核数量，这都不利于柱状晶区的发展，使得铸锭整体形成细小的等轴晶粒。

4.4.4　铸锭中的缺陷

金属和合金凝固过程中所产生的铸造缺陷主要包括偏析、缩孔、疏松、气孔和夹杂物。这些缺陷的存在会对铸锭的质量产生重要的影响。

4.4.4.1 偏析

偏析是指化学成分的不均匀性。这是合金凝固过程的特点所决定的。如在前面所述的正常凝固中，随着凝固过程的进行，在液、固相中的溶质要发生重新分布。在非平衡凝固条件下，凝固速度比较快，溶质原子来不及重新分布，使得先后凝固的固相中成分不均匀，从而形成显著的偏析现象。根据偏析产生的范围不同，可分为宏观偏析和微观偏析。宏观偏析经浸蚀后由肉眼或低倍放大可见，而显微偏析是在显微镜下才能检视到的偏析。

A 宏观偏析

宏观偏析又称区域偏析，表现为铸锭或铸件从里层到外层或从上到下成分不均匀。根据表现形式不同，可分为正偏析、反偏析和比重偏析三类。

a 正偏析

当合金的平衡分配系数 $k_0 < 1$ 时，合金在铸模中的凝固首先从模壁开始并向中心进行，这样就造成先凝固的铸锭外层中溶质浓度低于后凝固的内层，这种内外成分不均匀的现象是正常凝固的结果，故称为正常偏析，或正偏析；对于平衡分配系数 $k_0 > 1$ 的合金，偏析方向正好相反。正常偏析的程度与凝固速度、液体对流以及溶质扩散条件等因素有关。正常偏析一般难以完全避免，它的存在会导致铸锭性能降低，且在随后的热加工和扩散退火处理中难以根本改善，故应在浇铸时采取适当的控制措施。

b 反偏析

当合金的平衡分配系数 $k_0 < 1$ 时，铸锭外层中溶质浓度高于后凝固的内层溶质浓度，就称为反偏析，即反偏析与正偏析刚好相反。目前认为反偏析形成的主要原因与铸模中心的液体倒流有关。由于在合金凝固时，先凝固部分发生收缩，在枝晶之间产生间隙和负压，使铸模中心溶质浓度较高的液体沿枝晶间隙回到表层，形成反偏析。控制反偏析形成的方法有：扩大铸锭内中心等轴晶区，阻止柱状晶的发展，使富集溶质的液体不易从中心排向表层。

c 比重偏析

比重偏析通常产生在凝固初期，由于初生相与液体密度不同而引起初生相上浮或下沉，从而导致铸锭或铸件中组成相上下分布和成分不均匀的一种宏观偏析。这种偏析主要存在于共晶系和偏晶系合金中，并在缓慢冷却条件下产生。例如铸铁中的石墨漂浮也是一种比重偏析。防止或减轻比重偏析的方法有：增大冷却速度，使初生相来不及上浮或下沉；加入第三种合金元素，形成熔点较高的、密度与液相接近的树枝晶化合物，以在凝固初期形成树枝骨架阻挡偏析相的上浮或下沉。

B 微观偏析

在非平衡凝固条件下，对于 $k_0 < 1$ 的合金，在凝固过程中，溶质将同时沿纵向和侧向排入液-固界面前沿的液体中，溶质沿纵向的排入导致宏观偏析；而沿侧向的排出则引起微观偏析。微观偏析是指在一个晶粒范围内成分不均匀的现象。根据凝固时晶体生长形态的不同可分为枝晶偏析、胞状偏析和晶界偏析三种。

a 枝晶偏析

枝晶偏析是由非平衡凝固造成的，使先凝固的枝干和后凝固的枝间的成分不均匀。枝干含高熔点组元多，枝间含低熔点组元多。合金通常以树枝状生长，一颗树枝晶就形成一颗晶粒，因此枝晶偏析在一个晶粒范围内，故也称为晶内偏析。通常凝固速度越快，偏析元素在固溶体中的扩散能力越小，凝固温度范围越宽，则枝晶偏析越严重。

b　胞状偏析

胞状偏析是指当成分过冷较小时，固溶体晶体呈胞状方式生长，而胞壁处和中心处的溶质成分不同。如果合金的分配系数 $k_0 < 1$，则在胞壁处将富集溶质；若 $k_0 > 1$，则胞壁处的溶质将贫化。由于胞体尺寸较小，即成分波动的范围较小，因此胞状偏析很容易通过均匀化退火消除。

c　晶界偏析

晶界偏析是溶质原子富集在最后凝固的晶界部分而造成的。当 $k_0 < 1$ 的合金在凝固时使液相富含溶质组元，当相邻晶粒长大至相互接触时，富含溶质的液体就集中在晶粒之间，凝固成为具有富含溶质的晶界，造成晶界偏析。影响晶界偏析程度的因素大致有：溶质含量越高，偏析程度越大；凝固速度慢使溶质原子有足够时间扩散而富集在液-固界面前沿的液相中，从而增加晶界偏析程度；非树枝晶长大也使晶界偏析的程度增加。

晶界偏析往往容易引起晶界断裂，因此一般要求设法降低晶界偏析的程度。除控制溶质含量外，还可以加入适当的第三种元素来减小晶界偏析的程度。如在 Fe 中加入 C 来减弱 O 和 S 的晶界偏析，加入 Mo 来减弱 P 的晶界偏析。

4.4.4.2　缩孔和疏松

金属和合金在冷却和凝固过程中要发生体积收缩。如果没有金属液体继续补充，就会在铸锭或铸件中出现收缩孔洞，或称缩孔。

铸件中存在缩孔，会使铸件中有效承载面积减小，导致应力集中，可能成为裂纹源；并且降低铸件的气密性，特别是承受压应力的铸件，容易发生渗漏而报废。缩孔的出现是不可避免的，目前可以通过改变凝固时的冷却条件和铸锭的形状来控制其出现的部位和分布状况。缩孔分为集中缩孔和分散缩孔（疏松）两类。

A　集中缩孔

图 4-49 为集中缩孔形成过程示意图。当液态金属浇入锭模后，与模壁接触的一层液体先凝固，中心部分的液体后凝固，先凝固部分的体积收缩可以由尚未凝固的液态金属来补充，而最后凝固部分的体积收缩则得不到补充。因此整个铸锭凝固时的体积收缩都集中到最后凝固的部分，于是便形成了集中缩孔。

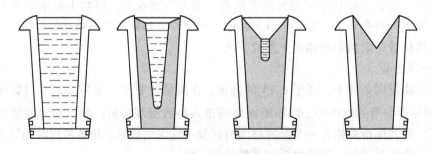

图 4-49　集中缩孔形成过程示意图

集中缩孔破坏了铸锭的完整性，并使其附近含有较多的杂质，在以后的轧制过程中随铸锭整体的延伸而伸长，不能焊合，造成废品，所以必须在铸锭时予以切除。如果铸型设计不当，浇铸工艺掌握不好，则缩孔长度可能增大，甚至贯穿铸锭中心，严重影响铸锭质量。为了缩短缩孔的长度，使铸锭的收缩尽可能地提高到顶部，从而减少切头率，提高材料的利用率，通常采用的方法是：（1）加快底部的冷却速度。如在锭模底部安放冷铁，使凝固尽可能地自下而上进行，从而使缩孔大大减小；（2）在铸锭顶部加保温冒口，使铸锭上部的液体最后凝固，收缩时可得到液体的补充，把缩孔集中到顶部的保温冒口中，然后加以切除。此外，使锭模壁上薄下厚，锭子上大下小，可缩短缩孔长度。

B 分散缩孔（疏松）

大多数金属凝固时以树枝晶方式长大。在柱状晶尤其是粗大的中心等轴晶形成过程中，由于树枝晶的充分发展以及各枝晶间相互穿插和相互封锁作用，使一部分液体被孤立分隔于各枝晶之间，凝固收缩时得不到液体的补充，凝固结束后，便在这些区域形成许多分散的形状不规则的缩孔，称为分散缩孔或疏松。在一般情况下，疏松处没有杂质，表面也未被氧化，在压力加工时可以焊合。

4.4.4.3 气孔

在液态金属中总会或多或少地溶有一些气体，或者液体中发生某些化学反应而产生气体，主要是氢气、氧气和氮气，而气体在固体中的溶解度往往比在液体中小得多。当液体凝固时，其中所溶解的气体将以分子状态逐渐富集于液-固界面前沿的液体中，形成气泡。这些气泡长大到一定程度后便可能上浮，若浮出表面，即逸散到周围环境中；如果气泡来不及上浮，或者铸锭表面已经凝固，则气泡将保留在铸锭内部，形成气孔。

气孔对铸件造成的危害与缩孔类似。在生产中可采取措施减小液态金属的吸气量或对液态金属进行除气处理。铸锭内部的气孔在压力加工时一般都可以焊合；而靠近铸锭表层的皮下气孔，则可能由于表皮破裂而被氧化，在压力加工时不能焊合，故在压力加工前必须车去，否则易在表面形成裂纹。

4.4.4.4 夹杂物

夹杂物是指混合在金属和合金组织中与组成相成分和结构完全不同的化合物颗粒。铸锭中的夹杂物根据其来源不同，可分为外来夹杂物和内生夹杂物。

外来夹杂物是从浇铸系统和铸模中带入液体中，凝固后被保留在金属和合金组织中。内生夹杂物是冶炼或凝固过程中内部反应而形成的。一种是基体金属与气体反应形成的化合物；一种是冶炼和浇铸时加入脱氧剂或变质剂而形成的化合物，如用 Al 脱氧的钢液中形成的 Al_2O_3；还有一种是富集在晶界、枝晶间的杂质元素与基体金属形成的化合物，如钢中 FeS、Fe_3P 等。夹杂物的存在对铸锭的性能会产生一定的影响。

重要概念

凝固，结晶，过冷度，结构起伏，能量起伏

均匀形核，非均匀形核，晶胚，晶核，临界晶核半径，临界形核功，形核率

光滑界面，粗糙界面，温度梯度，平面状生长，树枝状生长，胞状生长

平衡分配系数，成分过冷，胞状组织，树枝状组织

表面等轴细晶区，柱状晶区，中心等轴晶区，偏析，缩孔，疏松

习　题

4-1　简述二元合金凝固的基本条件有哪些。

4-2　试比较均匀形核与非均匀形核的异同点。

4-3　试计算立方晶体（边长为 a）形核所需临界半径、临界形核功、临界形核功和表面能关系。

4-4　请分析并解释在正温度梯度下凝固，为什么纯金属以平面状生长，而固溶体合金却往往以树枝状长大？

4-5　什么是成分过冷？它如何影响固溶体生长形态？

4-6　简述铸锭三晶区形成的原因及每个晶区的性能特点。

5 铁碳相图和铁碳合金缓冷后的组织

本章教学要点：重点掌握铁碳相图中点、线、区的不同含义，铁碳合金室温的组织组成物；能默画铁碳相图；理解不同成分铁碳合金平衡凝固过程并能计算室温相组成物和组织组成物的相对含量。

铁碳相图是反映使用量最广的钢铁材料（碳钢和铸铁）的重要资料，是研究铁碳合金的重要工具。了解与掌握铁碳合金相图，对于了解钢铁材料的成分、组织与性能之间的关系，制订各种热加工工艺以及分析工艺废品产生原因等方面都有很重要的指导意义。

铁碳合金中的碳有两种存在形式：碳化物和石墨。在通常情况下，碳以 Fe_3C 形式存在，即铁碳合金按 $Fe-Fe_3C$ 系转变。但是 Fe_3C 是一个亚稳相，在一定条件下可以分解为铁（实际上是以铁为基的固溶体）和石墨，因此从热力学角度讲石墨才是稳定相。但是石墨的表面能很大，形核需要克服很高的能量，所以一般条件下，铁碳合金中的碳以 Fe_3C 的形式存在。因此，铁碳相图往往具有双重性，即 $Fe-Fe_3C$ 和 Fe-石墨两种形式。通常将两者画在一起，称为铁碳双重相图，本章重点研究 $Fe-Fe_3C$ 相图。

5.1 铁碳相图中的组元和基本相

铁碳合金是由过渡族金属铁和非金属元素碳所组成，因碳原子半径小，它与铁组成合金时，能溶入铁的点阵间隙中形成间隙固溶体。当碳原子溶入量超过铁的极限溶解度后，碳与铁将形成一系列化合物，如 Fe_3C、Fe_2C、FeC 等。碳含量大于 5%（质量分数）的铁碳合金脆性很大，已无工程实用价值，因此通常使用的铁碳合金的碳含量都不超过 6.69%，这是因为铁与碳形成的金属化合物渗碳体（Fe_3C）的碳含量为 6.69%，因此可以把它看作一个组元。它与铁组成的相图就是本章重点介绍的铁碳相图，实际上应该称为 $Fe-Fe_3C$ 相图。下面介绍 $Fe-Fe_3C$ 相图中的组元和基本相。

5.1.1 纯铁

铁是元素周期表上的第 26 个元素，相对原子质量为 55.85，属于过渡族元素。在一个大气压下，它于 1538℃熔化，2738℃汽化。在 20℃时的密度为 7.87g/cm³。

5.1.1.1 铁的同素异构转变

如前所述，铁具有同素异构转变，图 5-1 是纯铁的冷却曲线。由图可以看出，纯铁在 1538℃凝固为具有体心立方结构的 δ-Fe。当温度继续冷却至 1394℃时，δ-Fe 转变为面心立方结构的 γ-Fe，通常把 δ-Fe⇔γ-Fe 的转变称为 A_4 转变，转变的平衡临界点称为 A_4 温度。当温度继续降至 912℃时，面心立方结构的 γ-Fe 又转变为体心立方结构的 α-Fe，把 γ-Fe⇔α-Fe 的转变称为 A_3 转变，转变的平衡临界点称为 A_3 温度。在 912℃以下，铁的结构不再发生变化。由此可知，铁具有三种同素异构状态，即δ-Fe、γ-Fe和α-Fe。纯铁在凝固后的冷却过程中，经两次同素异构转变后晶粒得到细化，如图5-2所示。铁的同素异构转变具有很大的实际意义，它是钢的合金化和热处理的基础。

应当指出，α-Fe在770℃还将发生磁性转变，即由高温的顺磁性转变为低温的铁磁性状态。通常把这种磁性转变称为A_2转变，把磁性转变温度称为铁的居里点。在发生磁性转变时铁的晶体结构类型不变。

5.1.1.2 纯铁的性能与应用

工业纯铁的含铁量一般为99.8%～99.9%（质量分数），含有0.1%～0.2%（质量分数）的杂质，其中主要是碳。纯铁的力学性能因其纯度和晶粒大小的不同而差别很大，其大致范围如下：抗拉强度$\sigma_b = 176 \sim 274\text{MPa}$，屈服强度$\sigma_{0.2} = 98 \sim 166\text{MPa}$，伸长率$\delta = 30\% \sim 50\%$，断面收缩率$\psi = 70\% \sim 80\%$，冲击韧性$\alpha_k = 160 \sim 200\text{J/cm}^2$，布氏硬度$\text{HB} = 50 \sim 80$。纯铁的

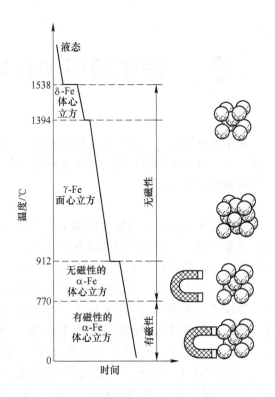

图5-1 纯铁的冷却曲线及晶体结构变化

塑性和韧性很好，但其强度很低，很少用作结构材料。纯铁的主要用途是利用它所具有的铁磁性。工业上炼制的电工纯铁和工程纯铁具有高的磁导率，可用于要求软磁性的场合，如各种仪器仪表的铁芯等。

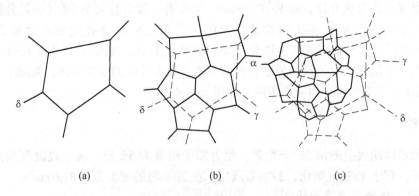

图5-2 纯铁结晶后的组织
(a) 初生的δ-Fe晶粒；(b) γ-Fe晶粒；(c) 室温组织α-Fe晶粒

5.1.2 铁与碳形成的相

通常使用的铁碳合金中，铁与碳主要形成以下5个基本相。

（1）液相。铁和碳在液态能无限互溶形成均匀的液体，用 L 表示。

（2）δ铁素体。δ铁素体是碳溶于 δ-Fe 中的间隙固溶体，具有体心立方结构，也称为高温铁素体，以 δ 表示。其点阵常数 $a = 0.293$nm，它的点阵间隙小，最大溶解度在 1495℃ 为 0.09%（质量分数）。

（3）奥氏体。奥氏体是碳溶于 γ-Fe 中的间隙固溶体，具有面心立方结构，常用 A 或 γ 表示。其点阵常数 $a = 0.366$nm，它的点阵间隙相对较大，最大溶解度在 1148℃ 为 2.11%（质量分数）。它的强度、硬度低，塑性、韧性较高，是塑性相，具有顺磁性。

（4）铁素体。铁素体是碳溶于 α-Fe 中的间隙固溶体，具有体心立方结构，常用 F 或 α 表示。其点阵常数 $a = 0.287$nm，它的点阵间隙很小，最大溶解度在 727℃ 为 0.0218%（质量分数），比奥氏体的溶碳能力小得多。在室温下铁素体的溶碳能力更低，一般在 0.008%（质量分数）以下。铁素体的性能与纯铁基本相同，居里点也是 770℃。铁素体和奥氏体是铁碳相图中两个十分重要的基本相。

（5）渗碳体（Fe_3C）。渗碳体是铁与碳形成的间隙化合物，含碳量为 6.69%（质量分数），可以用 C_m 表示。C 与 Fe 的原子半径之比为 0.63，其晶体结构如图 5-3 所示，属于正交晶系。由图可知，渗碳体的晶体结构十分复杂，三个点阵常数分别为 $a = 0.452$nm，$b = 0.509$nm，$c = 0.674$nm。晶胞中含有 12 个铁原子和 4 个碳原子，符合 Fe∶C = 3∶1 的关系。Fe_3C 中的 Fe 原子可以被 Mn、Cr、Mo、W 等金属原子置换形成合金渗碳体。

渗碳体具有很高的硬度，布氏硬度 HB 约为 800，但塑性很差，伸长率接近于零。渗碳体在 230℃ 以下为铁磁性，但是在 230℃ 以上为顺磁性，所以该温度称为渗碳体的磁性转变温度或居里点，常用 A_0 表示。根据理论计算，渗碳体的熔点为

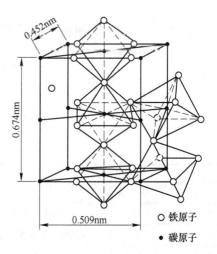

○ 铁原子
● 碳原子

图 5-3　渗碳体晶胞中的原子配置

1227℃。渗碳体的数量和分布对铁碳合金的组织和性能有很大影响，是铁碳相图中的重要基本相。

5.2　铁　碳　相　图

铁碳相图（Fe-Fe_3C 相图）如图 5-4 所示，相图中的虚线表示 Fe-石墨稳定系相图。图 5-4 看起来比较复杂，其实主要由包晶相图、共晶相图和共析相图三部分构成。下面主要分析相图的点、线、区及其意义。

5.2.1　Fe-Fe_3C 相图中的特性点

Fe-Fe_3C 相图中各特性点的温度、碳含量（质量分数）及意义列于表 5-1 中。各特性点的符号是国际通用的。

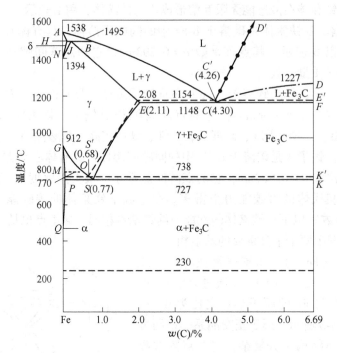

图 5-4　以相组成表示的铁碳相图

表 5-1　Fe-Fe₃C 相图中的特性点

符号	温度/℃	C 的质量分数/%	说　明	符号	温度/℃	C 的质量分数/%	说　明
A	1538	0	纯铁的熔点	J	1495	0.17	包晶点
B	1495	0.53	包晶转变时液相的成分	K	727	6.69	渗碳体的成分
C	1148	4.30	共晶点	M	770	0	纯铁的磁性转变点（A_2）
D	1227	6.69	渗碳体的熔点	N	1394	0	$\gamma\text{-Fe} \rightleftharpoons \delta\text{-Fe}$ 转变温度（A_4）
E	1148	2.11	碳在 γ-Fe 中的最大溶解度	O	770	0.5	含碳 0.5%合金的磁性转变点
F	1148	6.69	渗碳体的成分	P	727	0.0218	碳在 α-Fe 中的最大溶解度
G	912	0	$\alpha\text{-Fe} \rightleftharpoons \gamma\text{-Fe}$ 转变温度（A_3）	S	727	0.77	共析点（A_1）
H	1495	0.09	碳在 δ-Fe 中的最大溶解度	Q	600	0.0057	600℃时碳在 α-Fe 中的溶解度

5.2.2　Fe-Fe₃C 相图中的特性线

图 5-4 中所示的 $ABCD$ 为液相线，$AHJECF$ 为固相线。相图中三条水平线即发生恒温转变。

5.2.2.1　包晶转变水平线 HJB

在 1495℃的恒温下，含碳量为 0.53%的液相与含碳量为 0.09%的 δ 铁素体发生包晶转变，形成含碳量为 0.17%的奥氏体，其反应式为：

$$L_B + \delta_H \xrightarrow{1495℃} \gamma_J$$

进行包晶转变时，奥氏体沿 δ 相与液相的界面形核，并向 δ 相和液相两个方向长大。包晶反应终了时，δ 相与液相同时耗尽，生成单相奥氏体。根据杠杆定律可知，含碳量在 0.09%～0.17%之间的铁碳合金，含 δ 铁素体的量较多，当包晶反应结束后，液相耗尽，仍残留一部分 δ 铁素体。这部分 δ 相在随后的冷却过程中，通过同素异构转变而变成奥氏体；含碳量在 0.17%～0.53%之间的铁碳合金，由于反应前的液相较多，所以在包晶反应结束后，仍残留一定量的液相，这部分液相在随后冷却过程中以匀晶转变方式凝固出奥氏体。

含碳量小于 0.09%的铁碳合金，按匀晶转变凝固出 δ 固溶体之后，继续冷却时将在 *NH* 与 *NJ* 线之间发生固溶体的同素异构转变，变为单相奥氏体；含碳量在 0.53%～2.11%之间的铁碳合金，按匀晶转变凝固后，组织也是单相奥氏体。总之，含碳量小于 2.11%的铁碳合金在冷却过程中，都可在一定的温度区间内获得单相的奥氏体组织。

应当指出，对于铁碳合金来说，由于包晶反应温度高，碳原子的扩散较快，所以包晶偏析并不严重；但对于高合金钢来说，合金元素的扩散较慢，就可能造成严重的包晶偏析。

5.2.2.2 共晶转变水平线 *ECF*

在 1148℃的恒温下，由含碳量 4.3%的液相转变为含碳量 2.11%的奥氏体和渗碳体组成的混合物，其反应式为：

$$L_C \xrightarrow{1148℃} \gamma_E + Fe_3C$$

共晶转变形成的奥氏体和渗碳体的混合物，称为莱氏体，用符号 L_d 表示。凡是含碳量在 2.11%～6.69%范围内的铁碳合金，都要进行共晶转变。

在莱氏体中，渗碳体是连续分布的相，奥氏体呈颗粒状分布在渗碳体的基底上。由于渗碳体很脆，所以莱氏体是塑性很差的组织。

5.2.2.3 共析转变水平线 *PSK*

在 727℃恒温下，由含碳量 0.77%的奥氏体转变为含碳量 0.0218%的铁素体和渗碳体组成的混合物，其反应式为：

$$\gamma_S \xrightarrow{727℃} \alpha_P + Fe_3C$$

共析转变的产物称为珠光体，用符号 P 表示。共析转变的水平线 *PSK*，称为共析线，用符号 A_1 表示。凡是含碳量大于 0.0218%的铁碳合金都将发生共析转变。经共析转变形成的珠光体是层片状的，其中的铁素体和渗碳体的含量可以用杠杆定律进行计算：

$$\alpha\% = \frac{SK}{PK} = \frac{6.69 - 0.77}{6.69 - 0.0218} \times 100\% \approx 88.7\%$$

$$Fe_3C\% = \frac{PS}{PK} = \frac{0.77 - 0.0218}{6.69 - 0.0218} \times 100\% = 100\% - \alpha\% \approx 11.3\%$$

渗碳体与铁素体相对含量的比值为 $Fe_3C\%/\alpha\% \approx 1/8$。这就是说，如果忽略铁素体和渗碳体比容上的微小差别，则铁素体的体积是渗碳体的 8 倍。在金相显微镜下观察时，珠光体组织中较厚的片是铁素体，较薄的片是渗碳体。在腐蚀金相试样时，被腐蚀的是铁素体和渗碳体的相界面，但在一般金相显微镜下观察时，由于放大倍数不足，渗碳体两侧的界面有时分辨不清，看起来合成了一条线。

图 5-5 是不同放大倍数下的珠光体组织照片。珠光体组织中片层排列方向相同的领域叫做一个珠光体领域或珠光体团。相邻珠光体团的取向不同，在显微镜下，不同的珠光体团的片层粗细不同。

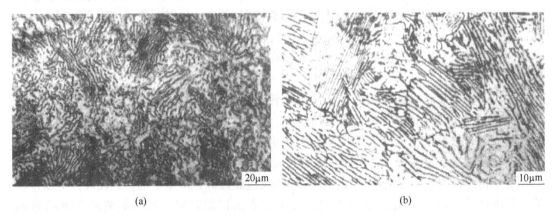

(a)   (b)

图 5-5   不同放大倍数下的珠光体

此外，Fe-Fe$_3$C 相图中还有以下几条重要的固态转变线。

（1）GS 线。GS 线又称为 A_3 线，它是在冷却过程中由奥氏体析出铁素体的开始线，或者说在加热过程中铁素体溶入奥氏体的终了线。事实上，GS 线是由 G 点（A_3 点）演变而来，随着含碳量的增加，奥氏体向铁素体的同素异构转变温度逐渐下降，使得 A_3 点变成了 A_3 线。

（2）ES 线。ES 线是碳在奥氏体中的溶解度曲线。当温度低于此曲线时，就要从奥氏体中析出次生渗碳体，通常称为二次渗碳体，用 Fe$_3$C$_{\text{II}}$ 表示，因此该曲线又是二次渗碳体的开始析出线。ES 线也叫 A_{cm} 线。由相图可以看出，E 点表示奥氏体的最大溶碳量，即奥氏体的溶碳量在 1148℃ 时为 2.11%。

（3）PQ 线。PQ 线是碳在铁素体中的溶解度曲线。铁素体中的最大溶碳量在 727℃ 时达到最大值 0.0218%。随着温度的降低，铁素体中的溶碳量逐渐减少，在 300℃ 以下，溶碳量小于 0.001%。因此，当铁素体从 727℃ 冷却下来时，要从铁素体中析出渗碳体，称为三次渗碳体，用 Fe$_3$C$_{\text{III}}$ 表示。

Fe-Fe$_3$C 相图中的各特性线汇总列于表 5-2 中。

5.2.3 相区

Fe-Fe$_3$C 相图中有 5 个单相区、7 个两相区和 3 个三相线。

（1）单相区。在 ABCD 线以上为液相区 L；在 AHNA 区为 δ 相区（高温铁素体区）；在 NJESGN 区为 γ 相区（奥氏体区）；在 GPQG 区为 α 相区（铁素体区）；在 DFK 区为 Fe$_3$C（渗碳体区）。

（2）两相区。它们分别存在于相邻两个单相区之间。在 AHJBA 区为 L+δ；在 JBCEJ 区为 L+γ；在 CFDC 区为 L+Fe$_3$C；在 HJNH 区为 δ+γ；在 GSPG 区为 α+γ；在 ECFKSE 区为 γ+Fe$_3$C；在 QPSK 线以下为 α+Fe$_3$C。

（3）三相线。HJB 线为 L+δ+γ 三相共存线；ECF 线为 L+γ+Fe₃C 三相共存线；PSK 线为 γ+α+Fe₃C 三相共存线。

表 5-2　Fe-Fe₃C 相图中的特性线（冷却）

特征线	名　称	特性线的含义
$ABCD$	液相线	AB 是 L→δ 的开始线 BC 是 L→γ 的开始线 CD 是 L→Fe₃C$_I$ 的开始线
$AHJECF$	固相线	AH 是 L→δ 的终止线 JE 是 L→γ 的终止线
HJB	包晶转变线	$L_B + δ_H \xrightarrow{1495℃} γ_J$
HN	同素异构转变线	δ→γ 的开始线
JN	同素异构转变线	δ→γ 的终止线
ECF	共晶转变线	$L_C \xrightarrow{1148℃} γ_E + Fe_3C$
ES	固溶线	碳在 γ-Fe 中的溶解度曲线（A_{cm} 线），γ→Fe₃C$_{II}$
GS	同素异构转变线	γ→α 的开始线（A_3 线）
GP	同素异构转变线	γ→α 的终止线
PSK	共析转变线	$γ_S \xrightarrow{727℃} α_P + Fe_3C$（$A_1$ 线）
PQ	固溶线	碳在 α-Fe 中的溶解度曲线，α→Fe₃C$_{III}$
MO	磁性转变线	A_2 线 770℃，α 相无磁性>770℃>α 相铁磁性
230℃虚线	磁性转变线	A_0 线 230℃，Fe₃C 无磁性>230℃> Fe₃C 铁磁性

5.3　铁碳合金的平衡凝固过程及组织

铁碳合金的组织是液态凝固及固态相变的综合结果，研究铁碳合金的凝固过程，目的在于分析铁碳合金的组织形成，以考虑其对性能的影响。

铁碳合金按其碳含量的不同，大致可以分为三类：工业纯铁、钢、白口铸铁。

（1）工业纯铁。C%<0.0218%的铁碳合金称为工业纯铁，它的室温组织为单相铁素体和三次渗碳体（α+ Fe₃C$_{III}$）。

（2）钢。0.0218%< C%<2.11%的铁碳合金称为钢。钢在高温时的组织为单相奥氏体，具有良好的塑性，可进行热锻或热轧。根据钢在室温时的组织又可将其分为以下三类。

1）亚共析钢。0.0218%< C%<0.77%的铁碳合金称为亚共析钢，其室温组织为先共析铁素体和珠光体（α+P）。

2）共析钢。C% = 0.77%的铁碳合金称为共析钢，其室温组织为 100%的珠光体（P）。

3）过共析钢。0.77%< C%<2.11%的铁碳合金称为过共析钢，其室温组织为珠光体

和二次渗碳体 (P+Fe₃C_Ⅱ)。

(3) 白口铸铁。2.11%< C% <6.69%的铁碳合金称为铸铁，由于按 Fe-Fe₃C 系凝固的铸铁，碳以 Fe₃C 形式存在，其断口呈亮白色，故称为白口铸铁。

根据白口铸铁在室温时的组织又可将其分为以下三类。

1) 亚共晶白口铸铁。2.11%< C% <4.3%的铁碳合金称为亚共晶白口铸铁，其室温组织为珠光体、二次渗碳体和变态莱氏体 (P+Fe₃C_Ⅱ + L'_d)。

2) 共晶白口铸铁。C%=4.3%的铁碳合金称为共晶白口铸铁，其室温组织为100%变态莱氏体 (L'_d)。

3) 过共晶白口铸铁。4.30%< C% <6.69%的铁碳合金称为过共晶白口铸铁，其室温组织为一次渗碳体和变态莱氏体 (Fe₃C_Ⅰ + L'_d)。

现从每种类型中选择一种铁碳合金来分析其平衡凝固过程和组织。所选取的合金成分在相图上的位置如图5-6所示。

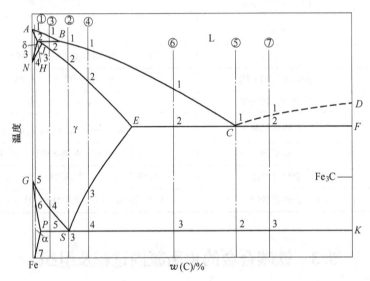

图5-6 典型铁碳合金冷却时的组织转变过程分析

5.3.1 工业纯铁的平衡凝固过程及组织

以含碳量为0.01%的合金（图5-6中的合金①）为例分析工业纯铁的平衡凝固。由图可以看出，该合金体系从高温到室温，分别与相图交于1、2、3、4、5、6和7点。当合金从液相冷却到与液相线相交的1点时，按匀晶转变凝固出 δ 相（L→δ），随着温度的降低，液相的成分沿液相线 AB 线变化，碳含量不断增加，但其相对含量不断减少；而 δ 相的成分沿固相线 AH 变化，碳含量和相对含量都不断增加。当温度冷却到2点时，匀晶转变结束，L 相消失，得到含碳量为0.01%的单相 δ 固溶体，在2~3点之间随着温度的降低，δ 相的成分和结构都不改变，只是进行降温。当冷却至3点时，开始发生固溶体的同素异构转变（δ→γ）。奥氏体的晶核通常优先在 δ 相的晶界处形成并长大，在3~4点之间随着温度的降低，δ 相和 γ 相的成分分别沿着 HN 和 JN 变化，这一转变在4点结束，δ 相消失，得到含碳量为0.01%的单相奥氏体。在4~5点之间随着温度的降低，γ 相的成分和结构都不改变，只是进行降温。当奥氏体冷却到 5 点时又发生固溶体的同素异构转变（γ→α），同样，铁素体的晶核优先在奥氏体晶界上形成，然后长大。在 5~6 点之间随着温度的降低，γ 相和 α 相的成分分别沿着 GS 和 GP 线变化。冷却到 6 点时，固溶体的同素异构转变结束，γ 相消失，得到含碳量为 0.01% 的单相铁素体。在 6~7 点之间随着温度的降低，α 相的成分和结构都不改变，只是进行降温。当冷却到 7 点时，碳在铁素体中的溶解量达到饱和，因此，当冷却到 7 点以下铁素体将发生脱溶转变（α→Fe₃C_III），从铁素体中析出渗碳体，这种从铁素体中析出的渗碳体称为三次渗碳体。这时 α 相的成分沿着 PQ 线变化。在缓慢冷却条件下，这种渗碳体常沿铁素体晶界呈片状析出。由合金①的凝固过程示意图（图 5-7）可以看出，工业纯铁的室温组织为 α+Fe₃C_III，如图 5-8 所示。利用杠杆定律可以计算出合金在室温时的相组成物和组织组成物的相对含量。

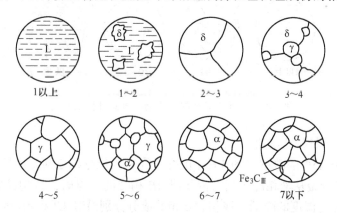

图 5-7　含碳 0.01% 的工业纯铁的凝固过程示意图

在室温下，三次渗碳体含量最大的是含碳量为 0.0218% 的铁碳合金，其相对含量可用杠杆定律求出：$Fe_3C_{III最大}\% = \dfrac{0.0218}{6.69} \times 100\% \approx 0.33\%$（这里把铁素体在室温时的含碳量当作零处理）。其他含碳量的工业纯铁的凝固过程都与合金①相似，随着含碳量的增加，析出的 Fe_3C_{III} 量增多。

5.3.2　钢的平衡凝固过程及组织

5.3.2.1　共析钢的凝固
含碳量为 0.77% 的共析钢即图 5-6 中的

图 5-8　工业纯铁的室温光学显微组织

合金②，其凝固过程示意图如图 5-9 所示。当合金从液相冷却到与液相线 BC 相交的 1 点时，按匀晶转变凝固出奥氏体（L→γ）。随着温度的减低，液相和 γ 相的成分分别沿着 BC 和 JE 线变化。当冷却到 2 点时匀晶转变结束，L 相消失，得到含碳量为 0.77% 的单相奥氏体。在 2~3 点之间随着温度的降低，γ 相的成分和结构都不改变，只是进行降温。当冷却到 3 点时奥氏体在恒温（727℃）下发生共析转变（$\gamma_{0.77} \rightarrow \alpha_{0.0218} + Fe_3C$），转变产物为珠光体，它是铁素体和渗碳体的机械混合物，珠光体中的渗碳体称为共析渗碳体。在 3 点以下，α 相的成分沿 PQ 线变化，于是从珠光体的 α 相中析出三次渗碳体。在缓慢冷却条件下，三次渗碳体在铁素体与渗碳体的相界上形成，与共析渗碳体混合在一起，在显微镜下难以分辨，同时其数量也很少，一般可以忽略不计。所以共析钢在室温时的组织组成物为 100%珠光体。相组成物为 α+Fe₃C，其相对含量可用杠杆定律计算。室温时：

$$\alpha\% = \frac{6.69 - 0.77}{6.69} \times 100\% \approx 88.5\%$$

$$Fe_3C\% = \frac{0.77}{6.69} \times 100\% = 100\% - \alpha\% \approx 11.5\%$$

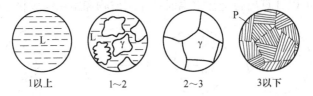

图 5-9　含碳 0.77%的共析钢的凝固过程示意图

5.3.2.2　亚共析钢的凝固

以含碳量为 0.45%的碳钢（图 5-6 中的合金③）为例分析亚共析钢的凝固过程。由图 5-6 可以看出，当合金从液相冷却到与液相线 AB 相交的 1 点时，按匀晶转变凝固出 δ 铁素体（L→δ）。随着温度的降低，液相和 δ 相的成分分别沿着 AB 和 AH 线变化。当冷却到 2 点时，液相的成分达到 B 点（0.53%），δ 相的成分达到 H 点（0.09%），此时的温度为 1495℃，于是液相和 δ 相在恒温下发生包晶转变（$L_{0.53} + \delta_{0.09} \to \gamma_{0.17}$）。但由于钢中含碳量 0.45%大于包晶成分 0.17%，所以在包晶转变终了后，仍有液相剩余。在 2~3 点之间随着温度的降低，剩余的液相发生匀晶转变，不断凝固出 γ 相（$L_{剩} \to \gamma$），此时液相的成分沿 BC 线变化，γ 相的成分则沿 JE 线变化，当温度降到 3 点，液相消失，得到含碳量为 0.45%的单相奥氏体。在 3~4 点之间随着温度的降低，γ 相的成分和结构都不改变，只是进行降温。当冷却到 4 点时开始发生固溶体的同素异构转变（γ→α），在晶界上开始析出铁素体。在 4~5 点之间随着温度的降低，铁素体的数量不断增多，此时 α 相和 γ 相的成分分别沿 GP 和 GS 线变化。当温度降至 5 点与共析线相遇时，α 相的成分达到 P 点（0.0218%），剩余 γ 相的成分达到 S 点（0.77%），这部分奥氏体在恒温（727℃）下发生共析转变（$\gamma_{0.77} \to \alpha_{0.0218} + Fe_3C$），形成珠光体。通常将在共析转变前由同素异构转变形成的 α 相称为先共析铁素体（$\alpha_{先}$），在 5 点以下，先共析铁素体和珠光体中的铁素体的成分都沿着 PQ 线变化，发生脱溶转变析出三次渗碳体（$\alpha_{先} \to Fe_3C_{Ⅲ}$，$\alpha_{共析} \to Fe_3C_{Ⅲ}$），但其数量很少，一般可忽略不计，所以含碳量为 0.45%的亚共析钢室温下的组织由铁素体和珠光体（α+P）所组成。它的凝固过程如图 5-10 所示，其显微组织见图 5-11（b）。

亚共析钢的室温组织均由铁素体和珠光体组成。钢中含碳量越高，则组织中的珠光体量越多。图 5-11 为含碳量为 0.20%、0.45%和 0.60%的亚共析钢的显微组织。由于放大倍数较小，不能清晰地观察到珠光体的片层特征，观察到的只是灰黑一片。

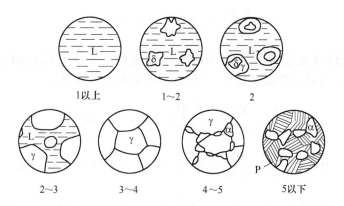

图 5-10　含碳 0.45% 的亚共析钢的凝固过程示意图

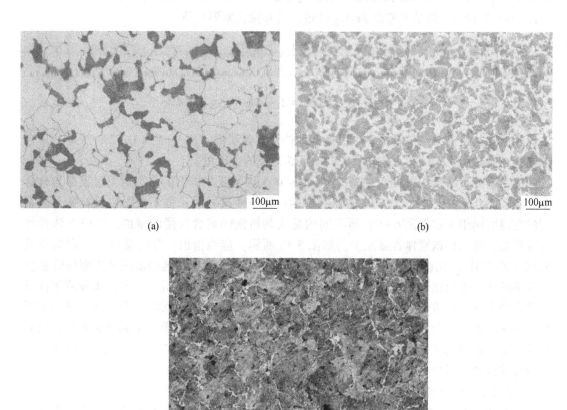

图 5-11　亚共析钢的室温组织

（a）0.20%C；（b）0.45%C；（c）0.60%C

利用杠杆定律可以计算出合金③室温时的相组成物（α+Fe₃C）的相对含量：

$$\alpha\% = \frac{6.69 - 0.45}{6.69} \times 100\% \approx 93.3\%$$

$$Fe_3C\% = \frac{0.45}{6.69} \times 100\% = 1 - 93.3\% \approx 6.7\%$$

同样，也可以算出合金③室温时的组织组成物（α+P）的相对含量，如果考虑 Fe_3C_{III} 的量，需先计算共析温度（727℃）时 α 和 P 的相对含量。

$$\alpha\% = \frac{0.77 - 0.45}{0.77 - 0.0218} \times 100\% \approx 42.8\%$$

$$P\% = \frac{0.45 - 0.0218}{0.77 - 0.0218} \times 100\% = 1 - 42.8\% \approx 57.2\%$$

从 α 相析出的 Fe_3C_{III} 的量：$Fe_3C_{III}\% = Fe_3C_{III最大}\% \times \alpha\% = 0.33\% \times 42.8\% \approx 0.14\%$，则合金③室温时的组织组成物的相对含量为 P%=57.2%，α%=42.8%–0.14%=42.66%，$Fe_3C_{III}\%$=0.14%。如果不考虑 Fe_3C_{III} 的量，可直接在室温计算：

$$\alpha\% = \frac{0.77 - 0.45}{0.77} \times 100\% \approx 41.6\%$$

$$P\% = \frac{0.45}{0.77} \times 100\% = 1 - 41.6\% \approx 58.4\%$$

根据亚共析钢的平衡组织，也可近似地估计其含碳量：C% ≈ P × 0.77%，其中 P 为珠光体在显微组织中的相对含量，0.77%是珠光体的含碳量。

由上述分析结合相图可知，0.17%< C%<0.53%的亚共析钢的平衡凝固过程都与合金③相似，而 0.53%< C% <0.77%的亚共析钢，在平衡凝固时只是不发生包晶转变，但它们的室温组织组成物都是 α+P，所不同的是亚共析钢随着含碳量的增加，组织中珠光体含量增加，先共析铁素体含量减少，如图 5-11 所示。应当指出，含碳量接近 P 点的亚共析钢（低碳钢），在铁素体的晶界处常出现一些游离的渗碳体。这种游离的渗碳体既包括三次渗碳体，也包括珠光体离异的渗碳体，即在共析转变时，珠光体中的铁素体依附在已经存在的先共析铁素体上生长，最后把渗碳体留在晶界处。当继续冷却时，从铁素体中析出的三次渗碳体又会再附加在离异的共析渗碳体之上。渗碳体在晶界上的分布将引起晶界脆性，使低碳钢的工艺性能（主要是冷冲压性能）恶化，也使钢的综合力学性能降低。渗碳体的这种晶界分布状况应设法避免。

5.3.2.3 过共析钢的凝固

以含碳量为 1.2%的过共析钢为例，其在相图上的位置见图 5-6 中的合金④。当合金从液相冷却到与液相线 BC 相交的 1 点时，发生匀晶转变，从液相中凝固出奥氏体（L→γ），在 1~2 点之间随着温度的降低，液相和 γ 相的成分分别沿着 BC 和 JE 线变化。当冷却至 2 点时，匀晶转变结束，液相消失，得到含碳量为 1.2%的单相奥氏体。在 2~3 点之间随着温度的降低，γ 相的成分和结构都不改变，只是进行降温。当冷却至 3 点与固溶线 ES 相遇时，开始从奥氏体中析出二次渗碳体（γ→Fe_3C_{II}），二次渗碳体的含量不断增加，直到 4 点为止。这种先共析渗碳体一般沿着奥氏体晶界呈网状分布。由于渗碳体的析出，γ 相中的含碳量沿 ES 线变化，当温度降至 4 点时，γ 相的含碳量正好达到 S 点（0.77%），这部分奥氏体在恒温（727℃）下发生共析转变（$\gamma_{0.77} \rightarrow \alpha_{0.0218} + Fe_3C$），形成珠光体。在 4 点以下，珠光体中的共析铁素体的成分沿 PQ 线变化，发生脱溶转变析出三次渗碳体（$\alpha_{共析} \to Fe_3C_{III}$），由于析出量少并与共析渗碳体混合在一起，所以在显微镜下观察不到，可以不考虑。合金④的凝固过程示意图如图 5-12 所示。可以看出，过共析钢的室温平衡组织为珠光体和二次渗碳体（$P+Fe_3C_{II}$），如图 5-13 所示，用不同的浸蚀剂浸蚀后，珠光体和二次渗碳体的颜色不同。用硝酸酒精时，二次渗碳体呈白色网状，珠光体为黑色；用苦味酸钠时，二次渗碳体呈黑色网状，珠光体为浅灰色。

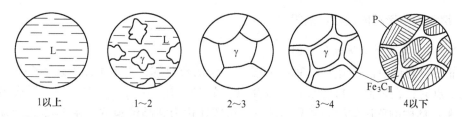

图 5-12 含碳 1.2% 的过共析钢凝固过程示意图

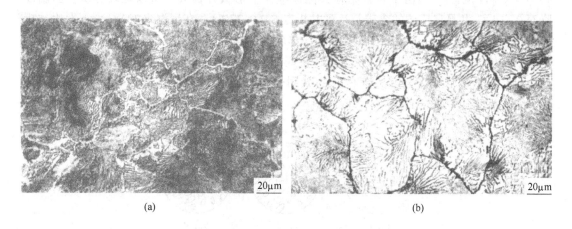

图 5-13 含碳 1.2% 的过共析钢缓冷后的组织
（a）硝酸酒精浸蚀；（b）苦味酸钠浸蚀

利用杠杆定律也可以计算出合金④室温的相组成物（$\alpha+Fe_3C$）的相对含量：

$$\alpha\% = \frac{6.69 - 1.2}{6.69} \times 100\% \approx 82.1\%$$

$$Fe_3C\% = \frac{1.2}{6.69} \times 100\% = 1 - 82.1\% \approx 17.9\%$$

同样，也可以算出合金④室温的组织组成物（$P+Fe_3C_{II}$）的相对含量：

$$P\% = \frac{6.69 - 1.2}{6.69 - 0.77} \times 100\% \approx 92.7\%$$

$$Fe_3C_{II}\% = \frac{1.2 - 0.77}{6.69 - 0.77} \times 100\% = 1 - 92.7\% \approx 7.3\%$$

由相图可以看出，所有的过共析钢的凝固过程都与合金④相似，不同的是，含碳量接近 0.77% 时，析出的 Fe_3C_{II} 少，呈断续网状分布，并且网很薄。而接近 2.11% 时，析出的 Fe_3C_{II} 多，呈连续网状分布，并且网的厚度增加。当含碳量达到 2.11% 时，二次渗碳体的析出量达到最大值，其含量可用杠杆定律算出：

$$Fe_3C_{II最大}\% = \frac{2.11 - 0.77}{6.69 - 0.77} \times 100\% \approx 22.6\%$$

5.3.3 铸铁的平衡凝固过程及组织

5.3.3.1 共晶白口铸铁的凝固

共晶白口铸铁中含碳量为 4.3%，如图 5-6 中的合金⑤，由图可以看出，合金从液相冷却到 1 点时，在恒温（1148℃）下发生共晶转变（$L_{4.3} \to \gamma_{2.11} + Fe_3C$），形成莱氏体（$L_d$），莱氏体中的奥氏体称为共晶奥氏体，渗碳体称为共晶渗碳体。在 1~2 之间随着温度的降低，碳在奥氏体中的成分沿固溶线 ES 变化，因此从共晶奥氏体中不断析出二次渗碳体（$\gamma \to Fe_3C_{II}$）。但由于它依附在共晶渗碳体上形核并长大，所以难以分辨。当温度降至 2 点时，共晶奥氏体的含碳量达到共析点 S（0.77%），在恒温（727℃）下发生共析转变（$\gamma_{0.77} \to \alpha_{0.0218} + Fe_3C$），即共晶奥氏体转变为珠光体。当冷却到 2 点以下，珠光体中的铁素体成分沿 PQ 线变化，发生脱溶转变析出 Fe_3C_{III}，由于它也依附在共晶渗碳体基体上，在显微镜下难以分辨。合金⑤的凝固过程如图 5-14 所示。最后室温下的组织为 100% 变态莱氏体（$L_d' = P + Fe_3C_{II} + Fe_3C_{共晶}$），其显微组织如图 5-15 所示。

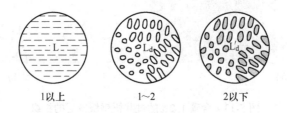

图 5-14 　含碳 4.3% 的共晶白口铸铁的凝固过程示意图

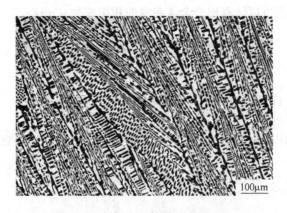

图 5-15 　共晶白口铸铁的室温组织

利用杠杆定律可以计算出合金⑤室温时的相组成物（α+Fe₃C）的相对含量：

$$\alpha\% = \frac{6.69 - 4.3}{6.69} \times 100\% \approx 35.7\%$$

$$Fe_3C\% = \frac{4.3}{6.69} \times 100\% = 1 - 35.7\% \approx 64.3\%$$

同样，也可以计算出共晶转变后莱氏体中的共晶奥氏体和共晶渗碳体的相对含量以及共析转变后珠光体和渗碳体的相对含量。

5.3.3.2 亚共晶白口铸铁的凝固

亚共晶白口铸铁的凝固过程比较复杂，现以含碳量为 3.0% 的铁碳合金为例进行分析，其在相图上的位置见图 5-6 中的合金⑥。由图可以看出，合金从液相冷却到与液相线 *BC* 相交的 1 点时，发生匀晶转变，从液相中凝固出初晶（或先共晶）奥氏体（L→γ初），在 1~2 点之间随着温度的降低，液相和 γ 相的成分分别沿着 *BC* 和 *JE* 线变化。当温度降至 2 点时，γ 相的成分达到 *E* 点（2.11%），液相成分达到共晶点 *C*（4.3%），在恒温（1148℃）下发生共晶转变（$L_{4.3} \rightarrow \gamma_{2.11} + Fe_3C$），形成莱氏体。当冷却至 2~3 点温度区间时，初晶奥氏体和共晶奥氏体的成分沿着 *ES* 线变化，发生脱溶转变都析出二次渗碳体（γ初→Fe₃C_Ⅱ，γ共晶→Fe₃C_Ⅱ）。当温度到达 3 点时，初晶奥氏体和共晶奥氏体的成分都达到 *S* 点（0.77%），在恒温（727℃）下发生共析转变（$\gamma_{0.77} \rightarrow \alpha_{0.0218} + Fe_3C$），所有的奥氏体均转变为珠光体。在 3 点以下，珠光体中的铁素体成分沿 *PQ* 线变化，发生脱溶转变析出 Fe₃C_Ⅲ。因此，室温下的组织组成物为珠光体、二次渗碳体和变态莱氏体（P+Fe₃C_Ⅱ+L'_d），如图 5-16 所示。由图可以看出，大块黑色部分是初晶奥氏体转变成的珠光体，它在室温仍保留着初晶奥氏体的树枝状形态，由于初晶奥氏体析出的二次渗碳体与共晶渗碳体连成一片，难以分辨。根据杠杆定律可以计算合金⑥在室温时的相组成物和组织组成物的相对含量。

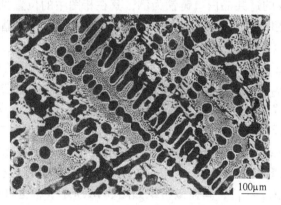

图 5-16 亚共晶白口铸铁的室温组织

相组成物（α+Fe₃C）的相对量：

$$\alpha\% = \frac{6.69 - 3.0}{6.69} \times 100\% \approx 55.2\%$$

$$Fe_3C\% = \frac{3.0}{6.69} \times 100\% = 1 - 55.2\% \approx 44.8\%$$

组织组成物（$P + Fe_3C_{II} + L'_d$）的相对量：

$$\gamma_{初}\% = \frac{4.3 - 3.0}{4.3 - 2.11} \times 100\% \approx 59.4\%$$

$$L_d\% = L'_d\% = \frac{3.0 - 2.11}{4.3 - 2.11} \times 100\% \approx 40.6\%$$

$$Fe_3C_{II}\% = \frac{2.11 - 0.77}{6.69 - 0.77} \times \gamma_{初}\% \approx 13.4\%$$

$$P\% = \gamma_{初}\% - Fe_3C_{II}\% = 59.4\% - 13.4\% \approx 46.0\%$$

由相图可以看出，所有亚共晶白口铸铁的凝固过程都与合金⑥相似，其凝固过程如图5-17所示。

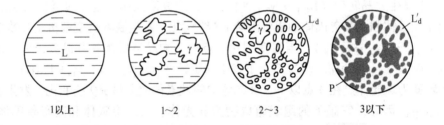

图 5-17　含碳 3.0% 的亚共晶白口铸铁的凝固过程示意图

5.3.3.3　过共晶白口铸铁的凝固

以含碳量为 5.0% 的过共晶白口铸铁为例，其在相图中的位置见图 5-6 合金⑦。由图可以看出，合金从液相冷却到与液相线 *CD* 相交的 1 点时，发生匀晶转变，从液相中凝固出条状的一次渗碳体（$L \to Fe_3C_I$），在 1~2 点之间随着温度的降低，液相的成分沿着 *CD* 线变化。当温度降至 2 点时，液相的成分达到共晶点 *C*（4.3%），在恒温（1148℃）下发生共晶转变（$L_{4.3} \to \gamma_{2.11} + Fe_3C$），形成莱氏体。在 2~3 点之间随着温度的降低，共晶奥氏体的成分沿着固溶线 *ES* 变化，发生脱溶转变析出二次渗碳体（$\gamma_{共晶} \to Fe_3C_{II}$）。当冷却到 3 点时，共晶奥氏体的成分达到共析点 *S*（0.77%），在恒温（727℃）下发生共析转变（$\gamma_{0.77} \to \alpha_{0.0218} + Fe_3C$），形成珠光体。当冷却到 3 点以下，珠光体中的铁素体成分沿 *PQ* 线变化，发生脱溶转变析出 Fe_3C_{III}。因此，过共晶白口铸铁室温下的组织为一次渗碳体和变态莱氏体（$Fe_3C_I + L'_d$），其显微组织如图 5-18 所示。根据杠杆定律可以计算合金⑦在室温的相组成物（$\alpha + Fe_3C$）的相对含量：

$$\alpha\% = \frac{6.69 - 5.0}{6.69} \times 100\% \approx 25.3\%$$

$$Fe_3C\% = \frac{5.0}{6.69} \times 100\% = 1 - 25.3\% \approx 74.7\%$$

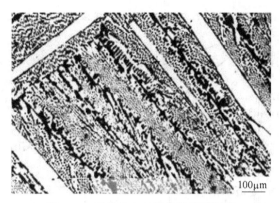

图 5-18 过共晶白口铸铁的室温组织

同样，也可以算出合金⑦在室温的组织组成物（$Fe_3C_I+L_d'$）的相对含量：

$$L_d'\% = \frac{6.69 - 5.0}{6.69 - 4.3} \times 100\% \approx 70.7\%$$

$$Fe_3C_I\% = \frac{5.0 - 4.3}{6.69 - 4.3} \times 100\% = 1 - 70.7\% \approx 29.3\%$$

由相图可以看出，所有过共晶白口铸铁的凝固过程都与合金⑦相似，凝固过程如图 5-19 所示。

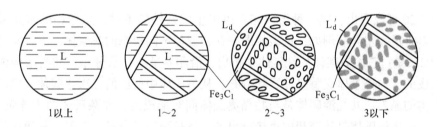

图 5-19 含碳 5.0% 的过共晶白口铸铁的凝固过程示意图

5.4 含碳量对铁碳合金平衡组织和性能的影响

5.4.1 含碳量对平衡组织的影响

由上一节对各种典型成分铁碳合金的平衡凝固过程分析，可以获得铁碳合金的成分与组织的关系图，即 Fe-Fe₃C 相图的组织组成物图，如图 5-20 所示。掌握该图对了解各种不同成分的铁碳合金在平衡凝固后的组织变化有很大帮助。

根据杠杆定律计算的结果，将不同成分的铁碳合金室温时的相组成物和组织组成物的相对含量总结为如图 5-21 所示。从相组成物来看，铁碳合金在室温下只有铁素体和渗碳体两个相，随着含碳量的增加，铁素体的量不断减小，渗碳体的量线性增加。从组织组成物来看，随着含碳量的增加，铁碳合金的组织变化规律为：$\alpha + Fe_3C_{III} \rightarrow \alpha + P \rightarrow P \rightarrow P + Fe_3C_{II} \rightarrow P + Fe_3C_{II} + L_d' \rightarrow L_d' \rightarrow Fe_3C_I + L_d'$。

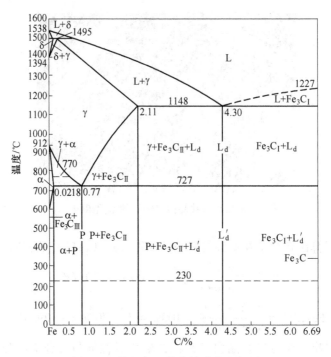

图 5-20　按组织区分的铁碳合金相图

由图 5-20 可以看出，同一种组成相，由于生成条件的不同，虽然相的本质未变，但其形态可以有很大差异。例如，铁碳相图中存在五种不同形态的渗碳体。当含碳量很低时（小于 0.0218%）三次渗碳体从铁素体中析出，沿晶界呈小片状分布；共析渗碳体是经共析转变生成的，与铁素体交替呈片层状分布；从奥氏体中析出的二次渗碳体，则以网状分布于奥氏体的晶界；共晶渗碳体是与共晶奥氏体同时形成的，在莱氏体中为连续的基体，比较粗大；一次渗碳体是从液相中直接析出的，呈规则的长条状。又如，从奥氏体中析出的铁素体一般呈块状，而经共析转变生成的珠光体中的铁素体，呈层片状。由此可见，含碳量的变化，不仅引起两个相的相对含量的变化，而且引起组织组成物的变化，对铁碳合金的性能产生很大影响。

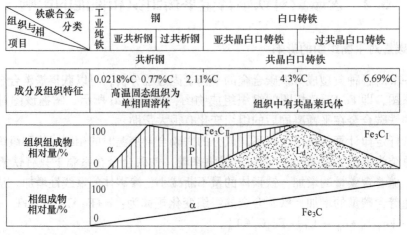

图 5-21　铁碳合金的成分与组织的关系

5.4.2 含碳量对力学性能的影响

构成铁碳合金的两个基本相中，铁素体硬度、强度低，塑性好，渗碳体则硬而脆。图 5-22 是含碳量对退火碳钢力学性能的影响。由图可以看出，在亚共析钢中，随着含碳量的增加，珠光体逐渐增多，强度、硬度升高，而塑性、韧性下降。当含碳量达到 0.77% 时，其性能就是珠光体的性能。在过共析钢中，含碳量接近 1.0 时强度达到最大值，含碳量继续增加，强度下降。这是由于脆性的二次渗碳体在晶界形成连续的网络，使钢的脆性大大增加。因此在用拉伸试验测定其强度时，会在脆性的二次渗碳体处出现早期裂纹，并发展至断裂，使抗拉强度下降。

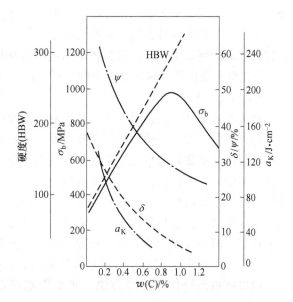

图 5-22 含碳量对退火碳钢力学性能的影响

在白口铸铁中，由于含有大量渗碳体，故脆性很大，强度很低。

渗碳体的硬度很高，且极脆，不能使合金的塑性提高，合金的塑性变形主要由铁素体来提供。因此，合金中含碳量增加而使铁素体减少时，铁碳合金的塑性不断降低。当组织中出现以渗碳体为基体的变态莱氏体时，塑性降低到接近于零值。

冲击韧性对组织十分敏感。含碳量增加时，脆性的渗碳体增多，当出现网状的二次渗碳体时，韧性急剧下降。总的来看，韧性比塑性下降的趋势要大。

硬度是对组织组成物或组成相的形态不十分敏感的性能，它的大小主要决定于组成相的数量和硬度。因此，随着含碳量的增加，高硬度的渗碳体增多，低硬度的铁素体减少，铁碳合金的硬度呈直线升高。

为了保证工业上使用的铁碳合金具有适当的塑性和韧性，合金中渗碳体相的数量不应过多。对碳素钢及普通低中合金钢而言，其含碳量一般不超过 1.3%。

5.4.3 含碳量对工艺性能的影响

5.4.3.1 切削加工性能

金属材料的切削加工性问题是一个十分复杂的问题，一般可从切削速度、切削力、表面粗糙度等几个方面进行评价，材料的化学成分、硬度、韧性、导热性以及金属的组织结构和加工硬化程度等对切削加工性能均有影响。

钢的含碳量对切削加工性能有一定的影响。含碳量过低，切削加工时产生的切削热较大，容易黏刀，而且不易断屑，难以得到良好的加工表面质量；含碳量过高，硬度太高，严重磨损刀具，切削性能也差。一般中碳钢的切削加工性能较好。

钢的导热性对切削加工性具有很大的意义。具有奥氏体组织的钢导热性低，切削热很少为工件所吸收，而基本上集聚在切削刃附近，因而使刀具的切削刃变热，降低了刀具寿命。因此，尽管奥氏体钢的硬度不高，但切削加工性能不好。

珠光体的渗碳体形态同样影响切削加工性，亚共析钢的组织是铁素体和片状珠光体，具有较好的切削加工性，若过共析钢的组织为片状珠光体和二次渗碳体，则其加工性能很差，若其组织是由粒状珠光体组成的，则可改善切削加工性能。

5.4.3.2　可锻性

金属的可锻性是指金属在压力加工时，能改变形状而不产生裂纹的性能。钢的可锻性首先与含碳量有关。低碳钢的可锻性较好，随着含碳量的增加，可锻性逐渐变差。

奥氏体具有良好的塑性，易于塑性变形，钢加热到高温可获得单相奥氏体组织，具有良好的可锻性。因此钢材的开轧或开锻温度一般选在固相线以下 100～200℃ 范围内。终轧或终锻温度不能过低，以免钢材因温度过低而使塑性变差，导致裂纹产生，但终轧或终锻温度也不能太高，以免奥氏体晶粒粗大。亚共析钢终轧或终锻温度控制在略高于 GS 线，以避免变形时出现大量铁素体，形成带状组织而使韧性降低；过共析钢终轧或终锻温度控制在略高于 PSK 线，以利于打碎呈网状析出的二次渗碳体。

白口铸铁无论在低温或高温，其组织都是以硬而脆的渗碳体为基体，其可锻性能很差。

5.4.3.3　铸造性

金属的铸造性包括金属的流动性、收缩性和偏析倾向等。

A　流动性

流动性决定了液态金属充满铸型的能力。流动性受很多因素的影响，其中最主要的是化学成分和浇铸温度的影响。在化学成分中，碳对流动性影响最大。随着含碳量的增加，钢的凝固温度间隔增大，流动性应该变差。但是，随着含碳量的增加，液相线温度降低，因而当浇铸温度相同时，含碳量高的钢，其钢液温度与液相线温度之差较大，即过热度较大，对钢液的流动性有利。所以钢液的流动性随含碳量的增加而提高。浇铸温度越高，流动性越好。当浇铸温度一定时，过热度越大，流动性越好。

铸铁因其液相线温度比钢低，其流动性总是比钢好。亚共晶铸铁随含碳量的增加，凝固温度间隔缩小，流动性也随之提高。共晶铸铁其凝固温度最低，同时又是在恒温下凝固，流动性最好。过共晶铸铁随着含碳量的增加，流动性变差。

B　收缩性

铸件从浇铸温度至室温的冷却过程中，其体积和线尺寸减小的现象称为收缩性。收缩是铸造合金本身的物理性质，是铸件产生许多缺陷如缩孔、疏松、残余内应力、变形和裂纹的基本原因。

金属从浇铸温度冷却到室温要经历三个互相联系的收缩阶段：

（1）液态收缩。从浇铸温度到开始凝固（液相线温度）这一温度范围内的收缩称为液态收缩。

（2）凝固收缩。从凝固开始到凝固终止（固相线温度）这一温度范围内的收缩称为凝固收缩。

（3）固态收缩。从凝固终止至冷却到室温这一温度范围内的收缩称为固态收缩。

液态收缩和凝固收缩表现为合金体积的缩小，其收缩量用体积分数表示，称为体收缩，它们是铸件产生缩孔、疏松缺陷的基本原因。合金的固态收缩虽然也是体积变化，但它只引起铸件外部尺寸的变化，其收缩量通常用长度百分数表示，称为线收缩，它是铸件产生内应力、变形和裂纹等缺陷的基本原因。

影响碳钢收缩性的主要因素是化学成分和浇铸温度等。对于化学成分一定的钢，浇铸温度越高，则液态收缩越大；当浇铸温度一定时，随着含碳量的增加，钢液温度与液相线温度之差增加，体积收缩增大。同样，含碳量增加，其凝固温度范围变宽，凝固收缩增大。钢的固态收缩则随着含碳量的增加而不断减小。

C 枝晶偏析

固相线和液相线的水平距离和垂直距离越大，枝晶偏析越严重。铸铁的成分越靠近共晶点，偏析越小；相反，越远离共晶点，则枝晶偏析越严重。

5.5 钢中的杂质元素及其影响

在钢的冶炼过程中，不可能除尽所有的杂质，所以实际使用的碳钢中除 C 以外，还含有少量的 Mn、Si、S、P、O、H、N 等元素，它们的存在会影响钢的质量和性能。

5.5.1 锰的影响

在碳钢中，锰属于有益元素，它是作为脱氧除硫的元素而加入钢中的。在碳钢中的含量一般为 0.25%~0.80%，它一部分溶入铁素体中起到固溶强化的作用，提高铁素体的强度，并使钢材在轧后冷却时得到层片较细、强度较高的珠光体，在同样含碳量和同样冷却条件件下珠光体的相对量增加。锰还可以溶入渗碳体中，形成合金渗碳体 $(Fe，Mn)_3C$，使钢具有较高的强度；另一部分的锰可以把钢液中的 FeO 还原成铁，并形成 MnO 和 SiO_2。锰除了脱氧作用外，还有除硫作用，即与钢液中的硫结合成 MnS，从而在相当大程度上消除硫在钢中的有害影响。这些反应产物大部分进入炉渣，小部分残留于钢中成为非金属夹杂物。

5.5.2 硅的影响

在碳钢中，硅也属于有益元素，它是炼钢过程中必须加入的脱氧剂，用以去除溶于钢液中的氧，并形成 SiO_2 非金属夹杂物，一般大部分进入炉渣，消除了 FeO 的有害作用。碳钢中的含硅量一般小于 0.5%，在沸腾钢中的含量很低，而镇静钢的含量较高。硅溶于铁素体后有很强的固溶强化作用，显著提高钢的强度和硬度，但含量较高时，将使钢的塑性和韧性下降。

5.5.3 硫的影响

硫是钢中的有害元素，它是来自生铁原料、炼钢时加入的矿石和燃料燃烧产物中的 SO_2。从 Fe-S 相图（图 5-23）可以看出，硫只能溶于钢液中，在固态铁中几乎不能溶解，而是以 FeS 夹杂的形式存在于固态钢中。

硫的最大危害是引起钢在热加工时开裂，这种现象称为热脆。造成热脆的原因是硫的严重偏析。即使钢中含硫量不算高，也会出现（Fe+FeS）共晶。钢在凝固时，共晶组织中的铁依附在先共晶相上生长，最后把 FeS 留在晶界呈薄膜状，即形成离异共晶。

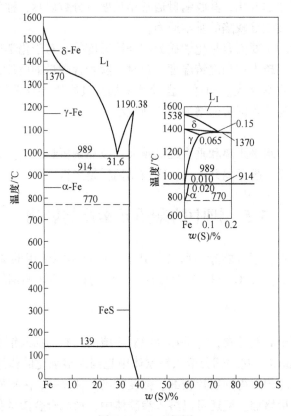

图 5-23　Fe-S 相图

(Fe+FeS)共晶的熔化温度很低（989℃），而热加工的温度一般为 1150~1250℃，由于(Fe+FeS)共晶此时已处于熔融状态，从而导致热加工时开裂。如果钢液中含氧量也比较高，还会形成熔点更低（940℃）的 Fe+ FeS+ FeO 三相共晶，其危害性更大。

　　在工业上，通过往钢中加入适当的锰来避免形成 FeS，以防止热脆。这是由于锰与硫的化学亲和力大于铁与硫的化学亲和力，所以在含锰的钢中，硫与锰优先形成 MnS。MnS 的熔点为 1600℃，高于热加工温度，并在高温下具有一定的塑性，故不会产生热脆。在一般工业用钢中，含锰量常为含硫量的 5~10 倍，使 FeS 被 MnS 所取代，从而防止硫所引起的热脆。

　　此外，含硫量高时，还会使钢铸件在铸造应力作用下产生热裂纹，同样，也会使焊接件在焊缝处产生热裂纹。在焊接时产生的 SO_2 气体，还使焊缝产生气孔和疏松，降低钢的焊接性能，因此钢中的硫含量一般限制在普通钢 S%≤0.065%；优质钢 S%≤0.040%；高级优质钢 S%≤0.030%。

　　硫能提高钢的切削加工性能，使加工后的工件具有低的表面粗糙度，这是硫的有益作用。在易切削钢中，一般 S%=0.08 %~0.2%，同时 Mn%=0.50%~1.20%。

5.5.4　磷的影响

　　一般说来，磷是有害的杂质元素，它是由矿石和生铁等炼钢原料带入的。从 Fe-P 相图（图 5-24）可以看出，无论是在高温还是在低温，磷在铁中都具有较大的溶解度。例如，在 1049℃时，磷在 α-Fe 中的最大溶解度可达 2.55%，在室温时溶解度仍在 1%左右，因此磷具有很强的固溶强化作用，它使钢的强度、硬度显著提高，但显著降低钢的韧性，尤其是低温韧性，称为冷脆。磷的有害影响主要就在于此。

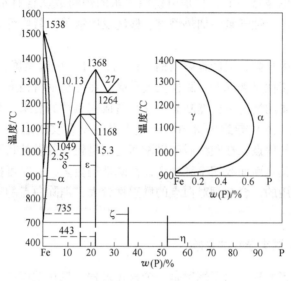

图 5-24　Fe-P 相图

此外，从 Fe-P 相图中可以看出，Fe-P 合金的凝固温度间距很宽，而且它在 γ-Fe 和 α-Fe 中的扩散速度很小，因此磷还具有严重的偏析倾向，并且很难用热处理的方法予以消除。这对钢的组织和性能都有很大的影响，所以对钢中的磷含量要严格控制，一般普通钢 P%≤0.045%；优质钢 P%≤0.040%；高级优质钢 P%≤0.035%。

在一定条件下，磷也具有一定的有益作用，例如由于它降低铁素体的韧性，可以用来提高钢的切削加工性。它与铜共存时可以显著提高钢的耐大气腐蚀能力。

5.5.5　氮的影响

一般认为，钢中的氮是有害元素，它是由炼钢时的炉料和炉气进入钢中的。氮的有害作用主要是通过淬火时效和应变时效造成的。氮在 α-Fe 中的溶解度在 591℃时最大，约为 0.1%。随着温度的降低，溶解度急剧下降，在室温时小于 0.001%。如果将含氮较高的钢从高温急速冷却下来（淬火）时，就会得到氮在 α-Fe 中的过饱和固溶体，将此钢材在室温下长期放置或稍加热时，氮就逐渐以 Fe_4N 形式从铁素体中析出，使钢的强度硬度升高，塑性韧性下降，使钢材变脆，这种现象叫做淬火时效。

另外，含有氮的低碳钢经冷塑性变形后，性能也将随着时间而变化，即强度硬度升高，塑性韧性明显下降，这种现象称为应变时效。不管是淬火时效，还是应变时效，对低碳钢性能的影响都是十分有害的。解决的方法是往钢中加入足够数量的 Al、V、Nb、Ti 等元素，使它们优先形成稳定的氮化物（AlN、VN、NbN、TiN 等），这样就可以减弱或完全消除这两种在较低温度下发生的时效现象。此外，氮化物在钢中弥散分布还阻碍加热时奥氏体晶粒的长大，从而起细化晶粒和强化基体的作用，使钢具有较好的强度和韧性。

5.5.6　氢的影响

氢在钢中的存在也是有害的，它是由锈蚀含水的炉料或从含有水蒸气的炉气中吸入的。此外，在含氢的还原性气氛中加热钢材、酸洗及电镀等，氢均可被钢件吸收，并通过扩散进入钢内。

氢在钢中的溶解度甚微，但严重影响钢的性能。（1）引起氢脆，即氢溶入铁中形成间隙固溶体，使钢的塑性显著降低，脆性大大升高。在低于钢材强度极限的应力作用一定时间后，在无任何预兆的情况下突然断裂，往往造成灾难性的后果。钢的强度越高，对氢脆的敏感性往往越大。（2）导致钢材内部产生大量细微裂纹缺陷——白点，在钢材纵断面上呈光滑的银白色的斑点，在酸洗后的横断面上则呈较多的发丝状裂纹。白点使钢材的伸长率显著下降，尤其是断面收缩率和冲击韧性降低得更多，有时可接近于零值。因此存在白点的钢是不能使用的。合金钢对白点的敏感性较大，消除白点的有效方法是降低钢中的氢含量。

5.5.7　氧及其他非金属夹杂物的影响

钢中的氧也是有害元素，由于炼钢是一个氧化过程，氧在钢液中起到除杂质的积极作用，但在随后的脱氧过程中不能完全消除，氧在钢中的溶解度非常小。氧溶入铁素体一般降低钢的强度、塑性和韧性，氧在钢中几乎全部以氧化物夹杂的形式存在，如 FeO、Al_2O_3、SiO_2、MnO、CaO、MgO 等。除此之外，钢中往往还存在 FeS、MnS、硅酸盐、氮化物及磷化物等。这些非金属夹杂物破坏了钢基体的连续性，在静载荷和动载荷的作用下，往往成为裂纹的起点。它们的性质、大小、数量及分布状态不同程度地影响着钢的各种性能，尤其是对钢的塑性、韧性、疲劳强度和耐腐蚀性能等危害很大。另外，从高温快冷得到过饱和氧的铁素体，在时效时将以 FeO 沉淀析出，造成钢的冷脆性。因此，对非金属夹杂物应严加控制。在要求高质量的钢材时，炼钢生产中应用真空技术、渣洗技术、惰性气体净化、电渣重熔等炉外精炼手段，可以卓有成效地减少钢中气体和非金属夹杂物。

重要概念
铁素体，奥氏体，渗碳体，珠光体，莱氏体
A_1 温度，A_3 温度，A_{cm} 温度
热脆，冷脆，氢脆

习　题

5-1　写出 Fe-Fe$_3$C 合金中的五种渗碳体，并说明它们的主要区别是什么。

5-2　根据 Fe-Fe$_3$C 相图计算二次渗碳体和三次渗碳体的最大可能含量。

5-3　分别计算变态莱氏体中共晶渗碳体、二次渗碳体、共析渗碳体、三次渗碳体的含量。

5-4 分析 0.45C%、1.0C% 的铁碳合金从液态到室温的平衡凝固过程，画出冷却曲线和组织示意图，并分别计算室温下的相组成物及组织组成物的相对含量。

5-5 分析 2.5C%、4.8C% 的铁碳合金从液态到室温的平衡凝固过程，画出冷却曲线和组织示意图，并分别计算室温下的相组成物及组织组成物的相对含量。

5-6 何谓热脆？产生热脆的原因是什么？

6 金属及合金的扩散

本章教学要点：重点掌握菲克第一定律和第二定律的概念、定义以及应用，上坡扩散的概念，扩散系数及扩散激活能；理解柯肯达尔效应，反应扩散的意义和应用，几种扩散机制；分析影响扩散的因素。

物质的迁移可通过对流和扩散两种方式进行。扩散是涉及大量原子由于热运动而不断地从一个位置迁移到另一个位置的物质宏观迁移过程。在固体中不发生对流，扩散是唯一的物质迁移方式。扩散是固体材料中的一个重要现象，如金属和合金的凝固，偏析与均匀化退火，冷变形金属的回复和再结晶，粉末冶金的烧结，金属的固态相变，高温蠕变，以及各种表面处理技术等，都与扩散密切相关。要深入地了解和控制这些过程，就必须先掌握有关扩散的基本规律。

金属原子在不同的情况下可以按照不同的方式扩散，可以分为以下几种：

（1）互扩散和自扩散。在有化学势梯度的条件下，伴随浓度变化的扩散称为互扩散；不存在浓度梯度或化学势梯度时，不伴随浓度变化的扩散称为自扩散。

（2）上坡扩散和下坡扩散。扩散系统中原子由浓度高处向浓度低处的扩散称为下坡扩散；由浓度低处向浓度高处的扩散称为上坡扩散。

（3）原子扩散和反应扩散。在扩散过程中晶体结构类型始终不变，没有新相产生，称为原子扩散；原子在扩散过程中由于固溶体过饱和而生成新相的过程称为反应扩散或相变扩散。

本章主要讨论金属材料中扩散的一般规律、扩散方程的应用、扩散机制以及扩散的影响因素等内容。

6.1 扩散定律及其应用

6.1.1 扩散第一定律

在纯金属中，原子的跳动是随机的，形成不了宏观的扩散流；在合金中，虽然单个原子的跳动也是随机的，但是在有浓度梯度的情况下，就会产生宏观的扩散流。例如，当存在枝晶偏析的固溶体合金在高温均匀化退火过程中，原子将不断从浓度高处向浓度低处扩散，最终合金的浓度逐渐趋于均匀。

如何描述原子的迁移速率，菲克（A. Fick）在1855年通过实验确立了扩散物质量与其浓度梯度之间的宏观规律，即单位时间内通过垂直于扩散方向的单位面积的物质量（扩散通量）与该物质在该面积处的浓度梯度成正比，数学表达式为：

$$J = -D \frac{dC}{dx} \tag{6-1}$$

式（6-1）称为菲克第一定律或扩散第一定律。式中，J 为扩散通量，表示扩散物质在单位时间内通过垂直于扩散方向 x 的单位面积的流量，$kg/(m^2 \cdot s)$；D 为原子的扩散系数，m^2/s；C 是扩散组元的体积浓度，kg/m^3；x 为扩散距离；dC/dx 为沿 x 方向的浓度梯度；式中的负号表示物质的扩散方向与浓度梯度方向相反，即表示物质从高浓度向低浓度方向迁移。

对于扩散第一定律应该注意以下问题：

（1）菲克第一定律是唯象关系式，并不涉及扩散系统内部原子的微观过程。

（2）菲克第一定律描述了一种 $dC/dt=0$ 的稳态扩散，即在扩散过程中，系统各处的体积浓度不随时间而变化。

（3）浓度梯度一定时，扩散取决于扩散系数，扩散系数是描述原子扩散能力的基本物理量。扩散系数并非常数，与很多因素有关，但是与浓度梯度无关。

（4）当 $dC/dx=0$ 时，$J=0$，表明在浓度均匀的系统中，尽管原子的微观运动仍在进行，但是不会产生宏观的扩散现象，这一结论仅适合下坡扩散的情况。

（5）菲克第一定律不仅适用于扩散系统的任何位置，而且适合于扩散过程的任一时刻。

6.1.2　扩散第二定律

稳态扩散的情况很少见，大多数扩散是非稳态扩散，即某一点的浓度不仅与扩散距离有关，还与扩散时间有关，这类扩散过程可以由菲克第一定律结合质量守恒条件推导出的菲克第二定律来处理。图 6-1 表示在垂直于物质运动的 x 方向上，取一个横截面积为 A，长度为 dx 的体积元，设流入及流出此体积元的通量分别为 J_1 和 J_2，由质量守恒可得：

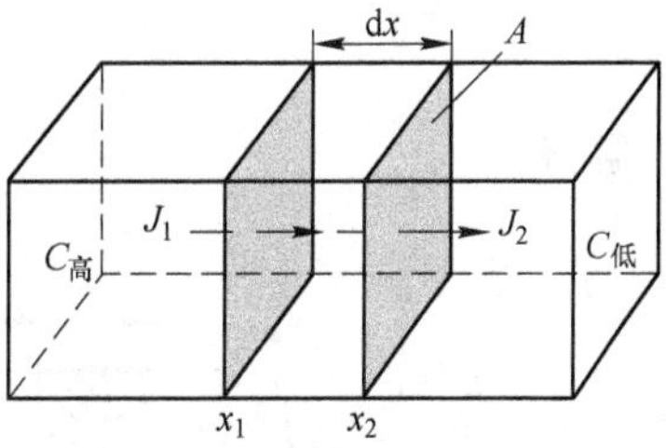

流入质量−流出质量＝积存质量

或　　　　流入速率−流出速率＝积存速率

图 6-1　体积元中通量的变化

显然，流入速率为 $J_1 \cdot A$，由微分公式可得，流出速率为 $J_2 \cdot A = J_1 \cdot A + \dfrac{\partial(J \cdot A)}{\partial x}dx$，则积存速率为 $-\dfrac{\partial J}{\partial x}A \cdot dx$。该积存速率也可用体积元中扩散物质体积浓度随时间的变化率 $\dfrac{\partial C}{\partial t}A \cdot dx$ 来表示，因此可得：

$$\frac{\partial C}{\partial t}A \cdot dx = -\frac{\partial J}{\partial x}A \cdot dx \tag{6-2}$$

将菲克第一定律代入式（6-2），可得：

$$\frac{\partial C}{\partial t} = \frac{\partial}{\partial x}\left(D\frac{\partial C}{\partial x}\right) \tag{6-3}$$

式（6-3）称为菲克第二定律或扩散第二定律。如果假定 D 与浓度无关，则其可简化为：

$$\frac{\partial C}{\partial t} = D\frac{\partial^2 C}{\partial x^2} \tag{6-4}$$

考虑三维扩散的情况，并进一步假定扩散系数是各向同性的（立方晶系），则菲克第二定律普遍式为：

$$\frac{\partial C}{\partial t} = D\left(\frac{\partial^2 C}{\partial x^2} + \frac{\partial^2 C}{\partial y^2} + \frac{\partial^2 C}{\partial z^2}\right) \tag{6-5}$$

或简记为：

$$\frac{\partial C}{\partial t} = D\nabla^2 C \tag{6-6}$$

6.1.3 扩散定律的应用

6.1.3.1 稳态扩散应用

A 一维稳态扩散

以 H_2 通过金属薄膜的实例来讨论菲克第一定律的应用。如图 6-2（a）所示，一容器中垂直放置一金属薄膜，将 H_2 从容器一端通入，并通过金属薄膜渗透到另一端。设金属薄膜两侧气压不变，分别为 p_1 和 p_2，扩散一定时间后，金属膜中建立起稳定的浓度分布。即 H_2 通过金属薄膜的扩散是一个稳态扩散过程。图 6-2（b）所示为气体在厚度为 δ 的薄膜中的浓度分布，根据菲克第一定律，并在两边积分，可得：

$$\int_0^\delta J_x \mathrm{d}x = -\int_{C_2}^{C_1} D\mathrm{d}C$$

解得：
$$J_x = D\frac{C_2 - C_1}{\delta} \tag{6-7}$$

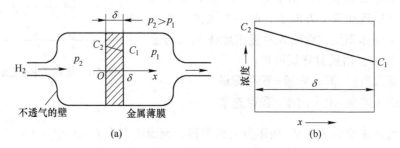

(a)   (b)

图 6-2　气体渗透金属薄膜的一维稳态扩散

因为气体在金属膜中的溶解度 C 与气体压力 p 有关，可得 $C = K\sqrt{p}$。通常金属膜两侧的气体压力容易测出，因此上述扩散过程中透过金属膜的气体通量也表示为：

$$J_x = \frac{DK(\sqrt{p_2} - \sqrt{p_1})}{\delta} \tag{6-8}$$

因此，单位时间透过面积为 A 的金属膜的 H_2 量为：

$$\frac{\mathrm{d}m}{\mathrm{d}t} = J_x A = \frac{DK(\sqrt{p_2} - \sqrt{p_1})}{\delta}A \tag{6-9}$$

由于物质通量、压力是可以测量的，常数 K 也可以通过其他方法得到，因此可以基于式（6-8）测定气体元素在金属中的扩散系数 D。

B 柱对称稳态扩散

史密斯（R. P. Smith）在1953年运用菲克第一定律成功测定碳在γ-Fe中的扩散系数。将一个半径为r、长度为l的纯铁空心圆筒置于1000℃高温中渗碳，即筒内和筒外分别通以压力保持恒定的渗碳和脱碳气氛。经过一定时间后，筒壁内各点的浓度不再随时间而变化，满足稳态扩散条件，此时，单位时间内通过管壁的碳量q/t为常数。

根据扩散通量的定义，可得：

$$J = \frac{q}{A \cdot t} = \frac{q}{2\pi r l t} \tag{6-10}$$

由菲克第一定律可得：

$$-D\frac{\mathrm{d}\rho}{\mathrm{d}r} = \frac{q}{2\pi r l t}$$

由此解得：

$$q = -D(2\pi l t)\frac{\mathrm{d}\rho}{\mathrm{d}\ln r} \tag{6-11}$$

式中，q、l、t可在实验中测得，故只要测出碳含量沿筒壁径向分布，则扩散系数D可由碳的质量浓度ρ对$\ln r$作图求出。若扩散系数D不随成分而变，则ρ-$\ln r$为一直线。但实验测得结果表明ρ-$\ln r$为曲线，而不是直线，这表明扩散系数D是碳浓度的函数，如图6-3所示。在高浓度区$\mathrm{d}\rho/\mathrm{d}\ln r$小，$D$大；在低浓度区$\mathrm{d}\rho/\mathrm{d}\ln r$大，$D$小。例如由该实验测得，在1000℃时，碳的质量分数为0.15%时，碳在γ-Fe中的扩散系数为$D = 2.5\times10^{-11}$ m^2/s；当碳的质量分数1.4%时，$D = 7.7\times10^{-11} m^2/s$。

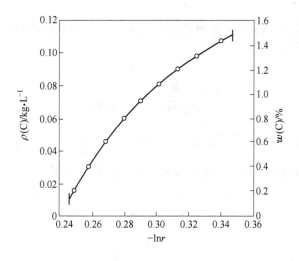

图6-3 在1000℃时$\ln r$与ρ的关系

6.1.3.2 非稳态扩散应用

对于非稳态扩散，可以先求出菲克第二定律的通解，再根据所研究问题的初始条件和边界条件，求出问题的特解。显然，不同的初始条件和边界条件将导致方程有不同的解。为了方便应用，下面介绍几种较简单而实用的方程解。

A　高斯解（衰减薄膜解）

在金属长棒一端沉积一薄层金属薄膜 A，然后将两个相同的金属沉积面对焊在一起，形成在两个金属棒之间的金属 A 薄膜源的扩散偶。若扩散偶沿垂直于薄膜源的方向上为无限长，则其两端浓度不受扩散影响。将此扩散偶加热到一定温度，金属 A 溶质开始沿垂直于薄膜方向同时向两侧扩散，考察金属 A 溶质在金属棒中的浓度随时间 t 的变化。因为扩散前扩散元素集中在一层薄膜上，故称薄膜解。

设金属棒的长轴和 x 坐标轴平行，金属 A 薄膜源位于 x 轴的原点上，确定薄膜的初始和边界条件分别为：

$t = 0$ 时：　　$|x| \neq 0$，$C(x, t) = 0$；$x = 0$，$C(x, t) = +\infty$

$t > 0$ 时：　　$x = \pm\infty$，$C(x, t) = 0$

当扩散系数与浓度无关时，满足上述初始和边界条件的方程解为：

$$C = \frac{k}{\sqrt{t}}\exp\left(-\frac{x^2}{4Dt}\right) \tag{6-12}$$

式中，k 为待定常数。假定扩散偶的横截面积为 1，由于扩散过程中扩散元素的总量 M 不变，则：

$$M = \int_{-\infty}^{+\infty} C(x, t)\,\mathrm{d}x \tag{6-13}$$

令 $\dfrac{x^2}{4Dt} = \beta^2$，则 $\mathrm{d}x = 2\sqrt{Dt}\,\mathrm{d}\beta$，将其与式（6-12）同时代入式（6-13），可得：

$$M = 2k\sqrt{D}\int_{-\infty}^{+\infty}\exp(-\beta^2)\,\mathrm{d}\beta = 2k\sqrt{\pi D} \tag{6-14}$$

则待定常数 $k = \dfrac{M}{2\sqrt{\pi D}}$，将待定常数代入式（6-12），获得薄膜扩散源随扩散时间衰减分布：

$$C = \frac{M}{2\sqrt{\pi Dt}}\exp\left(-\frac{x^2}{4Dt}\right) \tag{6-15}$$

图 6-4 给出由式（6-15）计算的 3 个不同时间 $\left(t = \dfrac{1}{16D}、\dfrac{1}{4D}、\dfrac{1}{D}\right)$ 的扩散物质浓度分布曲线。其曲线分布为高斯分布，所以衰减薄膜源扩散的通解又称为高斯解。

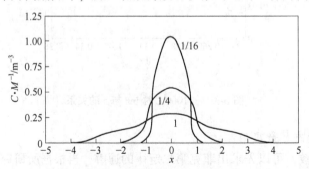

图 6-4　衰减薄膜源扩散后的浓度随距离变化的曲线

（数字表示不同的 Dt 值）

如果在金属棒一端沉积扩散物质 A（质量为 M），经扩散退火后，扩散物质 A 的体积浓度为上述扩散偶的 2 倍，即：

$$C = \frac{M}{\sqrt{\pi Dt}}\exp\left(-\frac{x^2}{4Dt}\right) \tag{6-16}$$

这是因为扩散物质由原来向左右两侧扩散改变为仅向一侧扩散。

上述衰减薄膜扩散源常用于示踪原子测定金属的自扩散系数。由于纯金属是均匀的，不存在浓度梯度。为了感知纯金属中的原子迁移，最典型的方法是在纯金属 A 的表面上沉积一薄层放射性同位素 A^* 为示踪物，经扩散退火后，测量 A^* 的扩散浓度。将式 (6-16) 两边取对数可得：

$$\ln C^* = \ln \frac{M}{\sqrt{\pi D^* t}} - \frac{x^2}{4D^* t} \tag{6-17}$$

根据式 (6-17)，扩散偶在一定温度退火后，距表面 x 处的浓度可测量，做 $\ln C^* - x^2$ 图，得到斜率为 $k = -\dfrac{1}{4D^* t}$ 的一条直线，从而得到示踪原子的扩散系数 $D^* = -\dfrac{1}{4kt}$。由于同位素 A^* 的化学性质与 A 相同，在这种没有浓度梯度情况下测出的 A^* 的扩散系数，即为 A 的自扩散系数。

利用高斯解还可以解决半导体掺杂过程中的扩散问题。例如制作半导体时，常常先在硅表面涂覆一薄层硼，然后加热使之扩散。利用式 (6-16) 求得给定温度下扩散一定时间后硼的分布。

B 误差函数解

误差函数解适合于无限长或者半无限长物体的扩散。无限长的意义是相对于原子扩散区长度而言，只要扩散物体的长度比扩散区长得多，就可以认为物体是无限长的。

a 无限长扩散偶的扩散

将体积浓度为 C_2 的 A 棒和体积浓度为 C_1 的 B 棒焊接在一起，焊接面垂直于 x 轴，然后加热保温不同时间，焊接面（$x = 0$）附近的体积浓度将发生不同程度的变化，如图 6-5 所示。

假定试棒足够长以保证扩散偶两端始终维持原浓度。根据上述情况，可分别确定方程的初始条件和边界条件分别为：

$t = 0$ 时：$\quad x > 0,\ C(x,\ t) = C_1;\ x < 0,$
$\qquad\qquad C(x,\ t) = C_2$

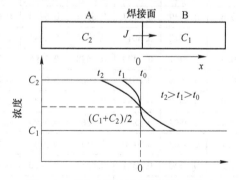

图 6-5 两端无限长扩散偶的浓度分布

$t \geq 0$ 时：$\quad x = +\infty,\ C(x,\ t) = C_1;\ x = -\infty,\ C(x,\ t) = C_2$

为了得到满足上述条件的菲克第二定律的偏微分方程解，与高斯解一样，采用中间变量代换法，设中间变量 $\beta = \dfrac{x}{2\sqrt{Dt}}$，并将其代入式 (6-4)，从而使偏微分方程转化为常微分方程，则有：

$$\frac{\partial C}{\partial t} = \frac{\mathrm{d}C}{\mathrm{d}\beta}\frac{\partial \beta}{\partial t} = -\frac{\beta}{2t}\frac{\mathrm{d}C}{\mathrm{d}\beta} \tag{6-18}$$

$$\frac{\partial^2 C}{\partial x^2} = \frac{\partial^2 C}{\partial \beta^2}\left(\frac{\partial \beta}{\partial x}\right)^2 = \frac{1}{4Dt}\frac{\mathrm{d}^2 C}{\mathrm{d}\beta^2} \tag{6-19}$$

将式（6-18）、式（6-19）代入式（6-4），整理得：

$$\frac{\mathrm{d}^2 C}{\mathrm{d}\beta^2} + 2\beta\frac{\mathrm{d}C}{\mathrm{d}\beta} = 0$$

最终的通解为：

$$C = A_1\int_0^{\beta}\exp(-\beta^2)\mathrm{d}\beta + A_2 \tag{6-20}$$

式中，A_1 和 A_2 是待定常数。上述积分不能得到准确解，只能用数值解法。根据误差函数定义：

$$\mathrm{erf}(\beta) = \frac{2}{\sqrt{\pi}}\int_0^{\beta}\exp(-\beta^2)\mathrm{d}\beta \tag{6-21}$$

可以证明，$\mathrm{erf}(\infty) = 1$，$\mathrm{erf}(-\beta) = -\mathrm{erf}(\beta)$，不同 β 值所对应的误差函数值见表 6-1。

表 6-1 误差函数 erf（β）

β	0	1	2	3	4	5	6	7	8	9
0.0	0.0000	0.0113	0.0226	0.0338	0.0451	0.0564	0.0676	0.0789	0.0901	0.1013
0.1	0.1125	0.1236	0.1348	0.1459	0.1569	0.1680	0.1790	0.1900	0.2009	0.2118
0.2	0.2227	0.2335	0.2443	0.2550	0.2657	0.2763	0.2869	0.2974	0.3079	0.3183
0.3	0.3286	0.3389	0.3491	0.3593	0.3694	0.3794	0.3893	0.3992	0.4090	0.4187
0.4	0.4284	0.4380	0.4475	0.4569	0.4662	0.4755	0.4847	0.4937	0.5027	0.5117
0.5	0.5205	0.5292	0.5379	0.5465	0.5549	0.5633	0.5716	0.5798	0.5879	0.5959
0.6	0.6039	0.6117	0.6194	0.6270	0.6346	0.6420	0.6494	0.6566	0.6638	0.6708
0.7	0.6778	0.6847	0.6914	0.6981	0.7047	0.7112	0.7175	0.7238	0.7300	0.7361
0.8	0.7421	0.7480	0.7538	0.7595	0.7651	0.7707	0.7761	0.7814	0.7867	0.7918
0.9	0.7969	0.8019	0.8068	0.8116	0.8163	0.8209	0.8254	0.8299	0.8342	0.8385
1.0	0.8427	0.8468	0.8508	0.8548	0.8586	0.8624	0.8661	0.8698	0.8733	0.8768
1.1	0.8802	0.8835	0.8868	0.8900	0.8931	0.8961	0.8991	0.9020	0.9048	0.9076
1.2	0.9103	0.9130	0.9155	0.9181	0.9205	0.9229	0.9252	0.9275	0.9297	0.9319
1.3	0.9340	0.9361	0.9381	0.9400	0.9419	0.9438	0.9456	0.9473	0.9490	0.9507
1.4	0.9523	0.9539	0.9554	0.9569	0.9583	0.9597	0.9611	0.9624	0.9637	0.9649
1.5	0.9661	0.9673	0.9687	0.9695	0.9706	0.9716	0.9726	0.9736	0.9745	0.9735
β	1.55	1.6	1.65	1.7	1.75	1.8	1.9	2.0	2.2	2.7
erf（β）	0.9716	0.9763	0.9804	0.9838	0.9867	0.9891	0.9928	0.9953	0.9981	0.9999

根据误差函数的定义和性质可得：

$$\int_0^{\infty}\exp(-\beta^2)\mathrm{d}\beta = \frac{\sqrt{\pi}}{2}, \quad \int_0^{-\infty}\exp(-\beta^2)\mathrm{d}\beta = -\frac{\sqrt{\pi}}{2} \tag{6-22}$$

将式（6-22）代入式（6-20），并结合边界条件可解出待定常数：

$$A_1 = \frac{C_1 - C_2}{2} \frac{2}{\sqrt{\pi}}, \; A_2 = \frac{C_1 + C_2}{2} \tag{6-23}$$

然后代入式（6-20），则：

$$C(x, \; t) = \frac{C_1 + C_2}{2} + \frac{C_1 - C_2}{2} \mathrm{erf}\left(\frac{x}{2\sqrt{Dt}}\right) \tag{6-24}$$

式（6-24）就是无限长扩散偶的溶质浓度随扩散距离 x 和时间 t 的变化关系，下面针对误差函数解讨论几个问题。

（1）$C(x, \; t)$ 曲线的特点。根据式（6-24）可以确定扩散开始后焊接面处的浓度 C_s，即当 $t > 0$，$x = 0$ 时，$C_s = \dfrac{C_1 + C_2}{2}$，表明界面浓度 C_s 为扩散偶原始浓度的平均值，始终保持不变。这是假定扩散系数与浓度无关所致，因而界面左侧的浓度衰减与右侧的浓度增加是对称的。若焊接面右侧棒的原始浓度 $C_1 = 0$ 时，则式（6-24）简化为：

$$C(x, \; t) = \frac{C_2}{2}\left[1 - \mathrm{erf}\left(\frac{x}{2\sqrt{Dt}}\right)\right] \tag{6-25}$$

而界面浓度 $C_s = C_2/2$。

（2）扩散的抛物线规律。由式（6-24）和式（6-25）可以看出，如果要求距焊接面为 x 处的浓度达到 $C(x, \; t)$，误差函数 $\mathrm{erf}\left(\dfrac{x}{2\sqrt{Dt}}\right)$ 为定值，则所需的扩散时间可由式（6-26）计算：

$$x = A\sqrt{Dt} \tag{6-26}$$

式中，A 为与晶体结构有关的常数。式（6-26）表明，原子的扩散距离 x 与时间 t 呈抛物线关系，许多扩散型相变的生长过程满足这种关系。

b　半无限长扩散偶的扩散

钢的渗碳是一种化学热处理工艺，它是将零件置于活性碳介质中，加热到一定温度时，通过活性碳原子由零件表面向内部扩散，从而改变表层的组织和性能。它可以显著提高低碳钢的表面性能（强度、硬度和耐磨性等），在实际生产中得到广泛应用。渗碳时，由于活性碳原子附在零件表面上，然后向零件内部扩散，因此原始碳浓度为 C_0 的渗碳零件可被视为半无限长的扩散偶，即远离渗碳源的一端的碳浓度在整个渗碳过程中不受扩散的影响，始终保持碳浓度为 C_0。根据上述情况，可列出初始条件和边界条件分别为：

$t = 0$ 时：　　$x > 0$，$C(x, \; t) = C_0$

$t \geq 0$ 时：　　$x = 0$，$C(x, \; t) = C_s$；$x = +\infty$，$C(x, \; t) = C_0$

即假定渗碳一开始，渗碳源一端表面就达到渗碳气氛的碳浓度 C_s，由式（6-24）可解得：

$$C(x, \; t) = C_0 + (C_s - C_0)\left[1 - \mathrm{erf}\left(\frac{x}{2\sqrt{Dt}}\right)\right] \tag{6-27}$$

如果渗碳零件为纯铁（$C_0 = 0$），则式（6-27）简化为：

$$C(x,\ t) = C_s\left[1 - \mathrm{erf}\left(\frac{x}{2\sqrt{Dt}}\right)\right] \tag{6-28}$$

由式（6-27）、式（6-28）可以看出，渗碳层深度与时间的关系同样满足式（6-26）。在渗碳中，经常根据式（6-27）估算出到达一定渗碳层深度所需要的时间。以下给出具体例子和解法。

例：碳质量分数为 0.1% 的低碳钢，置于碳质量分数为 1.2% 的渗碳气氛中，在 920℃下进行渗碳，如要求距离表面 0.002m 处碳质量分数为 0.45%，问需要多少渗碳时间？

解：已知碳在 γ-Fe 中 920℃时的扩散系数 $2\times10^{-11}\mathrm{m}^2/\mathrm{s}$，由式（6-27）可得：

$$\frac{C_s - C(x,\ t)}{C_s - C_0} = \mathrm{erf}\left(\frac{x}{2\sqrt{Dt}}\right)$$

代入数值，可得：

$$\mathrm{erf}\left(\frac{224}{\sqrt{t}}\right) \approx 0.68$$

由误差函数表可查得：

$$\frac{224}{\sqrt{t}} \approx 0.71,\ t = 27.6\mathrm{h}$$

除了化学热处理，金属的真空除气、钢铁材料在高温下的脱碳也是半无限长扩散的例子，只不过对于后者来说，表面浓度始终为零。

C 正弦解

工业生产中合金铸件的铸态组织往往存在明显的枝晶偏析，需要通过均匀化退火来减弱这种枝晶偏析带来的不利影响。这种均匀化退火过程中组元浓度的变化规律可用菲克第二定律来描述。

如图 6-6（a）所示，若将沿某一横越二次枝晶轴直线方向上的溶质浓度变化按正弦波来处理，则在 x 轴上各点的初始浓度可以表示为：

$$C(x,\ t) = C_0 + A_0\sin\frac{\pi x}{\lambda} \tag{6-29}$$

式中，C_0 为平均浓度；$A_0 = C_{max} - C_0$ 为铸态合金中原始成分偏析的振幅；λ 为溶质浓度最大值 C_{max} 与最小值 C_{min} 之间的距离，即二次枝晶轴之间的一半距离，见图 6-6（b）。

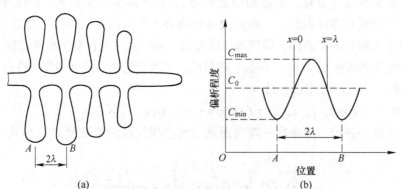

图 6-6 二次枝晶及溶质浓度变化示意图

（a）二次枝晶示意图；（b）横跨枝晶从 A 到 B 的溶质变化

（枝晶偏析按正弦波处理）

在均匀化退火过程中，由于溶质原子从高浓度区流向低浓度区，正弦波的振幅逐渐减小，最终趋近于平均浓度 C_0，然而正弦波长 λ 不变。从图 6-6（b）中可以得出边界条件为：

$t \geq 0$ 时：$\quad x = 0, \lambda, 2\lambda, \cdots \quad C(x, t) = C_0$

$$x = \lambda/2, 3\lambda/2, 5\lambda/2, \cdots \quad \frac{dC}{dx}(x, t) = 0$$

这表明在 $x = 0, \lambda, 2\lambda, \cdots$ 的位置处，浓度保持 C_0 不变，正弦波波峰的位置在衰减时始终在 $\lambda/2, 3\lambda/2, 5\lambda/2, \cdots$ 处。

若以式（6-29）为初始条件，结合边界条件，就可求得菲克第二定律方程的解为：

$$C(x, t) = C_0 + A_0 \sin \frac{\pi x}{\lambda} \exp\left(-\frac{D\pi^2 t}{\lambda^2}\right) \tag{6-30}$$

由于在均匀化退火时，只需考虑函数的最大值，即在 $x = \lambda/2$ 时的浓度变化值，此时 $\sin(\pi x/\lambda) = 1$，所以：

$$C\left(\frac{\lambda}{2}, t\right) = C_0 + A_0 \exp\left(-\frac{D\pi^2 t}{\lambda^2}\right) \tag{6-31}$$

因为 $A_0 = C_{\max} - C_0$，所以：

$$\frac{C\left(\frac{\lambda}{2}, t\right) - C_0}{C_{\max} - C_0} = \exp\left(-\frac{D\pi^2 t}{\lambda^2}\right) \tag{6-32}$$

式（6-32）的右边项称为衰减函数。

若要求铸锭经均匀化退火后，使成分偏析的振幅降低至 1%，即：

$$\frac{C\left(\frac{\lambda}{2}, t\right) - C_0}{C_{\max} - C_0} = \frac{1}{100}$$

则得：
$$t = 0.467\lambda^2/D$$

由式（6-32）可知，在给定温度下，均匀化退火所需的时间与 λ 的平方成正比，枝晶间距越小，则所需的扩散时间越少。因此，可通过快速凝固技术来抑制枝晶生长或通过热锻、热轧工艺打碎枝晶，将 λ 缩短，这都有利于减少扩散退火时间。当 λ 为定值时，采用固相线下尽可能高的扩散温度，使 D 值显著提高，从而有效减少扩散时间。

6.2 扩散的微观理论

上一节讨论了宏观的扩散过程和扩散第一、第二定律，宏观的扩散流是大量原子无数次微观过程的总和。本节将从原子跳跃运动和随机行走出发，讨论扩散的原子理论，分析扩散的微观机制，并建立宏观量与微观量、宏观现象与微观理论之间的联系。

6.2.1 随机行走与扩散

原子的扩散与花粉在水中的布朗运动相似，原子是做无规则运动的。扩散是带有统计性质的原子迁移现象，原子向各个方向的跳动是等概率的，原子的总位移是多次跳动的矢量和。从统计角度看，宏观扩散流是由大量原子无数次随机跳动组合的结果。

下面就用随机行走模型来加以讨论。

若在晶体中选定一个原子，在一段时间内，这个原子基于都在自己的位置上振动着，只有当它的能量足够高时，才能发生跳动。一般情况下，每一次原子的跳动方向和距离可能不同，因此用原子的位移矢量表示原子的每一次跳动是很方便的。设原子从它的原始位置出发，进行 n 次跳跃（$n \gg 1$），并以 r_i 表示各次跳跃位移矢量，从原始位置到原子最终位置的总位移用矢量 R_n 表示，则有：

$$R_n = r_1 + r_2 + r_3 + \cdots + r_i = \sum_{i=1}^{n} r_i \tag{6-33}$$

为求 R_n 的模，对式（6-33）进行点积运算，即：

$$R_n^2 = R_n \cdot R_n = \sum_{i=1}^{n} r_i^2 + 2\sum_{i=1}^{n-1}\sum_{j=1}^{n-i} r_i \cdot r_{i+j} = \sum_{i=1}^{n} r_i^2 + 2\sum_{i=1}^{n-1}\sum_{j=1}^{n-i} |r_i||r_{i+j}|\cos\theta_{i,\,i+j} \tag{6-34}$$

式中，$\cos\theta_{i,\,i+j}$ 是位移矢量 r_i 和 r_{i+j} 之间的夹角。

上面讨论的是一个原子经有限次随机跳动所产生的净位移，对于晶体中大量原子的多次随机跳动所产生的总净位移，就是式（6-34）取算术平均值，即：

$$\overline{R_n^2} = \overline{\sum_{i=1}^{n} r_i^2 + 2\sum_{i=1}^{n-1}\sum_{j=1}^{n-i} |r_i||r_{i+j}|\cos\theta_{i,\,i+j}} \tag{6-35}$$

在晶体中，特别是对称性高的立方晶体，可假设原子每次跃迁的距离大小都相等，则 $r_1 = r_2 = r_3 = \cdots = r_n = r$，同时由于原子的跃迁是随机的，每次跃迁的方向与前次跃迁方向无关，并且正向跳动与反向跳动机会均等，则大量原子多次跳动的结果将使对任意 $\cos\theta_{i,\,i+j}$ 的正值和负值出现的概率相等，因此，式（6-35）右边的余弦项等于零，于是：

$$\overline{R_n^2} = nr^2 \quad 即 \quad \sqrt{\overline{R_n^2}} = \sqrt{nr^2} \tag{6-36}$$

由此可见，原子的平均迁移值与跳跃次数 n 的平方根成正比。

假定原子的跳跃频率是 Γ，即每秒跳跃 Γ 次，则 t 秒内跳跃的次数：

$$n = \Gamma t$$

因此，$$\overline{R_n^2} = \Gamma t r^2 \quad 或 \quad \sqrt{\overline{R_n^2}} = \sqrt{\Gamma t} \cdot r \tag{6-37}$$

式（6-37）成功地建立了扩散过程中宏观位移量 $\overline{R_n^2}$ 和原子的跳跃频率 Γ 及原子跳跃距离 r 之间的关系，并且表明根据原子的微观理论导出的扩散距离与时间的关系也呈抛物线规律。

6.2.2　原子的跳跃和扩散系数

在一定的温度下，晶体中的原子始终处于不断的热运动过程中。这包括两种运动，一种是对大部分原子而言的围绕其平衡位置的热振动；另一种是由于热激活，某些原子获得足够大的能量而脱离其平衡位置的跳跃运动，对扩散过程有直接贡献的是后一种运动。由上面分析可知，大量原子无数次随机跳动决定了宏观扩散距离。而扩散距离又与原子的扩散系数有关，故原子的跳跃与扩散系数间存在着内在关系。

下面来分析晶体中原子运动的特点。在晶体中考虑含有间隙原子的两个相邻并且平行的晶面，如图 6-7 所示。由于原子跳动的无规则性，间隙原子既可由晶面 1 跳向晶面 2，也可由晶面 2 跳向晶面 1。在浓度均匀的固溶体中，在同一时间内，间隙原子由晶面 1 跳向晶面 2 或者由晶面 2 跳向晶面 1 的次数相同，不会产生宏观的扩散；但是在浓度不均匀的固溶体中，则会因为间隙原子朝两个方向的跳跃次数不同而形成原子的净传输。

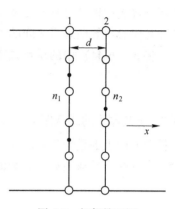

图 6-7　相邻晶面间
间隙原子的跳动

设间隙原子在晶面 1 和晶面 2 的单位面积上的间隙原子数（即面密度）分别为 n_1 和 n_2，两晶面间距为 d，某一温度下单位时间内间隙原子跳离其原来位置到邻近另一位置的次数，即原子的跳跃频率为 Γ，跳跃概率无论由晶面 1 跳向晶面 2，还是由晶面 2 跳向晶面 1 都为 P。原子的跳跃概率 P 是指，如果在晶面 1 上的原子向其周围近邻的可能跳跃的位置总数为 n，其中只向晶面 2 跳跃的位置数为 m，则 $P=m/n$。例如，在简单立方晶体中，原子可以向 6 个方向跳跃，但只向 x 轴正向跳跃的概率 $P=1/6$。这里假定原子朝正、反方向跳跃的概率相同。

在 Δt 时间内，单位面积上由晶面 1 跳向晶面 2 或由晶面 2 跳向晶面 1 的间隙原子数分别为：

$$\begin{cases} N_{1\to2} = n_1 P\Gamma\Delta t \\ N_{2\to1} = n_2 P\Gamma\Delta t \end{cases} \tag{6-38}$$

如果 $n_1 > n_2$，在晶面 2 上得到间隙溶质原子的净传输：

$$N_{1\to2} - N_{2\to1} = (n_1 - n_2)P\Gamma\Delta t \tag{6-39}$$

由扩散通量的定义，得到：

$$J = (n_1 - n_2)P\Gamma \tag{6-40}$$

设晶面 1 和晶面 2 的体积浓度分别为 C_1 和 C_2，参考图 6-7，分别有：

$$C_1 = \frac{n_1}{1\times d} = \frac{n_1}{d}, \ C_2 = \frac{n_2}{1\times d} = C_1 + \frac{\partial C}{\partial x}d \tag{6-41}$$

式中，C_2 相当于以晶面 1 的浓度 C_1 作为标准，如果改变单位距离引起的浓度变化为 $\partial C/\partial x$，那么改变 d 距离的浓度变化则为 $(\partial C/\partial x)d$。实际上，C_2 是按泰勒级数在 C_1 处展开，仅取到一阶微商项，式（6-41）可以得到：

$$n_1 - n_2 = -\frac{\partial C}{\partial x}\cdot d^2 \tag{6-42}$$

将其代入式（6-40），则

$$J = -P\Gamma d^2 \frac{\partial C}{\partial x} \tag{6-43}$$

与菲克第一定律比较，得原子的扩散系数为：

$$D = P\Gamma d^2 \tag{6-44}$$

式中，P 和 d 决定于晶体结构类型；Γ 除了与晶体结构有关外，与温度关系极大。该式也适用于置换型扩散，其重要意义在于，建立了扩散系数与原子的跳跃概率、跳跃频率以及晶体几何参数等微观量之间的关系。

将式（6-44）中的跳跃频率 Γ 代入式（6-37），则

$$\sqrt{\overline{R_n^2}} = \frac{r}{d\sqrt{P}} \sqrt{Dt} = A \sqrt{Dt} \tag{6-45}$$

式中，r 是原子的跳跃距离；d 是与扩散方向垂直的相邻平行晶面之间的距离，也就是 r 在扩散方向上的投影值；$A = r/d\sqrt{P}$ 是取决于晶体结构的几何因子。该式表明，由微观理论导出的原子扩散距离与时间的关系与宏观理论得到的式（6-26）完全一致。

6.3　扩　散　机　制

在晶体中，原子在其平衡位置做热振动，并会从一个平衡位置跳到另一个平衡位置，即发生扩散，一些可能的扩散机制总结在图6-8中。这些机制具有各自的特点和适用范围。

6.3.1　置换固溶体的扩散机制

（1）空位机制。从热力学观点来看，晶体中存在着空位，在一定温度下有一定的平衡空位浓度，温度越高，则平衡空位浓度越大。这些空位的存在使原子迁移更容易。这是因为一个原子在跳进空位的过程中，并不引起所经路径附近各原子产生很大的位移，消耗的畸变能较小。故大多数情况下，置换固溶体中的溶质原子扩散是借助空位机制，如图6-8中（a）所示。空位机制还适合于纯金属的自扩散，这种机制已被实验所证实。空位扩散的快慢不仅与原子需要跨越的能垒有关，还与空位浓度有关，而温度对空位扩散的影响非常明显。

（2）交换机制。这是一种提出较早的扩散机制，交换机制可分为直接交换和环形交换两种。相邻原子的直接交换机制如图6-8（b）左侧所示，即两个相邻原子直接互换位置。这种机制在密堆结构中可能性不大，因为它引起交换原子附近较大的点阵畸变，且激活能很高。甄纳（C. Zener）在1951年提出环形交换机制，如图6-8（b）右侧所示，4个原子同时交换，其所涉及的能量远小于直接交换，但这种机制的可能性仍然不大，这是因为它受到集体运动的约束。不管是直接交换还是环形交换，均使扩散原子通过垂直于扩散方向平面的净通量为零，即扩散原子是等量互换。这种互换机制不可能出现柯肯达尔效应（后面章节详细讨论）。目前，没有实验结果支持在金属和合金中的这种交换机制。

（3）间隙机制。在间隙扩散机制中，原子从点阵中的一个间隙位置迁移到另一个间隙位置，如图6-8（c）左侧所示。如 C、N、H 等小尺寸的间隙溶质原子容易以这种方式

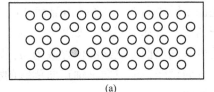

图 6-8　晶体中的扩散机制
（a）空位机制；（b）交换机制；
（c）间隙机制

在晶体中扩散。对于置换型溶质原子而言，进入点阵的间隙位置（即弗兰克（Frenkel）缺陷）将导致很大的点阵畸变，因此置换原子难以通过间隙机制从一个间隙位置迁移到邻近的间隙位置。为此，提出了推填机制和挤列机制。推填机制是一个填隙原子可以把它近邻的、在点阵结点上的原子"推"到附近的间隙中，而自己则"填"到被推出去的原子的原来位置上，如图 6-8（c）中间所示。挤列机制是一个间隙原子挤入体心立方晶体对角线（即原子密排方向）上，使若干个原子偏离其平衡位置，形成一个集体，此集体称为"挤列"，如图 6-8（c）右侧所示。原子可沿此对角线方向移动而扩散。

6.3.2　间隙固溶体的扩散机制

在间隙固溶体中，间隙原子如 C、N、O 和 H 相对于溶剂原子的尺寸要小得多，因此很容易从一个间隙位置迁移到另一个间隙位置，而结点上的原子畸变较小。因此，可以说间隙扩散机制是间隙固溶体中间隙原子扩散的最重要机制。

间隙原子的扩散机制如图 6-9 所示，由于间隙原子附近常常有间隙位置，因此和置换原子的空位扩散相比，温度的影响要小。例如在 γ-Fe 中，Fe 原子迁移到邻近空位所需的能量和 C 原子在间隙位置之间迁移所需的能量相差不大，但 C 原子扩散却快得多，这是因为 Fe 原子必须依靠它最近邻有空位才能迁移，而 C 原子常常是有间隙位置的。

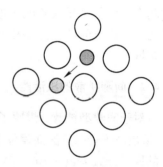

图 6-9　间隙固溶体扩散机制

6.4　扩散系数与扩散激活能

扩散系数和扩散激活能是两个密切相关的物理量。扩散激活能越小，扩散系数越大，原子扩散越快。从式（6-44）可知，$D = P\Gamma d^2$，扩散系数与原子跳跃概率 P、原子跳跃频率 Γ 和晶面间距的平方 d^2 呈正比，其中 P 是与晶体有关的已知量，d 可以通过 X 射线衍射方法测量，要想计算扩散系数，必须求出原子跳跃频率 Γ。下面从理论上剖析原子跳跃频率 Γ 与扩散激活能 Q 之间的关系，从而导出扩散系数 D 的表达式。

6.4.1　原子的激活概率

以间隙原子的扩散为例，当原子处于间隙中心的平衡位置时，原子的自由能 G_1 最低，原子要离开原来位置跳入邻近的间隙，其自由能必须高于 G_2，如图 6-10 所示。按照统计热力学，原子的自由能满足麦克斯韦-玻耳兹曼（Maxwell-Boltzmann）能量分布规律。设固溶体中间隙原子总数为 N，当温度为 T 时，自由能大于 G_1 和 G_2 的间隙原子数分别为：

$$n(G > G_1) = N\exp\left(-\frac{G_1}{kT}\right), \quad n(G > G_2) = N\exp\left(-\frac{G_2}{kT}\right) \tag{6-46}$$

两者相除，得：

$$\frac{n(G > G_2)}{n(G > G_1)} = \exp\left(-\frac{G_2 - G_1}{kT}\right) = \exp\left(-\frac{\Delta G}{kT}\right)$$

式中，$\Delta G = G_2 - G_1$ 为扩散激活能，严格说应该称为扩散激活自由能。因为 G_1 是间隙原子在平衡位置的自由能，所以 $n(G > G_1) \approx N$，则

$$\frac{n(G > G_2)}{N} = \exp\left(-\frac{\Delta G}{kT}\right) \quad (6\text{-}47)$$

这就是具有跳跃条件的间隙原子数占间隙原子总数的百分比，称为原子的激活概率。可以看出，温度越高，原子被激活的概率越大，原子离开原来间隙进行跳跃的可能性越大。式（6-47）也适用于其他类型原子的扩散。

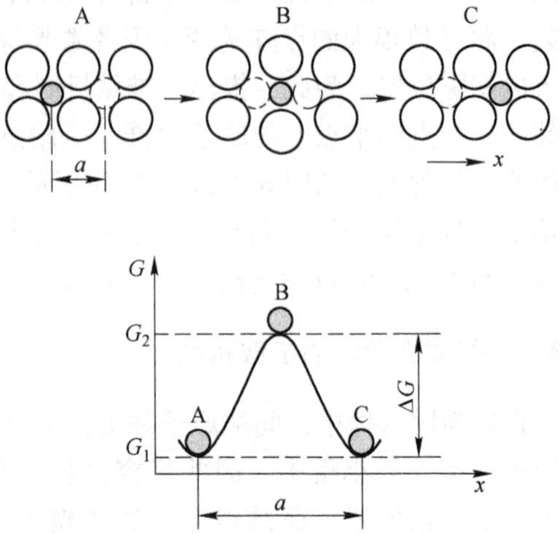

图 6-10　间隙扩散机制时原子需要克服能垒示意图

6.4.2　间隙扩散的激活能

对于间隙型扩散，设原子的振动频率为 v，溶质原子最邻近的间隙位置数为 z，即间隙配位数，则 Γ 应是 v、z，以及具有跳跃条件的原子分数 $\exp(-\Delta G/kT)$ 的乘积，即

$$\Gamma = vz\exp\left(-\frac{\Delta G}{kT}\right) \quad (6\text{-}48)$$

因为 $\Delta G = \Delta H - T\Delta S \approx \Delta U - T\Delta S$

所以

$$\Gamma = vz\exp\left(\frac{\Delta S}{k}\right)\exp\left(-\frac{\Delta U}{kT}\right) \quad (6\text{-}49)$$

代入式（6-44）可得：

$$D = Pvzd^2\exp\left(\frac{\Delta S}{k}\right)\exp\left(-\frac{\Delta U}{kT}\right) \quad (6\text{-}50)$$

在恒温恒压的固体扩散中，ΔU 是间隙扩散时每个溶质原子跳跃所需额外的热力学内能，即迁移能。引入阿伏伽德罗常数 N_A，可得每摩尔间隙原子的扩散激活能 $Q = N_A\Delta U$，令 $D_0 = Pvzd^2\exp\left(\dfrac{\Delta S}{k}\right)$，则

$$D = D_0\exp\left(-\frac{\Delta U}{kT}\right) = D_0\exp\left(-\frac{Q}{RT}\right) \quad (6\text{-}51)$$

式中，D_0 称为扩散常数；R 为气体常数，$R = 8.31\text{J}/(\text{mol} \cdot \text{K})$；$Q$ 代表每摩尔间隙原子跳动的激活能；T 为绝对温度。

6.4.3　空位扩散的激活能

在固溶体的置换扩散或纯金属的自扩散中，原子的迁移主要是通过空位扩散机制。与间隙扩散相比，原子以空位方式扩散困难得多。这是由于空位扩散除了需要原子从一个空位跳跃到另一个空位时的迁移能，还需要扩散原子近邻空位的形成能，而且原子周围出现空位的概率较小。

设原子配位数为 z，则在一个原子周围与其近邻的 z 个原子中，出现空位的概率为 n_v/N，即空位的平衡浓度。其中，n_v 为空位数；N 为原子总数。经热力学推导，温度 T 时，晶体中空位的平衡浓度表达式为：

$$\frac{n_v}{N} = \exp\left(-\frac{\Delta G_v}{kT}\right) = \exp\left(\frac{\Delta S_v}{k}\right)\exp\left(-\frac{\Delta U_v}{kT}\right) \tag{6-52}$$

式中，空位形成自由能 $\Delta G_v \approx \Delta U_v - T\Delta S_v$，$\Delta U_v$ 为空位形成能；ΔS_v 为空位形成熵。设原子朝一个空位振动的频率 v，利用式（6-52）和式（6-47），得原子的跳跃频率为：

$$\Gamma = vz\exp\left(-\frac{\Delta U_v}{kT} + \frac{\Delta S_v}{k}\right)\exp\left(-\frac{\Delta U}{kT} + \frac{\Delta S}{k}\right) \tag{6-53}$$

代入式（6-44），得扩散系数：

$$D = Pvzd^2\exp\left(\frac{\Delta S_v + \Delta S}{k}\right)\exp\left(-\frac{\Delta U_v + \Delta U}{kT}\right) \tag{6-54}$$

同样令 $D_0 = Pvzd^2\exp\left(\frac{\Delta S_v + \Delta S}{k}\right)$，$Q = N_A(\Delta U_v + \Delta U)$

所以

$$D = D_0\exp\left(-\frac{Q}{RT}\right) \tag{6-55}$$

该式在形式上与式（6-51）完全相同。即间隙扩散和空位扩散机制的扩散系数都遵循阿累尼乌斯（Arrhenius）方程，只是 D_0 和 Q 值不同。空位扩散激活能 Q 是由空位形成能 ΔU_v 和空位迁移能 ΔU 组成。由此可见，空位机制的激活能比间隙机制的激活能要大，如表 6-2 所示。由表 6-2 可以看出，C、N 等原子在铁中的扩散激活能比金属元素在铁中的激活能小得多。

表 6-2 某些扩散系统的 D_0 与 Q（近似值）

扩散组元	基体金属	D_0 /10^{-5}m$^2\cdot$s^{-1}	Q /10^3J·mol^{-1}	扩散组元	基体金属	D_0 /10^{-5}m$^2\cdot$s^{-1}	Q /10^3J·mol^{-1}
C	γ-Fe	2.0	140	Ni	γ-Fe	4.4	283
C	α-Fe	0.20	84	Mn	γ-Fe	5.7	277
N	γ-Fe	0.33	144	Cu	Al	0.84	136
N	α-Fe	0.46	75	Zn	Cu	2.1	171
Fe	α-Fe	19	239	Ag	Ag（晶界扩散）	1.4	96
Fe	γ-Fe	1.8	270	Ag	Ag（晶内扩散）	1.2	190

6.4.4 扩散激活能的测量

由前述分析表明，当晶体中的原子以不同方式扩散，所需的扩散激活能 Q 值是不同的。在间隙扩散机制中，$Q = N_A\Delta U$；在空位扩散机制中，$Q = N_A(\Delta U_v + \Delta U)$。除此外，还有晶界扩散、表面扩散、位错扩散，它们的扩散激活能是各不相同的，因此，求出某种条件的扩散激活能，对于了解扩散的机制是非常重要的，下面介绍通过实验求解扩散激活能的方法。

将式（6-51）两边取对数，则有：

$$\ln D = \ln D_0 - \frac{Q}{RT} \tag{6-56}$$

由实验测定不同温度下的扩散系数，确定 $\ln D$ 与 $1/T$ 的关系，如果两者呈线性关系（如图 6-11 所示），根据式（6-56），则该直线的斜率为 $-Q/R$，与纵坐标相交的截距则为 $\ln D_0$，从而用图解法求出扩散常数 D_0 和扩散激活能 Q。一般认为 D_0 和 Q 的大小与温度无关，只是与扩散机制和材料相关。

当原子在高温和低温中以两种不同扩散机制进行时，由于扩散激活能不同，将在 $\ln D$–$1/T$ 图中出现两段不同斜率的折线。

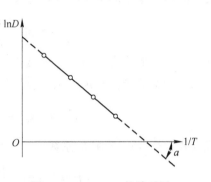

图 6-11　$\ln D$–$1/T$ 的关系图

6.5　柯肯达尔效应

6.5.1　柯肯达尔效应介绍

早期的研究认为在置换型固溶体中，扩散是通过原子换位机制进行的。那么两个组元在扩散过程中，其扩散速率应该是相等的，并且初始的扩散界面也不会在扩散过程中发生移动。

1947 年柯肯达尔（Kirkendall）用实验验证了置换型原子的互扩散过程。图 6-12 为柯肯达尔扩散偶示意图，在长方形的 α-黄铜棒表面敷上细 Mo 丝，再在其表面镀上一层铜，将 Mo 丝完全夹在铜和 α-黄铜中间。由于 Mo 丝的熔点很高，在扩散温度下不发生扩散，仅作为界面标记物，实验过程的扩散组元为 Cu 和 Zn。由于 Zn 在 Cu 中的溶解度较高，因此 α-黄铜和铜构成的是置换型扩散偶。

将制备好的扩散偶加热至 785℃保温，并定期测定两侧 Mo 丝的相对距离。实验发现，随着保温时间的延长，Mo 丝标记面向低熔点的 α-黄铜移动，1 天后，移动了 0.0015cm；56 天后，Mo 丝移动了 0.124cm，而且标记面移动的距离与时间的平方根成正比。

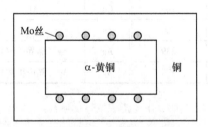

图 6-12　柯肯达尔扩散偶示意图

如果 Cu 和 Zn 的扩散系数相同，由于 Zn 原子尺寸大于 Cu 原子，扩散后标记面外侧的铜点阵膨胀，内侧的 α-黄铜点阵收缩，这种因为原子尺寸不同也会引起界面向 α-黄铜一侧移动，但位移量只有实验值的 1/10 左右。因此，可以确定标记面移动的主要原因是

Zn 的扩散速度大于 Cu 的扩散速度，这要求在铜一侧不断地产生空位，当 Zn 原子越过标记面后，这些空位朝相反方向越过标记面进入 α-黄铜一侧，并在 α-黄铜一侧聚集或湮灭。空位扩散机制可以使 Cu 原子和 Zn 原子实现不等量扩散，出现了跨越界面的原子净传输，导致标记面向内侧移动。由于这一现象首先由柯肯达尔等人发现，故称为柯肯达尔效应。所谓柯肯达尔效应就是在置换固溶体中，由于两组元（A 和 B）的原子以不同的速率（$D_A \neq D_B$）相对产生不等量扩散，引起标记面的漂移现象，如图 6-13 所示。大量的实验表明，柯肯达尔效应在置换固溶体（如 Cu-Sn、Cu-Al、Cu-Ni、Cu-Au、Ag-Zn、Ti-Mo 等合金系）中是普遍现象。

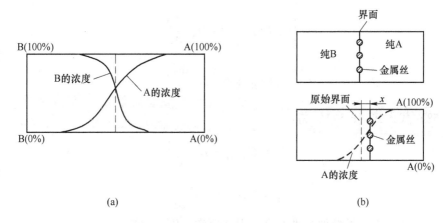

图 6-13 柯肯达尔扩散偶热处理前后的变化
（a）热处理后的浓度分布曲线；（b）热处理前后标记面的漂移

柯肯达尔效应最重要意义之一就是支持了置换固溶体中的空位扩散机制，揭示了扩散宏观规律与微观机制之间的关系。在两组元组成的扩散偶中，由于低熔点组元和空位的亲和力较大，易换位，这样在扩散过程中从高熔点侧向低熔点侧扩散的空位就大于从低熔点侧向高熔点侧的空位，即存在一个从高熔点侧向低熔点侧的净空位流，从而造成标记面的漂移。随着扩散时间的增加，在低熔点金属一侧由于空位的富集会产生空洞，即柯肯达尔空洞。在电子器件中，柯肯达尔空洞往往会成为器件发生失效的缺陷源，在实际应用中产生不利影响。

6.5.2 达肯方程

达肯（Darken）首先对置换固溶体中的柯肯达尔效应进行了数学分析。引入两个平行坐标系，一个是固定坐标系；一个是坐落在晶面上和晶面一起运动的动坐标系。扩散过程中扩散偶的界面相对于观察者在运动，其运动速度就等于标记面相对于观察者的漂移速度。而晶体中的原子同时又在晶体内做扩散运动，其扩散速度就是其相对于标记面的运动速度，由观察者所观察到的原子扩散速度就是以上标记面漂移速度与原子相对于标记面扩散速度的叠加。

令：标记面的漂移速度为 V_m，原子相对于标记面的扩散速度为 V_D

则，原子相对于观察者的扩散速度 $V = V_m + V_D$

若组元 i 的摩尔体积浓度为 C_i，且相对于观察者以速度 V 进行迁移，则 i 原子的扩散通量 $J_i = C_i V$，由此对组元 A 和 B，可写出各自相对于观察者的扩散通量分别为：

$$\begin{cases} J_A = C_A V_A = C_A [V_m + (V_D)_A] \\ J_B = C_B V_B = C_B [V_m + (V_D)_B] \end{cases} \tag{6-57}$$

式中，第一项是标记面相对于观察者的通量；第二项是原子相对于标记面的扩散通量。若组元 A 和 B 原子的扩散系数分别用 D_A 和 D_B 表示，根据扩散第一定律，由扩散引起的第二项可以写成：

$$\begin{cases} C_A (V_D)_A = -D_A \dfrac{dC_A}{dx} \\ C_B (V_D)_B = -D_B \dfrac{dC_B}{dx} \end{cases} \tag{6-58}$$

将式（6-58）代入式（6-57），得：

$$\begin{cases} J_A = C_A V_m - D_A \dfrac{dC_A}{dx} \\ J_B = C_B V_m - D_B \dfrac{dC_B}{dx} \end{cases} \tag{6-59}$$

假设扩散过程中，扩散偶各处的密度保持恒定，则一定有：

$$J_A = -J_B \tag{6-60}$$

将式（6-59）代入上式，得：

$$V_m (C_A + C_B) = D_A \frac{dC_A}{dx} + D_B \frac{dC_B}{dx} \tag{6-61}$$

设 x_A 和 x_B 分别为组元 A 和组元 B 的摩尔分数，则摩尔体积浓度与摩尔密度及摩尔分数之间有如下关系：

$$C_A = \rho x_A, \quad C_B = \rho x_B \quad 且 \quad x_A + x_B = 1 \tag{6-62}$$

将其代入式（6-61），得：

$$V_m = D_A \frac{dx_A}{dx} - D_B \frac{dx_A}{dx} = (D_A - D_B) \frac{dx_A}{dx} \tag{6-63}$$

再将式（6-63）代入式（6-59），得：

$$\begin{cases} J_A = -(x_B D_A + x_A D_B) \dfrac{dC_A}{dx} = -\widetilde{D} \dfrac{dC_A}{dx} \\ J_B = -(x_B D_A + x_A D_B) \dfrac{dC_B}{dx} = -\widetilde{D} \dfrac{dC_B}{dx} \end{cases} \tag{6-64}$$

式中，$\widetilde{D} = (x_B D_A + x_A D_B)$，称为合金的互扩散系数；$D_A$ 和 D_B 分别是组元 A 和 B 的本征扩散系数。式（6-63）和式（6-64）称为达肯方程，它反映了相对于观察者的物质扩散通量。

由达肯方程可以推论：

（1）如果溶质原子（如 A 原子）很少，$x_A \rightarrow 0$，则 $D_A \approx \widetilde{D}$；

（2）若 $x_A = x_B$，则 $\widetilde{D} = (D_A + D_B)/2$；

（3）若 $D_A = D_B$，则 $V_m = 0$，标记面不漂移，不出现柯肯达尔效应。

到目前为止，所接触的扩散系数可以概括为以下三种类型。

（1）自扩散系数 D^*，是指在没有浓度梯度的纯金属或均匀固溶体中，由于原子的热运动而发生扩散。在实验上，测量金属的自扩散系数一般采用在金属中放入少量的同种金属的放射性同位素作为示踪原子，如果同位素原子存在浓度梯度，就会发生可观察的扩散。由于金属与金属的放射性同位素的物理及化学性质相同，因此测出的同位素原子的扩散系数就是金属的自扩散系数。

（2）本征扩散系数 D，是指在有浓度梯度的合金中，组元的扩散不仅包含组元的自扩散，而且还包含组元的浓度梯度引起的扩散。由合金中组元的浓度梯度所驱动的扩散称为组元的本征扩散，用本征扩散系数描述。

（3）互扩散系数 $\widetilde{D}$，是合金中各组元的本征扩散系数的加权平均值，反映了合金的扩散特性，而不代表某一组元的扩散性质。本征扩散系数和互扩散系数都是由浓度梯度引起的，因此统称为化学扩散系数。

6.6 扩散的热力学分析

用浓度梯度表示的菲克第一定律 $J = -D\dfrac{dC}{dx}$ 只能描述原子由高浓度向低浓度方向的下坡扩散，当 $\dfrac{dC}{dx} \rightarrow 0$ 时，即合金浓度趋于均匀，宏观扩散停止。然而在合金中发生的很多扩散现象却是由低浓度向高浓度方向的上坡扩散，例如固溶体的共析转变、调幅分解等就是典型的上坡扩散，这一事实说明引起扩散的真正驱动力不是浓度梯度。

6.6.1 扩散的驱动力

根据热力学理论，系统变化方向的广义判据是，在恒温恒压条件下，系统变化总是向吉布斯自由能降低的方向进行，自由能最低态是系统的平衡状态，过程的自由能变化 $\Delta G < 0$ 是系统变化的驱动力。

合金中的扩散也是一样的，原子总是从化学势高的地方向化学势低的地方扩散，当各相中同一组元的化学势相等（多相合金），或者同一相中组元在各处的化学势相等（单相合金），则达到平衡状态，宏观扩散停止。因此，原子扩散的真正驱动力是化学势梯度。如果合金中 i 组元的原子由于某种外界因素的作用（如温度、压力、应力、磁场等），沿 x 方向运动距离 ∂x，其化学势降低 $\partial \mu_i$，则该原子受到的驱动力 F_i 为：

$$F_i = -\frac{\partial \mu_i}{\partial x} \tag{6-65}$$

式中，负号表明原子扩散总是向化学势降低的方向进行。

6.6.2 扩散系数的普遍形式

原子在晶体中扩散时，若作用在原子上的驱动力等于原子的点阵阻力时，表示原子的运动速度达到极限值，设为 V_i，该速度正比于原子的驱动力：

$$V_i = B_i F_i \tag{6-66}$$

式中，B_i 为单位驱动力作用下的原子运动速度，称为扩散的迁移率，表示原子的迁移能力。组元 i 的扩散通量为：

$$J_i = - C_i B_i \frac{\partial \mu_i}{\partial x} \tag{6-67}$$

由热力学可知，合金中 i 原子的化学势为：

$$\mu_i = \mu_i^0 + kT \ln a_i \tag{6-68}$$

式中，μ_i^0 为 i 原子在标准状态下的化学势；a_i 为活度，$a_i = \gamma_i x_i$；γ_i 为活度系数；x_i 为摩尔分数。对式（6-68）微分，得：

$$\partial \mu_i = kT \partial \ln a_i \tag{6-69}$$

因为

$$\partial \ln a_i = \partial \ln \gamma_i + \partial \ln C_i \tag{6-70}$$

式中，C_i 为 i 原子的体积浓度。将式（6-69）、式（6-70）代入式（6-67），经整理得：

$$J_i = - B_i kT \left[1 + \frac{\partial \ln \gamma_i}{\partial \ln C_i} \right] \frac{\partial C_i}{\partial x} \tag{6-71}$$

与菲克第一定律比较，得扩散系数的一般表达式：

$$D_i = B_i kT \left[1 + \frac{\partial \ln \gamma_i}{\partial \ln C_i} \right] \tag{6-72}$$

或

$$D_i = B_i kT \left[1 + \frac{\partial \ln \gamma_i}{\partial \ln x_i} \right] \tag{6-73}$$

式（6-72）和式（6-73）中括号内的部分称为热力学因子。

对理想固溶体（$\gamma_i = 1$）或者稀薄固溶体（$\gamma_i =$ 常数），式（6-72）和式（6-73）简化为

$$D_i = B_i kT \tag{6-74}$$

式（6-74）称为爱因斯坦（Einstein）方程。可以看出，在理想固溶体或者稀薄固溶体中，不同组元的扩散系数的差别在于它们有不同的迁移率，而与热力学因子无关。这一结论对实际固溶体也是适用的，证明如下。

在二元合金中，根据吉布斯-杜亥姆（Gibbs-Duhem）公式

$$x_A d\mu_A + x_B d\mu_B = 0 \tag{6-75}$$

将 $\partial \mu_i = kT \partial (\ln a_i)$ 和 $a_i = \gamma_i x_i$ 代入，则：

$$x_A d\ln a_A + x_B d\ln a_B = x_A d\ln \gamma_A + x_B d\ln \gamma_B = 0 \tag{6-76}$$

由于有 $dx_A = - dx_B$，可得：

$$\frac{\partial \ln \gamma_A}{\partial \ln x_A} = \frac{\partial \ln \gamma_B}{\partial \ln x_B} \tag{6-77}$$

根据式（6-77），合金中各组元的热力学因子是相同的。当系统中各组元可以独立迁移时，各组元存在各自的扩散系数，各扩散系数的差别在于不同的迁移率，而不在于活度或者活度系数。

6.6.3 上坡扩散

由式（6-72）和式（6-73）可知，决定扩散系数正负的因素是热力学因子。因为扩散通量 $J > 0$，所以当热力学因子为正时，$D_i > 0$，$\partial C/\partial x < 0$，发生下坡扩散；当热力学因子为负时，$D_i < 0$，$\partial C/\partial x > 0$，发生上坡扩散，从热力学上解释上坡扩散产生的原因。

为了对上坡扩散有更进一步的理解，下面将扩散第一定律表达为最普遍的形式，即用化学势梯度表示的扩散第一定律。由式（6-67），得：

$$J_i = -D_i^{\mu}\frac{\partial \mu_i}{\partial x} \tag{6-78}$$

式中，$D_i^{\mu} = C_i B_i$，是与化学势有关的扩散系数。根据化学势定义及 $C_i = \rho x_i$，则：

$$\mu_i = \frac{\partial G}{\partial x_i} = \rho\frac{\partial G}{\partial C_i}$$

$$\frac{\partial \mu_i}{\partial x} = \rho\frac{\partial^2 G}{\partial C_i \partial x} \tag{6-79}$$

式中，G 为系统的摩尔自由能。将式（6-79）代入式（6-78），得：

$$J_i = -\left(D_i^{\mu}\rho\frac{\partial^2 G}{\partial C_i^2}\right)\frac{\partial C_i}{\partial x} \tag{6-80}$$

将式（6-80）与扩散第一定律 $J_i = -D_i\dfrac{\partial C_i}{\partial x}$ 比较，有：

$$D_i = D_i^{\mu}\rho\frac{\partial^2 G}{\partial C_i^2} \tag{6-81}$$

因为 $D_i^{\mu} > 0$，所以当 $\dfrac{\partial^2 G}{\partial C_i^2} > 0$ 时，发生下坡扩散；当 $\dfrac{\partial^2 G}{\partial C_i^2} < 0$ 时，发生上坡扩散。下坡扩散的结果是形成浓度均匀的单相固溶体，上坡扩散的结果是使均匀的固溶体分解为浓度不同的两相混合物。如前所述，奥氏体分解成珠光体的过程中，碳原子从浓度较低的奥氏体向浓度较高的渗碳体的扩散，就属于上坡扩散。除此之外，晶体中存在弹性应力梯度、电位梯度、温度梯度等作用，也可以发生上坡扩散。如将均匀的单相固溶体 Al-Cu 合金方棒加以弹性弯曲，并在一定温度下加热，使之发生扩散。结果发现，尺寸较大的 Al 原子移向点阵伸长方向，而尺寸较小的 Cu 原子移向点阵受压方向，造成溶质原子分布不均匀，如图 6-14 所示。

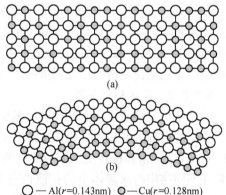

○ — Al(r=0.143nm)　◎ — Cu(r=0.128nm)

图 6-14　应力作用下的上坡扩散
(a) 扩散前；(b) 扩散后

6.7 影响扩散的因素

由扩散第一定律可知，在浓度梯度一定时，原子扩散仅取决于扩散系数 D。对于典型的原子扩散过程，D 符合阿累尼乌斯（Arrhenius）公式，$D = D_0 \exp\left(-\dfrac{Q}{RT}\right)$。因此，$D$ 取决于扩散常数 D_0、扩散激活能 Q 和温度 T，凡是能改变这三个参数的因素都影响扩散过程。

6.7.1 温度

在阿累尼乌斯（Arrhenius）公式中，扩散常数 D_0 和扩散激活能 Q 随成分和晶体结构而变，在一般情况下可以看成常数，因此扩散系数 D 与温度呈指数关系。由此可见，温度是影响扩散速率的最主要因素。温度越高，原子热激活能量越大，越易发生迁移，扩散系数越大。例如从表 6-2 可以查出 C 在 γ-Fe 中扩散时，$D_0 = 2.0 \times 10^{-5}\,\mathrm{m^2/s}$，$Q = 140 \times 10^3\,\mathrm{J/mol}$，由式（6-51）可以算出在 1200K 和 1300K 时 C 的扩散系数分别为：

$$D_{1200} = 2.0 \times 10^{-5} \exp\left[-\frac{140 \times 10^3}{8.314 \times 1200}\right] = 1.61 \times 10^{-11}\,\mathrm{m^2/s}$$

$$D_{1300} = 2.0 \times 10^{-5} \exp\left[-\frac{140 \times 10^3}{8.314 \times 1300}\right] = 4.74 \times 10^{-11}\,\mathrm{m^2/s}$$

由此可见，温度升高 100℃，扩散系数增大约 3 倍，即渗碳速度加快了约 3 倍，故生产上各种受扩散控制的过程，都要考虑温度的重要影响。

一般来说，在固相线附近的温度范围，置换固溶体的 $D = 10^{-8} \sim 10^{-9}\,\mathrm{cm^2/s}$，间隙固溶体的 $D = 10^{-5} \sim 10^{-6}\,\mathrm{cm^2/s}$；而在室温下它们分别是 $D = 10^{-20} \sim 10^{-50}\,\mathrm{cm^2/s}$ 和 $D = 10^{-10} \sim 10^{-30}\,\mathrm{cm^2/s}$。因此，扩散只有在高温下才能发生，特别是置换固溶体更是如此。

6.7.2 晶体结构

6.7.2.1 固溶体类型

不同类型固溶体原子的扩散机制是不同的，如置换固溶体扩散为空位机制，间隙固溶体扩散为间隙机制，相对而言，间隙机制的扩散激活能一般比较小。例如，C、N 原子在 α-Fe 和 γ-Fe 中的扩散激活能比金属元素在 γ-Fe 中的扩散激活能小得多，见表 6-2。因此，钢件表面热处理在获得同样渗层浓度时，渗 C、N 比渗金属的周期短。

6.7.2.2 晶体结构类型

晶体结构反映原子在空间排列的紧密程度。晶体的致密度越高，原子扩散时的路径越窄，产生的点阵畸变越大，使得扩散激活能增加，扩散系数减小。例如铁在 912℃ 时发生 γ-Fe $\rightleftharpoons$ α-Fe 同素异构转变。实验测定的 α-Fe 的自扩散系数大约是 γ-Fe 的 240 倍。合金元素在不同结构的固溶体中的扩散也有差别，例如 900℃ 时，在置换固溶体中，Ni 在 α-Fe 比在 γ-Fe 中的扩散系数高约 1400 倍。在间隙固溶体中，N 于 527℃ 时在 α-Fe 中比在 γ-Fe 中的扩散系数约大 1500 倍。所有元素在 α-Fe 中的扩散系数都比在 γ-Fe 中大，其原因是体心立方结构的致密度（0.68）比面心立方结构的致密度（0.74）小，原子较易迁移。

结构不同的固溶体对扩散元素的溶解度是不同的，由此所造成的浓度梯度不同，也会影响扩散速率。例如，钢的渗碳通常选取高温下奥氏体状态时进行，除了由于温度作用外，还因 C 在 γ-Fe 中的溶解度远远大于在 α-Fe 中的溶解度，使 C 在奥氏体中形成较大的浓度梯度，从而有利于加速 C 原子的扩散以增加渗碳层的深度。

6.7.2.3　晶体的各向异性

晶体的各向异性也对扩散有影响，一般来说，晶体的对称性越低，则扩散各向异性越显著。实验发现，在高对称性的立方晶体中，扩散系数 D 未显示出各向异性；而具有低对称性的晶体中，扩散系数呈现明显的各向异性，而且晶体对称性越低，扩散的各向异性越强。例如 Cu 在密排六方金属 Zn 中扩散时，沿 [0001] 晶向的扩散系数比沿 (0001) 晶面的扩散系数大，这是因为 (0001) 晶面是原子密排面，溶质原子沿密排面扩散的激活能较大。但是，随着温度升高，各向异性的差异减弱。

6.7.3　晶体缺陷

金属材料中存在着各种晶体缺陷，缺陷能量高于晶粒内部，可以提供更大的扩散驱动力，使原子沿缺陷扩散速度更快。通常沿缺陷进行的扩散称为短路扩散，沿晶体内部进行的扩散称为晶内扩散或体扩散，各种扩散的途径如图 6-15 所示。短路扩散包括表面扩散、晶界扩散、位错扩散及空位扩散等。通常温度较低时，以短路扩散为主；温度较高时，以晶内扩散为主。

若以 Q_S、Q_B 和 Q_L 分别表示表面、晶界和晶内扩散激活能，D_S、D_B 和 D_L 分别表示表面、晶界和晶内扩散系数，则一般规律是：$Q_S < Q_B < Q_L$，所以 $D_S > D_B > D_L$，如图 6-16 所示。

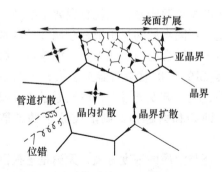

图 6-15　金属晶体中的各种扩散

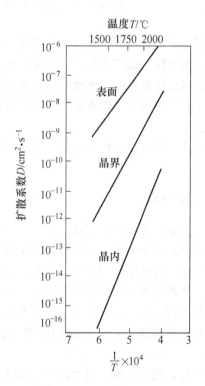

图 6-16　钍在钨中沿自由表面、晶界和晶内进行扩散时，D 与温度的关系

图 6-17 是银的多晶体、单晶体自扩散系数与温度的关系。显然，单晶体的扩散系数表征了晶内扩散系数，而多晶体的扩散系数是晶内扩散和晶界扩散共同起作用的表象扩散系数。从图 6-17 可知，当温度高于 700℃ 时，多晶体的扩散系数和单晶体的扩散系数基本相同；但当温度低于 700℃ 时，多晶体的扩散系数明显大于单晶的晶内扩散系数，此时晶界扩散起主导作用。晶界扩散对较低温度下的自扩散和互扩散有重要影响。但是，对于间隙固溶体来说，溶质原子的晶内扩散激活能本来就不高，扩散速度比较大，晶界扩散的作用并不明显。

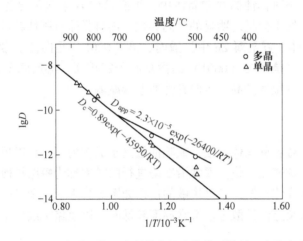

图 6-17　Ag 在单晶体和多晶体中的自扩散系数随温度的变化

晶体中的位错对扩散也有促进作用。位错与溶质原子的弹性应力场之间交互作用的结果，使溶质原子偏聚在位错线周围形成溶质原子气团。这些溶质原子沿着位错线为中心的管道形畸变区扩散时，激活能仅为晶内扩散激活能的一半左右，扩散速度较高。由于位错在整个晶体中所占比例很小，所以只有在较低温度时，晶内扩散困难，位错扩散才起重要作用。

总之，晶界、表面和位错等晶体缺陷对扩散起着快速通道的作用，加快了原子的扩散。

6.7.4　化学成分

从扩散的微观机制可知，原子在点阵中的扩散需要克服能垒，也就是说要求扩散原子部分地破坏邻近原子的结合键才能实现跃迁。因此，不同金属的自扩散激活能和扩散系数必然与其点阵的原子间结合力有关，因而与表征原子间结合力的宏观参量，如熔点、熔化潜热、体积膨胀或压缩系数相关，一般熔点高的金属的自扩散激活能必然大，扩散系数小。从微观参量上，固溶体中组元的原子尺寸相差越大，畸变能越大，溶质原子离开畸变区进行扩散越容易；组元间的电负性相差越大，即亲和力越强，则溶质原子的扩散越困难。

扩散系数大小除了与上述的组元特性有关外，还与溶质的浓度有关，无论是置换固溶体还是间隙固溶体均是如此。在求解扩散方程时，通常把 D 假定为与浓度无关的量，这与实际情况不完全符合。但是为了计算方便，当固溶体浓度较低或扩散层中浓度变化不大时，这样的假定所导致的误差不会很大。

第三组元（或杂质）对二元合金扩散原子的影响较为复杂，可能提高其扩散速率，也可能降低，或者几乎无作用。例如，碳钢中加入4%Co，可以使 C 在奥氏体中的扩散速率增加一倍；加入3%Mo 或者1%W 则使扩散速率减少一半；而加入 Mn 和 Ni 则对扩散速率没有什么影响，如图6-18所示。

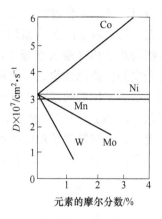

图 6-18　合金元素对碳
（摩尔分数 1%）在奥氏体中
扩散系数的影响

值得指出的是，某些第三组元的加入不仅影响扩散速率而且影响扩散方向。例如，达肯将 Fe-0.441%C 的碳钢和 Fe-0.478%C-3.80%Si 的硅钢组成扩散偶。在扩散退火前，碳浓度在扩散偶中的分布是均匀的，没有浓度梯度。然而在1050℃高温扩散退火 13 天后，形成了比较大的浓度梯度，碳的浓度分布如图 6-19 所示。说明在有 Si 存在的情况下，C 原子发生了由低浓度向高浓度方向的扩散，即上坡扩散。这是由于在 Fe-C 合金中加入 Si 使 C 的化学势升高，以至 C 从含 Si 的一侧向不含 Si 的碳钢中扩散。

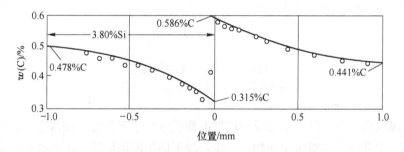

图 6-19　碳钢和硅钢组成的扩散偶在扩散退火 13d 后碳浓度分布

6.8　反 应 扩 散

前面讨论的是单相固溶体中的扩散，其特点是溶质原子的浓度未超过固溶体的溶解度。然而，在实际相图中，经常会出现多种固溶体或者金属化合物。如果由构成这样相图的两个组元制作扩散偶，或者一个组元的表面渗入另一个组元，并且在合适的温度保温足够的情况下，扩散元素的含量超过基体金属的溶解度，则随着扩散的进行会产生一种或者几种新的合金相（金属化合物或者固溶体），这种通过扩散形成新相的现象称为反应扩散或相变扩散。

反应扩散包括两个过程：一是渗入元素渗入基体的表层，但未达到基体的溶解度之前的扩散过程；二是当基体的表层达到溶解度以后发生相变而形成新相的过程。反应扩散时，基体表层中的溶质原子的浓度分布随扩散时间和扩散距离的变化以及在表层中出现的相的种类和数量，均可参考基体和渗入元素间组成的合金相图进行分析。

例如纯铁在520℃渗氮（也称氮化）时，由 Fe-N 二元合金相图（见图6-20（a））可以分析纯铁的氮化过程。由于金属表面 N 的质量分数大于金属内部，因而金属表面形成的新相将对应于高 N 含量的中间相。当 N 的质量分数超过 7.8% 时，便在表面形成密排六方结构的 ε 相（视 N 含量不同可形成 Fe_3N、$Fe_{2\sim3}N$ 或 Fe_2N），这是一种氮含量变化范围相当宽的铁氮化合物。一般氮的质量分数大致在 7.8%～11.0% 之间变化，N 原子有序地位于铁原子构成的密排六方点阵中的间隙位置。越远离表面，N 的质量分数越低，随之是 γ′相（Fe_4N），它是一种可变成分较小的中间相，其质量分数在 5.7%～6.1% 之间，N 原子有序地占据铁原子构成的面心立方点阵中的间隙位置。再往里是含 N 量更低的 α 固溶体，为体心立方点阵。纯铁氮化后的表层氮浓度和相分布如图 6-20（b）和（c）所示。

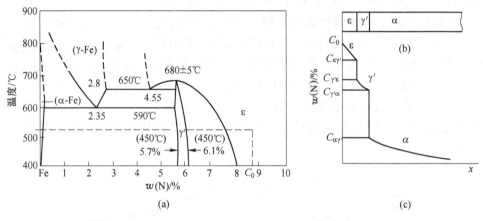

图 6-20　纯铁的表面氮化
（a）Fe-N 相图；（b）相分布；（c）氮浓度分布

　　实验结果表明，在二元合金经反应扩散的渗层组织中不存在两相混合区，而且在相界面上的浓度是突变的，它对应于该相在一定温度下的极限溶解度。不存在两相混合区的原因可用相的热力学平衡条件来解释：如果渗层组织中出现两相共存区，则两平衡相的化学势 μ_i 必然相等，即化学势梯度 $\dfrac{\partial \mu_i}{\partial x} = 0$，则扩散驱动力为零，扩散不能进行。从相律的角度看，由于扩散是在恒定温度和压力下进行的，因此相律公式为 $F = C - P$。在两相共存区，$F = 2 - 2 = 0$，自由度为零，意味着在两相区中不能发生扩散，即反应扩散中不存在两相区。同理，三元系中渗层的各部分都不能出现三相共存区，但可以有两相共存区。这是反应扩散的重要特点。

　　反应扩散中新相是否出现及出现的顺序受多种因素影响，与相图之间不存在一一对应关系，实际样品中不一定出现相图中所有中间相。从热力学角度看，自由能最低的相具有出现的可能性，但未必一定出现，这是因为新相是否出现还要考虑新相形成时的相变阻力，即新旧相之间的界面能和弹性应变能，同时还需要考虑动力学因素，如形成的孕育期等。当相变阻力足够大，或者冷却速度足够快时，就有可能抑制新相的产生。

重要概念

扩散，自扩散，互扩散，下坡扩散，上坡扩散，原子扩散，反应扩散

稳态扩散，非稳态扩散，扩散通量

间隙扩散，空位扩散，扩散系数，扩散激活能

柯肯达尔效应，互扩散系数

表面扩散，晶界扩散，晶内扩散，短路扩散

习　题

6-1　扩散系数的物理意义是什么？影响因素有哪些？

6-2　已知碳在 γ-Fe 中扩散时，$D_0 = 2.0 \times 10^{-5} \, \text{m}^2/\text{s}$，$Q = 1.4 \times 10^5 \, \text{J/mol}$。试计算温度为 927℃和 1027℃时的扩散系数，利用所得数据讨论温度对扩散系数的影响（气体常数 $R = 8.31 \, \text{J/mol} \cdot \text{K}$）。

6-3　一块含碳量为 0.1%的碳钢在 930℃渗碳，渗到 0.05cm 处碳的浓度达到 0.45%。在 $t > 0$ 的全部时间，保持表面碳浓度为 1%，已知 $D = 1.4 \times 10^{-7} \, \text{cm}^2/\text{s}$，计算渗碳所需时间 t。如果渗碳层厚度增加 1 倍，则需多长的渗碳时间 t。

6-4　有一钢锭内部存在枝晶偏析，已知偏析的最大幅度为 $C_\text{m} = 0.6\%$，偏析波的半波长 $l = 0.01\text{cm}$，求在 1100℃进行均匀化退火，要使浓度差减少到 $C = 0.4\%$，需要多长时间？（已知 1100℃锰的扩散系数 $D = 2 \times 10^{-11} \, \text{cm}^2/\text{s}$）

6-5　渗碳是将零件置于渗碳介质中使碳原子进入工件表面，然后以下坡扩散的方式使碳原子从表层向内部扩散的热处理方法。试问：

（1）温度高低对渗碳速度有何影响？

（2）渗碳应当在 γ-Fe 中进行还是应当在 α-Fe 中进行？

（3）空位浓度、位错密度和晶粒大小对渗碳速度有何影响？

6-6　二元系发生反应扩散时，在反应过程中，渗层各部分能否有两相混合区出现，为什么？

7 金属及合金的变形

本章学习要点：重点掌握滑移机制，滑移的临界分切应力，多晶体塑性变形的特点，冷变形过程中材料内部组织结构和性能变化规律；理解塑性变形的物理本质，滑移带、滑移系、孪生变形、单滑移、多滑移和交滑移等概念，形变织构的形成过程，加工硬化原理；了解金属弹性变形的特点。

金属材料在加工和使用过程中都不可避免地要受到外力的作用，金属材料的变形行为显得尤其重要。金属材料在外力作用下，不仅改变了其外形尺寸，而且也使内部组织和性能发生相应变化。例如经冷轧、冷拉等塑性变形后，金属的强度显著提高而塑性下降。因此，探讨金属及合金的塑性变形规律具有十分重要的理论和实际意义。一方面可以揭示金属材料强度和塑性的实质，探索强化金属材料的方法和途径；另一方面可以作为设计工程结构、选材、改进加工工艺和提高加工质量的依据。

本章重点讨论单晶体的塑性变形方式及变形机理，在此基础上，讨论多晶体和合金的塑性变形特点。

7.1 金属的应力-应变曲线

金属在外力的作用下，首先发生弹性变形，载荷增加到一定值后，发生弹塑性变形，继续增加载荷，塑性变形也将逐渐增大，直至金属发生断裂。金属在外力作用下的变形过程可分为弹性变形、弹塑性变形和断裂三个连续的阶段。这种变形的特性可以明显地反映在"应力-应变曲线"上。

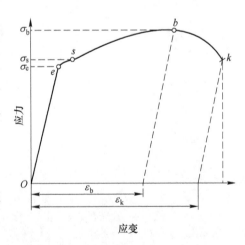

图 7-1 低碳钢的应力-应变曲线

7.1.1 工程应力-应变曲线

低碳钢的应力-应变曲线如图 7-1 所示。在工程应用中，应力和应变采用如下方法计算：

$$\sigma = \frac{F}{A_0} \qquad (7\text{-}1)$$

$$\varepsilon = \frac{l - l_0}{l_0} \qquad (7\text{-}2)$$

式中，σ 为应力（工程应力或名义应力）；F 为载荷；A_0 为试样的原始截面积；ε 为应变（工程应变或名义应变）；l_0 为试样的原始标距长度；l 为试样变形后的长度。

这种应力-应变曲线通常称为工程应力-应变曲线，由于应力和应变的计算中没有考虑变形后试样截面积和长度的变化，故与载荷-变形曲线的形状一致。从此曲线上，可以看出低碳钢的变形过程有如下特点：

当应力低于材料的弹性极限 σ_e 时，发生弹性变形，应力与应变呈线性关系，服从胡克定律，即 $\sigma = E\varepsilon$（正应力下）或 $\tau = G\gamma$（切应力下），式中，σ 为正应力；ε 为正应变；E 为正弹性模量；τ 为切应力；γ 为切应变；G 为切变模量。弹性模量 E、切变模量 G 在数值上等于应力-应变曲线上直线部分的斜率，弹性模量 E 或切变模量 G 越大，弹性变形越不容易进行。因此，弹性模量 E、切变模量 G 是表征金属材料对弹性变形的抗力。E 越大，则在一定外力条件下所产生的弹性应变越小。因此，E 反映了材料的刚度，它在工程选材时有重要意义。金属的弹性模量是一个对组织不敏感的性能指标，它取决于原子间结合力的大小，其数值只与金属的本性、晶体结构、点阵常数等有关，金属材料的合金化、加工过程及热处理对它的影响很小。表 7-1 列出了部分常用金属的弹性模量。

表 7-1　一些金属单晶体和多晶体的弹性模量（室温）

金属类别	E/GPa			G/GPa		
	单晶体		多晶体	单晶体		多晶体
	最大值	最小值		最大值	最小值	
Al	76.1	63.7	70.3	28.4	24.5	26.1
Cu	191.1	66.7	129.8	75.4	30.6	48.3
Au	116.7	42.9	78.0	42.0	18.8	27.0
Ag	115.1	43.0	82.7	43.7	19.3	30.3
Pb	38.6	13.4	18.0	14.4	4.9	6.18
Fe	272.7	125.0	211.4	115.8	59.9	81.6
W	384.6	384.6	411.0	151.4	151.4	160.6
Mg	50.6	42.9	44.7	18.2	16.7	17.3
Zn	123.5	34.9	100.7	48.7	27.3	39.4
Ti	—	—	115.7	—	—	43.8
Be	—	—	260.0	—	—	—
Ni	—	—	199.5	—	—	76.0

金属弹性变形的实质就是金属点阵在外力作用下产生的弹性畸变。从双原子模型可以看出弹性变形的实质（见图 1-6）。当未加外力时，晶体内部的原子处于平衡位置，它们之间的相互作用力为零，此时原子间的作用能也最低。当金属受到外力后，其内部原子偏离平衡位置，由于所加的外力未超过原子间的结合力，所以外力与原子间的结合力暂时处于平衡。当外力去除后，在原子间结合力的作用下，原子立即恢复到原来的平衡位置，金属晶体在外力作用下产生的宏观变形便完全消失，这样的变形就是弹性变形。弹性是金属的一种重要特性，弹性变形是塑性变形的先行阶段，而且在塑性变形阶段中还伴随着一定的弹性变形。

当应力超过 σ_e 后，应力与应变之间的直线关系被破坏，并出现屈服平台或屈服齿。如果卸载，试样的变形只能部分恢复，而保留一部分永久变形，即塑性变形，这说明钢的变形进入弹塑性变形阶段。σ_s 称为材料的屈服极限或屈服点。对于无明显屈服的金属材料，规定以产生 0.2% 残余变形的应力值为其屈服极限，称为条件屈服极限或屈服强度。

当应力超过 σ_s 后，试样发生明显而均匀的塑性变形，若使试样的应变增大，则必须增加应力值，这种随着塑性变形的增大，塑性变形抗力不断增加的现象称为加工硬化或形变强化。当应力达到 σ_b 时，试样的均匀变形阶段即告终止，此最大应力值 σ_b 称为材料的强度极限或抗拉强度，它表示材料对最大均匀塑性变形的抗力。

在 σ_b 值之后，试样开始发生不均匀塑性变形并形成缩颈，应力下降，最后应力到达 σ_k 时试样断裂。σ_k 为材料的条件断裂强度，它表示材料对塑性变形的极限抗力。

材料的塑性是指材料在断裂前的塑性变形量，通常用伸长率 δ 和断面收缩率 ψ 来表征：

$$\delta = \frac{l_k - l_0}{l_0} \times 100\% \tag{7-3}$$

$$\psi = \frac{A_0 - A_k}{A_0} \times 100\% \tag{7-4}$$

式中，l_0、l_k 分别为试样断裂前后的标距长度；A_0、A_k 分别为试样断裂前后的横截面积。

不同的金属材料可能有不同类型的工程应力-应变曲线。铝、铜及其合金、经热处理后的钢材的应力-应变曲线如图 7-2（a）所示，其特点是没有明显的屈服平台；铝青铜和某些奥氏体钢，在断裂前虽也产生一定量的塑性变形，但不形成缩颈（图 7-2（b））；而某些脆性材料，如淬火状态下的中高碳钢、灰铸铁等，在拉伸时几乎没有明显的塑性变形即发生断裂（图 7-2（c））。

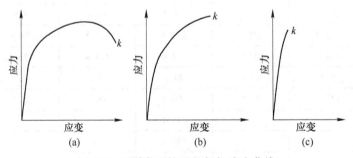

图 7-2　不同类型的工程应力-应变曲线

7.1.2　真应力-真应变曲线

在实际的塑性变形过程中，试样的尺寸是在不断变化的，试样所受的真实应力 σ_T 应该是瞬时载荷 F 除以试样的瞬时截面积 A，即

$$\sigma_T = \frac{F}{A} \tag{7-5}$$

同样，真实应变为

$$\varepsilon_T = \int_{l_0}^{l} \frac{\mathrm{d}l}{l} = \ln \frac{l}{l_0} \tag{7-6}$$

图 7-3 是真应力-真应变曲线，它与工程应力-应变曲线的区别是：试样产生颈缩后，

尽管外加载荷已下降，但是真应力继续上升直至断裂，这说明金属在塑性变形过程中不断地发生加工硬化，从而外加应力必须不断增加，才能使变形继续进行，这就排除工程应力-应变曲线中应力下降的假象。

通常把均匀塑性变形阶段的真应力-真应变曲线称为流变曲线，它可以用以下经验公式表达：

$$\sigma_T = K\varepsilon_T^n \qquad (7\text{-}7)$$

式中，K 为强度系数；n 为加工硬化指数，它表征金属在均匀变形阶段的加工硬化能力。n 值越大，则变形时的加工硬化越显著。大多数金属材料的 n 值在 $0.10 \sim 0.50$，取决于材料的晶体结构和加工状态。

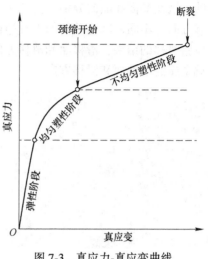

图 7-3 真应力-真应变曲线

7.2 单晶体的塑性变形

当材料所受应力超过弹性极限后，将发生塑性变形，即产生不可逆的永久变形。工程上用的金属材料大多为多晶体，多晶体的变形与其中各个晶粒（单晶体）的变形行为密切相关。因此，先讨论单晶体的塑性变形，掌握单晶体变形的基本过程及实质，有助于进一步理解多晶体的塑性变形。

在常温和低温下，单晶体的塑性变形主要是通过滑移方式进行的，此外，还有孪生和扭折等方式。

7.2.1 滑移

7.2.1.1 滑移现象

滑移是晶体的两部分之间沿着一定的晶面（滑移面）和一定的晶向（滑移方向）而发生的一种相对切变。这种切变既不改变晶体的点阵类型，也不影响晶体的取向。为了观察滑移现象，将多晶体金属棒试样经磨制、抛光至光滑无痕后进行适当拉伸。当应力超过其屈服极限时，使之产生一定的塑性变形，在金相显微镜下就能看到金属棒表面有许多相互平行的细线，通常称为滑移带，如图 7-4 所示。这是由于晶体的滑移变形使试样的抛光表面上产生高低不一的台阶，它是相对滑动的晶面和试样表面的交线。进一步用电子显微镜作高倍分析发现：在宏观及金相观察中看到的滑移带并不是一条线，而是由一系列相互平行的更细的线所组成的，称为滑移线。这些滑移线之间的距离约 100 个原子间距，而沿每一滑移线的滑移量可达约 1000 个原子间距，如图 7-5 所示。对滑移线的观察也表明了晶体塑性变形的不均匀性，滑移只是集中发生在一些晶面上，而滑移带或滑移线之间的晶体则未产生变形。

7.2.1.2 滑移系

实验观察发现，在晶体塑性变形中出现的滑移线并不是任意的，它们彼此之间或者相互平行，或者成一定角度，说明晶体中的滑移是沿着一定的晶面和该晶面上一定的晶向进行的，这些晶面和晶向分别称为"滑移面"和"滑移方向"。晶体结构不同，其滑移面和滑移方向也不同。因为晶体的宏观塑性变形是通过位错运动来实现的，所以上述宏观滑移是位错滑移的结果，滑移面和滑移方向也是位错的滑移面和滑移方向。表7-2列出了几种常见金属的滑移面和滑移方向。

图7-4 实际晶体中的滑移带

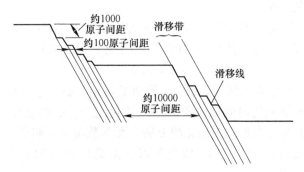

图7-5 晶体中的滑移带示意图

表7-2 一些金属晶体的滑移面及滑移方向

晶 体 结 构	金 属 举 例	滑 移 面	滑 移 方 向
面心立方	Cu, Ag, Au, Ni, Al	{111}	<110>
	Al（在高温）	{100}	<110>
体心立方	α-Fe	{110}	<111>
		{112}	
		{123}	
	W, Mo, Na（在 $0.08 \sim 0.24 T_m$）	{112}	<111>
	Mo, Na（在 $0.26 \sim 0.50 T_m$）	{110}	<111>
	Na, K（在 $0.8 T_m$）	{123}	<111>
	Nb	{110}	<111>
密排六方	Cd, Be, Te	{0001}	<11$\bar{2}$0>
	Zn	{0001}	<11$\bar{2}$0>
		{11$\bar{2}$2}	<11$\bar{2}$$\bar{3}$>
	Be, Re, Zr	{10$\bar{1}$0}	<11$\bar{2}$0>
	Mg	{0001}	<11$\bar{2}$0>
		{11$\bar{2}$2}	<10$\bar{1}$0>
		{10$\bar{1}$1}	<11$\bar{2}$0>
	Ti, Zr, Hf	{10$\bar{1}$0}	<11$\bar{2}$0>
		{10$\bar{1}$1}	<11$\bar{2}$0>
		{0001}	<11$\bar{2}$0>

注：T_m 为熔点，用热力学温度表示。

从表中可见，滑移面和滑移方向往往是金属晶体中原子排列最密的晶面和晶向。这是由于最密晶面的面间距最大，原子间结合力小，因而点阵阻力最小，容易沿着这些晶面发

生滑移；而沿最密排方向上的原子间距最短，从而导致滑移的位错的柏氏矢量 b 最小。

一个滑移面和此面上的一个滑移方向合起来称为一个滑移系，通常用 {hkl} <uvw> 表示。每一个滑移系表示晶体在进行滑移时可能采取的一个空间取向。在其他条件相同时，晶体中的滑移系数量越多，滑移过程可能采取的空间取向便越多，滑移越容易进行，从而金属的塑性越好。

金属结构不同时，其滑移系也不同。例如，面心立方晶体的滑移面为 {111}，滑移方向为<110>，因此其滑移系共有 4×3＝12 个，如图 7-6 所示；由于体心立方结构是一种非密排结构，它不具有突出的最密排晶面，故其滑移面可有 {110}、{112} 和 {123} 三组较密排晶面，具体的滑移面因材料、温度等因素而定，但滑移方向总是<111>，因此体心立方晶体的滑移系可能有 12~48 个；密排六方晶体中，其滑移方向一般为<11$\bar{2}$0>，但滑移面除 {0001} 之外，还与其轴比（c/a）有关，当 c/a 接近或大于 1.633 时，{0001} 晶面为最密排面，滑移系即为 {0001} <11$\bar{2}$0>，共有 3 个。当 c/a 小于 1.633 时，则 {0001} 晶面不再是唯一的原子密排面，滑移可发生于 {10$\bar{1}$1} 或 {10$\bar{1}$0} 等晶面，滑移系分别为 6 个和 3 个。

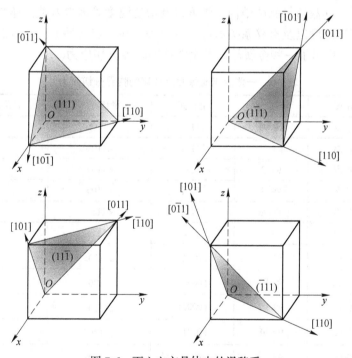

图 7-6 面心立方晶体中的滑移系

面心立方和体心立方金属滑移系比密排六方金属的滑移系多，故塑性更好。虽然体心立方金属的滑移系比面心立方金属多，但是体心立方金属滑移面原子的密排程度不如面心立方，滑移方向也少于面心立方，所以体心立方金属的塑性不如面心立方金属。

7.2.1.3 施密特（Schmid）因子及临界分切应力

前已指出，晶体的滑移是在切应力作用下进行的，且金属晶体的潜在滑移系较多，如

α-Fe 多达 48 个。但这些滑移系并不能同时都开动，决定晶体能够滑移的应力一定是外力作用在滑移系上沿着滑移方向的分切应力（外应力在晶体中一个晶面上沿一个晶向的分量）。只有分切应力达到一定临界值时，滑移过程才能开始进行，该分切应力称为滑移的临界分切应力。

如图 7-7 所示，设有一截面积为 A 的圆柱形单晶体受轴向拉力 F 的作用下产生变形。φ 为单晶体的滑移面法线 n 与拉力 F 中心轴的夹角，λ 为滑移方向与拉力 F 中心轴的夹角，则 F 在滑移方向的分力为 $F\cos\lambda$，而滑移面的面积为 $A/\cos\varphi$，因此，外力在该滑移面沿滑移方向的分切应力 τ 为：

$$\tau = \frac{F\cos\lambda}{A/\cos\varphi} = \frac{F}{A}\cos\varphi\cos\lambda = \sigma\cos\varphi\cos\lambda \qquad (7\text{-}8)$$

式中，$\sigma = F/A$ 为试样拉伸时横截面上的正应力，当滑移系中的分切应力达到其临界分切应力值 τ_c 而开始滑移时，则 σ 应为宏观上的起始屈服强度 σ_s，即：

$$\tau_c = \sigma_s\cos\varphi\cos\lambda \qquad (7\text{-}9)$$

式（7-9）称为施密特定律（临界分切应力定律），即当在滑移面的滑移方向上分切应力达到某一临界值 τ_c 时，晶体就开始屈服。临界分切应力 τ_c 是一个真实反映单晶体受力起始屈服的物理量，其数值与晶体结构、纯度以及形变温度等因素有关，还与该晶体的加工和处理状态、变形速度以及滑移系类型等因素有关。在一定条件下，τ_c 为常数，对某种金属是定值。表 7-3 列出了一些金属晶体发生滑移的临界分切应力。

表 7-3 一些金属晶体发生滑移的临界分切应力

金属	温度	纯度/%	滑移面	滑移方向	临界分切应力/MPa
Ag	室温	99.99	{111}	<110>	0.47
Al	室温	—	{111}	<110>	0.79
Cu	室温	99.9	{111}	<110>	0.98
Ni	室温	99.8	{111}	<110>	5.68
Fe	室温	99.96	{110}	<111>	27.44
Nb	室温	—	{110}	<111>	33.8
Ti	室温	99.99	{10$\bar{1}$0}	<11$\bar{2}$0>	13.7
Mg	室温	99.95	{0001}	<11$\bar{2}$0>	0.81
Mg	室温	99.98	{0001}	<11$\bar{2}$0>	0.76
Mg	330℃	99.98	{0001}	<11$\bar{2}$0>	0.64
Mg	330℃	99.98	{10$\bar{1}$1}	<11$\bar{2}$0>	3.92

从式（7-9）可以看出，单晶体试样在拉伸实验时，屈服强度 σ_s 将随外力取向（即 φ 和 λ）而变化，所以 $\cos\varphi\cos\lambda$ 称为取向因子或施密特（Schmid）因子。显然，对任一给定 φ 而言，当滑移方向位于外力 F 方向与滑移面法线所组成的平面上，$\varphi + \lambda = 90°$，则沿此方向的分切应力 τ 值较其他 λ 时的分切应力 τ 值大，这时取向因子 $\cos\varphi\cos\lambda =$ $\cos\varphi\cos(90° - \varphi) = \frac{1}{2}\sin2\varphi$，故当 $\varphi = \lambda = 45°$ 时，取向因子达到最大值 0.5，分切应力最

大，σ_s 最小，即以最小的拉应力就能达到发生滑移所需的分切应力值；当 $\varphi = 90°$ 或当 $\lambda = 90°$ 时，σ_s 均为无穷大，即当滑移面与外力方向平行，或者是滑移方向与外力方向垂直的情况下不可能产生滑移。通常，称取向因子大的为软取向，而取向因子小的称为硬取向。

上述分析结果得到实验的验证。图 7-8 为密排六方结构 Mg 单晶的取向因子对拉伸屈服应力 σ_s 的影响，图中小圆点为实验测试值，曲线为按式（7-9）的计算值，两者吻合很好。由于 Mg 晶体在室温变形时只有一组滑移面（0001），故晶体取向的影响十分明显。对于具有多组滑移面的立方结构金属，分切应力最大的这组滑移系将首先发生滑移，而晶体取向的影响就不太显著。

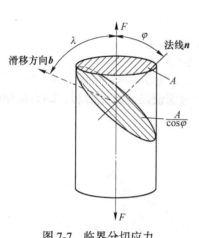

图 7-7　临界分切应力

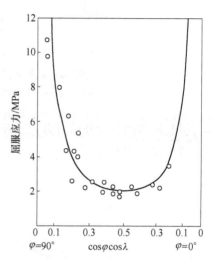

图 7-8　Mg 晶体屈服应力与晶体取向的关系

7.2.1.4　滑移时晶体的转动

单晶体滑移时，除滑移面发生相对位移外，往往伴随着晶面的转动，其结果是晶体对应力轴的取向发生变化。对于只有一组滑移面的密排六方结构金属，这种现象尤为明显。

图 7-9 为拉伸时单晶体发生滑移与转动的示意图。图 7-9（a）为未产生滑移的原试样。设想，如果试样的滑移不受夹头限制，则经外力 F 轴向拉伸，将发生如图 7-9（b）所示的滑移结果，即试样的轴线发生偏移。因为试样的轴线受拉伸夹头限制不能做横向移动，故为了保持拉伸轴线方向不变，单晶体的取向必须发生如图 7-9（c）所示的转动。晶体转动的结果使滑移面逐渐趋于平行拉伸轴向，其中试样靠近夹头处会发生一定程度的弯曲，以适应中间部分的取向变化。

下面以单轴拉伸的情况来研究滑移过程晶面发生的转动原因。图 7-10 为单轴拉伸时晶体发生转动的力偶作用机制。从图 7-9（a）中部取出相邻的三层很薄的晶体（A、B 和 C），在滑移前，三层晶体的图形如图 7-10（a）中的虚线所示，作用在 B 层晶体上的施力点 O_1 和 O_2 处于同一拉力轴上。开始滑移之后，由于 A、B 和 C 三部分晶体发生了相对位移，结果使 O_1 和 O_2 分别移动至 O_1' 和 O_2'。如果将作用在 O_1' 和 O_2' 上的外加应力分解为平行于滑移面的切应力 τ_1 及 τ_2 和垂直于滑移面的正应力 σ_{n1} 及 σ_{n2}，则 σ_{n1} 与 σ_{n2} 组成一个力偶使滑移面转向与外力平行的方向。在滑移面内的两个切应力 τ_1 和 τ_2 可以进一步分解为沿滑移方向的分切应力 τ_1' 和 τ_2'，以及垂直于滑移方向的 τ_b 和 τ_b'，如图 7-10（b）所示。

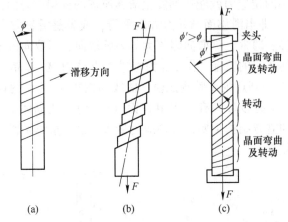

图 7-9　单晶体拉伸时滑移与转动的示意图

（a）原试样；（b）自由滑移变形；（c）受夹头限制时的变形

前者即为引起滑移的有效分切应力；后者则组成一对力偶使晶向发生旋转，即力求使滑移方向转至最大切应力方向。

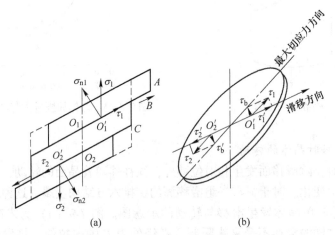

图 7-10　单轴拉伸时晶体转动的力偶作用

同理，晶体受压变形时也要发生晶面转动，但转动的结果是使滑移面逐渐趋向于与压力轴线相垂直，如图 7-11 所示。

由上可知，晶体在滑移过程中滑移面和滑移方向的转动，必然导致滑移面上的分切应力也随之发生变化。当 $\varphi = 45°$ 时，其滑移系上的分切应力最大。但变形时晶面的转动将使 φ 值改变。若原先 $\varphi < 45°$，滑移的进行使 φ 逐渐趋向于 45°，分切应力不断增大而有利于滑

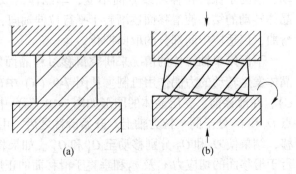

图 7-11　晶体受压时的晶面转动

（a）压缩前；（b）压缩后

移，这种现象称为几何软化；反之，若原先 $\varphi \geqslant 45°$，滑移的进行使 φ 远离 $45°$，则分切应力逐渐减小而使滑移系的进一步滑移趋于困难，这种现象称为几何硬化。

7.2.1.5 多滑移

对于具有多组滑移系的晶体，滑移首先在取向最有利的滑移系（其分切应力最大）中进行，但由于变形时晶面转动的结果，另一组滑移系的分切应力也可能逐渐增加，最终达到发生滑移的临界值。于是晶体的滑移就可能在两组或更多的滑移系同时或交替地进行，这种滑移过程就称为多滑移，也称多系滑移或复滑移。

面心立方晶体 {111} <110>滑移系有 12 个，拉伸变形时，哪个滑移系首先发生滑移决定于晶体与拉伸轴之间的取向关系，利用极图可以方便地研究变形过程中晶体取向及其变化关系。图 7-12 是立方晶系 (001) 极图的一部分，它被分成 8 个由 {100}、{110}、{111} 极点构成的投影三角形，故晶体中的任何取向均可对应于投影三角形而定出。若拉伸轴的方向用极图中的一个极点表示，如图中 P 点，则首先开始启动的滑移系（即取向因子最大的滑移系）可根据 P 点所在的三角形确定。这是因为在每个投影三角形范围内，总是某一特定的滑移系具有最大的取向因子，此滑移系可用"映像规则"方便地确定出。例如对于面心立方晶体，P 点所在三角形 $(\bar{1}11)$ 角的对边作为公共边，得出与之呈镜像对称的 (111) 极点，此极点即表示滑移面的法线方向；以三角形 [011] 角的对边作为公共边，得出与之呈镜像对称的 $[\bar{1}01]$ 极点，此极点即表示滑移方向。由此可以确定 P 点在图 7-12 所示位置时，晶体的初始滑移系是 (111) $[\bar{1}01]$。

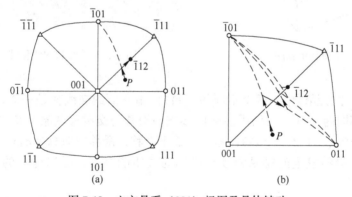

图 7-12 立方晶系 (001) 极图及晶体转动

单晶体受拉伸时滑移方向趋于转向拉伸轴方向，在极图上相当于拉伸轴向滑移方向 $[\bar{1}01]$ 转动，即 P 点沿虚线（通过 P 点和 $\bar{1}01$ 点的大圆）移动。当拉伸轴到达对称线上时，两个滑移系 $(\bar{1}\bar{1}1)$ [011] 和 (111) $[\bar{1}01]$ 的取向因子相等。因此滑移将同时在两个滑移系上进行，即开始"双滑移"。然而实际变形过程中，常会出现"超越"现象，即拉伸轴到达对称线时，由于第二滑移系 $(\bar{1}\bar{1}1)$ [011] 开动时必然和第一个滑移系 (111) $[\bar{1}01]$ 所产生的滑移线与滑移带交割，其滑移阻力要比第一个滑移系 (111) $[\bar{1}01]$ 继续滑动的阻力大些，因此第一个滑移系 (111) $[\bar{1}01]$ 仍能单独继续使用而使拉伸轴的转动越过对称线，进入相邻的投影三角形中，第二个滑移系 $(\bar{1}\bar{1}1)$ [011] 才启动而使拉伸轴向

［011］极点方向转动。同样第二个滑移系（$1\bar{1}1$）［011］也发生超越现象，经过几次超越后，拉伸轴沿对称线移动到［$\bar{1}12$］，此时拉伸轴与两个滑移方向［$\bar{1}01$］和［011］位于同一个平面上，并且拉伸轴与两个滑移方向的夹角相等，晶体不再转动，晶体取向不再改变。

值得指出的是，在多滑移的情况下，会因不同滑移系的位错相互交割而给位错的继续运动带来困难，即产生较强的加工硬化。

7.2.1.6 交滑移

对于具有较多滑移系的晶体而言，除多滑移外，还常可发现交滑移现象，即两个或多个滑移面沿着同一个滑移方向同时或交替滑移，如图 7-13 所示。发生交滑移时会出现曲折或波纹状的滑移带形貌，如图 7-14 所示。

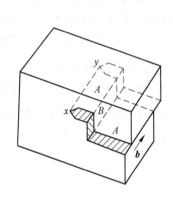

图 7-13　交滑移示意图

图 7-14　波纹状的滑移带

例如在面心立方晶体中，两个不同的 {111} 滑移面的交线就是一个<110>方向，经常会发生两个不同的 {111} 面沿同一<110>方向滑移的交滑移现象。又如体心立方金属因其可以在 {110}、{112}、{123} 多个晶面上滑移，滑移方向总是<111>，因此最容易发生交滑移。交滑移发生的难易程度与晶体的层错能有关，层错能高的材料易发生交滑移。

交滑移的实质是螺型位错在不改变滑移方向的前提下，从一个滑移面转到相交接的另一个滑移面的过程。在实际情况下，交滑移一般都是在沿某个晶面滑移受阻时产生的。当沿新滑移面滑移再次受阻时，还可能重新更换滑移面，沿与交滑移前的滑移面平行的平面滑移，由于发生了多次交滑移，这种交滑移也称为双交滑移。可见交滑移对晶体的塑性变形有重要影响。

7.2.1.7 滑移的位错机制

第 2 章中已指出，实际测得晶体滑移的临界分切应力值较理论计算值低 3~4 个数量级，表明晶体滑移并不是晶体的一部分相对于另一部分沿着滑移面做刚性整体位移，而是借助位错在滑移面上运动来实现的，如图 7-15 所示。通常，可将位错线看作是晶体中已滑移区与未滑移区的分界，当一个位错移动到晶体外表面时，晶体沿其滑移面产生了一个原子间距的滑移台阶，其大小等于柏氏矢量。而大量位错沿着同一滑移面移到晶体表面就形成了显微观察到的滑移带。由此可见，晶体在滑移时，只有位错线中心附近的原子逐一递进，由一个平衡位置转移到另一个平衡位置，如图 7-16 所示，图中的实线表示位错（半原子面 PQ）原来的位置，虚线表示位错移动了一个原子间距（$P'Q'$）后的位置。可见，位错虽然移动了一个原子间距，但位错中心附近的少数原子只做远小于一个原子间距的弹性偏移，而晶体其他区域的原子仍处于正常位置，因此所需的应力要比晶体做整体刚性滑移低得多。

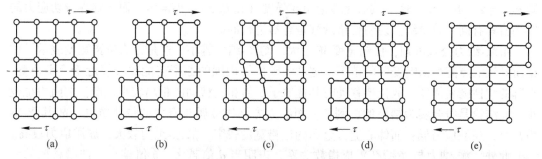

图 7-15　晶体通过刃型位错移动造成滑移的示意图

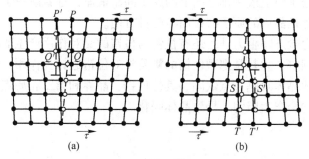

图 7-16　刃型位错的滑移

（a）正刃型位错；（b）负刃型位错

晶体的滑移必须在一定的外力作用下才能发生，说明位错的运动要克服阻力。对纯金属而言，位错运动的阻力首先来自点阵阻力。由于点阵结构的周期性，当位错沿滑移面运动时，位错中心的能量也要发生周期性的变化，如图 7-17 所示。图中 1 和 2 为等同位置，当位错处于这种平衡位置时，其能量最小，相当于处在能谷中。当位错从位置 1 移动到位置 2 时，需要越过一个能垒，这就意味着位错在运动时会遇到点阵阻力。由于派尔斯（R. Peierls）和纳巴罗（F. R. N. Nabarro）首先估算了这一阻力，故又称为派-纳（P-N）力。

图 7-17　位错滑动时核心能量的变化

派-纳力与晶体的结构和原子间作用力等因素有关，它相当于在理想的简单立方晶体中刃型位错运动所需的临界分切应力。采用连续介质模型可近似地求得派-纳力为：

$$\tau_{P-N} = \frac{2G}{1-\nu}\exp\left[-\frac{2\pi d}{(1-\nu)b}\right] = \frac{2G}{1-\nu}\exp\left(-\frac{2\pi W}{b}\right) \tag{7-10}$$

式中，d 为滑移面的面间距；b 为滑移方向上的原子间距；ν 为泊松比；$W = \dfrac{d}{1-\nu}$ 代表位错的宽度。

对于简单立方结构 $d=b$，如取 $\nu=0.3$，则可求得 $\tau_{P-N} = 3.6 \times 10^{-4}G$；如取 $\nu=0.35$，则 $\tau_{P-N} = 2 \times 10^{-4}G$。这一数值比理论切变强度（约 $G/30$）小得多，而与临界切分应力的实测值具有同一数量级。说明位错滑移是容易进行的。

由派-纳力公式可知，位错宽度 W 越大，则派-纳力越小，这是因为位错宽度表示了位错所导致的点阵严重畸变区的范围，宽度大则位错周围的原子就能比较接近于平衡位置，点阵的弹性畸变能低，故位错移动时其他原子所做相应移动的距离较小，产生的阻力也较小。此结论是符合实验结果的，例如，面心立方结构金属具有大的位错宽度，故其派-纳力甚小，屈服应力低；而体心立方金属的位错宽度较窄，故派-纳力较大，屈服应力较高。

此外，派-纳力与 $(-d/b)$ 成指数关系，表明当 d 值越大，b 值越小，即滑移面的面间距越大，位错强度越小，则派-纳力也越小，因而越容易滑移。由于晶体中原子最密排面的面间距最大，密排面上最密排方向上的原子间距最短，这就解释了为什么晶体的滑移面和滑移方向一般都是晶体的原子密排面与密排方向。

位错运动的阻力除点阵阻力外，还有位错与位错的交互作用产生的阻力；运动位错交割后形成的扭折和割阶，尤其是螺型位错的割阶将对位错起钉扎作用，致使位错运动的阻力增加；位错与其他晶体缺陷如点缺陷、其他位错、晶界和第二相质点等交互作用产生的阻力，对位错运动均会产生阻力，导致晶体强化。

7.2.2　孪生

孪生是塑性变形的另一种重要形式，是指在切应力作用下，晶体的一部分沿一定的晶面（孪生面）和一定的晶向（孪生方向）相对于另一部分发生均匀切变的过程。在孪生过程中形成形变孪晶。在晶体变形过程中，当滑移由于某种原因难以进行时，晶体常常会采用孪生方式进行形变。

7.2.2.1　孪生的形成过程

以面心立方为例，说明孪生变形的具体过程。图 7-18（a）给出了面心立方晶体的一组孪生面和孪生方向，图 7-18（b）所示为其 $(1\bar{1}0)$ 晶面原子排列情况（即纸面相当于 $(1\bar{1}0)$ 晶面），晶体的 (111) 晶面垂直于纸面；AB 为 (111) 面与 $(1\bar{1}0)$ 晶面的交线，相当于 $[11\bar{2}]$ 晶向。从晶体学基础中得知，面心立方晶体可看成一系列 (111) 晶面沿着法线 $[111]$ 方向按 ABCABC… 的规律堆垛而成。当晶体在切应力作用下发生孪生变形时，晶体内局部地区（AB 面与 GH 面之间）的各层 (111) 晶面沿着 $[11\bar{2}]$ 方向（即 AC' 方向），产生彼此相对移动距离为 $\dfrac{a}{6}[11\bar{2}]$ 的均匀切变，即可得到如图 7-18（b）所示的情况。这样切变的结果并未改变晶体的点阵类型，但它却使均匀切变区中的晶体位向发生变化，与未切变区晶体呈镜面对称。这一变形过程称为孪生。变形与未变形两部分晶体合称为孪晶，均匀切变区与未切变区的分界面（即两者的镜面对称面）称为孪晶界，发生均匀切变的那组晶面称为孪晶面（即（111）晶面），孪生面的移动方向（即 $[11\bar{2}]$ 方向）称为孪生方向。

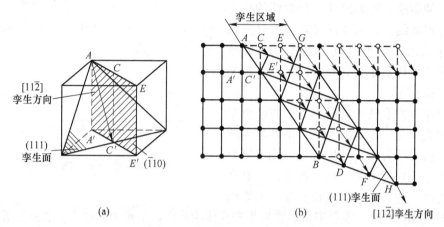

图 7-18 面心立方晶体孪生变形示意图

（a）孪生面和孪生方向；（b）孪生变形时原子的移动

体心立方和密排六方晶体的孪生过程与面心立方晶体相似。孪生系与晶体结构有关，表 7-4 给出了几种典型金属中观测的孪生系。

表 7-4 几种典型金属的孪生面和孪生方向

晶体结构	金 属	孪生面	孪生方向
体心立方	α-Fe, W	{112}	$<11\bar{1}>$
面心立方	Ag, Au, Cu, Ni, Al, γ-Fe	{111}	$<11\bar{2}>$
密排六方	Zn, Cd, Mg, Zr, Ti	{10$\bar{1}$2}	$<\bar{1}011>$

7.2.2.2 孪生变形特点

根据以上对孪生变形过程的分析，孪生具有以下特点：

（1）孪生变形也是在切应力作用下发生的，通常出现于滑移受阻而引起的应力集中区，因此，孪生所需的临界切应力要比滑移时大得多。

例如，具有密排六方结构的晶体，如 Zn、Mg、Cd 等，由于其滑移系较少，当其都处于硬取向时，常常会出现孪生的变形方式；尽管体心立方和面心立方晶体具有较多的滑移系，一般情况下主要以滑移方式变形，但当变形条件恶劣时，如体心立方的 Fe 在高速冲击载荷作用下或在极低温度下的变形以及面心立方的 Cu 在 4.2 K 时变形或室温受爆炸变形时，都可能出现孪生的变形方式。

孪生变形的应力-应变曲线也与滑移有明显的不同。图 7-19 是 Cu 单晶在 4.2 K 测得的拉伸曲线，开始塑性变形阶段的光滑曲线是与滑移过程相对应的，但应力增高到一定程度后发生突然下降，然后又反复地上升和下降，出现了锯齿形的变化，这是孪生变形造成的。因为形变孪晶的生成同样可分为形核和长大两个阶段。晶体变形时先是以极快的速度爆发出薄片孪晶，常称为"形核"，然后通过孪晶界扩展来使孪晶增宽。因为孪晶形核所需的局部应力远高于扩展所需的应力，因此当孪晶形成后就伴随载荷突然下降的现象，在变形过程中孪晶不断地形成，就导致了锯齿形的拉伸曲线。图 7-19 中拉伸曲线的后阶段又呈光滑曲线，表明变形又转为滑移方式进行，这是由于孪生造成了晶体位向的改变，使某些滑移系处于有利的位向，于是又开始了滑移变形。

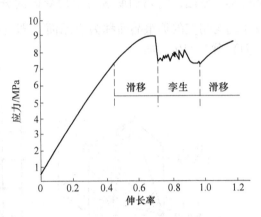

图 7-19　Cu 单晶在 4.2K 的拉伸曲线

形变孪晶的形核所需的临界分切应力要比滑移的大得多。例如测得 Mg 晶体孪生所需的分切应力约为 4.9~34.3MPa，而滑移时临界分切应力仅为 0.49MPa，所以，只有在滑移受阻时，应力才可能累积到孪生所需的数值，导致孪生变形。孪晶形核通常发生于晶体中应力高度集中的地方，如晶界等，但孪晶形核后的长大所需的应力则相对较小。如在 Zn 单晶中，孪晶形核时的局部应力必须超过 $10^{-1}G$（G 为切变模量），但成核后，只要应力略微超过 $10^{-4}G$ 即可长大。因此，孪晶的长大速度极快，与冲击波的传播速度相当。由于在孪晶形成时，在极短的时间内有相当数量的能量被释放出来，因而有时可伴随明显的声响。

（2）孪生是一种均匀切变，即切变区内与孪晶面平行的每一层原子面均相对于其相邻晶面沿孪生方向位移了一定的距离，且每一层原子相对于孪生面的切变量与它和孪生面的距离成正比。而滑移是不均匀的，只集中在一些滑移面上进行。

（3）孪生后晶体变形部分与未变形部分呈镜面对称的关系，位向发生改变。而滑移后晶体各部分的位向并未改变（见图 7-20）。

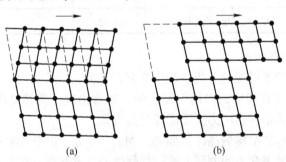

(a)　　　　　　　　(b)

图 7-20　孪生与滑移时晶体取向示意图

(a) 孪生；(b) 滑移

（4）孪生本身对晶体变形量的直接贡献是较小的，特别是密排六方结构金属更是如此。例如，一个密排六方结构的 Zn 晶体单纯依靠孪生变形时，其伸长率仅为 7.2%。但孪晶的形成改变了晶体的位向，从而使某些原来处于不利的滑移系转换到有利的位置，可以激发进一步的滑移和晶体变形。这样，滑移与孪生交替进行，相辅相成，可使晶体获得较大的变形量。

（5）因为孪生变形时，局部切变可达较大数量，所以在变形试样的抛光表面上可以看到浮凸。经重新抛光后，虽然表面浮凸可以去掉，但因已变形区与未变形区的晶体位向不同，所以在偏光下或浸蚀后仍能看到孪晶。而滑移变形后的试样经抛光后滑移带消失。

7.2.2.3 孪晶的形成

（1）形变孪晶。在变形过程中形成的孪晶组织，在金相形貌上一般呈透镜状或片状，多数发源于晶界，终止于晶内，又称"机械孪晶"。图 7-21 是 Zn 晶体经过塑性变形后形成的形变孪晶。

（2）退火孪晶。变形金属在再结晶退火过程中形成的孪晶组织，退火孪晶的形貌与形变孪晶有较大区别，一般退火孪晶晶面平直，且孪晶片较厚。图 7-22 是塑性变形 Cu 晶体经退火后所形成的退火孪晶组织。

图 7-21　Zn 晶体中的形变孪晶

图 7-22　Cu 晶体中的退火孪晶

7.2.3　扭折

当受力的晶体处于不能进行滑移或孪生的某种取向时，它可能通过不均匀的局部塑性变形来适应所作用的外力。

以密排六方结构的 Cd 单晶为例，若沿（0001）面压缩时，由于滑移面分切应力为零，无法滑移，孪生阻力也很大，当外力超过某一临界值时晶体会产生局部弯曲，如图 7-23 所示，这种形式的变形称为扭折。扭折是晶体弯曲变形或滑移在某些部位受阻，位错在那里堆积而形成的。压缩时产生的理想对称扭折带由几个楔形区域组成。

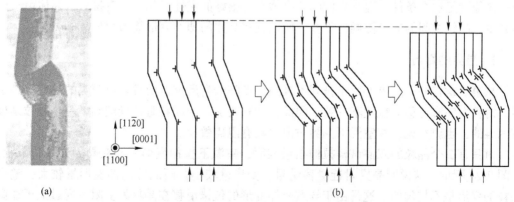

图 7-23　Cd 单晶的扭折及扭折变形机理图
（a）单晶 Cd 的扭折；（b）单晶 Cd 的扭折变形机理

7.3 多晶体的塑性变形

实际使用的金属材料中，绝大多数都是多晶体材料。虽然多晶体塑性变形的基本方式与单晶体相同。但是多晶体是由许多取向不同的晶粒组成，其变形行为具有与单晶体不同的特点。首先，构成多晶体的各个晶粒对应力轴的取向不同，并且各个晶粒变形要相互协调，以保持材料的连续性；其次，晶界本身对位错运动产生阻碍作用，变形需克服额外的阻力。因此，多晶体塑性变形要比单晶体塑性变形复杂得多。

7.3.1 多晶体塑性变形行为

当外力作用于多晶体时，由于多晶体中相邻各个晶粒的取向不同，导致作用在各个晶粒滑移系上的分切应力也各不相同，因此各晶粒并非同时开始变形。处于有利取向的晶粒（Schmid 因子最大）首先发生滑移，而处于不利取向的晶粒可能仍处于弹性变形状态，未开始滑移。而且，不同取向晶粒的滑移系取向也不相同，滑移方向也不相同，故滑移不可能从一个晶粒直接传递到另一晶粒中。但多晶体中每个晶粒都处于其他晶粒包围之中，它的变形必然与其邻近晶粒相互协调配合，否则就难以进行变形，甚至不能保持晶粒之间的连续性，会造成空隙而导致材料的断裂。

为了使多晶体中各晶粒之间的变形得到相互协调与配合，每个晶粒不只是在取向最有利的单滑移系上进行滑移，而必须在几个滑移系（其中包括取向并非有利的滑移系）上进行，其形状才能相应地作各种改变。理论分析指出，多晶体塑性变形时要求每个晶粒至少能在 5 个独立的滑移系上进行滑移。这是因为任意变形均可用 ε_{xx}、ε_{yy}、ε_{zz}、γ_{xy}、γ_{yz}、γ_{xz} 6 个应变分量来表示，但塑性变形时，晶体的体积不变 $\left(\dfrac{\Delta V}{V} = \varepsilon_{xx} + \varepsilon_{yy} + \varepsilon_{zz} = 0 \right)$，故只有 5 个独立的应变分量，每个独立的应变分量是由一个独立滑移系来产生的。可见，多晶体的塑性变形是通过各晶粒的多系滑移来保证相互间的协调，即一个多晶体是否能够塑性变形，决定于它是否具备 5 个独立的滑移系来满足各晶粒变形时相互协调的要求。这就与晶体的结构类型有关：滑移系较多的面心立方和体心立方晶体能满足这个条件，因此它们的多晶体具有很好的塑性；相反，密排六方晶体由于滑移系少，晶粒之间的应变协调性很差，所以其多晶体的塑性变形能力很低。

7.3.2 晶界的影响

从第 2 章得知，晶界上原子排列不规则，点阵畸变严重，而且晶界两侧的晶粒取向不同，滑移方向和滑移面彼此不一致。因此，滑移要从一个晶粒直接延续到下一个晶粒是极其困难的，也就是说，在室温下晶界对滑移具有阻碍效应。

对只有 2 个晶粒的双晶试样拉伸结果表明，室温下拉伸变形后，在晶界处呈竹节状，如图 7-24 所示。这说明晶界附近滑移受阻，变形量较小，而晶粒内部变形量较大，整个晶粒的变形是不均匀的。这是由于导致晶体变形的位错滑移在晶界处受阻。通过电子显微镜仔细观察，可以看到在变形过程中位错难以通过晶界而被堵塞在晶界附近的情形（位错塞积模型），如图 7-25 所示。

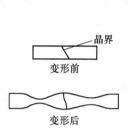

图 7-24 双晶拉伸后的竹节状示意图

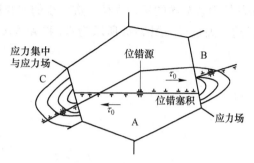

图 7-25 多晶体滑移示意图

这种在晶界附近产生的位错塞积群会产生很大的应力场，这个应力场通过晶界作用到相邻晶粒上，使其得到一个附加应力。而且这种位错塞积群会对晶内的位错源产生一反作用力。此反作用力随位错塞积的数目增多而增大。当它增大到某一数值时，可使位错源停止开动，使晶体显著强化。为了使变形继续进行，就必须增大外加应力，在外加应力和附加应力的作用下，最终使相邻晶粒（B、C晶粒）中的位错源也启动起来，从而产生相应的滑移。相邻晶粒的滑移会使位错塞积群前端的应力松弛。这样位错源（A晶粒）就会重新开动，进而使位错滑出这个晶体，产生塑性变形。因此，对多晶体而言，外加应力必须增大至足以激发大量晶粒中的位错源开动，产生滑移，才能观察到宏观的塑性变形。这就是滑移的传播过程。

通过分析多晶体的塑性变形过程可以看出，一方面，由于晶界的存在，变形晶粒中的位错在晶界处受阻，每一晶粒中的滑移带也都终止在晶界附近；另一方面，由于各晶粒间存在着位向差，为了协调变形，要求每个晶粒必须进行多滑移，而多滑移时必然要发生位错的相互交割。这两者均将大大提高金属材料的强度。这也被实验所证实，通常多晶体的塑性变形抗力都较单晶体高，尤其对密排六方结构的金属更为显著。图 7-26 是 Cu 的单晶体与多

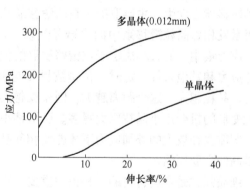

图 7-26 Cu 的单晶体与多晶体的应力-应变曲线

晶体的应力-应变曲线，由图可以看出，多晶体 Cu 的强度显著高于单晶体的强度。显然，晶界越多，即晶粒越细小，其强化效果越显著。这种用细化晶粒增加晶界以提高金属强度的方法称为细晶强化。

图 7-27 为低碳钢的屈服强度与晶粒尺寸的关系曲线。由图可以看出，钢的屈服强度与晶粒直径平方根的倒数呈线性关系。其他金属材料的实验结果也证实了这种关系。根据实验结果和理论分析，可得到室温下金属材料的屈服强度与晶粒直径的关系式：

$$\sigma_s = \sigma_0 + Kd^{-\frac{1}{2}} \tag{7-11}$$

该式称为霍尔-佩奇（Hall-Petch）公式。式中，σ_0 为常数，反映晶内对变形的阻力，大体相当于单晶体金属的屈服强度；K 为常数，表征晶界对强度影响的程度，与晶界结构有

关；d 为多晶体中各晶粒的平均直径。进一步的实验证明，材料的屈服强度与其亚晶尺寸之间也满足这一关系式。图 7-28 所示为 Cu 和 Al 的屈服强度与亚晶尺寸之间的关系。

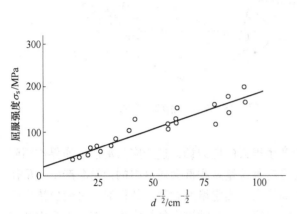

图 7-27   低碳钢的屈服强度与晶粒尺寸的关系

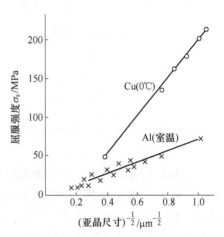

图 7-28   Cu 和 Al 的屈服强度与其亚晶尺寸的关系

尽管霍尔-佩奇公式最初是经验关系式，但也可根据位错理论，利用位错群在晶界附近引起的位错塞积模型导出。

在多晶体中，屈服强度是与滑移从先塑性变形的晶粒转移到相邻晶粒密切相关的，而这种转移能否发生，主要取决于在已滑移晶粒晶界附近的位错塞积群所产生的应力集中，能否激发相邻晶粒滑移系中的位错源开动，从而进行协调的多滑移。根据 $\tau = n\tau_0$ 的关系式，应力集中 τ 的大小决定于位错塞积群的位错数目 n，n 越大，则应力集中也越大。当外加应力和其他条件一定时，位错数目 n 与引起塞积的障碍（晶界）到位错源的距离成正比。晶粒越大，这个距离越大，则 n 就越大，所以应力集中也越大，激发相邻晶粒发生塑性变形的机会比小晶粒要大得多。已滑移小晶粒晶界附近的位错塞积造成较小的应力集中，则需要在较大的外加应力下才能使相邻晶粒发生塑性变形。这就是晶粒越细，屈服强度越高的主要原因。

细晶强化是金属材料的一种极为重要的强化方法，细化晶粒不但可提高材料的强度，同时还可改善材料的塑性和韧性，这是材料的其他强化方法所不能比拟的。这是因为在相同外力的作用下，细小晶粒的晶粒内部和晶界附近的应变相差较小，变形较均匀，相对来说，因应力集中引起开裂的机会也较少，这就有可能在断裂之前承受较大的变形量，所以可以得到较大的伸长率和断面收缩率。由于细晶粒金属中的裂纹不易产生也不易扩展，因而在断裂过程中吸收了更多的能量，即表现出较高的韧性。因此，在工业生产中通常总是设法获得细小而均匀的晶粒组织，使材料具有较好的综合力学性能。

由于细晶强化所依赖的前提条件是晶界阻碍位错滑移，这在温度较低的情况下是存在的。但是，当变形温高于 $0.5T_m$ 时，由于原子活动能力的加强，晶界也变得逐渐不稳定，这将导致其强化效果逐渐减弱，甚至出现晶界的弱化现象。即晶界对材料的强化与温度有关。在多晶体材料的强度-温度关系中，存在一个"等强温度 T_{eq}"，即晶界和晶内强度相等的温度。小于等强温度时，晶界强度高于晶内强度；反之则晶界强度小于晶内强度，如

图 7-29 所示。这是因为在高温下变形时，相邻晶粒会沿着晶界发生相对滑动，称为晶界滑动，从而促进变形。从图中还可以看出，等强温度与变形速率有关。变形速率越高，晶界强度越强，而晶内强度与变形速率关系不大，因而等强温度升高。

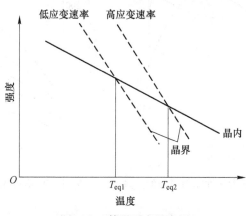

图 7-29　等强温度示意图

7.4　合金的塑性变形

工程上使用的金属材料绝大多数是合金。合金的塑性变形的基本方式仍然是滑移和孪生，但由于合金元素的存在，其塑性变形具有一些新的特点。

按合金组成相不同，主要可以分为单相固溶体合金、金属化合物和多相合金等，它们的塑性变形存在着一些不同之处。

7.4.1　固溶体合金的塑性变形

单相固溶体合金的显微组织与多晶体纯金属相似，因而其塑性变形过程也基本相同。但是，单相固溶体合金中存在溶质原子，使合金的强度、硬度提高，而塑性、韧性有所下降，即产生固溶强化现象。此外，有些固溶体会出现明显的屈服点和应变时效现象。

7.4.1.1　固溶强化

溶质原子的存在及其溶解度的增加，使基体金属的变形抗力随之提高。图 7-30 为 Cu-Ni 固溶体的强度和塑性与其成分的关系，由图可以看出，随溶质含量的增加，合金的强度和硬度提高，而塑性有所下降。研究发现，溶质原子的加入不仅提高了整个应力-应变曲线的水平，而且使合金的加工硬化速率增大，图 7-31 所示即为反映这个规律的 Al 溶有 Mg 后的应力-应变曲线。图 7-32 为几种合金元素分别溶入 Cu 单晶而引起的临界分切应力的变化情况，可以看出不同溶质原子所引起的固溶强化效果存在很大差别。

影响固溶强化的因素很多，主要有以下几个方面：

（1）溶质原子浓度。在固溶体的溶解度范围内，溶质原子的浓度越高，强化作用越大，但并不是线性关系，低浓度时的强化效应更为显著。

（2）原子尺寸因素。溶质与溶剂原子尺寸相差越大，强化效果越好。但通常原子尺寸相差较大时，溶质原子的溶解度也很低。

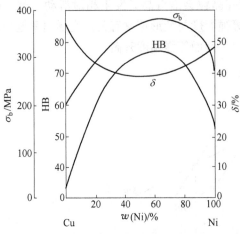

图 7-30 Cu-Ni 固溶体的力学性能与成分的关系

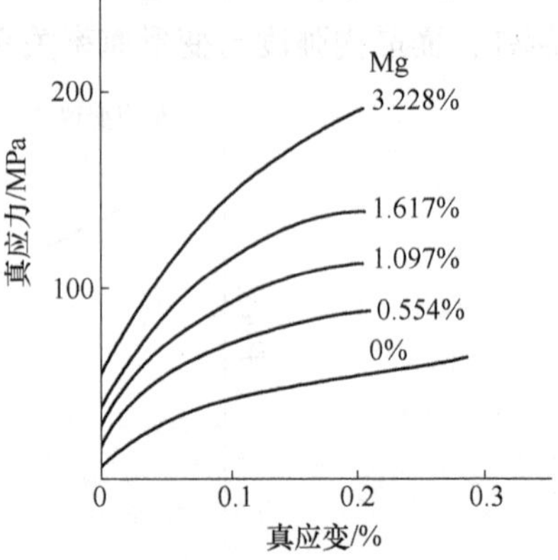

图 7-31 Al 溶有 Mg 后的应力-应变曲线

（3）溶质原子类型。间隙型溶质原子比置换型溶质原子具有较大的固溶强化效果，且由于间隙原子在体心立方晶体中的点阵畸变属非对称性的，故其强化作用大于面心立方晶体。

（4）电子浓度因素。溶质原子与基体金属的价电子数相差越大，固溶强化效果越显著。图 7-33 为电子浓度对 Cu 固溶体屈服应力的影响，由图可见，固溶体的屈服应力随合金电子浓度的增加而提高。

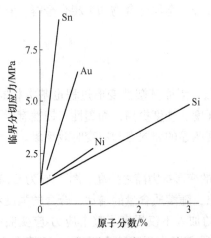

图 7-32 溶入合金元素对 Cu 单晶
临界分切应力的影响

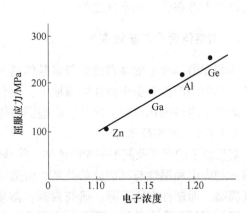

图 7-33 电子浓度对 Cu 固溶体屈服应力的影响

一般认为固溶强化产生是由于多方面的作用，主要包括以下几个方面：

（1）溶质原子与位错的弹性交互作用。固溶体中的溶质原子趋向于在位错周围的聚集分布，称为溶质原子气团，即柯氏气团，它将对位错的运动起到钉扎作用，从而阻碍位错运动。

（2）化学交互作用。这与晶体中的扩展位错有关，由于层错能与化学成分有关，因此晶体中层错区的成分与其他地方存在一定差别，这种成分聚集也会导致位错运动受阻，而且层错能下降会导致层错区加宽，这也会产生强化作用。化学交互作用引发的固溶强化效果，较弹性交互作用低一个数量级，但由于其不受温度的影响，因此在高温变形中具有较重要的作用。

（3）静电交互作用。一般认为，位错周围畸变区的存在将对固溶体中的电子云分布产生影响。由于该畸变区应力状态不同，溶质原子的额外自由电子从点阵压缩区移向拉伸区，并使压缩区呈正电，而拉伸区呈负电，即形成了局部静电偶极。其结果导致电离程度不同的溶质离子与位错区发生短程的静电交互作用，溶质离子或富集于拉伸区或富集在压缩区，均产生固溶强化。研究表明，在钢中，这种强化效果仅为弹性交互作用的 1/3 ~ 1/6，且不受温度影响。

此外，当固溶体产生塑性变形时，位错运动改变了溶质原子在固溶体结构中以短程有序或偏聚形式存在的分布状态，从而引起系统能量的升高，由此也增加了滑移变形的阻力，也称为有序强化。

7.4.1.2 屈服现象和应变时效

图 7-34 为低碳钢典型的应力-应变曲线，与一般拉伸曲线不同，在该曲线上出现一个平台，这就是屈服点。当拉伸试样开始屈服时，应力随即突然下降，并在应力基本恒定情况下继续发生屈服伸长，所以拉伸曲线出现应力平台区。当产生一定变形后，应力又随应变的增加而增加，出现通常的规律。开始屈服与下降时所对应的应力值分别为上、下屈服点。

在发生屈服延伸阶段，试样的应变是不均匀的。当应力达到上屈服点时，首先在试样的应力集中处开始塑性变形，并在试样表面产生一个与拉

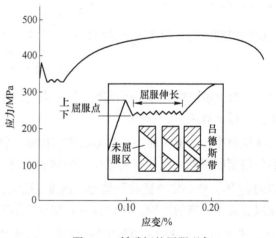

图 7-34 低碳钢的屈服现象

伸轴约成 45°交角的变形带，称为吕德斯（Lüders）带。与此同时，应力降到下屈服点。随后吕德斯带沿试样长度方向不断扩展开来，从而产生拉伸曲线平台的屈服伸长。拉伸曲线上的波动表示新吕德斯带的形成过程，如图 7-34 中放大部分所示。当屈服扩展到整个试样截面后，屈服延伸阶段就结束了。需指出的是屈服过程的吕德斯带与滑移带不同，它是由许多晶粒协调变形的结果，即吕德斯带穿过了试样横截面上的每个晶粒，而其中每个晶粒内部则仍按各自的滑移系进行滑移变形。

屈服现象最初是在低碳钢中发现。在适当条件下，上、下屈服点的差别可达 10% ~ 20%，屈服伸长可超过 10%。进一步研究发现，在其他金属和合金，如 Mo、Ti 和 Al 合金及 Cd、Zn 单晶、α 和 β 黄铜等中都发现了屈服现象。

通常认为在固溶体合金中，溶质原子或杂质原子在晶体中造成点阵畸变，溶质原子的应力场和位错应力场会发生交互作用而形成溶质原子气团，即所谓的柯氏气团。由正刃型

位错的应力场可知，在滑移面以上，位错中心区域为压应力，而滑移面以下的区域为拉应力。若有间隙原子 C、N 或比溶剂尺寸大的置换溶质原子存在，就会与位错交互作用偏聚于正刃型位错的下方，以抵消部分或全部的拉应力，从而使位错的弹性应变能降低。当位错处于能量较低的状态时，位错趋向稳定而不易运动，即对位错有着"钉扎作用"，尤其在体心立方晶体中，间隙型溶质原子和位错的交互作用很强，位错被牢固地钉扎住。位错要运动，必须在更大的应力作用下才能挣脱柯氏气团的钉扎而移动，这就形成了上屈服点；而一旦挣脱之后位错的运动就比较容易，因此有应力下降，出现下屈服点和平台。这就是屈服现象的物理本质。当继续变形时，由于加工硬化导致应力又出现升高的现象。

柯垂尔（A. H. Cottrell）这一理论可以解释大部分晶体中出现的屈服现象，但近些年来的研究发现，无位错的 Cu 晶须、低位错密度的共价键晶体 Si 以及离子晶体 LiF 等中也发现不连续屈服现象，这就不能采用上述理论来解释，因此，需要从位错运动本身的规律来加以说明，这发展了更一般的位错增殖理论。

从位错理论中得知，材料塑性变形的应变速率 $\dot{\varepsilon}_p$ 是与晶体中可动位错的密度 ρ_m、位错运动的平均速度 v 以及位错的柏氏矢量 b 成正比：

$$\dot{\varepsilon}_p \propto \rho_m \cdot v \cdot |b| \tag{7-12}$$

而位错的平均运动速度 v 又与材料所受应力 τ 密切相关：

$$v = \left(\frac{\tau}{\tau_0}\right)^{m'} \tag{7-13}$$

式中，τ_0 为位错作单位速度运动所需的应力；τ 为位错受到的有效切应力；m' 为应力敏感指数，与材料有关。

在拉伸中，$\dot{\varepsilon}_p$ 由拉伸夹头的运动速度决定，接近于定值。在塑性变形开始之前，晶体中的位错密度很低，或虽有大量位错但被钉扎住，即可动位错密度 ρ_m 较低。此时要维持一定的 $\dot{\varepsilon}_p$ 值，势必使位错的平均运动速度 v 增大，而要使 v 增大就需要提高外力，这就是上屈服点应力较高的原因。然而，一旦塑性变形开始后，位错迅速增殖，使得可动位错的密度 ρ_m 迅速增大，此时 $\dot{\varepsilon}_p$ 仍维持一定值，因此必然导致位错的平均运动速度 v 的突然下降，于是所需的外力下降，产生了屈服降落，这也就是下屈服点应力较低的原因。

这两种理论并不互相排斥而是互相补充的。两者结合可更好地解释低碳钢的屈服现象。单纯的位错增殖理论，其前提是要求原晶体材料中的可动位错密度很低。低碳钢中的原始位错密度为 $10^8\,\mathrm{cm}^{-2}$，但是，由于 C 原子强烈钉扎位错形成柯氏气团，使得可动位错密度只有 $10^3\,\mathrm{cm}^{-2}$。

与低碳钢屈服现象相关联的还存在一种应变时效行为，如图 7-35 所示。当退火状态低碳钢试样拉伸到超过屈服点发生少量塑性变形后（曲线 a）卸载，然后立即重新加载拉伸，则可见其拉伸曲线不再出现屈服点（曲线 b），此时试样不发生屈服现象。但是如果经少量预变形后，将试样在常温下放置几天或经低温短时时效后再行拉伸，则屈服现象又重复出现，不过此时的屈服应力有所提高（曲线 c），这就是应变时效现象。

同样，柯氏气团理论能很好地解释低碳钢的应变时效。当卸载后立即重新加载，由于位错已经挣脱气团的钉扎，因此不出现屈服点；如果卸载后放置较长时间或经低温时效，则溶质原子已经通过扩散而重新聚集到位错周围形成了气团，因此屈服现象又重复出现。

低碳钢的屈服现象有时会给工业生产带来一些问题，例如深冲用的低碳钢板在冲压成型时，会因屈服延伸区的不均匀变形（吕德斯带）使工件表面粗糙不平，如图7-36所示。为解决这一问题，可利用应变时效原理，将钢板在冲压前进行一道微量冷轧工序（压下量为0.5%~2%），或向钢中加入一些固定溶质的元素，例如 Ti 或 Al，使 C 或 N 与 Ti、Al 形成稳定化合物，以消除屈服点，随后再进行冷变形，便可以保证工件表面平滑光洁。

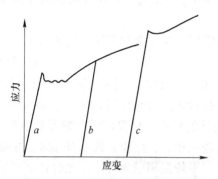

图7-35 低碳钢的应变时效现象

图7-36 低碳钢薄板表面的吕德斯带

7.4.2 多相合金的塑性变形

目前工程上使用的金属材料基本上是两相或多相合金，这是因为尽管固溶强化能够提高材料的强度，但其增幅还是有限的，并不能满足生产实际需要。通过在合金中引入第二相的方法也是一种重要的强化方式。第二相可通过相变热处理或粉末冶金、复合材料等方法获得。由于第二相的数量、尺寸、形状和分布不同，它与基体相的结合状况不一，以及第二相的形变特征与基体相的差异，使得多相合金的塑性变形较单相固溶体合金更加复杂。

根据第二相的尺寸大小可将多相合金分成两大类：若第二相与基体晶粒尺寸属同一数量级，称为聚合型两相合金，如图7-37所示；若第二相细小而弥散地分布在基体晶粒中，称为弥散分布型两相合金，如图7-38所示。这两类合金的塑性变形情况和强化规律有所不同。

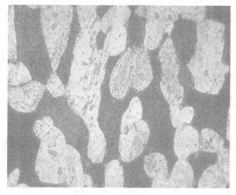

图7-37 聚合型合金组织—Al 青铜

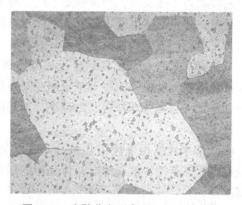

图7-38 弥散分布型合金组织—铁黄铜

7.4.2.1　聚合型两相合金的塑性变形

当组成合金的两相晶粒尺寸属同一数量级，且两相都为塑性相时，则合金的变形能力取决于两相的体积分数，可粗略地认为合金的性能是各相性能的平均值。假设塑性变形时两相的应变相同，则对于一定应变时合金的平均流变应力 $\bar{\sigma}$ 为：

$$\bar{\sigma} = f_1\sigma_1 + f_2\sigma_2 \tag{7-14}$$

式中，f_1 和 f_2 分别为两相的体积分数（$f_1+f_2=1$）；σ_1 和 σ_2 分别为一定应变时的两相流变应力。

如果塑性变形时两相所受的应力相同，则对于一定应力时合金的平均应变 $\bar{\varepsilon}$ 为：

$$\bar{\varepsilon} = f_1\varepsilon_1 + f_2\varepsilon_2 \tag{7-15}$$

式中，f_1 和 f_2 分别为两相的体积分数（$f_1+f_2=1$）；ε_1 和 ε_2 分别为一定应力时的两相应变。

由式（7-14）、式（7-15）可知，只有第二相为较强相时，合金才能强化。实验证明，两相合金在发生塑性变形时，滑移往往首先发生在较软的相中，如果较强相数量较少时，则塑性变形基本上是在较弱的相中。只有当第二相为较强相，且体积分数 $f>30\%$ 时，才能起到明显的强化作用；当较强相的体积分数 $f>70\%$ 时，则较强相成为基体，此时合金变形的主要特征将由较强相决定。

如果聚合型合金两相中一个是塑性相，而另一个是脆性相时，则合金在塑性变形过程中所表现的性能不仅取决于两相比例，而且与脆性相的形状、大小和分布密切相关。以碳钢中的渗碳体（Fe_3C，硬而脆）在铁素体（以 $\alpha\text{-}Fe$ 为基的固溶体）基体中存在的情况为例，表 7-5 给出了渗碳体的形态与大小对碳钢力学性能的影响。

表 7-5　碳钢中渗碳体存在情况对力学性能的影响

材料及组织	工业纯铁	共析钢（0.8%C）					1.2%C
		片状珠光体（片间距≈630nm）	索氏体（片间距≈250nm）	屈氏体（片间距≈100nm）	球状珠光体	淬火+350℃回火	网状渗碳体
σ_b/MPa	275	780	1060	1310	580	1760	700
δ/%	47	15	16	14	29	3.8	4

（1）如果脆性相呈连续网状分布在塑性相的晶界上，塑性相晶粒被脆性相包围分割，使其变形能力无法发挥，经少量变形后，即沿晶断裂。脆性相越多，网状越连续，合金的塑性越差，甚至强度也随之降低。例如过共析钢中的二次渗碳体在晶界上呈网状分布时，钢的脆性增加，强度和塑性下降。

（2）如果脆性相呈层片状分布在基体相上，如钢中的珠光体组织，由于变形主要集中在铁素体中，且位错的移动被限制在很短的距离内，增加了继续变形的阻力，使其强度提高。珠光体越细，即片层间距越小，其强度越高，变形更加均匀，塑性也较好，类似于细晶强化。

（3）如果脆性相呈较粗颗粒分布在基体上，如共析钢经球化退火后的球状渗碳体，因铁素体基体连续，渗碳体对基体变形的阻碍作用大大减弱，因此强度降低，塑性、韧性得到改善。

7.4.2.2　弥散分布型两相合金的塑性变形

当第二相以细小弥散的微粒均匀分布于基体相中时，将会产生显著的强化作用。第二相粒子的强化作用是通过其对位错运动的阻碍作用而表现出来的。如果强化相是借助粉末冶金方法或其他方法加入的，称为弥散强化；如果是通过时效处理从过饱和固溶体中析出的，则称为沉淀强化或时效强化。通常可将第二相粒子分为"不可变形的"和"可变形的"两类。这两类粒子与位错交互作用的方式不同，其强化的途径和效果也就不同。一般来说，弥散强化型合金中的第二相粒子是属于不可变形的，而沉淀强化型粒子多属可变形的，但当沉淀粒子在时效过程中长大到一定程度后，也能起着不可变形粒子的作用。

A　不可变形粒子的强化作用

不可变形粒子对位错的阻碍作用如图 7-39 所示。当运动位错与粒子相遇时，将受到粒子的阻碍，使位错线绕着粒子发生弯曲。随着外加应力的增大，位错线受阻部分的弯曲加剧，最终围绕粒子的位错线相遇，并在相遇点出现正负位错彼此抵消，在粒子周围留下一个位错环，而位错线则越过粒子继续前进。显然，位错按这种方式移动时需要额外做功，而且留下的位错环将对后续位错产生进一步的阻碍作用，因此继续变形时必须增大应力，这些都将导致材料强度迅速提高。

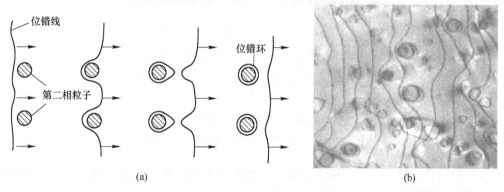

(a)　　　　　　　　　　　　　　　　　　　(b)

图 7-39　第二相粒子周围的位错环

(a) 示意图；(b) 位错绕过第二相粒子

根据位错理论，迫使位错线弯曲到曲率半径为 R 时所需切应力为：

$$\tau = \frac{Gb}{2R} \tag{7-16}$$

当 R 为粒子间距 λ 的一半时，位错线弯曲到该状态所需切应力为：

$$\tau = \frac{Gb}{\lambda} \tag{7-17}$$

这是一临界值，只有外加应力大于此值时，位错线才能绕过粒子。由式（7-17）可知，不可变形粒子的强化作用与粒子间距 λ 成反比，即粒子越多，粒子间距越小，强化作用越明显。因此，减小第二相粒子尺寸（在同样的体积分数时，粒子越小，则粒子间距也越小）或提高第二相粒子的体积分数都会导致合金强度的提高。

上述位错绕过障碍物的机制是由奥罗万（E. Orowan）首先提出的，故通常称为奥罗万机制，它已被实验所证实，如图 7-39（b）所示为铬薄膜样品在透射电子显微镜下观察到的位错围绕着第二相粒子的现象。

B 可变形粒子的强化作用

当第二相粒子为可变形粒子时，位错将切过粒子使之随同基体一起变形，如图 7-40 所示。此时强化作用主要决定于粒子本身的性质以及与基体的联系，其强化机制较为复杂，且因合金而异，主要由以下因素决定。

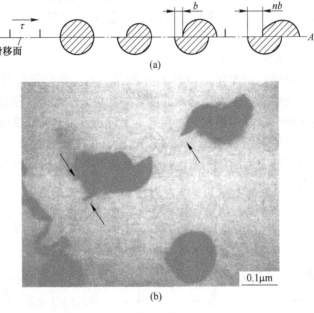

（a）

（b）

图 7-40   位错切过第二相粒子

（a）示意图；（b）镍基合金中位错切过第二相粒子

（1）位错切过粒子时，在粒子表面产生宽度为 b 的台阶，增加了粒子与基体两者间界面，使总的界面能升高。

（2）当粒子是有序结构时，则位错切过粒子时会打乱滑移面上下的有序排列，产生反相畴界，引起能量的升高。

（3）由于第二相粒子与基体的晶体结构不同或是点阵常数不同，因此当位错切过粒子时必然在其滑移面上引起原子的错排，需要额外做功，给位错运动带来困难。

（4）由于粒子与基体的比容差别，而且沉淀粒子与母相之间保持共格或半共格结合，因此在粒子周围产生弹性应力场，此应力场与位错会产生交互作用，对位错运动有阻碍作用。

以上这些强化因素的综合作用使合金的强度得到提高。总之，上述两种机制不仅可解释多相合金中第二相的强化效应，而且也可解释多相合金的塑性。然而不管哪种机制均受控于粒子的本质、尺寸和分布等因素，因此合理地控制这些参数，可对沉淀强化型合金和弥散强化型合金的强度和塑性在一定范围内进行调控。

7.5   冷变形后金属的组织与性能

金属材料在塑性变形过程中其外形和尺寸发生变化，同时材料的内部组织结构和各种性能发生明显变化。这些组织和性能的变化将影响进一步的变形过程，也影响变形后材料的使用性能。

7.5.1 显微组织的变化

经塑性变形后，金属材料的显微组织发生明显的改变。除了每个晶粒内部出现大量的滑移带或孪晶带外，其晶粒形状也会发生改变。晶粒形状变化的趋势大体上与工件宏观流变的取向一致。例如在工件受单向拉伸的情况下，原来的等轴晶粒沿着工件拉力轴的方向逐步伸长。当变形量很大时，晶粒变得模糊不清，已难以分辨而变成纤维状，称为纤维组织；在工件受单向压缩的条件下，晶粒则随工件的压缩而逐渐沿着垂直于压力轴的方向伸展，直至变为圆片状的晶粒组织。图 7-41 所示是铜经不同程度冷轧后的光学显微组织，可以看出，冷轧后，晶粒逐渐沿轧制方向伸长，当压缩率为 99% 时，晶粒伸长为纤维组织。纤维的分布方向即是材料流变伸展的方向。注意冷变形金属的组织与所观察的试样截面位置有关，如果沿垂直变形方向截取试样，则截面的显微组织不能真实反映晶粒的变形情况。仔细观察发现，各晶粒形状的变化并不是均匀一致的，相互间存在差异。在多相合金中，异相晶粒间这种差异更为明显，特别是当异相晶粒之间成分和性能相差较大时。

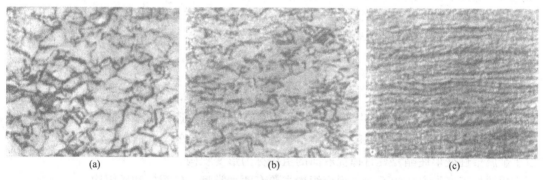

(a)   (b)   (c)

图 7-41 铜经不同程度冷轧后的光学显微组织
(a) 30%压缩率（300×）；(b) 50%压缩率（300×）；(c) 99%压缩率（300×）

纤维组织使金属性能具有一定的方向性。一般来说，沿纤维方向的强度高于横向强度。这种纤维组织的各向异性对金属某些情况下的使用性能产生一定影响。

7.5.2 位错亚结构的变化

金属晶体的塑性变形是通过位错运动来实现的。位错在滑移过程中不断增殖，使得位错密度迅速增加。研究表明，经过剧烈塑性变形的金属中，位错密度可由变形前退火态的 $10^6 \sim 10^7 \mathrm{cm}^{-2}$ 增至 $10^{11} \sim 10^{12} \mathrm{cm}^{-2}$，而且位错分布很不均匀。利用透射电子显微镜可以观察变形后位错组态及分布。当变形量较小时，在切应力的作用下位错源所产生的大量位错沿滑移面运动，将遇到各种阻碍位错运动的障碍物，如晶界、第二相粒子及割阶等，形成位错缠结；当变形量继续增加时，位错缠结逐渐发展成胞状亚结构，其中大部分位错相互缠结形成胞壁，而胞内位错密度较低，相邻胞块间存在微小的位向差，一般不超过 2°；随着变形量的增加，胞块的数量增加，尺寸减小。如果变形量非常大时，如强烈冷变形或拉丝，则会构成大量排列紧密的细长条状变形胞，如图 7-42 所示。

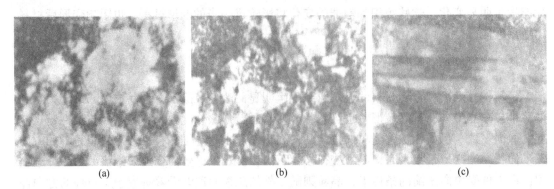

(a)　　　　　　　　　　　　　(b)　　　　　　　　　　　　　(c)

图 7-42　铜经不同程度冷轧后的透射电镜组织

（a）30%压缩率（30000×）；（b）50%压缩率（30000×）；（c）99%压缩率（30000×）

研究表明，胞状亚结构的形成不仅与变形程度有关，还取决于材料的层错能。一般来说，高层错能金属和合金易形成胞状亚结构，而低层错能金属材料形成这种结构的倾向较小。这是因为对层错能高的金属而言，其扩展位错区较窄，可通过束集而发生交滑移，因此在变形过程中经位错的增殖和交互作用，容易形成明显的胞状结构；而层错能低的金属，其扩展位错区较宽，不易交滑移，其运动性差，形变后大量的位错杂乱地排列于晶体中，形成分布较均匀的复杂位错结构。

7.5.3　形变织构

与单晶体一样，多晶体材料在塑性变形时也伴随着晶体的转动过程。当变形量很大时，各个晶粒的滑移面和滑移方向都要向主形变方向转动，逐渐使多晶体中原来任意取向的各个晶粒在空间取向上彼此趋于一致，这一现象称为晶粒的择优取向，又称织构。这种由于金属塑性变形使晶粒具有择优取向的组织称为形变织构。

根据加工变形方式的不同，形变织构主要有两种类型：丝织构和板织构。

丝织构主要是拉拔过程中形成的，其主要特征为各晶粒的某一晶向<uvw>大致与拔丝方向相平行，丝织构表示为<uvw>。

板织构主要是轧板时形成的，其主要特征为各晶粒的某一晶面｛hkl｝和晶向<uvw>分别趋于与轧面和轧向相平行，板织构表示为｛hkl｝<uvw>。几种常见金属的丝织构与板织构如表 7-6 所示。

表 7-6　常见金属的丝织构与板织构

晶体结构	金属或合金	丝织构	板织构
体心立方	α-Fe，Mo，W，铁素体钢	<110>	｛100｝<011>+｛112｝<110>+｛111｝<112>
面心立方	Al，Cu，Au，Ni，Cu-Ni Cu+Zn（w_{Zn}<50%）	<111> <111>+<100>	｛110｝<112>+｛112｝<111>+｛110｝<112>
密排六方	Mg，Mg 合金，Zn	<21$\bar{3}$0> <0001>与丝轴成 70°	｛0001｝<10$\bar{1}$0> ｛0001｝与轧制面成 70°

实际上，多晶体材料无论经过多么剧烈的塑性变形都不可能使所有晶粒取向完全一

致，其集中程度取决于加工变形的方法、变形量、变形温度，以及材料本身情况（金属类型、杂质、材料内原始取向等）等因素。通常使用变形金属的极射赤面投影图来描述其织构及各晶粒向织构取向的集中程度。

由于形变织构造成了多晶体材料呈现一定程度的各向异性，这对材料的加工工艺和使用性能有很大的影响。例如，板材冲压杯状零件时，织构会造成其沿各方向变形的不均匀性，使冲压出来的工件边缘不齐，壁厚不均，即产生所谓"制耳"现象，如图 7-43 所示。但是在某些情况下，织构的存在却是有利的。例如变压器铁芯用的硅钢片，α-Fe 沿<100>方向最易磁化，因此，生产中适当控制轧制工艺可获得具有（110）[001] 织构和磁化性能优异的硅钢片。采用这种硅钢片制作电机、电器时可以减少铁损，提高设备效率，减轻设备重量，并节约钢材。

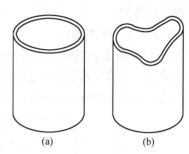

图 7-43　形变织构导致的"制耳"
(a) 无织构；(b) 有织构

7.5.4　残余应力

塑性变形中外力所做的功，大部分都以热量的形式散发出去，只有一小部分（不到10%）以畸变能的形式储存在形变材料内部，即塑性变形的储存能，其大小因变形量、变形方式、变形温度，以及材料本身性质而异。这部分储存能在材料中以残余应力的方式表现出来，残余应力是一种内应力，它在工件中处于自相平衡状态，其产生是工件内部各区域之间变形不均匀性所致。按照残余应力平衡范围的不同，通常可将其分为三类。

（1）第一类内应力。又称宏观残余应力，是由工件不同部分的宏观变形不均匀性引起的，其应力平衡范围包括整个工件。例如，金属线材经拔丝加工后，由于拔丝模壁的阻力作用，线材的外表面较心部变形少，故表面受拉应力，而心部受压应力。于是，这两种符号相反的宏观应力彼此平衡，共存在工件之内。这类残余应力所对应的畸变能不大，仅占总储存能的1%左右。

（2）第二类内应力。又称微观残余应力，是由晶粒或亚晶粒之间的变形不均匀性产生的，其作用范围与晶粒尺寸相当，即在晶粒或亚晶粒之间保持平衡。这种内应力有时可达到很大的数值，甚至可能造成显微裂纹并导致工件破坏。这类残余应力占总储存能的10%左右。

（3）第三类内应力。又称点阵畸变，是由工件在塑性变形中形成的大量晶体缺陷（如空位、间隙原子、位错等）引起的，其作用范围是几十至几百纳米。变形金属中储存能的绝大部分（80%~90%）用于形成点阵畸变。这部分能量提高了变形金属的能量，使之处于热力学不稳定状态，因此它有使变形金属重新恢复到平衡状态的自发趋势，就是第8章所讨论的回复及再结晶现象。

金属材料经塑性变形后的残余应力是不可避免的，它将对工件的变形、开裂和应力腐蚀产生影响和危害，因此必须及时采取消除措施（如去应力退火处理）。但是，在某些特定条件下，残余应力的存在也是有利的。例如，承受交变载荷的零件，若用表面滚压和喷丸处理，使零件表面产生压应力的应变层，则可以达到强化表面的目的，使其疲劳寿命成倍提高。

7.5.5　塑性变形对性能的影响

材料在塑性变形过程中，随着内部组织与结构的变化，其力学、物理和化学性能均发生明显的改变。

7.5.5.1　加工硬化

图 7-44 是工业纯铜和 45 钢经不同程度冷轧后的强度和塑性变化情况。从图中可以清楚地看出，金属材料随冷加工变形量的增加，其强度指标（包括 σ_b、$\sigma_{0.2}$ 及 HB 等）显著提高，而塑性指标（包括 δ、弯曲次数等）则快速降低，即产生了加工硬化现象。

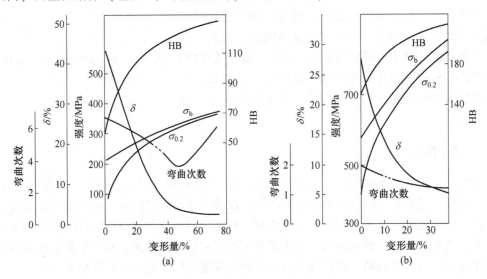

图 7-44　冷轧对铜和钢性能的影响

(a) 工业纯铜；(b) 45 钢

金属的加工硬化特性可以从其应力-应变曲线上反映出来。图 7-45 是金属单晶体的典型应力-应变曲线（也称加工硬化曲线），图中该曲线的斜率 $\theta = \mathrm{d}\tau/\mathrm{d}\gamma$，称为硬化系数。根据曲线 θ 的变化可知，单晶体的塑性变形部分是由三个阶段所组成。

I 阶段——易滑移阶段：当切应力 τ 达到晶体的临界分切应力 τ_c 后，滑移首先从一个滑移系中开始，由于位错运动所受阻碍很小，因而硬化系数低，即其斜率 θ_I 很小，一般为 $\theta_I \approx 10^{-4}$ G 数量级（G 为材料的切变模量）。

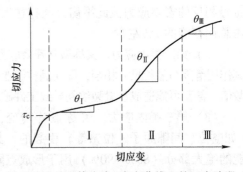

图 7-45　单晶体应力-应变曲线上的三个阶段

II 阶段——线性硬化阶段：随着变形的进行，多个滑移系同时启动。滑移可以在几组相交的滑移面中发生，由于运动位错之间的交互作用和及其所形成的不利于滑移的结构状态（位错缠结、位错交割产生的割阶等），因而其硬化系数 θ_{II} 急剧增大，$\theta_{II} \approx 10^{-2} G$，曲线大致呈直线。

Ⅲ阶段——抛物线型硬化阶段：在足够高的应力下，螺型位错可以通过交滑移的方式绕过滑移障碍，异号位错还可以相互抵消，降低位错密度，使得硬化系数 $\theta_{\text{Ⅲ}}$ 逐渐下降。

上述典型的具有三阶段硬化特性的应力-应变曲线是低层错能的纯金属（Ag、Cu、Au）中得到的结果，而各种晶体的实际曲线会因其晶体结构类型、晶体取向、杂质含量以及试验温度等因素的不同而有所变化。但总的说，其基本特征相同，只是各阶段的长短受位错的运动、增殖和交互作用的影响，甚至某一阶段可能不再出现。图 7-46 为三种典型晶体结构纯金属单晶体的应力-应变曲线。由图可见，面心立方金属 Cu 和体心立方金属 Nb 显示出典型的三阶段加工硬化情况，只是含有微量杂质原子的体心

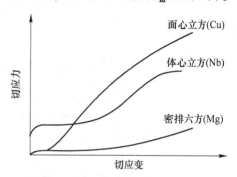

图 7-46　三种典型晶体结构的纯金属单晶体处于软取向时的应力–应变曲线

立方 Nb，因杂质原子与位错交互作用，将产生屈服现象，从而使曲线有所变化；单晶密排六方纯金属 Mg 由于只沿一组平行的滑移面做单系滑移，位错的交互作用很弱，因此第Ⅰ阶段 θ 很小且曲线很长，远远超过其他结构的晶体，以致第Ⅱ阶段还未充分发展时试样就已经断裂了。

多晶体的塑性变形由于晶界的阻碍作用和晶粒之间的协调配合要求，各晶粒不可能以单一滑移系启动而必然有多组滑移系同时作用，因此多晶体的应力-应变曲线不会出现单晶体曲线的第Ⅰ段，而且其硬化曲线通常更陡，细晶粒多晶体在变形开始阶段尤为明显（见图 7-26）。

有关加工硬化的机制曾提出不同的理论，然而，最终的表达形式基本相同，金属的流变应力 τ 与位错密度 ρ 的关系为：

$$\tau = \tau_0 + \alpha Gb \sqrt{\rho} \tag{7-18}$$

式中，τ_0 为点阵阻力（P-N 力）；α 为常数；G 为切变模量；b 为柏氏矢量的模。

因此，塑性变形过程中位错密度的增加及其所产生的钉扎作用是导致加工硬化的决定性因素。

加工硬化现象作为变形金属的一种强化手段，在金属材料生产过程中有重要的实际意义，目前已广泛用来提高金属材料的强度。例如自行车链条的链板，材料为 Q345（16Mn）低合金钢，原来的硬度为 150 HB，抗拉强度 $\sigma_{\text{b}} \geqslant 520\text{MPa}$。经过五次轧制，使钢板厚度由 3.5mm 压缩到 1.2mm（变形度为 65%），这时硬度提高到 275HB，抗拉强度提高到接近 1000MPa，这使链条的负荷能力提高了将近一倍。对于用热处理方法不能强化的材料来说，用加工硬化方法提高其强度就显得更加重要。如塑性很好而强度较低的铝、铜及某些不锈钢等，在生产上往往制成冷拔棒材或冷轧板材供应用户。

加工硬化也是某些工件或半成品能够加工成形的重要因素。例如冷拔钢丝拉过模孔后（图 7-47），其断面尺寸必然减小，而单位面积上所受应力却会增加，如果金属的强度没有提高，那么钢丝在出模后就可能被拉断。由于钢丝经塑性变形后产生了加工硬化，尽管钢丝断面缩减，但其强度显著增加，因此便不再继续变形，而使变形转移到尚未拉过模孔的部分。这样，钢丝可以持续地、均匀地通过模孔而成形。又如金属薄板在冲压过程中

（图 7-48），弯角处变形最严重，首先产生加工硬化，因此该处变形到一定程度后，随后的变形就转移到其他部分，这样便可得到厚薄均匀的冲压件。

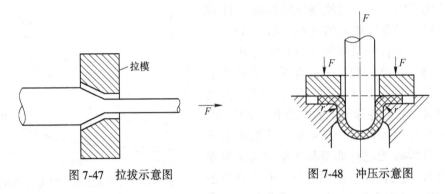

图 7-47　拉拔示意图　　　　　图 7-48　冲压示意图

加工硬化还可提高零件或构件在使用过程的安全性。任何精确设计和加工出来的零件，在使用过程中各个部位的受力也是不均匀的，往往会在某些部位出现应力集中和过载现象，使该处产生塑性变形。但因为金属材料具有加工硬化特性，才能使偶尔过载部位的变形自行停止，避免因局部变形导致断裂，从而提高了零件的安全性。

但是加工硬化现象也给金属材料的生产和使用带来不利影响。因为金属冷加工到一定程度以后，变形抗力就会增加，进一步的变形就必须加大设备功率，增加动力消耗。另外，金属经加工硬化后，其塑性大为降低，继续变形就会导致开裂。为了消除这种硬化现象以便继续进行冷变形加工，中间需要进行再结晶退火处理。

7.5.5.2　其他物理、化学性能的变化

经塑性变形后的金属材料，由于空位和位错等晶体缺陷的增加，其物理性能和化学性能也发生一定的变化。如塑性变形通常可使金属的电阻率增加，电阻温度系数下降，磁导率、热导率也有所下降，铁磁材料的磁滞损耗及矫顽力增大。

塑性变形使得金属中的晶体缺陷增多，自由能升高，原子活动能力增大，使金属中的扩散加速，抗腐蚀性减弱。

重要概念

弹性变形，弹性模量

塑性变形，滑移，滑移带，滑移线，滑移面，滑移方向，滑移系，多滑移，交滑移

临界分切应力，施密特因子，软取向，硬取向，派-纳力

孪生，孪生面，孪生方向，孪晶，扭折

固溶强化，屈服现象，应变时效，加工硬化，细晶强化，弥散强化，沉淀强化

胞状亚结构，形变织构，丝织构，板织构，残余应力

习　题

7-1　什么是单滑移、多滑移、交滑移？三者滑移线的形貌各有何特点？

7-2　体心立方晶体可能的滑移面有 {110}、{112} 和 {123}，若滑移方向为 [11$\bar{1}$]，写出具体的滑移系

有哪些。

7-3 假设某面心立方晶体可以开动的滑移系为 (11$\bar{1}$) [011]，请回答：

（1）给出滑移位错的单位位错柏氏矢量。

（2）若滑移位错为纯刃位错，请指出其位错线方向；若滑移位错为纯螺位错，其位错线方向又如何？

7-4 铝单晶体在室温时的临界分切应力为 7.9×10^5 Pa。当在室温下将单晶试样做拉伸试验时，拉力轴为 [001] 方向，试写出可能开动的滑移系，并计算引起试样屈服所需的拉伸应力。

7-5 拉伸铜单晶体时，若拉力轴的方向为 [123]，拉伸应力为 2×10^6 Pa，求 (111) 面上柏氏矢量 $b = a/2$ [$\bar{1}$01] 的螺型位错线上所受的力（$a_{Cu} = 0.3615$nm）。

7-6 滑移和孪生有何区别？试比较它们在塑性变形过程中的作用。

7-7 简要分析固溶强化、加工硬化、细晶强化和弥散强化的特点和机理。

7-8 试用位错理论解释低碳钢的屈服现象。

7-9 试分析冷塑性变形对金属材料组织结构、力学性能、物理化学性能、体系能量的影响。

8 金属及合金的回复与再结晶

本章学习要点：重点掌握冷变形金属在加热过程中的力学性能和物理性能的变化，冷变形金属的回复动力学曲线和再结晶动力学曲线，再结晶温度及其影响因素，再结晶晶粒大小的控制，动态回复和动态再结晶的应力-应变曲线；了解冷变形在加热过程中显微组织的变化，回复过程中微观结构的变化机制，再结晶形核机制，热加工后金属的组织与性能变化。

金属和合金经塑性变形后，不仅内部组织结构与性能发生很大的变化，而且由于空位、位错等晶体缺陷密度的增加，以及畸变能的升高，导致其处于热力学不稳定的高自由能状态，有自发恢复到变形前低自由能状态的趋势。冷变形金属加热时会发生回复、再结晶和晶粒长大等过程。了解这些过程的发生和发展规律，对于改善和控制金属材料的组织和性能具有重要的意义。

8.1 冷变形金属在退火时的组织与性能变化

冷变形金属的组织和性能在加热时逐渐发生变化，向稳定态转变，这一过程称为退火。随着加热温度的升高或保温时间的延长，可将这一过程分为回复、再结晶和晶粒长大三个阶段。回复是指新的无畸变晶粒出现之前所产生的亚结构和性能变化的阶段；再结晶是指出现无畸变的等轴新晶粒逐步取代变形晶粒的过程；晶粒长大是指再结晶结束之后晶粒的长大过程。

8.1.1 显微组织的变化

图 8-1 为冷变形金属在退火过程中显微组织随温度/时间变化的三阶段示意图。

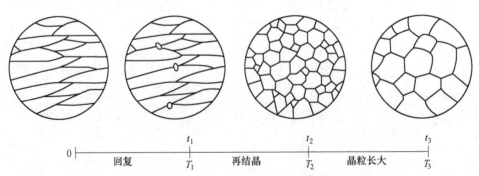

图 8-1 冷变形金属退火过程的三阶段示意图

回复阶段：晶粒的形状和大小与变形态时相同，仍保持着纤维状或扁平状，从光学显微组织上几乎看不出变化。但此时若通过透射电子显微镜可以发现，位错组态已开始发生变化。

再结晶阶段：首先在畸变较大的区域（通常是晶界）产生新的无畸变晶粒的核心（再结晶形核过程），然后逐渐消耗周围的变形基体而长大，转变成为新的等轴晶，直到冷变形晶粒完全消失。即以新的无畸变等轴小晶粒逐渐代替冷变形组织。

晶粒长大阶段：在界面能的驱动下，新晶粒互相吞食而长大，最终达到一个较为稳定的尺寸。

8.1.2 回复和再结晶的驱动力

前已述及，在塑性变形中外力所做的功，大部分转化为热散发出去，只有一小部分以储存能的形式保留在变形金属中。这部分能量主要以晶体缺陷增加的形式存在，可以近似看作金属经塑性变形后自由能的增加。显然，储存能的产生将使冷变形金属具有较高的自由能和处于热力学不稳定状态。因此，储存能的降低是冷变形金属在加热时发生回复与再结晶的驱动力。

当冷变形金属加热到足够高的温度时，其中的储存能将释放出来，可采用高灵敏度的扫描示差热量计测得。具体过程是采用两个尺寸相同的试样，一个经过塑性变形，一个经过充分退火，以恒定的加热速度进行加热，则冷变形金属由于储存能的释放，将提供一部分能量使试样加热，使得变形金属所需的功率减小。这样，在两个试样间便出现了功率差，通过功率差可以换算出释放的储存能。

根据材料性质不同，通常测定的储存能释放曲线大致有三种类型，如图 8-2 所示。其中曲线 A 代表纯金属，曲线 B 和 C 分别代表两种不同的合金。由图可见，每个曲线均有一个能量释放的峰值，峰值开始出现的地方（如图中箭头所示）对应于第一批再结晶晶粒出现的温度，此前则为回复阶段。

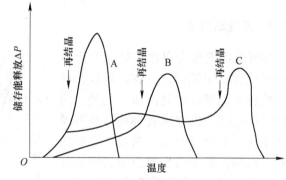

图中曲线经对比分析表明，回复阶段时各种材料释放的储存能均很小。其中，纯金属 A 最小（高纯度金属约占总储存能的 3%），合金 C 释放的能量较多，而合金 B 居中（某些合金约占总储存能的 7%）。该现象说明，杂质或合金元素对基体金属的再结晶过程有推迟作用。

图 8-2 变形金属退火过程中能量的释放

8.1.3 性能的变化

冷变形金属在加热过程中的性能变化如图 8-3 所示。

（1）强度与硬度。回复阶段的硬度变化很小，而再结晶阶段则显著下降。强度一般是和硬度呈正比的性能指标，由此可以推知，强度的变化应该和硬度的变化相似。上述情况主要与金属中的位错机制有关，即在回复阶段时，变形金属仍保持很高的位错密度；而发生再结晶后，由于位错密度显著降低，因此强度与硬度明显下降。

（2）电阻。变形金属的电阻率在回复阶段已表现明显的下降趋势。因为电阻代表晶体点阵对电子在电场作用下定向流动的阻力大小，由于分布在晶体点阵中的各种点缺陷（如空位、间隙原子等）对电子产生散射，提高电阻率。它的散射作用比位错所引起的更为强烈。因此，在回复阶段电阻率的明显下降就说明在此阶段点缺陷浓度有明显的减小。

（3）内应力。在回复阶段，大部分或全部的第一类内应力可以消除，而第二、第三类内应力只有通过再结晶才能全部消除。

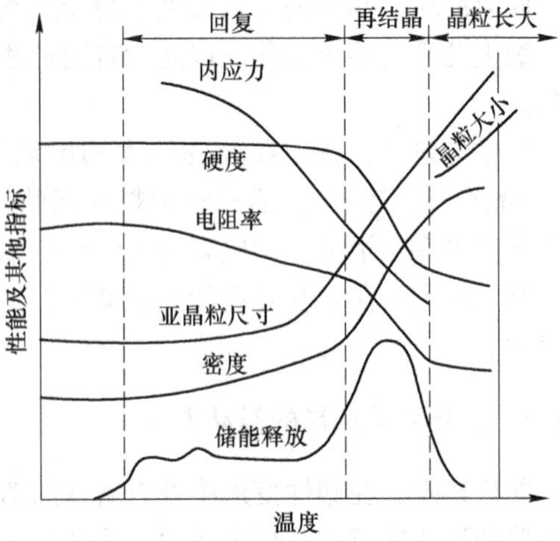

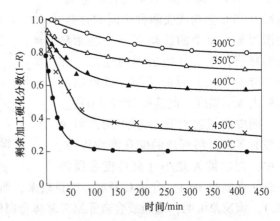

图 8-3　冷变形金属的性能随温度变化示意图

（4）亚晶粒尺寸。在回复的前期，亚晶粒尺寸变化不大；但在回复后期，尤其在接近再结晶时，亚晶粒尺寸显著增大。

（5）密度。变形金属的密度在再结晶阶段发生急剧增高，除与前期点缺陷数目减少有关外，主要是在再结晶阶段中位错密度显著降低所致。

8.2　回　复

8.2.1　回复动力学

回复是冷变形金属在加热时发生组织性能变化的早期阶段，在此阶段，材料的性能是随温度和时间而变化的。图 8-4 为同一变形程度的多晶体纯铁在不同温度退火时的回复动力学曲线。图中横坐标为时间，纵坐标为剩余加工硬化分数 $(1-R)$。R 为屈服强度回复率，$R = (\sigma_m - \sigma_r)/(\sigma_m - \sigma_0)$，其中 σ_m、σ_r 和 σ_0 分别代表纯铁变形后、不同程度回复后和完全退火后的屈服强度。显然，屈服强度回复率 R 越大，剩余加工硬化分数 $(1-R)$ 越小，表示回复程度越大。

图 8-4　同一变形程度的纯铁在不同温度
退火时的回复动力学曲线

从回复动力学曲线可以看出回复过程具有以下特点：

（1）回复过程在加热后立刻开始，没有孕育期；

（2）回复是一个弛豫过程，在一定温度时，初期的回复速率很大；而随着保温时间延长，回复速率则逐渐变慢，直到趋近于零；

（3）每一温度的回复程度有一极限值，加热温度越高，最终回复程度的极限值也越高，达到此极限值所需时间越短；

（4）预变形量越大，起始的回复速率也越快；晶粒尺寸减小也有利于回复过程的加快。

回复动力学曲线表明，随着回复温度的升高，回复速率与回复程度明显增加，其原因与热激活条件下晶体缺陷密度的急剧降低有关。这种回复特征通常可用一级反应方程来表达：

$$\frac{\mathrm{d}r}{\mathrm{d}t} = -cr \tag{8-1}$$

式中，t 为恒温下的加热时间；r 为冷变形导致的性能增量经加热后的残留分数；c 为与材料和温度有关的比例常数，c 值与温度的关系具有典型的热激活过程的特点，可由著名的阿累尼乌斯（Arrhenius）方程来描述：

$$c = c_0 \exp^{-\frac{Q}{RT}} \tag{8-2}$$

式中，Q 为回复激活能；R 为气体常数，$R = 8.31\mathrm{J/(mol \cdot K)}$；$T$ 为绝对温度；c_0 为比例常数。将式（8-2）代入一级反应方程中并积分，以 r_0 表示开始时性能增量的残留分数，则得：

$$\int_{r_0}^{r} \frac{\mathrm{d}r}{r} = -c_0 \exp^{-\frac{Q}{RT}} \int_{0}^{t} \mathrm{d}t \tag{8-3}$$

$$\ln \frac{r_0}{r} = c_0 t \exp^{-\frac{Q}{RT}} \tag{8-4}$$

在不同温度下如以回复到相同程度作比较，即式（8-4）左边为常数，这样对两边同时取对数可得回复方程式：

$$\ln t = A + \frac{Q}{RT} \tag{8-5}$$

式中，A 为常数。作 $\ln t$-$1/T$ 图，则可以由直线斜率求得回复过程的激活能 Q。

图 8-5 是单晶 Zn 在 $-50℃$ 加工硬化后，回复到不同 r 值所需时间与温度的关系，在 $r = 0.1 \sim 0.4$ 时，直线的斜率基本相同，表明其回复激活能基本相同，并且这个激活能与其自扩散激活能相近，约为 84J/mol。由于自扩散激活能包括空位形成能和空位迁移能，故可以认为在回复过程中空位的形成与迁移将同时进行。空位的产生与位错的攀移密切相关，这也表明位错在回复阶段存在着攀移运动。

但对冷变形 Fe 的实验研究表明，在回复时，其激活能因回复程度不同而有不同的激活能值。如在短时间回复时求得的激活能与空位迁移能相近，而在长时间回复时求得的激活能则与自扩散激活能相近。这说明对于冷变形 Fe

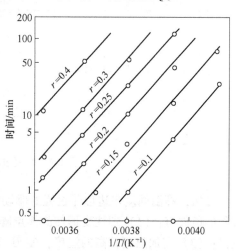

图 8-5　单晶 Zn 在 $-50℃$ 加工硬化后回复到不同的 r 值所需时间与温度的关系

的回复，不能用一种单一的回复机制来描述。

8.2.2　回复机制

回复过程所发生的变化与温度密切相关，回复阶段的加热温度不同，冷变形金属的回复机制也各异。根据加热温度范围，回复可以分为低温回复、中温回复和高温回复。

8.2.2.1　低温回复

变形金属在较低温度加热时所发生的回复过程称为低温回复。塑性变形时产生大量的点缺陷（如空位和间隙原子），而从 2.1 节中得知，点缺陷运动所需的热激活较低，可在较低温度下进行，因此低温回复机制主要与点缺陷的迁移有关。它们可迁移至晶界（或金属表面），通过空位与位错的交互作用、空位与间隙原子的重新结合，以及空位聚合起来形成空位对、空位群和空位片而消失，从而使点缺陷（主要是空位）密度明显降低。这是导致对点缺陷很敏感的电阻率、密度等显著变化的原因。

8.2.2.2　中温回复

变形金属在中等温度加热时所发生的回复过程称为中温回复。随着加热温度升高，原子活动能力增强，位错会发生运动和重新分布。中温回复机制主要与位错的滑移有关。位错可以在滑移面上滑移或交滑移，使异号位错相遇相消，位错密度略有降低，内部的位错缠结重新排列组合，使亚晶规整化。

8.2.2.3　高温回复

变形金属在较高温度（约 $0.3T_m$）加热时所发生的回复过程称为高温回复。在高温回复阶段，原子活动能力进一步增强，位错除滑移外，刃型位错还可以攀移。高温回复机制主要与位错的攀移运动有关或称为多边形化。即位错通过滑移和攀移，在沿垂直于滑移面方向上排列，形成具有一定位向差的位错墙（小角度亚晶界），由此产生亚晶（也称多边形化结构）的过程，如图 8-6 和图 8-7 所示。这一过程可以显著降低位错的弹性畸变能，因此，可以看到对应于此温度范围有较大的储存能释放。

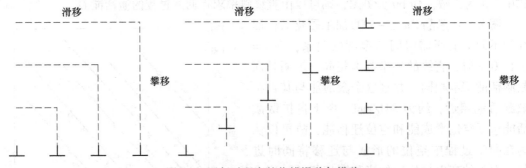

图 8-6　回复过程中的位错滑移与攀移

显然，高温回复多边形化过程的驱动力主要来自储存能的下降。单晶体产生多边形化过程的条件有：（1）塑性变形使晶体点阵发生弯曲；（2）在滑移面上有塞积的同号刃型位错；（3）需加热到较高的温度，使刃型位错能够产生攀移运动。多边形化后刃型位错的排列情况如图 8-7 所示，形成了亚晶界。一般认为，在产生单滑移的单晶体中多边形化过程最为典型；而在多晶体中，由于容易发生多滑移，不同滑移系上的位错往往会缠结在一起，形成胞状组织，因此多晶体的高温回复机制比单晶体更为复杂，但从本质上看也是包含位错的滑移和攀移。通过滑移使同一滑移面上异号位错相消，位错密度下降，位错重排成较稳定的组态，构成亚晶界，形成回复后的亚晶结构。

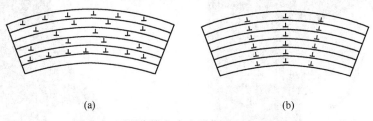

(a)　　　　　　　　　　　　　(b)

图 8-7　刃型位错在多边形化过程中重新分布
(a) 多边形化前；(b) 多边形化后

从上述回复机制可以理解，回复过程中电阻率的明显下降主要是由于过量空位的减少和位错弹性应变能的降低；内应力的降低主要是由于晶体内弹性应变的基本消除；硬度及强度下降较少则是由于位错密度略有下降，亚晶尺寸较小。

8.2.2.4　亚结构的变化

金属材料经塑性变形后形成胞状亚结构，胞内位错密度较低，胞壁处集中着位错缠结，位错密度较高。在回复阶段，借助透射电子显微镜观察时，可以看到胞状亚结构发生了显著的变化。图 8-8 为纯铝多晶体进行回复退火时亚结构变化的电镜照片。在回复退火之前的冷变形状态，高密度的位错缠结构成了胞状亚结构漫散的胞壁（图 8-8 (a)）。经短时回复退火后，空位密度大大下降，胞内的位错向胞壁滑移，与胞壁内的异号位错相抵消，位错密度有所降低（图 8-8 (b)）。随着回复过程的进一步发展，胞壁中的位错逐渐形成低能态的位错网络，胞壁变得比较明晰而转化成亚晶界（图 8-8 (c)），接着这些亚晶粒通过亚晶界的迁移而逐渐长大，亚晶界由稳定的位错网络组成（图 8-8 (d)）。回复温度越低，变形量越大，则回复后的亚晶粒尺寸越小。

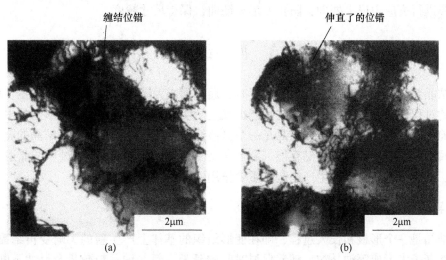

缠结位错　　　　　　　　　　　伸直了的位错

2μm　　　　　　　　　　　　2μm

(a)　　　　　　　　　　　　　(b)

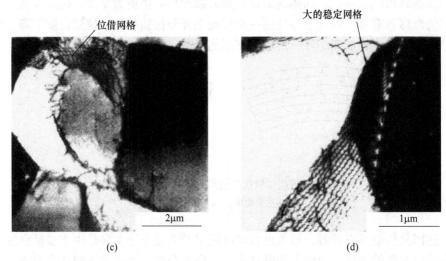

图 8-8　纯铝多晶体（冷变形 5%）在 200℃ 回复退火时亚结构变化的电镜照片
（a）回复退火前的冷变形状态；（b）回复退火 0.1h；（c）回复退火 50h；（d）回复退火 300h

8.2.3　回复的应用

　　回复退火在工程上称为去应力退火，使冷加工的金属在基本上保持加工硬化状态的条件下降低其内应力，防止变形和开裂，提高耐蚀性并改善其塑性和韧性。如深冲成型的黄铜弹壳，放置一段时间后，在残余应力和外界腐蚀性气氛的联合作用下，会发生应力腐蚀，沿晶界开裂。只要冷冲成型后在 260℃ 退火消除应力，即可防止应力腐蚀的发生。又如用冷拉钢丝卷制弹簧，在卷成之后，要在 250~300℃ 进行去应力退火，以降低内应力并使之定形，而硬度和强度则基本保持不变。此外，对于铸件和焊接件都要及时进行去应力退火，以防其变形和开裂。对于精密零件，如机床厂制造机床丝杠时，在每次车削加工之后，都要进行去应力退火处理，防止变形和翘曲，保持尺寸精度。

8.3　再　结　晶

　　再结晶是冷变形金属加热到一定温度时，通过形成无畸变的新等轴晶粒并逐步取代变形晶粒的过程。在此过程中，材料的性能也发生了明显的变化并恢复到变形前的水平。因此，与前述回复的变化不同，再结晶是一个显微组织重新改组的过程。再结晶的驱动力是变形金属经回复后未被释放的储存能（相当于变形总储能的 90%），通过再结晶退火可以消除加工硬化，因此在实际生产中起着重要作用。

8.3.1　再结晶的形核及长大

　　再结晶是一个形核和长大过程，即在变形组织的基体上产生新的无畸变再结晶晶核，并通过逐渐长大形成等轴晶粒。随着保温时间的延长，新等轴晶粒数量及尺寸不断增加，直到冷变形晶粒全部被取代，再结晶过程就结束了。图 8-9 为再结晶过程中新晶粒的形核和长大过程示意图，影线部分代表塑性变形基体，白色部分代表无畸变的新晶粒。再结晶过程中没有晶体结构的变化，这是与重结晶（同素异构转变）的显著区别。回复过程和再结晶过程一样没有晶体结构的变化，但两者的主要区别在于再结晶是一个光学组织完全改变的过程，而且再结晶过程并不是一个简单地恢复到变形前组织的过程。因此，掌握再结晶过程的规律，使组织向着更有利的方向变化，从而达到改善性能的目的。

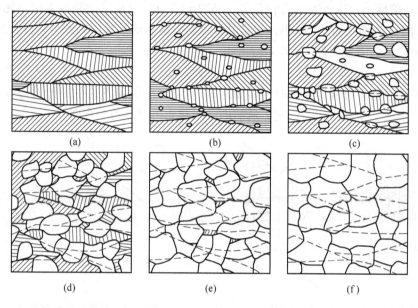

图 8-9　再结晶过程示意图

8.3.1.1　再结晶的形核

研究表明，再结晶的晶核容易在具有较大塑性变形的位置形成，并且以多边形化形成的亚晶为基础形核。根据变形量的不同，经典的再结晶形核机制有晶界凸出形核机制和亚晶形核机制两种。

A　晶界凸出形核机制

对于变形程度较小（一般小于 20%）的金属，其再结晶核心多以晶界凸出形核机制形成，即应变诱导晶界移动或称为弓出形核机制，如图 8-10 所示。当变形量较小时，变形在各晶粒中往往不够均匀，处于软取向的晶粒变形较大。例如 A、B 两个相邻晶粒中，若 B 晶粒由于变形时处于软取向，因而变形程度大于 A 晶粒，其形变后的位错密度高于 A 晶粒，在回复阶段所形成的亚晶尺寸也相对较为细小。在再结晶温度下，晶界处 A 晶粒的某些亚晶将通过晶界凸出迁移进入 B 晶粒中，以吞食 B 晶粒中的亚晶，形成无畸变的再结晶晶核，降低系统的自由能。

再结晶时，并非晶界上任何地方都能够凸出形核，只有能量满足一定条件才有可能。晶界凸出形核的能量条件可根据图 8-11 所示的模型推导。假设凸出形核核心为球冠型，球冠半径为 L，晶界能为 γ，冷变形金属中单位体积储存能为 E_s，若凸出的晶界由位置 I 移到位置 II 时扫过的体积为 dV，晶界面积为 dA。假设晶界扫过地方（dV）的储存能全部释放，则此过程中的自由能变化 ΔG 为：

$$\Delta G = - E_s + \gamma \frac{dA}{dV} \tag{8-6}$$

如果该曲面为球面，设其半径为 r，则 $\mathrm{d}A/\mathrm{d}V = 2/r$，从而：

$$\Delta G = -E_{\mathrm{s}} + \frac{2\gamma}{r} \tag{8-7}$$

显然，若晶界凸出段两端 a、b 固定，且 γ 值恒定，则开始阶段随 ab 凸出弯曲，r 逐渐减小，ΔG 值增大。当 r 达到最小值（$r = ab/2 = L$）时，ΔG 将达到最大值。此后，若继续凸出，由于 r 的增大而 ΔG 减小，于是晶界将自发地向前推移。因此，一段长为 $2L$ 的晶界，其凸出形核的能量条件为 $\Delta G < 0$，即：

$$E_{\mathrm{s}} \geqslant 2\gamma/L \tag{8-8}$$

由此可见，变形金属再结晶时，若满足式（8-8）中能量条件的原始晶界线段，均能以凸出方式形核，使凸出距离达到 L 所需的时间即为再结晶的孕育期。

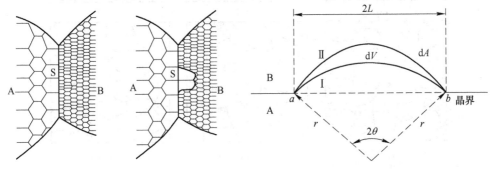

图 8-10 晶界凸出形核示意图   图 8-11 晶界凸出形核模型

B 亚晶形核机制

对冷变形量较大的金属，再结晶晶核往往采用亚晶形核机制生成。这是由于变形量较大，晶界两侧经历的变形程度大致相似，因此晶界凸出形核机制就不显著了。这时再结晶可以借助晶粒内部的亚晶作为其形核核心，其形核机制又可分为以下两种。

（1）亚晶合并机制。在回复阶段形成的亚晶，其相邻亚晶边界上的位错网络通过位错的滑移和攀移，逐渐转移到周围其他亚晶界上，导致相邻亚晶边界的消失和亚晶的合并。同时不断有位错运动到新亚晶界上，使相邻亚晶的位向差增大，并逐渐转化为大角度晶界，它比小角度晶界具有更大的迁移速度，这种晶界移动后留下无畸变的晶体，从而构成再结晶的晶核，如图 8-12 所示。在大变形程度的高层错能金属和合金，多以这种亚晶合并机制形核。

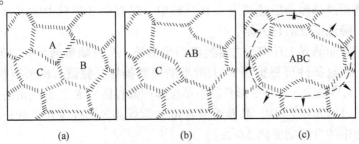

(a)   (b)   (c)

图 8-12 亚晶合并形核示意图

（a）ABC 间位向差很小；（b）A 和 B 合并；（c）ABC 合并，形成大位向差晶界

（2）亚晶迁移机制。由于位错密度较高的亚晶界，其两侧亚晶的位向差较大，在加热过程中容易发生迁移，并逐渐变为大角晶界，从而成为再结晶的晶核，如图 8-13 所示。这一过程可以看作是某些亚晶通过直接吞食周围亚晶形核。此机制常出现在大变形程度的低层错能金属和合金中。

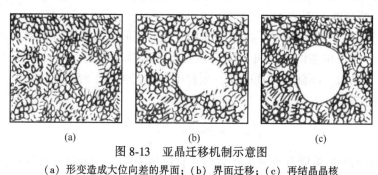

（a）　　　　　　　　（b）　　　　　　　　（c）

图 8-13　亚晶迁移机制示意图
（a）形变造成大位向差的界面；（b）界面迁移；（c）再结晶晶核

上述两种机制都是依靠亚晶界的迁移而发展为再结晶的晶核的。亚晶粒本身是在剧烈应变的基体上通过多边形化形成的几乎无位错的低能量区，它通过消耗周围的高能量区长大成为再结晶的有效核心。

8.3.1.2　再结晶晶核的长大

再结晶晶核形成之后，就可以自发、稳定地生长。它是借助界面的移动而向周围畸变区域不断长大，长大的条件与凸出机制的能量条件相似。

总的来看，界面迁移的驱动力是无畸变的新晶粒本身与周围畸变的变形基体之间的畸变能差，晶界总是背离其曲率中心，向着畸变区域推进，直至无畸变的等轴晶粒完全取代严重畸变的形变晶粒为止，再结晶过程即告完成，此时的晶粒大小即为再结晶初始晶粒大小。

8.3.2　再结晶动力学

再结晶动力学描述再结晶过程的速度，即一定温度下再结晶的体积分数与等温时间之间的关系。若以纵坐标表示已再结晶的体积分数，横坐标表示保温时间，则由实验得到的恒温动力学曲线具有图 8-14 所示的典型"S"曲线特征。由图可见，再结晶过程存在着孕育期，即只有保温一定时间后才能发生再结晶过程，并且再结晶开始时的速度很慢，随之

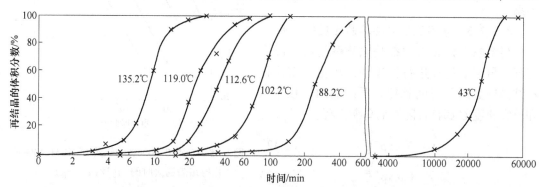

图 8-14　经 98% 冷轧的纯铜（质量分数为 99.999%Cu）在不同温度下的等温再结晶曲线

逐渐加快，直至再结晶的体积分数约为50%时速度达到最大，最后逐渐变慢，这与回复动力学有明显的区别。同时可以发现，温度越高，再结晶转变速度越快。

再结晶动力学决定于形核率N和长大速度G的大小。描述再结晶动力学的经典关系有约翰逊-梅厄（Johnson-Mehl）方程和阿弗拉米（Avrami）方程。

8.3.2.1　约翰逊-梅厄方程

约翰逊和梅厄从理论上推导了再结晶体积分数与时间关系的方程，假设再结晶形核为均匀形核，即形核是在基体中随机、均匀地发生；晶核为球形，孕育期很小；形核率N和长大速度G是常数，不随时间而改变。据此推导出在恒温下经过t时间后，再结晶的体积分数x_R的表达式：

$$x_R = 1 - \exp\left(-\frac{\pi N G^3 t^4}{3}\right) \tag{8-9}$$

式（8-9）即为约翰逊-梅厄方程或J-M方程，它适用于符合上述假设条件的任何相变，而不适用于一些固态相变倾向于在晶界形核生长的情况（非均匀形核）。

8.3.2.2　阿弗拉米方程

实际工程中，形核率一般不是常数，而是随时间变化的。假设恒温再结晶时的形核率N是随时间的增加而呈指数关系衰减，阿弗拉米对约翰逊-梅厄方程加以修订，得到再结晶体积分数为：

$$x_R = 1 - \exp(-kt^n) \tag{8-10}$$

式中，k是包含形核率和长大速度影响的系数；n是取决于再结晶类型的参数。式（8-10）为阿弗拉米方程，或称阿弗拉米-约翰逊-梅厄方程。由于再结晶的复杂性，目前还没有可以描述再结晶动力学的统一关系式，作为近似，常用阿弗拉米方程来描述再结晶动力学。

对式（8-10）移项后两端取双对数，得：

$$\ln\ln\frac{1}{1-x_R} = \ln k + n\ln t \tag{8-11}$$

作$\ln\ln\dfrac{1}{1-x_R} - \ln t$图，其直线的斜率为$n$值，其取值范围为1~4；截距为$\ln k$。图8-15为含铜0.0034%的铝经0℃冷轧40%并再结晶退火时的$\ln[1/(1-x_R)]$与时间的双对数坐标关系。

8.3.2.3　等温温度对再结晶速度的影响

再结晶形核和长大都是热激活过程，温度越高，再结晶过程进行得越快，产生一定体积再结晶分数所需时间越短。再结晶的形核率N和长大速度G都符合阿累尼乌斯方程：

$$N = N_0 \exp^{-\frac{Q_N}{RT}} \tag{8-12}$$

$$G = G_0 \exp^{-\frac{Q_G}{RT}} \tag{8-13}$$

式中，Q_N和Q_G分别为形核和长大的激活能；

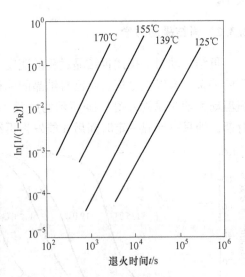

图8-15　含铜0.0034%的铝经0℃冷轧40%并再结晶退火时的$\ln[1/(1-x_R)]$与时间的双对数坐标关系

N_0 和 G_0 都是常数；R 为气体常数；T 为绝对温度。在约翰逊-梅厄方程中，如取 x_R 为常数，即取一定的再结晶体积分数，并将式（8-12）和式（8-13）代入，两边取对数化简后，得到：

$$\frac{1}{t} = A_R \exp^{-\frac{Q_R}{RT}} \tag{8-14}$$

式中，t 为达到一定再结晶体积分数所需时间；A_R 为常数；Q_R 为再结晶的激活能，$Q_R = (Q_N + 3Q_G)/4$。对式（8-14）两边取对数，得到：

$$\ln \frac{1}{t} = \ln A_R - \frac{Q_R}{R} \cdot \frac{1}{T} \tag{8-15}$$

式（8-15）表明了达到一定体积分数的再结晶所需的加热温度和时间之间的关系。不难看出，如将 $\ln t$ 对 $1/T$ 作图，可得一直线。直线的斜率即为 Q_R/R。用实验测得在一定再结晶体积分数时的 T-t 数据，便可求出再结晶激活能 Q_R。

同样，在两个不同的恒定温度产生同样程度的再结晶时，可得：

$$\frac{t_1}{t_2} = \exp^{-\frac{Q}{R}\left(\frac{1}{T_2}-\frac{1}{T_1}\right)} \tag{8-16}$$

根据式（8-16），若已知某晶体的再结晶激活能及在某恒定温度完成再结晶所需的等温退火时间，就可计算出它在另一温度等温退火时完成再结晶所需的时间。例如 H70 黄铜的再结晶激活能为 251kJ/mol，它在 400℃ 的恒温下完成再结晶需要 1h，若在 390℃ 的恒温下完成再结晶就需 1.97h。

8.3.3 再结晶温度及其影响因素

由式（8-15）可知，如取 $x_R = 0.95$ 作为再结晶完成的标志，则加热时间越长，再结晶温度越低。这样，再结晶温度便是一个不确定的值。为了便于讨论和比较不同材料再结晶的难易以及各种因素的影响，需对再结晶温度进行定义。

冷变形金属开始进行再结晶的最低温度称为再结晶温度，它可用金相法或硬度法测定，即以显微镜中出现第一颗新晶粒时的温度或以硬度下降 50% 所对应的温度，定为再结晶温度。一般工业生产中，通常以经过大冷变形量（>70%）的金属，在 1h 退火完成再结晶体积分数 95% 所对应的温度定为再结晶温度。实验表明，对许多工业纯金属而言，经大冷变形后的再结晶温度 T_R 与其熔点 T_m 之间有如下关系：$T_R \approx (0.35 \sim 0.45)T_m$。表 8-1 列出实验测得的一些金属的再结晶温度，基本上符合上式的计算结果。在实际应用中，再结晶退火的温度要比再结晶温度再高一些（约 100~200℃）。

再结晶温度并不是一个物理常数，影响再结晶温度的因素如下。

8.3.3.1 变形程度

随着冷变形程度的增加，金属的储存能也增多，再结晶的驱动力就越大，因此再结晶温度越低，如图 8-16 所示。同时，随着冷变形程度的增加，等温退火时的再结晶速度也越快。但当变形量增大到一定程度后，再结晶温度就基本上稳定不变了。

8.3.3.2 原始晶粒尺寸

在其他条件相同的情况下，金属的原始晶粒（冷变形前晶粒）越细小，则由于晶界越多，其变形抗力越大，冷变形后储存的能量越高，因此再结晶温度降低。此外，原始晶

表 8-1　一些金属的再结晶温度（T_R）

金属	T_m/K	T_R/K	T_R/T_m	金属	T_m/K	T_R/K	T_R/T_m
Al	933	423～500	0.45～0.50	Mg	924	375	0.40
Au	1336	475～525	0.35～0.40	Nb	2688	1325～1375	0.49～0.51
Ag	1234	475	0.38	V	1973	1050	0.53
Be	1553	950	0.60	W	3653	1325～1375	0.36～0.38
Co	1765	800～855	0.40～0.46	Ti	1933	775	≈0.40
Cu	1357	475～505	0.35～0.37	Pb	600	260	0.42
Cr	2148	1065	0.50	Pt	2042	725	0.35
Fe	1808	678～725	0.38～0.40	Sn	505	275～300	0.35～0.38
Ni	1729	775～935	0.45～0.54	Zn	692	300～320	0.43～0.46
Mo	2898	1075～1175	0.37～0.41	Zr	2133	725	0.34

界往往是再结晶形核的有利区域，因此原始晶粒尺寸越小，再结晶形核率 N 和长大速度 G 越大，所形成的再结晶晶粒更细小，而再结晶温度也降低。

8.3.3.3　微量溶质原子

图 8-17 为微量溶质原子与冷变形 Cu 再结晶温度的关系。由图可以看出，微量溶质原子的存在显著提高了金属的再结晶温度，主要原因可能是溶质原子与位错及晶界间存在交互作用，使溶质原子倾向于在位错及晶界处偏聚，从而对再结晶过程中位错和晶界的迁移起着钉扎的作用，不利于再结晶的形核和长大，阻碍再结晶过程的进行。

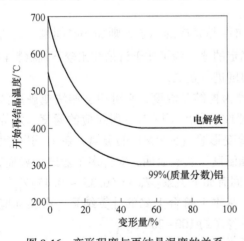
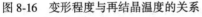
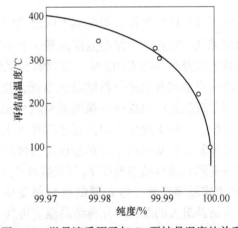

图 8-16　变形程度与再结晶温度的关系　　图 8-17　微量溶质原子与 Cu 再结晶温度的关系

8.3.3.4　第二相粒子

当合金中溶质浓度超过其溶解度后，就会形成第二相。第二相粒子的存在既可能促进基体金属的再结晶而降低再结晶温度，也可能阻碍再结晶而提高再结晶温度。第二相粒子对再结晶温度的影响主要取决于基体上第二相粒子的大小及其分布。

当第二相粒子较粗，粒子间距较宽时，变形时位错会绕过粒子，并在粒子周围留下位错环，或塞积在粒子附近，从而造成粒子周围畸变严重，因此会促进再结晶，降低再结晶温度；当第二相粒子细小、弥散均匀分布时，不会使位错发生明显聚集，因此对再结晶形核作用不大。相反，其对再结晶晶核的长大过程中的位错运动和晶界迁移起一种阻碍作用，因此使得再结晶过程更加困难，提高再结晶温度。

8.3.4 再结晶晶粒大小的控制

再结晶完成以后，无畸变的等轴新晶粒取代了变形晶粒。由于再结晶后晶粒大小对材料性能将产生重要影响，因此，了解再结晶后晶粒大小及其影响因素，控制再结晶后的晶粒尺寸，在生产中具有重要的实际意义。

再结晶后晶粒尺寸符合约翰逊-梅厄方程，其晶粒尺寸 d 与形核率 N 和长大速度 G 之间存在着下列关系：

$$d = K \cdot \left(\frac{G}{N} \right)^{1/4} \tag{8-17}$$

式中，K 为比例常数。由此可见，凡是影响形核率 N 和长大速度 G 的因素，均影响再结晶完成后的晶粒大小。

8.3.4.1 变形量

变形量对再结晶后晶粒大小的影响如图 8-18 所示。当变形量很小时，再结晶后晶粒尺寸与原始晶粒尺寸相当，这是因为变形量过小，造成的储存能不足以驱动再结晶，所以晶粒尺寸变化不大。当变形量增大到一定数值后，此时的畸变能刚能驱动再结晶的进行，但由于变形量不大，N/G 比值很小，因此最终得到特别粗大的晶粒。通常，将能够发生再结晶的最小变形量称为"临界变形量"，一般金属的临界变形量约为 2%~10%。在生产实践中，要求细晶粒的金属材料应当避开在此变形量下进行塑性加工。当变形量大于临界变形量之后，驱动形核与长大的储存能不断增大，而且形核率 N 增大较快，使 N/G 变大，因此，再结晶后晶粒不断细化。

8.3.4.2 再结晶退火温度

再结晶退火温度对刚完成再结晶时的晶粒尺寸影响较小，这是因为它对 N/G 比值影响微弱。但提高再结晶退火温度可使再结晶的速度显著加快，临界变形量数值变小（见图 8-19）。若再结晶过程已完成，随后还有一个晶粒长大阶段，显然，再结晶退火温度越高晶粒越粗大。

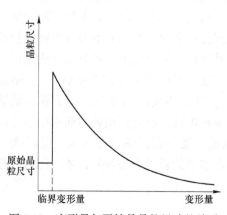

图 8-18 变形量与再结晶晶粒尺寸的关系

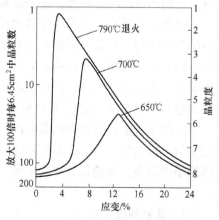

图 8-19 在不同退火温度下晶粒尺寸与变形量之间的关系

8.3.4.3　原始晶粒大小

晶界附近区域的形变情况比较复杂，因而这些区域的局部储存能较高，易于再结晶形核。细晶粒金属的晶界面积大，所以高储存能的区域多，形成的再结晶晶核也多，因此使再结晶后的晶粒尺寸减小，如图 8-20 所示。

8.3.4.4　杂质

金属中杂质的存在可提高强度，因此在相同的变形量下，杂质将增大冷变形金属中的储存能，从而使再结晶时的 N/G 值增大。另外，杂质会降低界面的迁移能力，即它会降低再结晶完成后晶粒的长大速度。所以，金属中的杂质将会使再结晶后的晶粒变小。

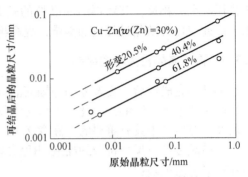

图 8-20　原始晶粒尺寸对再结晶后晶粒大小的影响

8.4　再结晶后的晶粒长大

再结晶完成后，通常得到细小的等轴晶粒，继续提高加热温度或延长保温时间，都会引起晶粒进一步长大。只要动力学条件允许，这个过程会自动进行，结果是晶界面积减小，系统能量降低。

晶粒长大按其特点分为两类：正常长大和异常长大（二次再结晶）。

8.4.1　晶粒的正常长大

晶粒的正常长大是在再结晶完成后的继续加热或保温过程中，晶粒发生均匀长大的过程。

8.4.1.1　晶粒长大的驱动力

再结晶完成后，新等轴晶粒已完全接触，形变储存能已完全释放，但继续保温或升高温度情况下，仍然可以继续长大，这是依靠大角度晶界的移动并吞食其周围晶粒实现的。晶粒长大的过程实质就是一个晶界迁移的过程。从整体来看，晶粒长大的驱动力是晶粒长大前后总的界面能差。若从个别晶粒长大的微观过程来说，它的驱动力与界面能和晶界的曲率有关。实验结果表明，在晶粒长大阶段，晶界移动的驱动力与其界面能成正比，而与晶界的曲率半径成反比。即晶界的界面能越大，曲率半径越小（或曲率越大），则晶界移动的驱动力越大。图 8-21 为晶界移动的示意图，在足够高的温度下，原子具有足够大的扩散能力时，原子就由界面的凹侧晶粒向凸侧晶粒扩散，而界面则朝向曲率中心方向移动（与再结晶时晶界移动的方向正好相反），结果使凸面一侧晶粒不断长大，而凹面一侧的晶粒不断缩小而消失，直到晶界变为平面，界面移动的驱动力为零时，才可能达到相对稳定状态。

8.4.1.2　晶粒的稳定形状

以正常长大方式长大的晶粒，当达到稳定状态时，晶粒究竟是什么形状呢？若从整体界面能来考虑，在同样体积条件下，球体的总界面能最小，因此球形晶粒最为稳定。但

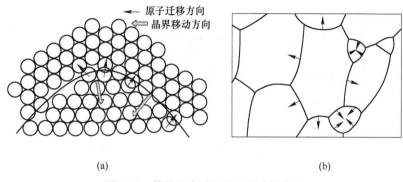

图 8-21 晶粒长大时的晶界移动示意图

(a) 原子通过晶界扩散；(b) 晶界移动方向

是，如果晶粒都为球形，则无法填充金属所占据的整个空间，势必出现空隙，这是不允许的。而且由于球面弯曲，使晶界产生了移动的驱动力，势必使晶界发生移动。因此，晶粒的稳定形状不能是球形。图 8-22 为晶粒的十四面体组合模型，它比较接近实际情况。根据此模型，每个晶粒都是一个十四面体。若垂直于该模型的一个棱边作截面图，则其为等边六角形的网络，如图 8-23 所示。由图可见，所有的晶界均为直线，且三个晶粒的晶界交角呈 120°（这样才能保证界面张力维持平衡）。这是晶粒稳定形状的两个必备条件，可用图 8-24 来说明。若晶界的边数小于 6（即通常所说的较小的晶粒），例如为正四边形的晶粒，则无法同时满足上述两个条件。若晶界为直线，则其夹角为 90°（<120°），界面张力就难以达到平衡；反之，要保持 120° 夹角，晶界势必向内凹，如图 8-24（a）所示。而晶界的边数大于 6（即通常所说的较大的晶粒），例如等十二边形晶粒，其相邻界面间夹角为 150°（>120°），要使其变为平衡角 120°，晶界势必向外凹，如图 8-24（c）所示。在界面曲率驱动力作用下，小于六边形的晶粒缩小，直至消失为止；而大于六边形的晶粒则会不断长大，直至达到晶粒的稳定形状为止。

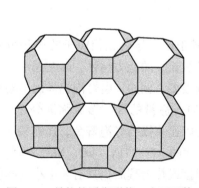

图 8-22 晶粒的平衡形状—十四面体

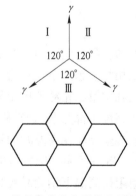

图 8-23 二维晶粒的稳定形状及界面张力平衡

由此可见，晶粒在正常长大时应遵循以下规律：晶界迁移总是朝向晶界的曲率中心方向；随着晶界迁移，小晶粒（晶粒边数小于 6）逐渐被相邻的较大晶粒（晶粒边数大于 6）吞并，晶界本身趋于平直化；3 个晶粒的晶界交角趋于 120°，使晶界处于平衡状态。

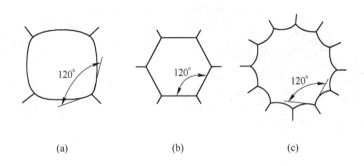

(a)   (b)   (c)

图 8-24　晶界曲率与晶粒形状

在实际情况下，虽然由于各种原因，晶粒不会长成这样规则的六边形，但是它仍然符合晶粒长大的一般规律。

8.4.1.3　影响晶粒长大的因素

由于晶粒长大是通过大角度晶界的迁移来进行的，因而所有影响晶界迁移的因素均对晶粒长大有影响。

A　温度

由于晶界迁移的过程就是原子的扩散过程，所以温度越高，晶粒的长大速度就越快。通常在一定温度下晶粒长大到一定尺寸就不再长大，但升高温度后晶粒又会继续长大。

B　第二相粒子

当合金中存在分散的第二相粒子时，将阻碍晶界迁移，使晶粒长大速度降低。大量的实验研究结果表明，第二相粒子对晶粒长大速度的影响与第二相粒子半径（r）和单位体积中第二相粒子的数量（体积分数 f）有关。当晶界能所提供的晶界迁移驱动力正好与分散的第二相粒子对晶界迁移所施加的阻力相等时，晶粒的正常长大停止。若设 d 为晶粒停止长大时的平均直径，可以证明它们之间的关系为：

$$d = \frac{4r}{3f} \tag{8-18}$$

由此可知，晶粒大小与第二相粒子半径 r 成正比，与第二相粒子的体积分数 f 成反比。即第二相粒子越细小，数量越多，则阻碍晶粒长大的能力越强，晶粒越细小。

工业上利用第二相粒子控制晶粒大小的实例很多。例如，电灯泡钨丝的早期断裂，是由于钨丝在高温下晶粒长大变脆。如在钨丝中加入适量的钍，形成弥散分布的 ThO_2 粒子，以阻止钨丝晶粒在高温时的不断长大，就可以显著提高灯泡寿命。在钢中加入少量的 Al、Ti、V、Nb 等元素，形成适当体积分数和尺寸的 AlN、TiN、VC、NbC 等第二相粒子，就能有效地阻碍高温下钢的晶粒长大，使钢在焊接或热处理后仍具有较细小的晶粒，以保证良好的力学性能。

C　杂质与合金元素

杂质及合金元素溶入基体后能阻碍晶界运动，特别是晶界偏聚现象显著的元素。一般认为由于微量杂质原子在晶界区域的吸附，会降低晶界的界面能，从而降低了界面移动的驱动力，使晶界不易移动。

D　晶粒间的位向差

实验表明，相邻晶粒间的位向差对晶界的迁移有很大影响。这是因为晶界的界面能与相邻晶粒间的位向差有关，通常，小角度晶界的界面能小于大角度晶界的界面能，而晶界移动的驱动力与其界面能成正比，因而小角度晶界的迁移速度小于大角度晶界的迁移速度。

8.4.2　晶粒的异常长大

冷变形金属在初次再结晶刚完成时，晶粒比较细小。如果继续保温或提高加热温度，晶粒将逐渐长大，这种长大是大多数晶粒几乎同时长大的过程。除了这种正常的晶粒长大以外，如将再结晶完成后的金属继续加热超过某一温度，则会有少数几个晶粒突然长大，而其他晶粒仍保持细小。最后小晶粒被大晶粒吞并，整个金属中的晶粒都变得十分粗大。这种晶粒长大称为异常晶粒长大或二次再结晶，是一种特殊的晶粒长大现象。图 8-25 所示为 Mg 合金经变形后退火的组织。其中图 8-25（c）是在二次再结晶的初期阶段得到的结果，从图中可以看出大小悬殊的晶粒组织。在一些金属中，异常晶粒长大的尺寸可能达到几个厘米。

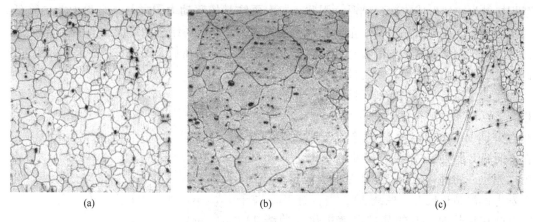

图 8-25　Mg-3Al-0.8Zn 合金退火组织

（a）正常再结晶；（b）晶粒长大；（c）二次再结晶

二次再结晶的条件首先是绝大部分晶粒长大比较困难，其次是部分晶粒可以迅速长大。结合前面内容，可以总结阻碍晶粒正常长大的因素如下：

（1）一次再结晶后，出现织构，各晶粒的位向差很小，不利于晶界迁移。如果冷变形产生了强烈织构时，一次再结晶后的组织往往也具有比较强烈的织构。织构中各晶粒的位向差很小，因而晶界的活动性很差，所以这样的组织是相当稳定的。

（2）金属中含有较多杂质，特别是当杂质以第二相粒子的形式弥散分布在组织内会使晶界的活动性显著降低。这种情况下，晶粒长大很慢，而且长到一定尺寸后，基本就稳定下来，很难再进一步发展。

（3）若金属为薄板件，晶界处于薄板表面的相对数量是相当大的。当金属薄板经高温长时间加热时，在晶界与自由表面相交处，由于表面张力与晶界张力相互作用，将会通过表面扩散而产生热蚀沟，如图 8-26 所示。图中的热蚀沟张开角（180°−2ϕ），取决于晶界能 γ_b 和表面能 γ_s 的比值，当 ϕ 角很小时：

$$\tan\phi \approx \sin\phi = \frac{\gamma_b}{2\gamma_s} \qquad (8\text{-}19)$$

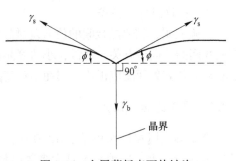

图 8-26 金属薄板表面热蚀沟

表面热蚀沟对薄板的晶界迁移具有一定影响，如晶界要迁移出热蚀沟，势必增加界面面积和界面能，这就需要多做功，从而增加晶界移动的阻力。显然，当界面能所提供的晶界迁移驱动力与热蚀沟对晶界迁移的阻力相等时，晶界即被固定在热蚀沟处，并使金属薄板中的晶粒尺寸都达到极限而不再长大。

当晶粒细小的一次再结晶组织被继续加热时，上述阻碍晶粒正常长大的因素一旦开始消除，少数特殊晶粒（如再结晶中的一些尺寸较大的晶粒、再结晶织构组织中某些位向差较大的晶粒以及无杂质或第二相粒子的微区等）可能发生优先长大。它们与周围小晶粒在尺寸、位向和曲率上的差别相应增大。由于大晶粒的晶界总是凹向周围小晶粒，因此，晶界迁移速度显著增加的同时，通过吞并周围大量小晶粒而异常长大，直至粗大晶粒互相接触为止，形成二次再结晶。因此，二次再结晶的驱动力同样是来自界面能的降低。二次再结晶形成的大晶粒不是重新形核后长大的，是一次再结晶中形成的某些特殊晶粒作为基础而长大的。这些大晶粒在开始时长大得很慢，只是在长大到某一临界尺寸以后才迅速长大，即二次再结晶开始之前有一个孕育期。

同理，高温下部分原来阻碍晶界迁移的颗粒相溶解也将导致晶粒的异常长大。图 8-27 为不含和含少量 MnS 的 Fe-3%Si 合金（变形度为 50%）在不同温度退火 1h 后晶粒尺寸的变化。不含 MnS 第二相粒子的高纯 Fe-Si 合金在退火温度升高时，只发生正常晶粒长大（曲线 1）；当含有 MnS 粒子的合金在加热时，有的晶粒迅速粗化（曲线 2），有的晶粒仍保持细小（曲线 3）。从曲线 2 可以看出，二次再结晶晶粒是约在 930℃ 突然长大，这是此温度下弥散相 MnS 粒子溶解，晶界迁移的障碍消失，能迅速迁移的结果。在高于 930℃ 的温度加热时，晶粒尺寸反而有所下降，是因为二次再结晶晶粒的数量增多，先长大的尺寸虽大，后长大的尺寸却较小，平均尺寸反而下降。曲线 3 是未

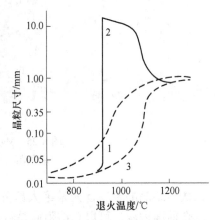

图 8-27 Fe-3%Si 合金冷轧退火 1h
后晶粒尺寸的变化

被吞并的细小晶粒长大特性，其晶粒尺寸变化符合晶粒正常长大规律，但与曲线 1 相比，由于 MnS 粒子的阻碍作用，减缓了晶粒的长大速度。

二次再结晶形成非常粗大的晶粒及非常不均匀的组织，从而降低材料的强度、塑性和韧性。因此，在制订材料的再结晶退火工艺时，一般应避免发生二次再结晶。但在某些情况下，例如在硅钢片的生产中，却可以利用二次再结晶获得粗大的具有择优取向的晶粒（再结晶织构），从而使硅钢片沿某些方向具有最佳的导磁性。

8.4.3 再结晶退火后的组织

8.4.3.1 再结晶退火

再结晶可以消除冷变形金属的加工硬化效果及内应力，因此，再结晶退火被广泛用于冷变形加工的中间工序。所谓再结晶退火工艺，一般是指冷变形后的金属加热到再结晶温度以上（$T_{再} = T_R + 100 \sim 200℃$），保温一定时间后，缓慢冷却至室温的过程。其目的是软化冷变形金属（中间退火），或冷变形后细化晶粒，改善显微组织（最终退火）。特别是那些不能用固态相变来进行热处理的材料，可采用冷变形和再结晶工艺提高材料的力学性能。

8.4.3.2 再结晶图

在再结晶退火过程中，回复、再结晶和晶粒长大往往是交错重叠进行的。对于一个变形晶粒来说，它具有独立的回复、再结晶和晶粒长大三个阶段，但对于金属材料整体来说，三者是相互交织在一起的。因此，在控制再结晶退火后的晶粒大小时，影响再结晶温度、再结晶晶粒大小及晶粒长大的各种因素都必须全面地予以考虑。对于给定的金属材料来说，在这些影响因素中，以变形量和退火温度对再结晶退火后的晶粒大小影响最大。一般说来，变形量越大，则晶粒越细；而退火温度越高，则晶粒越粗大。通常将变形量、退火温度及再结晶后晶粒大小之间的关系绘制成立体图形，称为"再结晶图"，它可以用作制订生产工艺、控制冷变形金属退火后晶粒大小的依据。在再结晶图中，水平面上的两个相互垂直的坐标轴分别表示变形量和退火温度，垂直坐标轴表示晶粒大小，退火时间为1h。图 8-28 和图 8-29 分别为工业纯铝和纯铁的再结晶图。从图中可以看出，在临界变形量下，经高温退火后，两者均出现一个粗大晶粒区，但在工业纯铝中还存在另一个粗大晶粒区，它是经剧烈冷变形后，在再结晶退火时发生二次再结晶而出现的。对于一般结构材料来说，除非特殊要求，都必须避开这些区域。

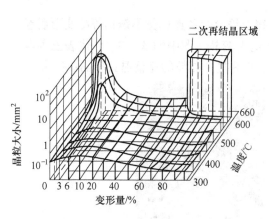

图 8-28 工业纯铝的再结晶图

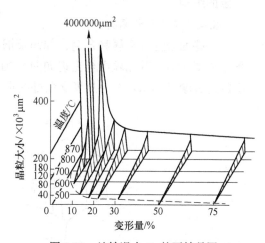

图 8-29 纯铁退火 1h 的再结晶图

8.4.3.3 再结晶织构

冷变形金属在再结晶退火后组织中形成了具有择优取向的晶粒，称为再结晶织构。再结晶织构是在形变织构的基础上形成的。再结晶织构可能将形变织构保留下来，或织构更强；或原形变织构消失，出现新的再结晶织构。

再结晶织构的形成取决于再结晶形核及长大速度的相对关系，以及再结晶晶粒的取向关系。经典的再结晶织构形成机制有择优形核理论和择优长大理论两种。

（1）择优形核理论。该理论认为，当变形量较大的金属组织存在形变织构时，由于各亚晶的取向接近，再结晶形核具有择优取向，并经长大形成与原形变织构一致的再结晶织构。显然，该理论无法解释与形变织构不一致的再结晶织构。

（2）择优长大理论。该理论认为，尽管金属中存在着强烈的形变织构，但是其再结晶晶核的取向大多是无规则的，只有某些具有特殊取向的晶核才可能向变形基体中长大，而其他取向的晶核在长大过程中被淘汰，最终形成了再结晶织构。晶粒长大时，晶界的迁移速度与晶界两侧晶粒的位向差有关。当基体存在形变织构时，其中大多数晶粒取向接近，晶粒不易长大。而某些与形变织构呈特殊取向关系的再结晶晶核，其晶界则具有很高的迁移速度，因此发生择优生长，并通过逐渐吞并其周围变形基体达到相互接触，形成与原形变织构取向有一定关系的再结晶织构。

由于再结晶过程的复杂性，上述两种理论均有实验证据，但又都存在不能解释的实验现象，具有局限性。

再结晶织构的形成与变形量和退火温度有关。变形量越大，退火温度越高，所产生的织构越显著。例如铜板经90%冷变形并在800℃退火后，即产生再结晶织构；如果变形量减为50%～70%，仍在800℃退火，则不出现织构。即使变形量很大，若降低退火温度也不会出现织构。

再结晶织构使材料出现各向异性，退火后继续变形时各个方向变形不均匀，如用于冲压的板材，如果存在这种织构，则在深冲过程中形成"制耳"。可以通过调整冷变形量、合金成分和组织、退火后的变形工艺等避免或消除织构。对于一些磁性材料，则希望获得一定的织构。

8.4.3.4 退火孪晶

一些面心立方金属和合金，如铜及铜合金、镍及镍合金和奥氏体不锈钢等冷变形后经再结晶退火后，其晶粒中会出现如图 8-30 所示的退火孪晶。图中的 A、B、C 代表三种典型的退火孪晶形态：A 为晶界交角处的退火孪晶；B 为贯穿晶粒的完整退火孪晶；C 为一

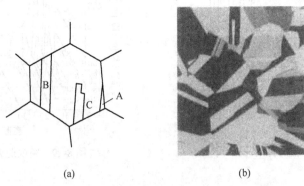

(a)　　　　　　　　　　(b)

图 8-30　退火孪晶

（a）示意图；（b）冷变形 Cu-Zn 合金的退火孪晶组织

端终止于晶内的不完整退火孪晶。孪晶两侧互相平行的晶面是共格的孪晶界面，由｛111｝组成；孪晶终止于晶粒内的界面是非共格的孪晶界。

关于退火孪晶的形成机制，一般认为退火孪晶是在晶粒生长过程中形成的，如图8-31所示。当晶粒通过晶界移动而生长时，若原子层在晶界角处（111）面上的堆垛顺序偶然发生错堆，就会出现一共格的孪晶界 T。该孪晶界在大角度晶界不断迁移的长大过程中，如果原子在（111）面上再次发生错堆而恢复到正常堆垛顺序，则又形成第二个共格孪晶界 T′，构成了一个退火孪晶带。

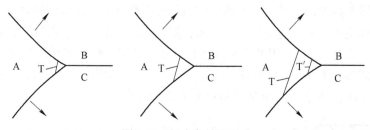

图 8-31　退火孪晶的形成

应当指出，在孪晶界面能远小于大角度晶界能的条件下，某些金属与合金再结晶退火时所发生的退火孪晶主要与其层错能较低有关。

8.5　金属的热变形

金属的热变形在工业生产中称为热加工，通常是指将金属材料加热至高温进行锻造、热轧等的压力加工。除了一些铸件和烧结件之外，几乎所有的金属材料都要进行热加工，其中一部分直接以热加工状态使用；另一部分则为中间制品，尚需进一步加工。无论是成品还是中间制品，它们的组织和性能都会不同程度地受热加工过程的影响。

从金属学的角度来看，所谓热变形是指金属在再结晶温度以上的加工变形。而把在再结晶温度以下的加工变形称为冷变形。因此，冷、热不能以温度高、低来区分，而应根据金属的再结晶温度来判定。例如低熔点金属铅的再结晶温度为−33℃，在室温下对铅进行变形属于热变形；而高熔点金属钨的再结晶温度约为 1200℃，即使在 1000℃拉制钨丝也属于冷变形。

如前所述，只要有塑性变形，就会产生加工硬化现象，而只要有加工硬化，在退火时就会发生回复和再结晶。由于热加工是在高于再结晶温度以上的塑性变形过程，所以塑性变形引起的硬化过程和回复再结晶引起的软化过程几乎同时存在。热加工过程中的回复再结晶是边加工边发生的，因此称为动态回复和动态再结晶；而把变形中断或终止后的保温过程中所发生的回复与再结晶，称为静态回复和静态再结晶。它们与前面讨论的回复与再结晶（也属于静态回复和静态再结晶）一致，唯一不同的地方是它们利用热加工的余热进行，而不需要重新加热。图 8-32 表示了动、静态再结晶的概念。

由此可见，金属材料热加工后的组织与性能受热加工时的硬化过程和软化过程的影响，而这个过程又受变形温度、应变速率、变形量以及金属本身性质的影响。例如，当变形量大而加热温度低时，由变形引起的硬化过程占优势，随着加工过程的进行，金属的强度和硬度上升而塑性逐渐下降，金属内部的点阵畸变得不到完全恢复，变形阻力越来越大，甚至会使金属断裂；反之，当金属变形量较小而变形温度较高时，由于再结晶和晶粒长大占优势，金属的晶粒会越来越粗大，这时虽然不会引起金属断裂，也会使金属的性能恶化。可见，了解动态回复和动态再结晶的规律对于控制热加工时的组织与性能具有重要意义。

8.5.1　动态回复

冷变形金属在高温回复时，由于螺型位错的交滑移和刃型位错的攀移，产生多边形化和位错缠结的规整化。对于高层错能的金属，如铝及铝合金、工业纯铁、铁素体钢及一些密排六方金属（镁、锌等），因易于交滑移和攀移，热加工时的主要软化机制是动态回复而没有动态再结晶。图 8-33 为动态回复时的真应力-应变曲线，它与冷加工时的真应力-真应变曲线显著不同，其应力-应变曲线可以分为三个阶段：

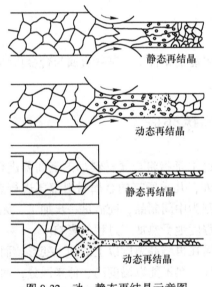

图 8-32　动、静态再结晶示意图

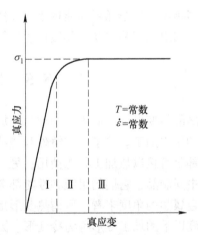

图 8-33　动态回复时的真应力-真应变曲线

第一阶段为微应变阶段。热加工初期，高温回复尚未进行，金属以加工硬化为主，位错密度增加，因此，应力随应变迅速增大，但应变量却很小（<1%）。

第二阶段为均匀塑性变形阶段。金属开始均匀的塑性变形，位错密度继续增加，此时出现位错缠结，形成胞状亚结构，加工硬化逐步加强。由于位错密度的增大，动态回复过程发生，使形变位错不断消失，其造成的软化逐渐抵消一部分加工硬化，使曲线斜率下降并趋于水平。

第三阶段为稳态流变阶段。金属的流变应力不再随应变的增加而增大，曲线保持水平，加工硬化率为零。在应力 σ_1 的作用下，可以实现持续变形。这是由于变形产生的加工硬化与动态回复产生的软化达到平衡，即位错的增殖与湮灭达到了动态平衡状态，位错密度维持恒定。此时的位错主要集中在胞壁上，形成亚晶。尽管晶粒的形状随材料外形的改变而改变，但亚晶在稳定阶段始终保持着等轴状和恒定尺寸。亚晶尺寸的大小与变形温度和应变速率有关，变形温度越低，应变速率越大，则形成的亚晶尺寸越小。因此，通过调整变形温度和应变速率，可以控制亚晶的大小。

动态回复组织的强度要比再结晶组织的强度高得多。在热加工终止后迅速冷却，将动态回复组织（伸长晶粒和等轴亚晶）保存下来已成功地用于提高建筑用铝镁合金挤压型材的强度。但是，如果加工过程停止，在保温或随后的缓慢冷却过程中即可发生静态再结晶。

8.5.2　动态再结晶

对于一些层错能较低的金属，由于位错的攀移不利，滑移的运动性较差，高温回复不可能充分进行，其热加工时的主要软化机制为动态再结晶。一些面心立方金属如铜及铜合金、镍及镍合金、γ-铁、奥氏体钢、金、银等都属于这种情况。图 8-34 为热加工时发生动态再结晶的真应力-真应变曲线。从图中可以看出，随应变速率不同，曲线有所差异，但大致可分为三个阶段：

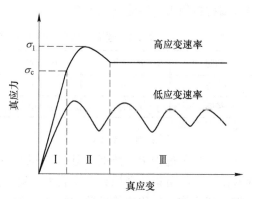

图 8-34　动态再结晶时的真应力-真应变曲线

第一阶段为加工硬化阶段。应力随应变迅速上升，动态再结晶还未发生，金属出现加工硬化。

第二阶段为动态再结晶开始阶段。当应力达到临界值 σ_c 时，动态再结晶开始，其软化作用随着应变增加逐渐加强，使应力随应变增加的幅度逐渐降低，当应力超过最大值 σ_1 后，软化作用开始大于硬化作用，应力随应变增加而下降。

第三阶段为稳态流变阶段。此时由变形造成的加工硬化与动态再结晶所造成的软化达到动态平衡。在高应变速率下，曲线为一水平线；在低应变速率下，曲线呈波浪形变化，这是由于应变速率低时，位错密度增加慢，因此在动态再结晶引起软化后，位错密度增加所驱动的动态再结晶一时不能与加工硬化抗衡，金属重新硬化而使曲线上升。当位错密度增加到足以使动态再结晶占主导地位时，曲线便又下降。以后这一过程循环反复，但波动幅度逐渐衰减。

动态再结晶也是形核和长大的过程，其机制与冷变形金属的再结晶基本相同，也是大角度晶界的迁移。但是由于在形核和长大的同时还进行着变形，因而动态再结晶的组织具有一些新的特点：（1）在稳定态阶段的动态再结晶晶粒呈等轴状，但在晶粒内部包含着被位错缠结所分割的亚晶粒。显然这比静态再结晶后晶粒中的位错密度要高；（2）动态再结晶时的晶界迁移速度较慢，这是由于已形成的再结晶核心在长大时继续受到变形作用，使已再结晶部分位错增殖，储存能增加，与邻近变形基体的能量差减小，长大驱动力降低而停止长大。因此动态再结晶的晶粒比静态再结晶的晶粒要细些。如果能将动态再结晶的组织迅速冷却下来，就可以获得比冷变形加再结晶退火要高的强度和硬度。

8.5.3　热变形后的组织及性能

金属材料在高温下的变形抗力低，塑性好，因此热加工时容易变形，变形量大，可使一些在室温下不能进行压力加工的金属材料（如 Ti、Mg、W、Mo 等）在高温下进行加工。

8.5.3.1　改善铸锭（坯）组织

通过热加工，使铸锭（坯）中的组织缺陷得到明显改善，如气泡焊合、疏松压实，使金属材料的致密度增加。通过反复的变形和再结晶破碎粗大的铸态组织，减小偏析，改善金属材料的力学性能（表 8-2）。

表 8-2　碳钢（质量分数 0.3%C）锻态和铸态时力学性能的比较

状态	σ_b/MPa	$\sigma_{0.2}/MPa$	$\delta/\%$	$\psi/\%$	$\alpha_k/J \cdot cm^{-2}$
锻态	530	310	20	45	56
铸态	500	280	15	27	28

8.5.3.2　形成纤维组织

在热加工过程中，铸锭（坯）中的粗大枝晶和各种夹杂物都要沿变形方向伸长，这样就使枝晶间富集的杂质和非金属夹杂物的走向逐渐与变形方向一致，一些脆性杂质如氧化物、碳化物、氮化物等破碎成链状，塑性的夹杂物如 MnS 等则变成条带状、线状或片层状，在宏观试样上沿着变形方向变成一条条细线，这就是热加工钢中的流线。由一条条流线勾划出来的组织，叫作纤维组织。

纤维组织的出现，将使钢的力学性能呈现各向异性。沿着流线的方向具有较高的力学性能，垂直于流线方向的性能则较低，特别是塑性和韧性表现得更为明显。疲劳性能、耐腐蚀性能、机械加工性能和线膨胀系数等，也均有显著的差别。因此，在制订工件的热加工工艺时，应使流线分布合理，尽量与应力方向一致。对所受应力状态比较简单的零件，如曲轴、吊钩、扭力轴、齿轮、叶片等，尽量使流线分布形态与零件的几何外形一致。图 8-35 所示为两种不同流线分布的拖钩，显然图 8-35（a）所示的模锻拖钩流线分布合理；而图 8-35（b）的拖钩是切削加工而成，其流线分布不合理。近年来，我国广泛采用"全纤维锻造工艺"生产高速曲轴，流线与曲轴外形完全一致，其疲劳性能比机械加工的提高 30% 以上。

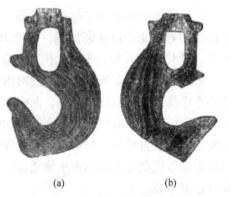

(a)   (b)

图 8-35　拖钩的流线分布
(a) 模锻拖钩；(b) 切削加工拖钩

8.5.3.3　形成带状组织

复相合金中的各个相，在热加工时沿着变形方向交替地呈带状或层状分布，这种组织称为带状组织，在经过压延的金属材料中经常出现这种组织。例如在铸锭（坯）中存在着偏析和夹杂物，变形时偏析区和夹杂物沿变形区伸长形成流线，这在冷却过程时即形成带状组织。又如在含 P 偏高的亚共析钢中，铸态时树枝晶间富 P 贫 C，即使经过热加工也难以消除，它们沿着金属变形方向被延伸拉长，当奥氏体冷却到析出先共析铁素体的温度时，先共析铁素体就在这种富 P 贫 C 的区域形核并长大，形成铁素体带，而铁素体两侧的富 C 区域则随后转变成珠光体带。若夹杂物被加工拉成带状，先共析铁素体通常依附于它们之上而析出，也会形成带状组织。图 8-36 为热轧低碳钢板的带状组织。

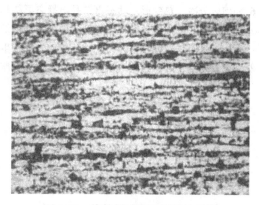

图 8-36　热轧低碳钢板的带状组织

带状组织使金属材料的力学性能产生方向性，特别是横向塑性和韧性明显降低，并使材料的切削性能恶化。对于在高温下能获得单相组织的材料，带状组织有时可用正火处理来消除，但严重的 P 偏析引起的带状组织甚难消除，需用高温均匀化退火及随后的正火来改善。

8.5.3.4　晶粒大小的控制

热加工时动态再结晶的晶粒大小主要取决于变形量、热加工温度尤其是终锻（轧）温度和随后的冷却速度等因素。一般认为，增大变形量，有利于获得细晶粒，当铸锭（坯）的晶粒十分粗大时，只有足够大的变形量才能使晶粒细化。特别注意不要在临界变形量范围内加工，否则会得到粗大的晶粒组织。当变形量很大（大于 90%），且变形温度很高时，易引起二次再结晶，也会得到异常粗大的晶粒组织。终锻温度如超过再结晶温度过多，且锻后冷却速度过慢，会造成晶粒粗大；终锻温度如过低，又会造成加工硬化及残余应力。因此要想在热加工后获得细小的晶粒必须控制变形量、终锻温度及随后的冷却速度，同时添加微量的合金元素抑制热加工后的静态再结晶，从而提高材料的力学性能。

重要概念

回复，再结晶，晶粒长大，二次再结晶

储存能，多边形化，回复激活能，再结晶激活能，再结晶温度，临界变形量

再结晶图，再结晶织构，退火孪晶

热加工，动态回复，动态再结晶，流线，带状组织。

习　题

8-1　分析回复和再结晶阶段空位与位错的变化及其对性能的影响。

8-2　已知 Fe 和 Cu 的熔点分别为 1538℃ 和 1083℃，试估算 Fe 和 Cu 的最低再结晶温度。

8-3　已知纯铁经冷轧变形后，在 527℃ 加热产生 50% 的再结晶所需时间为 10^4s，而在 727℃ 加热产生 50% 的再结晶所需时间仅为 0.1s，试计算在 10^5s 时间内产生 50% 的再结晶的最低温度是多少？

8-4　什么是临界变形量？在工业生产中有何实际意义？

8-5　简述一次再结晶、晶粒长大以及二次再结晶的驱动力。

8-6 如何区分冷、热变形？动态再结晶与静态再结晶后组织结构的主要区别是什么？

8-7 某工厂用一冷拔钢丝绳将一大型钢件吊入加热炉内，并随钢件一起加热到1200℃，加热完毕后，当吊出钢件时钢丝绳发生断裂，试分析钢丝绳发生断裂的原因。

8-8 为了获得细小的晶粒组织，应该根据什么原则制定塑性变形及其退火工艺？

附录　金属学专业词汇

1　金属及合金的晶体结构

金属：metal

合金：alloy

晶体：crystalline

长（短）程有序：long（short）-range order

周期性：periodicity

非晶体：amorphous materials，noncrystalline

晶体结构：crystal structure

原子结构：atomic structure

结合键：bonding

金属键：metallic bond

价电子：valence election

电子云：election cloud

离子键：ionic bond

共价键：covalent bond

范德瓦尔斯键：Van der Waals bond

氢键：hydrogen bond

吸引力：attractive force

排斥力：repulsive force

合力：net force

结合能：bonding energy

空间点阵：space lattice

结点（阵点）：lattice point

晶胞：unit cells

晶格：crystal lattice

晶系：crystal system

三斜晶系：triclinic crystal system

单斜晶系：monoclinic crystal system

正交晶系：orthorhombic crystal system

四方晶系：tetragonal crystal system

菱方晶系：rhombohedral crystal system

六方晶系：hexagonal crystal system

立方晶系：cubic crystal system

布拉菲点阵：Bravais Lattice

晶轴：crystal axes

晶格（点阵）参数：lattice parameters

结构基元：base of the crystal

晶向：crystallographic directions

晶面：crystallographic planes

晶向指数：directional indices

晶面指数：planar（Miller）indices

晶向族：a family of directions

晶面族：a family of planes

晶带：crystal zone

晶带轴：crystal zone axis

晶面间距：interplaner spacing

原子堆垛结构：atom packed structure

面心立方结构：face-centered cubic（FCC）

体心立方结构：body-centered cubic（BCC）

密排六方结构：hexagonal close-packed（HCP）

原子数：atomic number

原子半径：atomic radius

致密度：atomic packing factor

配位数：coordination number

间隙：interstices

八面体间隙：octahedral interstices

四面体间隙：tetrahedral interstices

各向异性：anisotropy

各向同性：isotropic

同素异构：allotropy

单晶体：single crystals

多晶体：polycrystalline

多晶型性：polymorphism

溶解度：solid solubility

化合物：compound

间隙固溶体：interstitial solid solution

置换固溶体：substitutional solid solution

有（无）序固溶体：(dis) ordered solid solution

点阵畸变：lattice distortion

偏聚：solute cluster

金属化合物：intermetallic compound

正常价化合物：normal-valency compound

电子化合物：election compound，Hume-Rothery phase

电子浓度：electron concentration

电负性：electronegativity

间隙相：interstitial phase

间隙化合物：interstitial compound

拓扑密堆相：topological close-packed phase

拉弗斯相：Laves phase

2　晶体缺陷

缺陷：defect，imperfection

点缺陷：point defect

线缺陷：linear defect，dislocations

面缺陷：surface defect

空位：vacancy

间隙原子：interstitial atom

自间隙原子：self- interstitial atom

杂质：impurities

弗兰克缺陷：Frenkel defect

肖脱基缺陷：Schottky defect

过饱和点缺陷：supersaturated point defects

位错：dislocation

刃型位错：edge dislocation

螺型位错：screw dislocation

混合位错：mixed dislocation

柏氏矢量：Burgers vector

位错密度：dislocation density

滑移：slip

攀移：climb

位错应变能：strain energy of dislocation

位错交割：crossing of dislocation

位错割阶：dislocation jog

位错弯结：dislocation kink

位错增殖：multiplication of dislocations

弗兰克-瑞德源：Frank-Read source

柯氏气团：Cottrell atmosphere

单位位错：unit dislocation

全位错：perfect dislocation

不全位错：imperfect dislocation

部分位错：partial dislocation

汤普森四面体：Tompson's tetrahedron

表面：surface

表面能：surface energy

界面：interface

晶界：grain boundary

小角度晶界：low-angle grain boundary

大角度晶界：high-angle grain boundary

倾转晶界：tilt grain boundary

扭转晶界：twist grain boundary

重合位置点阵：coincidence site lattice

亚晶界：sub-grain boundary

堆垛层错：stacking fault

堆垛层错能：stacking fault energy

孪晶界：twin boundary

相界：phase boundary

共格界面：coherent boundary

半共格界面：semi-coherent boundary

非共格界面：incoherent boundary

错配度：mismatch

晶界能：grain boundary energy

3 金属及合金的相图

相图：phase diagram
平衡图：equilibrium diagram
相：phase
组元：component
相变：phase transformation
相律：phase rule
自由度：freedom
相平衡：phase equilibrium
杠杆定律：lever rule
直线法则：linear law
二元相图：binary phase diagram
匀晶相图：isomorphous diagram
匀晶反应：isomorphous reaction
固相线：solidus line
液相线：liquidus line
溶解度曲线：solvus line
连接线：tie line
平衡凝固：equilibrium solidification
非平衡凝固：nonequilibrium solidification
枝晶偏析：dendritic segregation
初生相：primary phase
共轭连线：conjugate lines
共轭曲线：conjugate curves

共晶相图：eutectic phase diagram
共晶反应：eutectic reaction
共晶合金：eutectic alloy
包晶相图：peritectic phase diagram
包晶反应：peritectic reaction
共析反应：eutectoid reaction
包析反应：peritectoid reaction
偏晶反应：monotectic reaction
合晶反应：synthetic reaction
三相平衡：three-phase equilibrium
三元相图：ternary phase diagram
三相平衡点：invariant point
成分三角形：composition triangle
等腰成分三角形：isosceles composition triangle
重心法则：barycenter rule
水平截面：horizontal section
垂直截面：vertical section
投影图：projection drawing
等温线投影图：polythermal projection
共轭面：conjugate curved surface
四相平衡反应：four-phase equilibrium reaction

4 金属及合金的凝固

凝固：solidification
结晶：crystallization
过冷：supercooling
过冷度：degree of supercooling
结构起伏：structure fluctuation
能量起伏：energy fluctuation
晶核：nucleus of crystal
晶坯：crystal embryo
均匀形核：homogeneous nucleation
非均匀形核：heterogeneous nucleation

形核：nucleation
临界形核半径：critical nucleus radius
临界形核功：critical nucleus energy
形核率：nucleation rate
晶体长大：crystal growth
光滑界面：smooth interface
粗糙界面：rough interface
连续生长：continuous growth
二维晶核机制：two-dimensional nucleation
浸润角：wetting angle

长大速度：growth rate

成分起伏：composition fluctuation

平衡分配系数：equilibrium distribution coefficient

有效分配系数：effective distribution coefficient

成分过冷：constitutional supercooling

共晶组织：eutectic structure

层状共晶体：lamellar eutectic

树枝状结构：dendritic structure

胞状结构：cellular structure

伪共晶：pseudo eutectic

离异共晶：divorced eutectic

表层细晶区：chill zone

柱状晶区：columnar zone

中心等轴晶区：equiaxed crystal zone

缩孔：shrinkage

疏松：porosity

气孔：gas porosity

偏析：segregation

5　铁碳相图和铁碳合金缓冷后的组织

纯铁：pure iron

铁素体：ferrite

奥氏体：austenite

渗碳体：cementite

石墨：graphite

珠光体：pearlite

莱氏体：ledeburite

共析钢：eutectoid steel

亚共析钢：hypo-eutectoid steel

先共析铁素体：proeutectoid ferrite

过共析钢：hyper-eutectoid steel

先共析渗碳体：proeutectoid cementite

共晶白口铸铁：eutectic white cast iron

亚共晶白口铸铁：hypo-eutectic white cast iron

过共晶白口铸铁：hyper-eutectic white cast iron

6　金属及合金的扩散

菲克第一定律：Fick's first law

菲克第二定律：Fick's second law

扩散通量：diffusion flux

浓度梯度：concentration gradient

扩散系数：diffusion coefficient

稳态扩散：steady-state diffusion

非稳态扩散：nonsteady-state diffusion

上坡扩散：uphill diffusion

下坡扩散：downhill diffusion

自扩散：self-diffusion

互扩散：interdiffusion

反应扩散：reaction diffusion

扩散激活能：diffusion activation energy

扩散偶：diffusion couple

扩散方程：diffusion equation

误差函数：error function

扩散机制：diffusion mechanism

空位机制：vacancy mechanism

间隙机制：interstitial mechanism

交换机制：exchange mechanism

间隙扩散：interstitial diffusion

空位扩散：vacancy diffusion

直接换位：direct exchange

环形换位：cyclic exchange

随机行走：random walk

柯肯达尔效应：Kirkendall effect

达肯方程：Dark equation

本征扩散系数：intrinsic diffusion coefficient

驱动力：driving force

表面扩散：surface diffusion

晶界扩散：grain boundary diffusion

晶格扩散：lattice diffusion

体扩散：volume diffusion

短路扩散：short circuit diffusion

渗碳：carburization

7 金属及合金的变形

弹性变形：elastic deformation

塑性变形：plastic deformation

刚性：rigidity

断裂：fracture

工程应力：engineering stress

工程应变：engineering strain

真应力：true stress

真应变：true strain

弹性极限：elastic limit

弹性模量：Young's modulus

泊松比：Poisson's ratio

屈服点（极限，强度）：yield point（limit,
    strength）

抗力强度：ultimate tensile strength

延伸率：elongation

断面收缩率：reduction of area

缩颈：necking

滑移带：slip bands

滑移线：slip lines

滑移系：slip system

Schmid 因子：Schmid factor

临界分切应力：critical resolved shear stress

取向因子：orientation factor

派-纳力：Peierls-Nabarro force

孪生：twinning

扭折：kink

霍尔-佩奇关系：Hall-Petch relationship

细晶强化：grain size reduction strengthening

加工硬化：strain/work hardening

弥散强化：dispersion strengthening

沉淀强化：precipitation strengthening

固溶强化：solid-solution strengthening

上屈服点：upper yield point

下屈服点：lower yield point

应变时效：strain aging

吕德斯带：Lüders band

位错缠结：dislocation tangle

胞状组织：cell structure

亚结构：substructure

择优取向：preferred orientation

形变织构：deformation texture

丝织构：fiber texture

板织构：sheet texture

残余应力：residual stress

8 金属及合金的回复与再结晶

回复：recovery

再结晶：recrystallization

晶粒长大：grain growth

回复动力学：recovery kinetics

储存能：stored energy

多边形化：polygonization

孕育期：incubation period
临界变形量：critical degree of deformation
再结晶温度：recrystallization temperature
正常晶粒长大：normal grain growth
异常晶粒长大：abnormal grain growth
二次再结晶：secondary recrystallization
再结晶退火：recrystallization annealing

再结晶图：recrystallization graph
再结晶织构：recrystallization texture
退火孪晶：annealing twin
热加工：hot working
动态回复：dynamic recovery
动态再结晶：dynamic recrystallization

参 考 文 献

[1] 胡赓祥，钱苗根. 金属学 [M]. 上海：上海科学技术出版社，1980.

[2] 刘国勋. 金属学原理 [M]. 北京：冶金工业出版社，1980.

[3] 宋维锡. 金属学 [M]. 2版. 北京：冶金工业出版社，2007.

[4] 张克从. 近代晶体学基础（上册）[M]. 北京：科学出版社，1987.

[5] 曹明盛. 物理冶金基础 [M]. 北京：冶金工业出版社，1983.

[6] Schwarzenbach D. Crystallography [M]. New York：John Wiley & Sons Inc.，1996.

[7] Richard J D Tilley. Crystals and Crystal Structures [M]. New York：John Wiley & Sons Inc.，2006.

[8] 杨顺华. 晶体位错理论基础：第1卷 [M]. 北京：科学出版社，2000.

[9] 哈宽富. 金属力学性质的微观理论 [M]. 北京：科学出版社，1983.

[10] Hull D，Bacon D J. Introduction to Dislocations [M]. 5th ed. Oxford，et al.：Butterworth-Heinemann，2011.

[11] Hirth J P，Lothe J. Theory of Dislocation [M]. 2nd ed. New York：John Wiley & Sons Inc.，1982.

[12] Pelton A D. Phase Diagrams in Physical Metallurgy [M]. 3rd ed. Amsterdam，et al：North-Holland Physics Publishing，1983.

[13] Okamoto H. Desk Handbook：Phase Diagrams For Binary Alloys [M]. ASM International，Materials Park，OH，2000.

[14] 侯增寿，陶岚琴. 实用三元合金相图 [M]. 上海：上海科学技术出版社，1983.

[15] 王家炘. 金属的凝固及其控制 [M]. 北京：机械工业出版社，1983.

[16] 闵乃本. 晶体生长的物理基础 [M]. 上海：上海科学技术出版社，1982.

[17] 胡汉起. 金属凝固原理 [M]. 北京，机械工业出版社，1999.

[18] Davis S H. Theory of Solidification [M]. Cambridge，New York，et al.：Cambridge University Press，2001.

[19] Glicksman M. Diffusion in Solid [M]. New York：John Wiley & Sons Inc.，1999.

[20] Marc A. Meyers，Krishan Kumar Chawla. Mechanical Behavior of Materials [M]. Cambridge，New York，et al.：Cambridge University Press，2009.

[21] 卡恩 R W，哈森 P，克雷默 E J. 材料科学与技术丛书（第六卷）：材料的塑性变形与断裂 [M]. 北京：科学出版社，1998.

[22] Humphreys F J，Hatherly M. Recrystallization and related annealing phenomena [M]. 2nd ed. New York，et al.：Elsevier Ltd，2004.

[23] 冯端. 金属物理学：第1卷 结构与缺陷 [M]. 北京：科学出版社，1987.

[24] 冯端. 金属物理学：第2卷 相变 [M]. 北京：科学出版社，1990.

[25] 冯端. 金属物理学：第3卷 金属力学性质 [M]. 北京：科学出版社，1999.

[26] 余永宁. 金属学原理 [M]. 2版. 北京：冶金工业出版社，2013.

[27] 石德珂. 材料科学基础 [M]. 2版. 北京：机械工业出版社，2003.

[28] 胡赓祥，蔡珣. 材料科学基础 [M]. 3版. 上海：上海交通大学出版社，2005.

[29] 潘金生，仝健明，田民波. 材料科学基础 [M]. 修订版. 北京：清华大学出版社，2011.

[30] 崔忠圻，覃耀春. 金属学与热处理 [M]. 3版. 北京：机械工业出版社，2020.

[31] 丁燕鸿，刘福生，何世文. 冶金材料科学基础 [M]. 长春：东北师范大学出版社，2017.

[32] 陶杰，姚正军，薛烽. 材料科学基础 [M]. 2版. 北京：化学工业出版社，2018.

[33] 赵杰. 材料科学基础 [M]. 2版. 大连：大连理工大学出版社，2015.

[34] 刘智恩. 材料科学基础 [M]. 5版. 西安：西北工业大学出版社，2019.

［35］蔡珣. 材料科学与工程基础 ［M］. 2 版. 上海：上海交通大学出版社，2017.

［36］Callister W D，Rethwisch D G. Materials Science and Engineering An Introduction ［M］. 8th ed. New York：John Wiley & Sons Inc.，2010.

［37］Askeland D R，Wright W J. The Science and Engineering of Materials ［M］. 7th ed. Boston：Cengage Learning，2014.

［38］刘智恩. 材料科学基础导教导学导考 ［M］. 西安：西北工业大学出版社，2015.

［39］范群成，田民波. 材料科学基础学习辅导 ［M］. 北京：机械工业出版社，2005.

［40］蔡珣，戎咏华. 材料科学基础辅导与习题 ［M］. 3 版. 上海：上海交通大学出版社，2008.